全国高校安全工程专业本科规划教材

电气安全工程

（第二版）

教育部高等学校安全工程学科教学指导委员会组织编写

钮英建　周洁琼　主　编

中国劳动社会保障出版社

图书在版编目(CIP)数据

电气安全工程 / 教育部高等学校安全工程学科教学指导委员会组织编写. -- 2 版. -- 北京：中国劳动社会保障出版社，2023

全国高校安全工程专业本科规划教材

ISBN 978-7-5167-5979-0

Ⅰ. ①电… Ⅱ. ①教… Ⅲ. ①电气安全-高等学校-教材 Ⅳ. ①TM08

中国国家版本馆 CIP 数据核字（2023）第 196493 号

中国劳动社会保障出版社出版发行

（北京市惠新东街 1 号 邮政编码：100029）

*

三河市华骏印务包装有限公司印刷装订 新华书店经销

787 毫米×960 毫米 16 开本 26.5 印张 461 千字

2023 年 12 月第 2 版 2023 年 12 月第 1 次印刷

定价：59.00 元

营销中心电话：400－606－6496

出版社网址：http://www.class.com.cn

内容简介

本书共分十章，主要内容有电气安全基础、直接接触电击防护、间接接触电击防护、兼防直接接触电击和间接接触电击的防护措施、电气线路安全、电气设备安全、电气防火防爆、雷电防护、静电防护、电气安全管理。

本书是全国高校安全工程专业本科规划教材，也可作为有关工程技术人员和技术管理人员的培训教材。

前　言

本书是全国高校安全工程专业本科规划教材。自2009年出版以来，本书在安全工程专业高等教育中发挥了重要作用。此外，本书还受到注册安全工程师、安全评价师、职业安全健康管理体系认证人员等企业安全技术及安全管理人员、安全工程相关设计人员的欢迎。

本次修订，根据我国近年来颁布的一系列电气安全相关标准规范的新变化，对全书进行了全面更新。为了便于高校教学使用者及校外读者使用，本书保持延续了第一版的体系架构。

本书由首都经济贸易大学钮英建、周洁琼担任主编。本次修订由钮英建（负责第一、二、四、七、八、九章）、周洁琼（负责第三、五、六、十章）完成，钮英建负责统稿。

本书由沈阳航空航天大学王旭教授（负责第一至第五章）、中国劳动关系学院赵秋生教授（负责第六至第十章）担任主审，谨在此表示衷心的感谢！

本书主要用作高校安全工程专业本科规划教材，也可用作相关专业的研究生辅助教材，还可供各类从事电气安全工程相关工作的工程技术人员和技术管理人员学习和查阅。

限于编者水平，书中错漏难免，敬请使用本书的广大师生和读者指正。

编　者

2023年10月

目　　录

第一章　电气安全基础

本章学习目标

1. 了解工业企业供配电系统的组成和系统各部分的功能，熟悉电力负荷的分级及各级的供电要求等基础知识。

2. 熟悉电气事故特点、触电事故的类型及其分布规律，掌握电流对人体的作用。

本章内容主要是电气安全工程相关的基础知识。首先介绍工业企业供配电基本知识，然后讲述电气事故特点、触电事故的类型及分布规律，最后重点论述电流对人体的作用。

第一节　工业企业供配电

工业企业供配电是指工业企业所需电能的供应和分配。电能易于由其他形式的能量转换而来，又易于转换为其他形式的能量，且其在输送和分配上简单、经济，便于实现自动控制，因此，电能成为现代工业生产和人们日常生活中的重要能源。电能使用的技术及管理水平已成为反映一个国家和地区经济发展水平和生活文明程度的重要标志之一。

发电厂一般建造在有动力资源的地方，如在有水利资源的地方建造水力发电站，在有燃料资源的地方建造火力发电厂，这样能够充分利用动力资源，减少燃料运输，从而降低发电成本。电能用户的用电中心往往离发电厂较远，这就需要通过高压输电线路将发电厂和用电中心联系起来，将电能进行远距离输送。实际上，电能的生产、输送、分配和使用是在同一瞬间完成的，实现这个全过程的各个环节构成了一个有机联系的整体，这个整体就称为电力系统。

一、电力系统

1. 电力系统的组成

电力系统由发电厂、送电线路、变电所、配电网和电力负荷组成。图1-1是典型的电力系统主接线单线图，图中未画出用户内部的配电网。

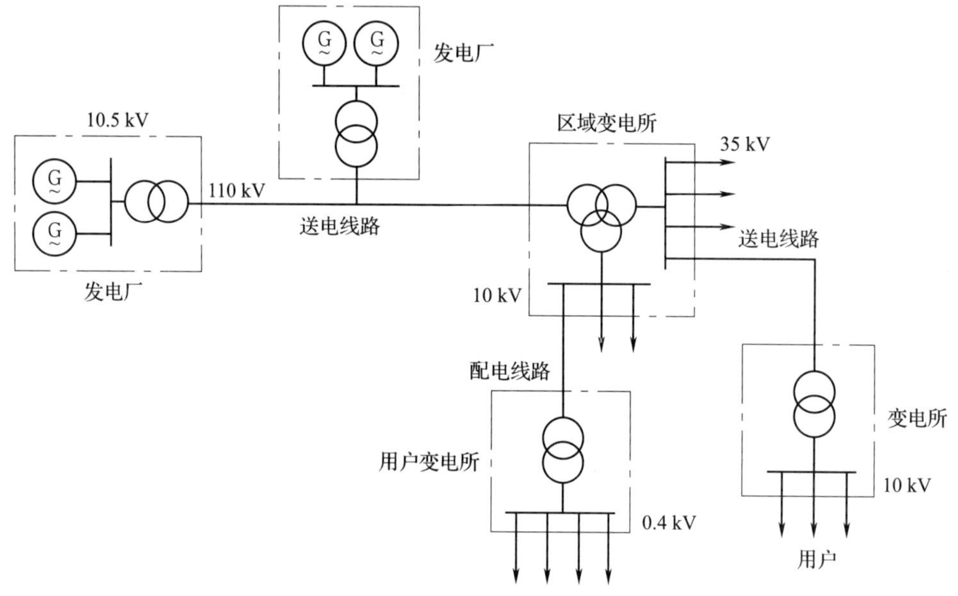

图1-1 电力系统主接线单线图

发电厂是将自然界蕴藏的各种一次能源转换为电能（二次能源）的工厂，根据一次能源的不同，分为火力发电厂、水力发电站、核能发电站以及风力发电场、地热发电站、光伏发电站等。在目前的电力系统中，最常见的是火力发电厂、水力发电站和核能发电站。

送电线路是指电压为35 kV及以上的电力线路，分为架空线路和电缆线路。其作用是将电能输送到各个地区的区域变电所和大型企业的用户变电所。

变电所是构成电力系统的中间环节，分为区域变电所（中心变电所）和用户变电所。其作用是汇集电源，升降电压和分配电力。

配电网由电压为10 kV及以下的配电线路和相应电压等级的变电所组成，也有架空线路和电缆线路之分。其作用是将电能分配到各类用户。

电力负荷是指国民经济各部门用电以及居民生活用电的各种负荷。

2. 额定电压和电压等级

电气设备都是设计在额定电压下工作的。额定电压是保障设备正常运行并能够获得最佳经济效益的电压。

电压等级是国家根据国民经济发展的需要、电力工业发展水平以及技术经济的合理性等因素综合确定的。

我国三相交流电网和电力设备常用的额定电压见表 1-1。

表 1-1　　我国三相交流电网和电力设备常用的额定电压　　kV

分类	电网和用电设备额定电压	发电机额定电压	电力变压器额定电压	
			一次绕组	二次绕组
低压	0.38	0.40	0.38	0.40
	0.66	0.69	0.66	0.69
高压	3	3.15	3、3.15	3.15、3.3
	6	6.3	6、6.3	6.3、6.6
	10	10.5	10、10.5	10.5、11
	—	13.8、15.75、18、20、22、24、26	13.8、15.75、18、20、22、24、26	—
	35	—	35	38.5
	66	—	66	72.5
	110	—	110	121
	220	—	220	242
	330	—	330	363
	500	—	500	550

就对地电压而言，250 V 以上为高压，250 V 及其以下为低压。

就交流电压而言，我国标准规定额定电压在 1 000 V 及以上者属高压，1 000 V 以下者属低压。

一般又将高压分为中压（1 ~ 10 kV 或 35 kV）、高压（35 ~ 110 kV 或 220 kV）、超高压（220 kV 或 330 ~ 800 kV）、特高压（800 kV 或 1 000 kV 及以上）。随着大型电站和输电距离的增加，电网的送电电压有提高的趋势。

我国工频低压最常用的是 380 V 和 220 V 电压；在井下及其他场合，常采用

127 V 和 660 V 电压；在安全要求高的场合，还采用 50 V 及以下的特低电压。

就直流电压而言，我国常用的有 110 V、220 V 和 440 V 3 个电压等级，用于电力牵引的还有 250 V、550 V、750 V、1 500 V、3 000 V 等电压等级。直流 1 500 V 及以下者属低压。

用电设备的额定电压应与同级电网的额定电压相同。因为用电设备运行时线路上会产生电压降，所以发电机额定电压要高于同级电网额定电压 5%。同样，变压器的二次绕组额定电压高于同级电网额定电压 5%。变压器一次绕组的额定电压分两种情况，具体如下：当变压器直接与发电机相连时，其一次绕组额定电压应与发电机额定电压相同，即高于同级电网额定电压 5%；当变压器接在电网的末端时，其一次绕组额定电压应与电网额定电压相同。

电力系统的电压和频率是衡量电力系统电能质量的两个基本参数。我国普通交流电力设备的额定频率为 50 Hz，一般称为“工业频率”，简称“工频”。设备的端电压与其额定电压有偏差时，设备的工作性能和使用寿命将受到影响，总的经济效益将会下降。例如，当三相异步电动机的端电压比其额定电压低 10% 时，其允许输出转矩将只有额定转矩的 81%，而输入电流将增大 5%~10%，温升将提高 10%~15%，绝缘老化程度将比采用额定电压时增加 1 倍以上，将明显缩短电动机的使用寿命。此外，由于转矩减小，转速下降，不仅降低生产效率，减少产量，还会影响产品质量，增加废、次品。当三相异步电动机的端电压偏高时，输入电流一般也会增大，绝缘也会受损。

用户供电电压允许的变化范围见表 1–2，电网正常运行时频率的允许偏差见表 1–3。

表 1–2　用户供电电压允许的变化范围

线路额定电压（U_N）	电压允许变化范围
≥35 kV	±5% U_N
≤10 kV	±7% U_N
低压照明	−10% U_N ~ +5% U_N
农业用户	−10% U_N ~ +5% U_N

表 1–3　电网正常运行时频率的允许偏差

电力系统容量	频率的允许偏差/Hz
中、小容量	±0.5
大容量	±0.2

二、工业企业供电

1. 工业企业供电系统的组成

工业企业供电系统是指从电源线路进厂到用电设备进线端的整个电路系统，包括厂内的变配电所和所有的高低压供配电线路。

根据企业用电规模的不同，工业企业供电系统的供电方式有多种，常见的有以下4种：

（1）对于大型工业企业和某些电源进线为35 kV及以上的大中型工业企业，一般经过两次降压，即先经总降压变电所将35 kV及以上的进线电压变为6～10 kV的配电电压，然后通过高压配电所或直接经高压配电线路将电能分送到各车间变电所，再经车间变电所降为0.4 kV低压，由低压配电线路分送到各配电箱或用电设备。该供电方式如图1-2所示。

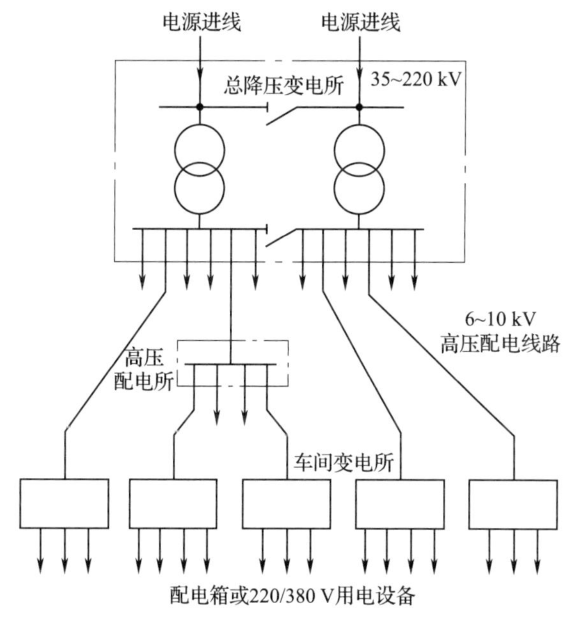

图1-2　大型工业企业供电方式

（2）对于一般中型工业企业，进线电压为6～10 kV，电能经高压配电所由高压配电线路分送到各车间变电所，或由高压配电线路直接供给高压用电设备。车间变电所将10 kV的高压降为0.4 kV低压，由低压配电线路分送到各配电箱或用电设备。该供电方式如图 1-3所示。

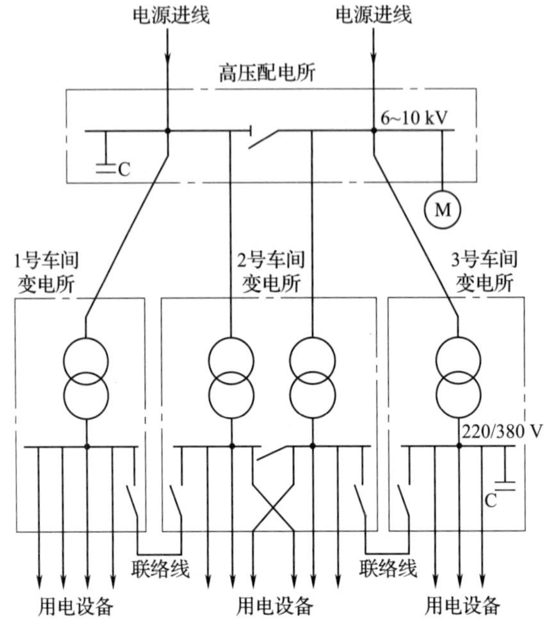

图 1-3　中型工业企业供电方式

（3）对于一般小型工业企业，进线电压为 6 ~ 10 kV，经变电所将高压变为低压，由低压配电线路分送到各车间配电箱或用电设备。该供电方式如图 1-4所示。

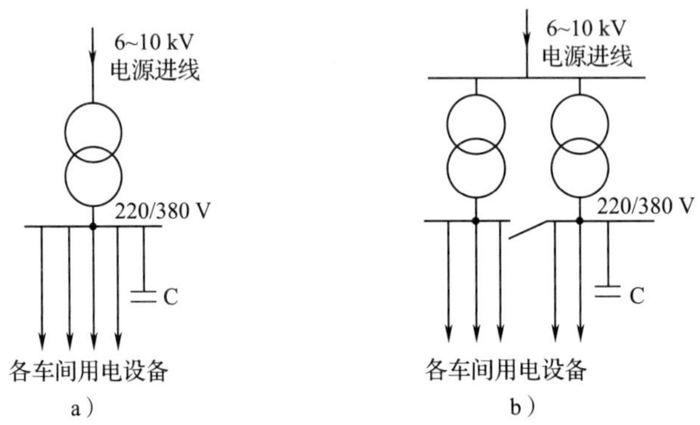

图 1-4　小型工业企业供电方式

a）装有一台主变压器　b）装有两台主变压器

（4）对于所需容量不大于 160 kVA 的小型工业企业，直接由公共低压电网供电，进线电压为0.4 kV，经低压配电室分送到各车间或直接送到配电箱或用电设备。

2. 工业企业电力负荷分级及供电要求

（1）工业企业电力负荷分级。工业企业供电既要做到技术经济合理，又要保障供电安全可靠。因此，应根据电力负荷对供电可靠性的要求、中断供电对政治和经济所造成的损失或其影响对电力负荷进行分级。我国根据电力负荷的性质将其分为 3 个等级。

1）一级负荷。这类负荷如果中断供电将造成人身伤亡事故，或造成重大设备损坏且难以修复，或给国民经济带来极大损失。凡符合下列条件之一的电力负荷，属一级负荷：

①中断供电将造成人身伤亡者，如有爆炸、火灾危险或存在有毒有害气体的生产厂房及矿井的主通风机等。

②中断供电将对经济造成重大损失者，如重大设备损坏，重大产品报废，用重要原料生产的产品大量报废，重点企业的连续生产过程被打乱需要长时间才能恢复等。

③中断供电将影响重要用电单位的正常工作，如重要铁路枢纽、重要通信枢纽、重要宾馆、经常用于国际活动的大量人员集中的公共场所等用电单位中的重要电力负荷。

在一级负荷中，中断供电将造成人员伤亡或重大设备损坏或发生中毒、爆炸和火灾等情况的负荷，以及特别重要场所中不允许中断供电的负荷，应视为特别重要的负荷。

2）二级负荷。这类负荷如果突然中断供电，将造成大量废品，产量锐减，生产过程被打乱且不易恢复，企业内运输停顿等，因而对经济造成较大损失。此类负荷数量很大，一般允许短时停电几分钟。凡符合下列条件之一者，属于二级负荷：

①中断供电将对经济造成较大损失者，如主要设备损坏，大量产品报废，连续生产过程被打乱需较长时间才能恢复，重点企业大量减产等。

②中断供电将影响较重要用电单位的正常工作，如铁路枢纽、通信枢纽等用电单位中的重要电力负荷，以及中断供电将造成大型影剧院、大型商场等大量人员集中的重要场所秩序混乱者。

3）三级负荷。这类负荷为一般的电力负荷，所有不属于一级负荷和二级负荷的都是三级负荷。

（2）各级电力负荷对供电电源的要求。不同等级电力负荷对供电电源具有不同的要求。

1）一级负荷应由双重电源供电。当一个电源发生故障时，另一个电源不应同时损坏。具备下列条件之一的，可视作向一级负荷供电的双重电源：

①电源来自两个不同的发电厂。

②电源来自两个区域的变电站（电压一般在 35 kV 及以上）。

③电源来自区域变电站和自备的发电设备。

对于一级负荷中特别重要的负荷，除应由双重电源供电外，尚应增设应急电源，并严禁将其他负荷接入应急供电系统，同时要求设备供电电源的切换时间应满足设备允许中断供电的时间要求。下列电源可以作为应急电源：正常电源的发电机组、供电网络中独立于正常电源的专用馈电线路、蓄电池、干电池。

2）二级负荷的供电系统，宜由两回线路供电。该两回线路应尽可能引自不同的变压器或母线段。在负荷较小或受地区供电条件所限取得两回线路困难时，二级负荷可由单回 6 kV 及以上的专用架空线路或电缆线路供电。当采用架空线路时，可为单回架空线路供电；当采用电缆线路时，应采用两根电缆组成的线路供电，每根电缆应能承受 100% 的二级负荷。

3）三级负荷对供电电源无特殊要求，可用单回线路供电。

三、工业企业配电

1. 工业企业高压配电

工业企业高压配电有放射式、树干式、环式 3 种基本方式。

（1）放射式。如图 1-5所示，此方式是由一条母线分别向各车间变电所或车间高压用电设备送电。其优点是各个线路上的故障不产生相互影响，可靠性较高，而且便于装设自动装置以实现自动化。缺点是使用的高压开关设备较多，使投资增加；当发生故障或检修时，该线路供电的全部负荷将断电。为此，可在各车间变电所的高压侧之间或低压侧之间敷设联络线，以提高可靠性。

高压放射式配电适用于具有位置分散、大型集中负荷的企业。

（2）树干式。如图 1-6所示，此方式是由总降压变电所或中央配电所向外引出一条高压配电干线，沿厂区道路架空敷设，沿途引出若干支线向各车间供电。其优点是线路简单，减少了线路的有色金属消耗量；采用的高压开关设备数量少，因此投资较少。缺点是供电可靠性较差，当高压配电干线发生故障或检修时，接于干线的所有变电所都会停电，且在实现自动化方面适应性较差。要提高其供电可靠性，可采用双干线供电或两端供电的接线方式。

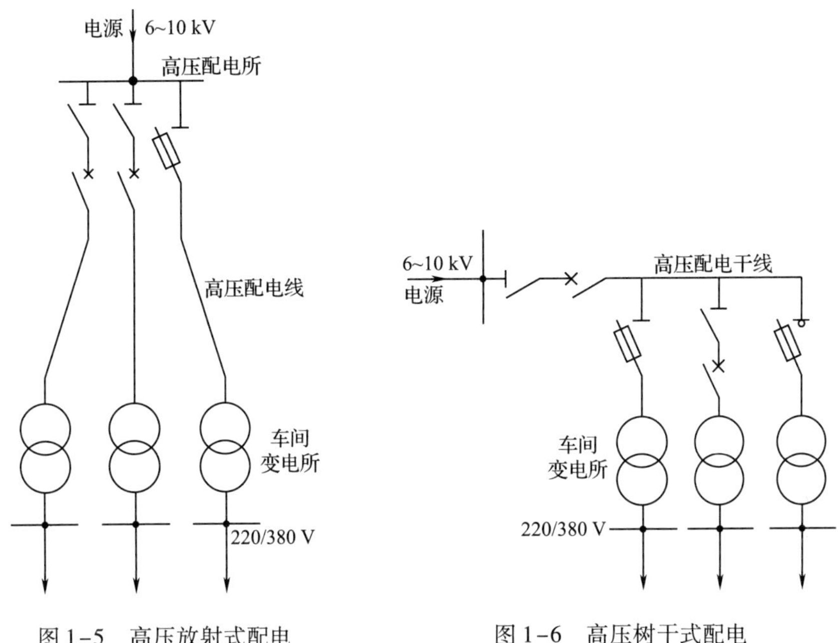

图 1-5　高压放射式配电

图 1-6　高压树干式配电

（3）环式。如图 1-7所示，此方式实质上是两端供电的树干式接线，为了避免环行线路上发生故障时影响整个电网，以及便于实现线路保护的选择性，大多数环行线路采用开环运行，即环行线路中有一处开关是断开的。

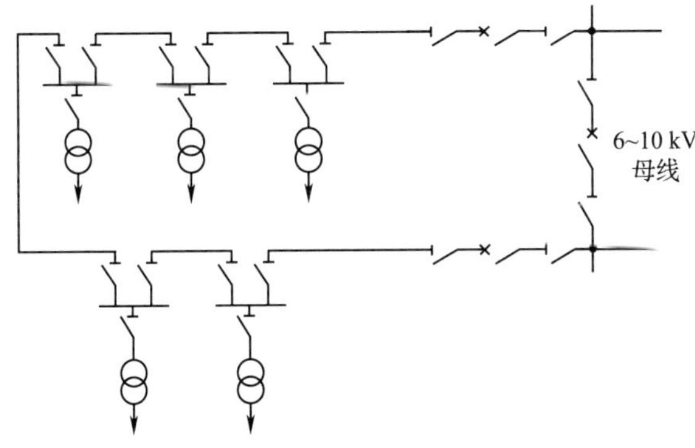

图 1-7　高压环式配电

实际上，高压配电系统往往是根据具体情况由几种接线方式组合而成的。

2. 工业企业低压配电

工业企业低压配电也有放射式、树干式和环式等基本接线方式。

（1）放射式。如图 1-8所示，此方式的特点是各个引出线在发生故障时相互之间不产生影响，供电可靠性较高。应用范围主要是用电设备容量大或负荷性质重要，或潮湿及腐蚀性环境的车间，或有爆炸危险性的厂房等。

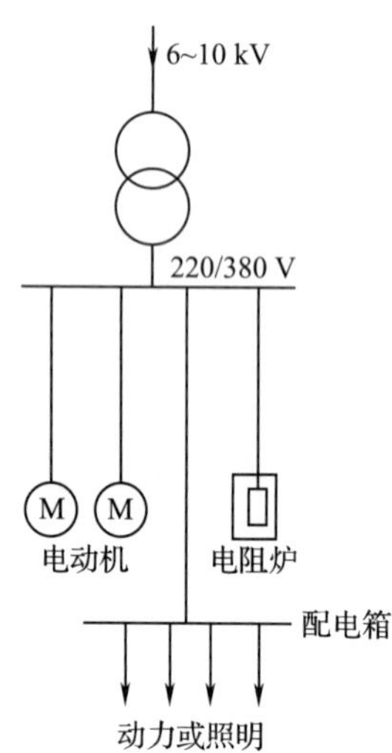

图 1-8　低压放射式配电

（2）树干式。如图 1-9所示，此方式在干线发生故障时，影响范围大，供电可靠性较差，适用于向容量较小、分布较均匀的用电设备如机床、小型加热炉等供电。图 1-9b 所示为“变压器—干线式”树干式接线，由于省去了变电所低压侧整套低压配电装置，变电所结构得以简化，投资大大降低。

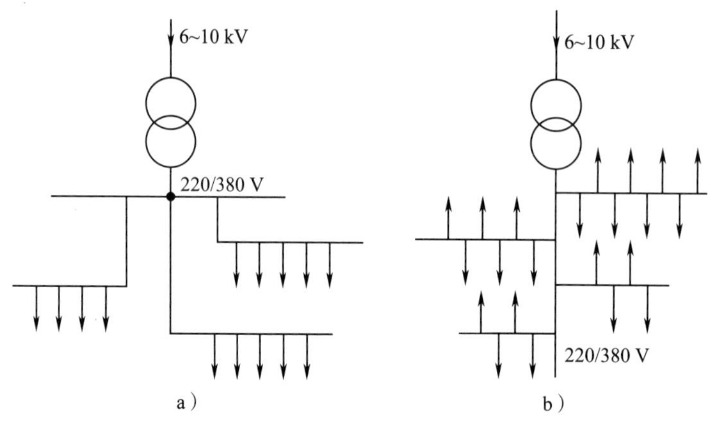

图 1-9　低压树干式配电

a）低压母线放射式配电树干式接线　b）低压“变压器—干线式”树干式接线

图 1-10 所示为由树干式变形而得到的低压链式配电，适用于离供电点较远、用电设备之间相距很近且容量很小的次要用电设备。链式相连的用电设备数量一般限制在 5 台以下，且总容量不超过 10 kW。

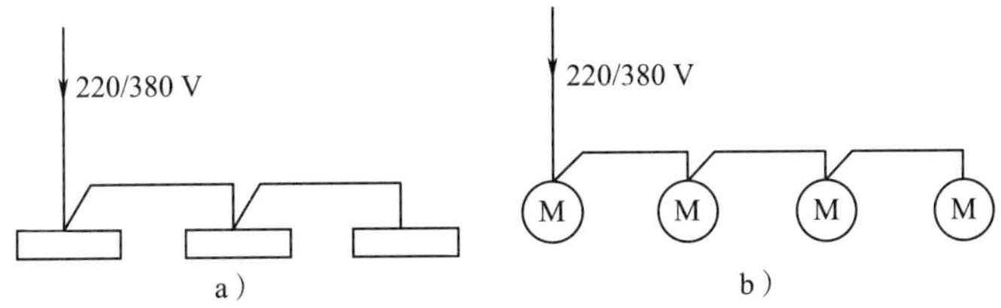

图 1-10　低压链式配电
a）连接配电箱　b）连接电动机

（3）环式。如图 1-11 所示为由一台变压器供电的低压环式配电。此方式的特点是供电可靠性较高。但其保护装置及其整定比较复杂，若配合不当，易发生误动作。实际上，低压环式接线多采用开环方式运行。

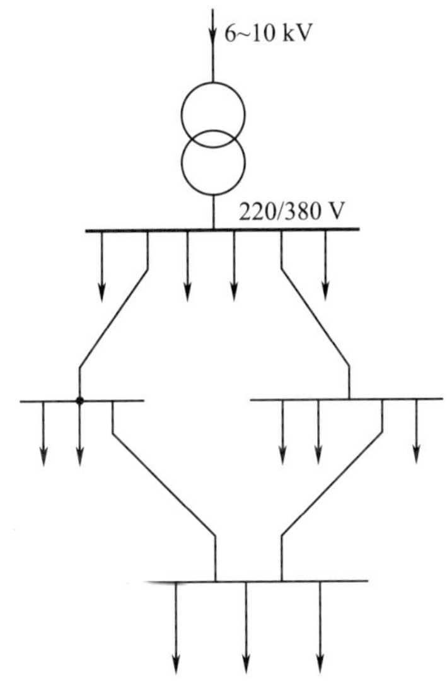

图 1-11　低压环式配电

工业企业的低压配电系统，根据具体的情况，往往由几种接线方式组合而成。运行经验表明，工业企业电力线路的接线应力求简单。供电系统如果接线复杂，层次过多，会使线路中串联的元件过多，既加大投资，又不便于操作和维护，而且因误操作或元件故障而产生的事故概率也随之增大。一旦发生事故，进行事故处理和用于恢复供电的烦琐操作也比较费时，使停电时间延长。此外，由于继电保护的级数增多，相对延长了动作时间，对供电系统的故障保护十分不利。

第二节　电气事故

电气事故是电气安全工程主要研究和管理的对象。掌握电气事故的特点和事故的分类情况，对做好电气安全工作具有重要的意义。

一、电气事故特点

众所周知，电能的开发和应用给人类的生产和生活带来了巨大的变革，大大促进了社会的进步和文明。在当代社会中，电能已被广泛应用于工农业生产和人民生活等各个领域。然而，在用电的同时，如果对电能可能产生的危害认识不足，控制和管理不当，防护措施不力，在电能传递和转换的过程中将会发生异常情况，造成电气事故。电气事故具有以下特点：

1. 电气事故危害严重

电气事故的发生伴随着危害和损失，严重的电气事故不仅带来重大的经济损失，甚至还可能造成人员伤亡。发生事故时，电能直接作用于人体，会造成电击；电能转换为热能作用于人体，会造成烧伤或烫伤；电能脱离正常的通道，会形成漏电、接地或短路，成为火灾、爆炸的起因。

随着电能的广泛应用，社会生产和人们日常生活对电能形成了越来越强的依赖，一旦发生大规模停电事故，危害波及面广，将对工农业生产、交通运输乃至居民生活等产生严重影响。人员密集场所一旦发生异常停电事故，有时会引发危及公共安全的恶性事件，造成群死群伤事故。

2. 电气事故类型多

电气事故并不仅仅局限在用电领域的触电、设备和线路故障，在一些非用电场所，电能的意外释放也会造成灾害或伤害。例如，雷电、静电和电磁场危害等，都属于电气事故的范畴。

3. 电气事故危险直观且识别难

由于电既看不见、听不见，又嗅不着，其本身不具备为人们直观识别的特征。由电所引发的危险不易为人们所察觉、识别和理解。例如，儿童攀爬高压电气设施，维修电工误入带电间隔等导致触电的恶性事故时有发生。

4. 电气事故概念抽象性强

电气事故的概念较为抽象，事故致因机理和对策措施分析涉及电气工程理论，深奥难懂，给电气事故的防范教育培训和对策措施落实带来一定的难度。

5. 电气事故预防研究综合性强

电气事故的机理除了电学之外，还涉及许多学科。因此，研究电气事故预防，不仅要研究电学，还要同力学、化学、生物学、医学等许多其他学科的知识结合起来。此外，在电气事故的预防上，既有技术上的措施，又有管理上的措施，这两方面是相辅相成、缺一不可的。在技术方面，预防电气事故的措施主要包括进一步完善传统的电气安全技术，研究新出现的电气事故的机理及其防范对策，开发电气安全领域的新技术等。在管理方面，预防电气事故的措施主要是健全和完善各种电气安全组织管理措施。一般来说，电气事故的共同原因是安全管理措施不健全和安全技术措施不完善。实践表明，即使有完善的技术措施，如果没有相适应的管理措施，仍然会发生电气事故。因此，必须重视预防电气事故的综合措施。

电气事故是具有规律性的，且其规律是可以被人们认识和掌握的。大量的电气事故具有重复性和频发性，无法预料、不可抗拒的事故毕竟是极少数。人们在长期的生产和生活实践中，已经积累了同电气事故做斗争的丰富经验，各种技术措施、安全操作规程及有关电气安全规章制度都是这些经验和成果的体现，只要依照客观规律办事，不断完善电气安全技术措施和管理措施，电气事故是可以避免的。

二、电气事故的类型

根据能量转移论的观点，电气事故是电能非正常地作用于人体或设备所造成的。根据电能的不同作用形式，可将电气事故分为触电事故、电气火灾爆炸事故、静电危害事故、雷电灾害事故、射频电磁场危害和电气系统事故等。

1. 触电事故

触电事故包括电击和电伤。

（1）电击。电击是指电流通过人体作用于人的心脏、中枢神经系统、肺部所造成的伤害。电击会影响人体正常生理机能，严重时会危及生命。

电击对人体的效应是由通过的电流决定的，而电流对人体的伤害程度与通过人体的电流强度、种类、持续时间、通过途径及人体状况等多种因素有关。

按照人体触及带电体的方式，电击可分为以下3种情况：

1）单相触电。单相触电是指人体接触地面或其他接地导体的同时，人体另一部位触及某一相带电体所引起的电击。发生电击时，所触及的带电体为正常运行的带电体时，称为直接接触电击；电气设备发生事故（如绝缘损坏，造成设备外壳意外带电），人体触及意外带电的物体所发生的电击，称为间接接触电击。区分直接接触电击和间接接触电击的必要性在于，两者之间在考虑防范措施时的思路是截然不同的。根据国内外的统计资料，单相触电事故占全部触电事故的70%以上。因此，防止触电事故的技术措施应将单相触电作为重点。

2）两相触电。两相触电是指人体的两个部位同时触及两相带电体所引起的电击。在此情况下，人体所承受的电压为线电压，因电压相对较大，其危险性也较大。

3）跨步电压触电。跨步电压是当带电体接地，电流自接地的带电体流入地下时，在接地点周围的土壤中产生电压降而形成的。跨步电压触电是指站立或行走的人体，受到两脚之间的跨步电压作用所引起的电击。

（2）电伤。电伤是电流的热效应、化学效应、机械效应等对人体所造成的伤害。此伤害多见于人体外部，往往在人体表面留下伤痕。能够形成电伤的电流通常比较大。电伤属于局部伤害，其危险程度取决于受伤面积、受伤深度、受伤部位等。

电伤包括电烧伤、电烙印、皮肤金属化、机械损伤、电光性眼炎等多种伤害。

1）电烧伤。电烧伤是最常见的电伤，大部分触电事故都会造成电烧伤。电烧伤可分为电流灼伤和电弧烧伤。

①电流灼伤是人体与带电体接触，电流通过人体时，由电能转换成的热能引起的伤害。由于人体与带电体的接触面积一般不大，且皮肤电阻较大，因而作用在皮肤与带电体接触部位的热能较多，因此，皮肤受到的灼伤比体内严重得多。电流越大，通电时间越长，电流途径上的电阻越大，则电流灼伤越严重。因为接近高压带电体时会发生击穿放电，所以电流灼伤一般发生在低压电气设备上。因电压较低，形成电流灼伤的电流不太大，但数百毫安的电流即可造成灼伤，数安的电流则会形成严重的灼伤。在高频电流下，因皮肤电容的旁路作用，有可能发生皮肤仅有轻度灼伤而内部组织却被严重灼伤的情况。

②电弧烧伤是由弧光放电造成的烧伤。电弧发生在带电体与人体之间，有电流通过人体的烧伤称为直接电弧烧伤；电弧发生在人体附近，对人体形成的烧伤以及熔化金属溅落形成的烫伤称为间接电弧烧伤。弧光放电时电流很大，能量也很大，电弧温度高达数千摄氏度，可造成大面积的深度烧伤，严重时能将机体组织烘干、烧焦。电弧烧伤既可能发生在高压系统，也可能发生在低压系统。在低压系统，带负荷（尤其是感性负荷）关断裸露的闸刀开关时，产生的电弧会烧伤操作者的手部和面部；当线路发生短路，开启式熔断器熔断时，灼热的金属微粒飞溅出来会造成灼伤；因误操作引起的短路也会导致电弧烧伤。在高压系统，误操作会产生强烈的电弧，造成严重的烧伤；人体接近带电体，其间距小于放电距离时，会产生强烈的电弧，造成电弧烧伤，严重时可导致死亡。

大部分电烧伤事故发生在进行电气维修作业的电气作业人员身上。

2）电烙印。电烙印是电流通过人体后，在皮肤表面接触部位留下与接触带电体形状相似的斑痕，如同烙印。斑痕处皮肤呈现硬变，表层坏死，失去知觉。

3）皮肤金属化。皮肤金属化是高温电弧使周围金属熔化、蒸发并飞溅渗透到皮肤表层及内部所造成的。受伤部位呈现粗糙、紧绷状态。

4）机械损伤。机械损伤多数是电流作用于人体，使肌肉产生非自主的剧烈收缩所造成的。其损伤包括肌腱、皮肤、血管、神经组织断裂以及关节脱位乃至骨折等。

5）电光性眼炎。电光性眼炎表现为角膜和结膜发炎。弧光放电时辐射的红外线、可见光、紫外线都会损伤眼睛。在短暂照射的情况下，引起电光性眼炎的主要原因是紫外线。

2. 电气火灾爆炸事故

电气火灾爆炸是由电气引燃源引起的火灾和爆炸。电气装置在运行中产生的危险温度、电火花和电弧是电气引燃源的主要形式。电气线路、开关、熔断器、插座、照明灯具、电热器具、电动机等均可能引起火灾和爆炸。油浸式电力变压器、多油断路器等电气设备不仅有较大的火灾危险，还有爆炸危险。在火灾和爆炸事故中，电气火灾爆炸事故占有很大的比例。随着人民生活水平不断提高，种类繁多的家用电器陆续进入居民家庭，与此同时，电气火灾数量也呈现上升趋势。

3. 静电危害事故

静电危害事故是由静电电荷或静电场能量引起的。在生产加工过程中以及操作人员的操作过程中，某些材料的相对运动、接触与分离等原因导致相对静止的正电荷和负电荷积累，即产生静电。由此产生的静电能量不大，不会直接致命，但其电压可能高达数十千伏乃至数百千伏，可发生放电并产生静电火花。静电危害事故主要有以下 3 个方面：

（1）在有爆炸和火灾危险的场所，静电火花会成为可燃性物质的点火源，造成爆炸和火灾事故。

（2）人体因受到静电电击的刺激，可能引发二次事故，如坠落、跌伤等。此外，对静电电击的恐惧心理还会对工作效率产生不利影响。

（3）在某些生产过程中，静电的物理现象会妨碍生产，导致产品质量下降，电子设备损坏，造成生产事故，乃至停工。

4. 雷电灾害事故

雷电是大气中的一种放电现象。雷电放电具有电流大、电压高的特点。其能量释放出来会形成极大的破坏力。雷电的破坏作用主要有以下 3 个方面：

（1）直击雷放电、二次放电、雷电流的热量会引起火灾和爆炸。

（2）直击雷放电、金属导体的二次放电、跨步电压的作用及火灾与爆炸的间接作用，均会造成人员伤亡。

（3）强大的雷电流、高电压可导致电气设备击穿或烧毁。发电机、变压器、电力线路等遭受雷击，可导致大规模停电事故。雷击还可直接毁坏建筑物、构筑物。

5. 射频电磁场危害

射频是指无线电波的频率或者相应的电磁振荡频率，泛指 100 kHz 以上的频率。射频伤害是由电磁场的能量造成的。射频电磁场的危害主要有以下 2 个方面：

（1）在射频电磁场作用下，人体因吸收辐射能量会受到不同程度的伤害。过量的辐射可引起中枢神经系统机能障碍，出现神经衰弱症候群等临床症状；可造成植物神经紊乱，出现心率或血压异常，如心动过缓、血压下降或心动过速、高血压等；可引起眼睛损伤，造成晶体混浊，严重时导致白内障；可使睾丸发生功能失常，造成暂时或永久的不育症，并可能使后代产生疾患；可造成皮肤表层灼伤或深度灼伤等。

（2）在高强度的射频电磁场作用下，可能产生感应放电，造成电引爆器件发生意外引爆。感应放电对具有火灾、爆炸危险的场所来说是一个不容忽视的危险因素。此外，当受射频电磁场作用感应出的感应电压较高时，会给人以明显的电击。

6. 电气系统事故

电气系统事故是电能在输送、分配、转换过程中失去控制而造成的。断线、短路、异常接地、漏电、误合闸、误掉闸、电气设备或电器元件损坏、电子设备受电磁干扰而发生误动作等均属于电气系统故障，在一定条件下，电气系统故障会引发电气系统事故。电气系统事故严重时会导致人员伤亡及重大财产损失。电气系统事故主要体现在以下 3 个方面：

（1）异常带电。电气系统中，原本不带电的部分因电路故障而异常带电，可导致触电事故发生。例如，电气设备因绝缘不良产生漏电，使其金属外壳带电；高压电路故障接地时，在接地处附近呈现出较高的跨步电压，形成触电的危险条件。

（2）异常停电。在某些特定场合，异常停电会造成设备损坏和人身伤亡。例如，正在浇注钢水的吊车因骤然停电而失控，导致钢水洒出，引起人身伤亡事故；医院手术室可能因异常停电而被迫停止手术，无法正常施救而危及病人生命；排放有毒气体的风机因异常停电而停转，致使有毒气体超过允许浓度而危及人身安全；公共场所发生异常停电，会引起妨碍公共安全的事故；一旦发生大规模停电事故，危害波及面广，将对交通运输乃至居民生活等造成极大影响。

（3）控制系统信息讹误。对于包含电气设备、电子设备、计算机的控制系统，如果在信息获取、处理和传递过程中，系统发生故障，可能导致信息讹误，进而引发严重事故。

三、触电事故的分布规律

大量的统计资料表明，触电事故的分布是具有规律性的。触电事故的分布规律为制定安全措施，最大限度地降低触电事故发生率提供了有效依据。根据国内外的触电事故统计资料，触电事故的分布具有如下规律：

1. 触电事故季节性明显

一年之中，第二、三季度是事故多发期，尤其在6—9月最为集中。其原因主要是这段时间正值炎热季节，人体穿衣单薄且皮肤多汗，相应增大了触电的危险性。另外，这段时间潮湿多雨，电气设备的绝缘性能有所降低。且许多地区处于农忙季节，用电量增加，农村触电事故也随之增加。

2. 低压设备触电事故多

低压设备触电事故远多于高压设备触电事故，其原因主要是低压设备远多于高压设备，而且，缺乏电气安全知识的人员多与低压设备接触。因此，应当将低压设备作为防止触电事故的重点。

3. 携带式设备和移动式设备触电事故多

这主要是因为这些设备经常移动，工作条件较差，容易发生故障。另外，在使用这些设备时，经常需要用手紧握，进一步增加了触电危险性。

4. 电气连接部位触电事故多

电气连接部位机械牢固性较差，电气可靠性也较低，是电气系统的薄弱环节，较易出现故障。

5. 农村触电事故多

这主要是因为农村用电条件相对较差，电气安全技术装备相对落后，管理制度相对薄弱，人员缺乏电气安全知识等。

6. 冶金、矿山、建筑、机械行业触电事故多

这些行业存在工作现场环境复杂，潮湿、高温，移动式设备和携带式设备多，现场金属设备多等不利因素，触电事故相对较多。

7. 中青年以及非电工人员触电事故多

这主要是因为这些人员是设备操作的主体，他们直接接触电气设备，部分人员缺乏电气安全知识。

8. 误操作事故多

这主要是防止误操作的技术措施和管理措施不完善造成的。

触电事故的分布规律并不是一成不变的，在一定的条件下，也会发生变化。例如，对电气作业人员来说，高压触电事故反而比低压触电事故多。而且，通过在低压系统安装剩余电流动作保护装置，可使低压触电事故大大减少，低压触电事故与高压触电事故的比例也就发生了变化。上述规律为电气安全检查，制订电气安全工作计划，实施电气安全措施以及电气设备的设计、安装和管理等工作提供了重要的依据。

第三节　电流对人体的作用

电流通过人体，会引起人体的生理反应，甚至造成伤亡。有关电流的人体效应理论和数据对于制定防触电技术标准，鉴定安全型电气设备，设计电气安全防护措施，分析电气事故，评价安全水平等是必不可少的。

一、人体阻抗

人体阻抗是定量分析人体电流的重要参数之一，也是处理许多电气安全问题所必须考虑的基本因素。

人体皮肤、肌肉、血液、细胞组织及其结合部等构成了含有电阻和电容的阻抗。人体各部分的电阻率依下列次序减小：皮肤、脂肪、骨骼、神经、肌肉、血液，即电阻率最大的是皮肤。因此，皮肤电阻在人体阻抗中占有很大的比例。

人体阻抗包括皮肤阻抗和体内阻抗，其等效电路如图 1–12 所示。

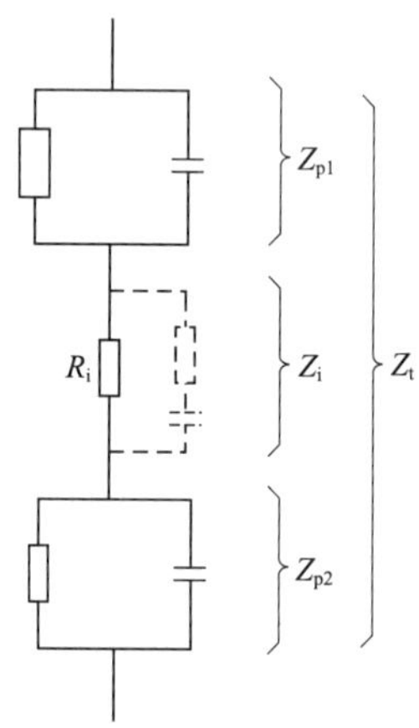

图 1–12　人体阻抗的等效电路

Z_i—体内阻抗　Z_{p1}、Z_{p2}—皮肤阻抗　Z_t—总阻抗

1. 皮肤阻抗 Z_p

皮肤由外层的表皮和表皮下面的真皮组成。表皮没有血管和神经细胞，其最外层的角质层电阻很大，在干燥和清洁的状态下，其电阻率可达 $1\times10^5\sim1\times10^6\ \Omega\cdot m$。

皮肤阻抗是指表皮阻抗，即皮肤上电极与真皮之间的电阻抗，以皮肤电阻和皮肤电容并联来表示。皮肤电容是指皮肤上电极与真皮之间的电容。

皮肤阻抗值与接触电压、电流幅值、持续时间、频率、皮肤潮湿程度、接触面积和压力等因素有关。当接触电压小于 50 V 时，皮肤阻抗随接触电压、温度、呼吸条件等因素影响有显著的变化，但其值还是比较高的；当接触电压在 50 ~ 100 V 时，皮肤阻抗明显下降，当皮肤被击穿后，其阻抗可忽略不计。

2. 体内阻抗 Z_i

体内阻抗是除去表皮之后的人体阻抗，虽存在少量电容，但可以忽略不计。因此，体内阻抗基本上可以视为纯电阻。体内阻抗主要决定于电流途径。当接触面积过小，如仅数平方毫米时，体内阻抗将会增大。

图 1－13 所示为不同电流途径的体内阻抗，图中数值表示不同部位内阻抗与手—手内阻抗比值的百分数。无括号的数值为单手至所示部位的数值，括号内的数值为双手至相应部位的数值。例如，电流途径为单手至小腿，数值将降至图上所标明的 75%；电流途径为双手至小腿，数值将降至图上所标明的 50%。

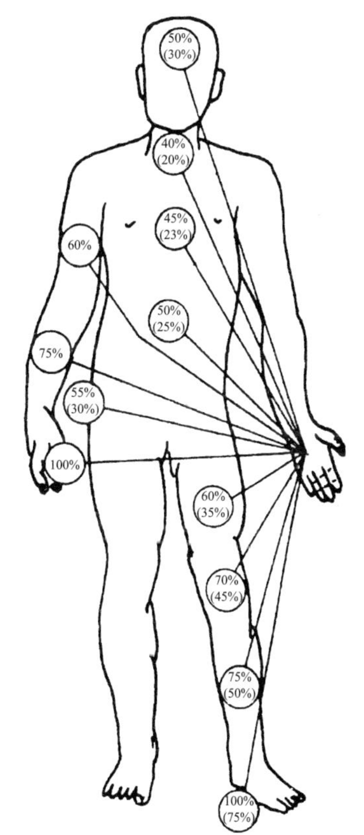

图 1－13　不同电流途径的体内阻抗

3. 人体总阻抗 Z_t

人体总阻抗是包括皮肤阻抗及体内阻抗的全部阻抗。接触电压在 50 V 以下时，由于皮肤阻抗的变化，人体总阻抗在很大的范围内变化；当接触电压较高时，人体总阻抗与皮肤阻抗关系不大。在皮肤被击穿后，人体总阻抗近似等于体内阻抗。另外，由于存在皮肤电容，人体的直流电阻高于交流阻抗。

通电瞬间的人体电阻称为人体初始电阻。

在这一瞬间，人体各部分电容尚未充电，相当于短路状态。因此，人体初始电阻近似等于体内阻抗，其影响因素也与体内阻抗相同。根据试验，在电流途径从左手到右手或从单手到单脚、大接触面积的条件下，5% 的人体初始电阻为 500 Ω。

表 1-4列出了不同接触电压下的人体阻抗值，表中数据对应于干燥条件、较大的接触面积（50 ~ 100 cm^2）、电流途径为左手到右手的情况。作为参考，该表数据亦可用于儿童。

表 1-4　　不同接触电压下的人体阻抗值

接触电压/V	按下列分布（测定人数的百分比）统计时，Z_t 不超过以下数值/Ω		
	5%	50%	95%
25	1 750	3 250	6 100
50	1 450	2 625	4 375
75	1 250	2 200	3 500
100	1 200	1 875	3 200
125	1 125	1 625	2 875
220	1 000	1 350	2 125
700	750	1 100	1 550
1 000	700	1 050	1 500
渐近值	650	750	850

二、电流对人体的作用机理

电流通过人体，会令人产生发麻、刺痛、压迫、打击等感觉，还会使人出现痉挛、血压升高、昏迷、心律不齐、窒息、心室颤动等症状，严重时可导致死亡。

1. 作用机理

（1）电流致伤机理有 4 种。

1）细胞激动作用。电流作用于人体组织，可直接引起细胞激动，产生神经兴奋波，传递到中枢神经系统后，还可间接引起人体的其他部分发生异常反应，形成伤害。

2）破坏生物电作用。人体的整个神经系统是以电信号和电化学反应为基础的，上述电信号和电化学反应所涉及的能量十分微弱。当电流通过人体时，在必要能量以外电能的作用下，系统功能很容易被破坏。

3）发热作用。电流作用于人体，可破坏体内热平衡，导致功能障碍。发热引起液体汽化，所产生的机械力可导致剥离、断裂等破坏。

4）离解作用。离解作用是指人体内液体物质发生离解而导致破坏。

（2）电击致命原因主要有 3 种。

1）心室颤动。电流直接作用于心肌，可引起心室颤动；电流作用于中枢神经系统，通过其反射作用也可引起心室颤动。50 mA（有效值）以上的工频交流电流通过人体，一般既可引起心室颤动或心搏停止，也可导致呼吸停止。在此情况下，前者的出现比后者早得多，可知心室颤动是致命的主要原因。心室颤动是一种无规则的心脏高频率振颤，其幅值小，频率可达 1 000 次/min 以上，从血流动力学的角度来看，无异于心搏停止，通常数秒钟至数分钟就会导致死亡。图 1-14 所示是心室颤动时的心电图和血压图。在心动周期中，在心电图上约 0.2 s 的 T 波这一特定时间，心脏对电流最为敏感，被称为心脏易损期。由图可知，心室颤动始发于 T 波的前半部。

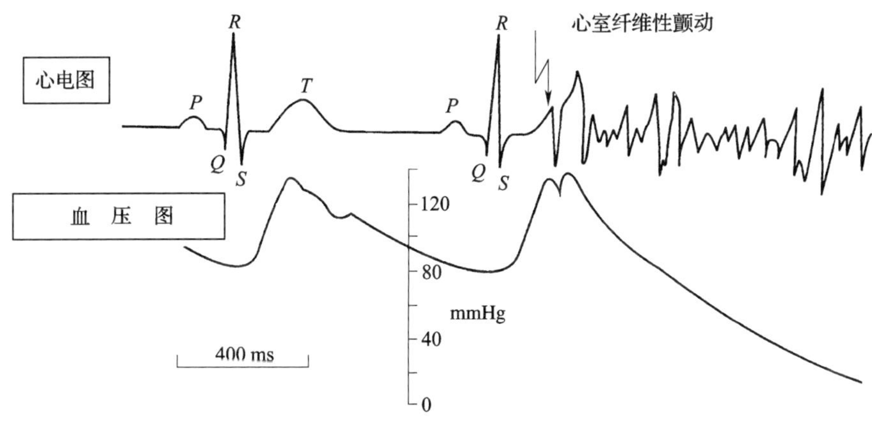

图 1-14　心室颤动时的心电图和血压图

2）窒息。当通过人体的电流较小，只有 20～25 mA 时，所导致的心室颤动或心搏停止，主要是呼吸停止导致人体缺氧引起的，并非电流直接引起的。此情况的特点是致命时间较长（10～20 min）。当通过人体的电流超过数安时，也可能因强烈刺激，先使呼吸停止。

3）电休克。人体受到电流的强烈刺激，导致神经系统抑制，可能因脉搏减弱、呼吸衰竭、神志昏迷乃至重要生命机能丧失而死亡。电休克状态可以延续数十分钟到数天。

左手—右手、单手—双脚电流途径的试验资料分别见表1–5和表1–6。

表1–5　　左手—右手电流途径的试验资料　　mA

感觉情况	初试者百分数		
	5%	50%	95%
手表面有感觉	0.7	1.2	1.7
手表面有麻痹似的连续针刺感	1.0	2.0	3.0
手关节有连续针刺感	1.5	2.5	3.5
手轻微颤动，关节有受压迫感	2.0	3.2	4.4
上肢有强力压迫的轻度痉挛	2.5	4.0	5.5
上肢有轻度痉挛	3.2	5.2	7.2
手硬直有痉挛，但能伸开，已感到有轻度疼痛	4.2	6.2	8.2
上肢、手有剧烈痉挛，失去知觉，手的前表面有连续针刺感	4.3	6.6	8.9
手到肩部的肌肉痉挛，还可能摆脱带电体	7.0	11.0	15.0

表1–6　　单手—双脚电流途径的试验资料　　mA

感觉情况	初试者百分数		
	5%	50%	95%
手表面有感觉	0.9	2.2	3.5
手表面有麻痹似的针刺感	1.8	3.4	5.0
手关节有轻度压迫感和强度的连续针刺感	2.9	4.8	6.7
前肢有压迫感	4.0	6.0	8.0
前肢有压迫感，足掌开始有连续针刺感	5.3	7.6	10.0
手关节有轻度痉挛，手动作困难	5.5	8.5	11.5
上肢有连续针刺感，腕部特别是手关节有强度痉挛	6.5	9.5	12.5
肩部以下有强度连续针刺感，肘部以下僵直，还可以摆脱带电体	7.5	11.0	14.5
手指关节、踝骨、足跟有压迫感，手的大拇指（全部）痉挛	8.8	12.3	15.8
只有尽最大努力才可能摆脱带电体	10.0	14.0	18.0

2. 电流效应的影响因素

电流对人体的伤害程度与通过人体的电流大小、持续时间、通过途径、电流种类等多种因素有关，且各因素相互之间，尤其是电流大小与持续时间之间也有着密切的联系。

（1）伤害程度与电流大小的关系。通过人体的电流越大，人体的生理反应越明显，伤害越严重。对于工频交流电，按通过人体的电流强度以及人体呈现的反应不同，可将作用于人体的电流划分为3级。

1）感知电流和感知阈值。感知电流是指电流流过人体时可引起感觉的最小电流。不同的人，感知电流值是不同的。就平均值（概率为50%）而言，成年男性感知电流约为1.1 mA（有效值，下同），成年女性感知电流约为0.7 mA。相对于正常群体而言，感知电流的最小值称为感知阈值。感知阈值可按0.5 mA考虑，并与时间因素无关。感知电流一般不会对人体造成伤害，但可能因不自主反应而导致高处坠落等二次事故。感知电流的概率曲线如图1-15所示。

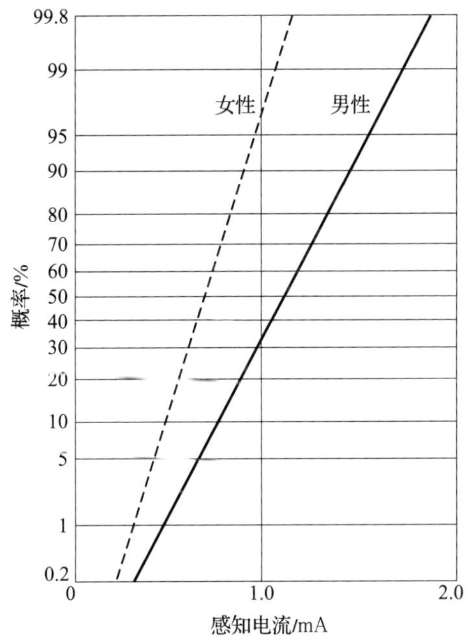

图1-15　感知电流的概率曲线

2）摆脱电流和摆脱阈值。摆脱电流是指人在触电后能够自行摆脱带电体的最大电流。超过摆脱电流时，人体受刺激导致肌肉收缩或中枢神经失去对手的正常指挥作用，进而无法自主摆脱带电体。不同的人，摆脱电流值是有差异的。就平均值（概率为 50%）而言，成年男性摆脱电流约为 16 mA，成年女性摆脱电流约为 10.5 mA，儿童的摆脱电流较成人小。相对于正常群体而言，摆脱电流的最小值称为摆脱阈值。成年男性最小摆脱电流约为 9 mA，成年女性最小摆脱电流约为 6 mA。摆脱电流的概率曲线如图 1–16 所示。

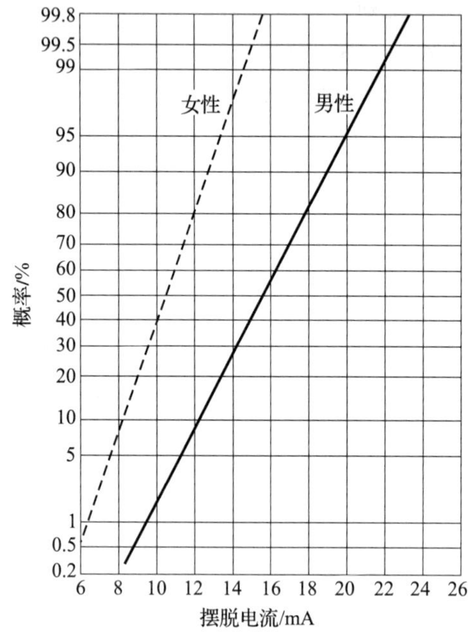

图 1–16　摆脱电流的概率曲线

3）室颤电流和室颤阈值。室颤电流是指引起心室颤动的最小电流。不同的人，室颤电流的大小是不同的。相对于正常群体而言，最小的室颤电流被定义为室颤阈值。由于心室颤动几乎终将导致死亡，可以认为，室颤电流即致命电流。室颤电流与电流持续时间关系密切。当电流持续时间超过心动周期时，室颤电流仅为 50 mA 左右；当电流持续时间小于心动周期时，室颤电流为数百毫安。当电流持续时间小于 0.1 s 时，只有电击发生在心脏易损期，500 mA 以上乃至数安的电流才能够引起心室颤动。室颤电流与电流持续时间的关系大致如图 1–17 所示。

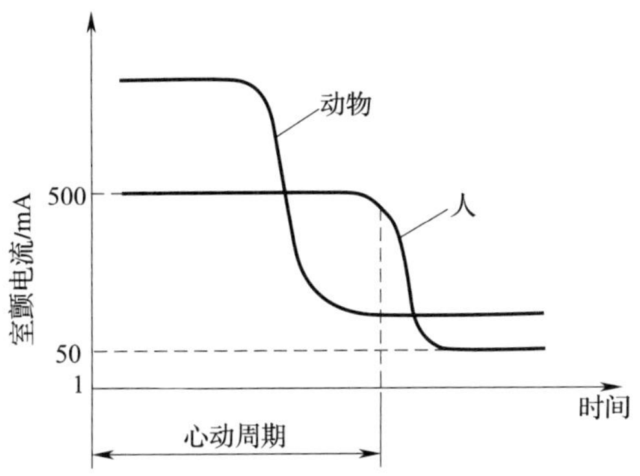

图 1-17　室颤电流与电流持续时间的关系

国际电工委员会建议按图 1-18 划分交流电流对人体作用的区域范围。该图中各个区域所产生的电击生理效应见表 1-7。

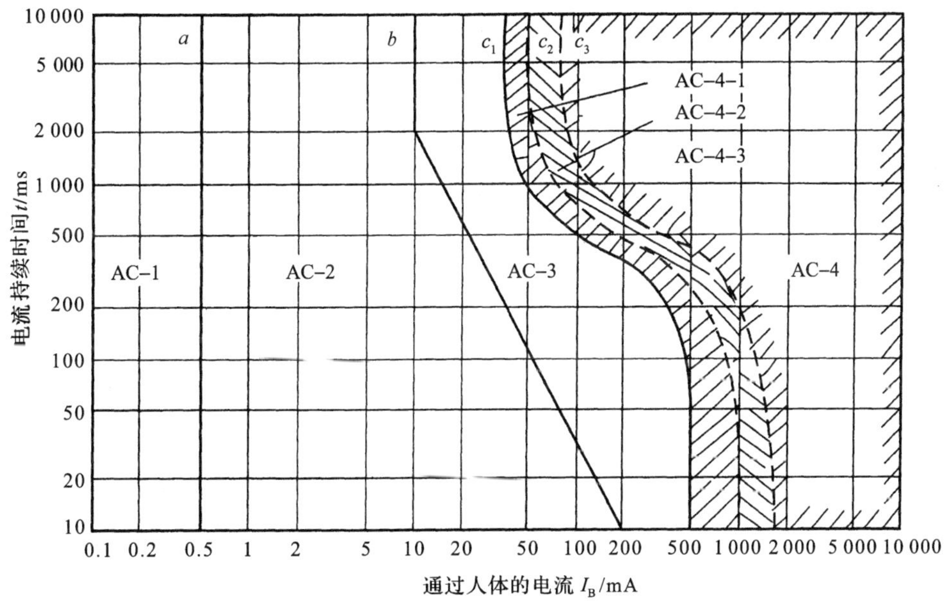

图 1-18　15～100 Hz 交流电流对人体作用的区域范围

表 1-7　15～100 Hz 交流电流对人体作用的区域所产生的电击生理效应

区域符号	区域界限	生理效应
AC-1	线 a 以左	通常无反应
AC-2	0.5 mA 至线 b	通常无有害生理效应
AC-3	线 b 至线 c_1	通常预计无器质性损伤，电流持续时间超过 2 s 以上时，很可能发生痉挛样肌肉收缩，呼吸困难。随着电流大小和电流持续时间的增加，心脏内心电冲动的形成和传导有可恢复的障碍，包括无心室纤维性颤动的心房纤维性颤动和心脏短暂停搏
AC-4	线 c_1 以右	除区域 AC-3的效应外，随着电流大小和电流持续时间的增加，还可能出现一些危险病理生理效应，如心搏停止、呼吸停止及严重烧伤
AC-4-1	线 c_1 至线 c_2	心室纤维性颤动的概率增到大约 5%
AC-4-2	线 c_2 至线 c_3	心室纤维性颤动的概率增到大约 50%
AC-4-3	线 c_3 以右	心室纤维性颤动的概率超过 50%

（2）伤害程度与电流持续时间的关系。通过人体的电流持续时间越长，越容易引起心室颤动，危险性就越大，主要原因如下：

1）能量积累。电流持续时间越长，能量积累越多，心室颤动电流减小，危险性增加。当持续时间在 0.01～5 s 范围内时，心室颤动电流和电流持续时间的关系可用下式表达：

$$I=\frac{116}{\sqrt{t}} \tag{1-1}$$

式中　I——心室颤动电流，mA；

t——电流持续时间，s。

或者，用式（1-2）和式（1-3）表达。

$$\text{当 } t \geqslant 1 \text{ s 时：} I = 50 \text{ mA} \tag{1-2}$$

$$\text{当 } t < 1 \text{ s 时：} I \cdot t = 50 \text{ mA} \cdot \text{s} \tag{1-3}$$

2）与心脏易损期重合的可能性增大。电流持续时间越长，与心脏易损期重合的可能性就越大，电击的危险性就越大。

3）人体电阻下降。电流持续时间增长，人体电阻因皮肤发热、出汗等原因而降低，通过人体的电流进一步增加，危险性也随之增加。

（3）伤害程度与电流途径的关系如下：

1）电流通过心脏、中枢神经和脊椎等要害部位时，电击的伤害最严重。

2）电流通过心脏会引起心室颤动，电流较大时会使心搏停止，从而导致血液循环中断而死亡。

3）电流通过中枢神经或有关部位，会引起中枢神经严重失调而导致死亡。

4）电流通过头部会使人昏迷，或严重损坏脑组织而导致死亡。

5）电流通过脊髓，会使人瘫痪等。

上述伤害中，以心脏伤害的危险性最大。因此，流经心脏的电流多、电流路线短的途径是危险性最大的途径。

利用心脏电流因数可以粗略估计不同电流途径下心室颤动的危险性。心脏电流因数是某一途径的心脏内电场强度与从左手到脚流过相同大小电流时心脏内电场强度的比值。表1–8列出了各种电流途径的心脏电流因数。

表1–8　　各种电流途径的心脏电流因数

电流途径	心脏电流因数
左手—左脚、右脚或双脚	1.0
双手—双脚	1.0
左手—右手	0.4
右手—左脚、右脚或双脚	0.8
背—右手	0.3
背—左手	0.7
胸—右手	1.3
胸—左手	1.5
臀部—左手、右手或双手	0.7

例如，从左手到右手流过150 mA电流，由表可知，左手到右手的心脏电流因数为0.4，因此，其150 mA电流引起心室颤动的危险性与左手到脚电流途径下60 mA电流的危险性大致相同。

如果通过人体某一电流途径的电流为I，通过左手到脚途径的电流为I_0，且二者引起心室颤动的危险性相同，则心脏电流因数K可按式（1–4）计算：

$$K=\frac{I_0}{I} \tag{1–4}$$

（4）伤害程度与电流种类的关系。100 Hz以上交流电流、直流电流、特殊波形电流都对人体具有伤害作用，其伤害程度一般较工频电流轻。

1）100 Hz以上交流电流的效应。100 Hz以上的频率应用于飞机（400 Hz）、电动工具及电焊（可达 450 Hz）、电疗（4 ~ 5 kHz）、开关电源（20 kHz ~ 1 MHz）等方面。

高频电流的危险性可以用频率因数来评价。频率因数是指某频率与工频有相应生理效应时的电流阈值之比。某频率下的感知、摆脱、室颤频率因数是各不相同的。

①100 ~ 1 000 Hz 交流电流的效应。100 ~ 1 000 Hz 交流电流的感知阈值和摆脱阈值如图 1-19 所示。图中，频率因数均大于 1，说明感知阈值和摆脱阈值都比工频要高。

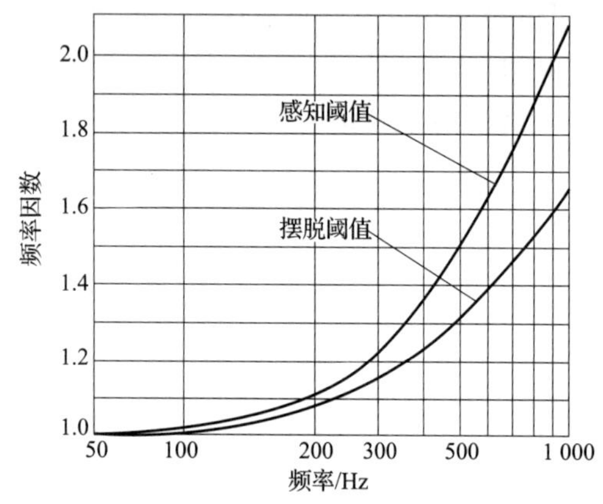

图 1-19　100 ~ 1 000 Hz 交流电流的感知阈值和摆脱阈值

在 100 ~ 1 000 Hz 交流电流作用下，当电流持续时间超过心动周期，电流途径为从手到双脚纵向情况的室颤阈值如图 1-20 所示。

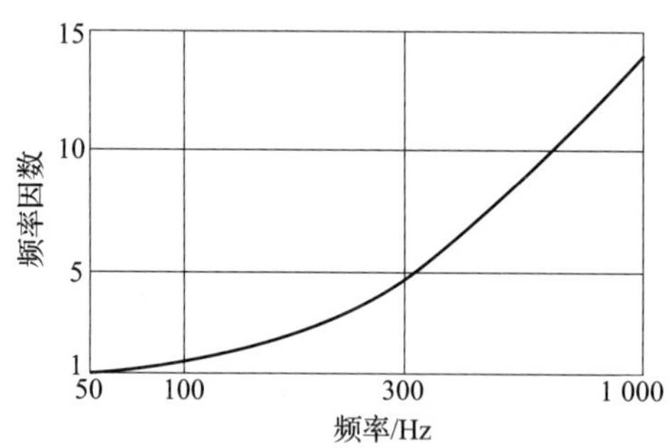

图 1-20　100 ~ 1 000 Hz 交流电流的室颤阈值

②1 ~ 10 kHz 交流电流的效应。1 ~ 10 kHz 交流电流的感知阈值和摆脱阈值如

图 1-21 所示。

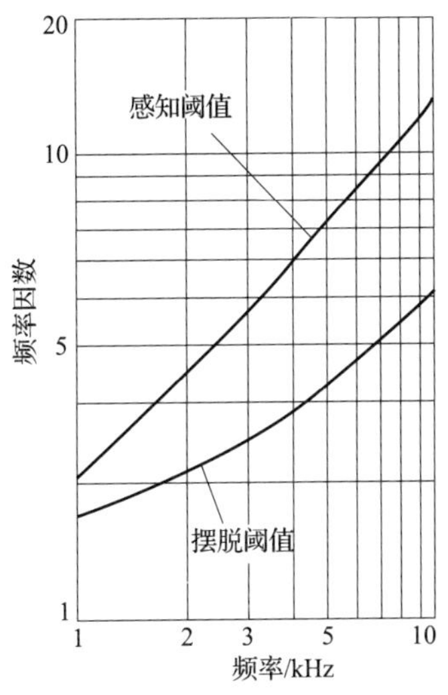

图 1-21　1～10 kHz 交流电流的感知阈值和摆脱阈值

关于 1 kHz 以上交流电流的室颤阈值，尚无试验数据及资料。

③10 kHz 以上交流电流的效应。就感知阈值而言，在 10～100 kHz，阈值从 10 mA 上升至100 mA；100 kHz 以上时，数百毫安的电流不再引起低频那样的针刺感觉，而是引起温热感觉。

就摆脱阈值和室颤阈值而言，频率在 100 kHz 以上时，尚无这方面的事故案例、报道及试验数据等。

图 1-22 可用于比较不同频率电流对人体的作用。图中，1 线表示感知阈值，2 线是感知概率为 50% 的感知电流线，3 线是感知概率为 99.5% 的感知电流线，4、5、6 线分别是摆脱概率为 99.5%、50%、0.5% 的摆脱电流线。

2）直流电流的效应。直流电流与交流电流相比，容易摆脱，其室颤电流也比较高。因而，直流电击事故很少。

就感知电流和感知阈值而言，只有在接通和断开电流时才会引起感觉，其阈值取决于接触面积、接触状态（湿度、温度、压力等情况）、电流持续时间以及个体的生理特征。普通人在正常条件下的感知阈值约为 2 mA。

就摆脱电流而言，电流在 300 mA 及以下时，没有可确定的摆脱阈值，仅在电流接通和断开时引起疼痛和肌肉收缩。当电流大于 300 mA 时，将导致不能摆脱。

就室颤阈值而言，根据动物试验资料和电气事故资料的分析结果，脚部为负极

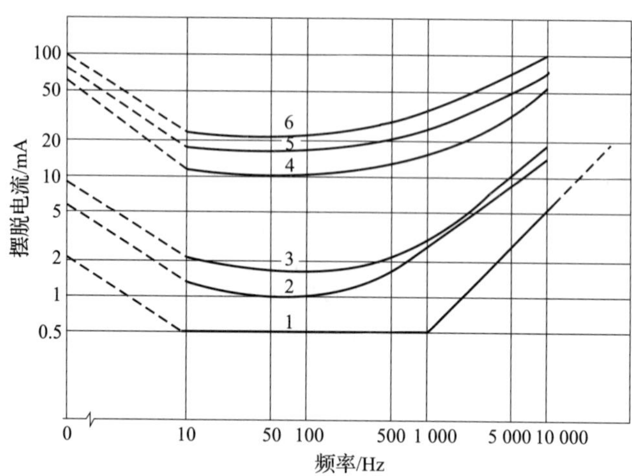

图 1-22　摆脱电流—频率曲线

的向下电流的室颤阈值是脚部为正极的向上电流的 2 倍；对于从左手到右手的电流途径，不大可能发生心室颤动。

当电流持续时间超过心动周期时，直流室颤阈值为交流的数倍。电流持续时间小于 200 ms 时，直流室颤阈值大致与交流相同。

国际电工委员会建议按图 1-23 划分直流电流对人体作用的区域范围。该图中各个区域所产生的电击生理效应见表 1-9。

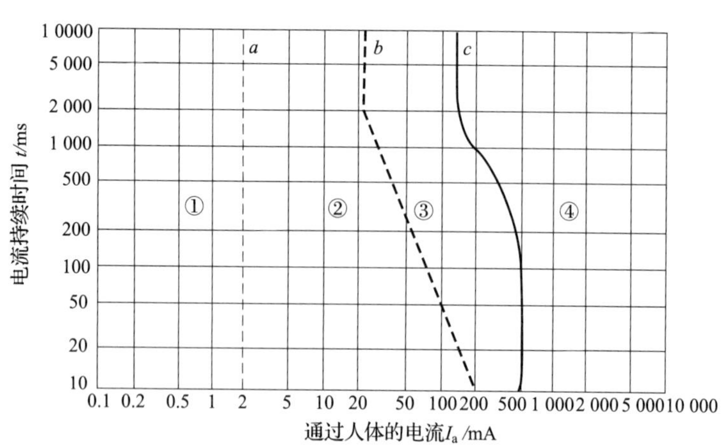

图 1-23　直流电流对人体作用的区域范围

注：关于心室纤颤，本图所示是按电流途径为从左手至双脚，且为向上电流的效应。

表 1-9　　直流电流对人体作用的区域所产生的电击生理效应

区域	生理效应
①区	通常无反应
②区	通常无有害生理效应
③区	通常无器质性损伤，随电流大小和持续时间的增加，可能出现心脏中兴奋波的形成和传导的可逆性紊乱
④区	除③区的效应外，还可能出现心室颤动，也可能发生严重烧伤等其他病理生理效应

当 300 mA 的直流电流通过人体时，人体四肢有暖热感觉。在电流途径为从左手到右手的情况下，电流为 300 mA 及以下时，随持续时间的延长和电流的增大，可能产生可逆性心律不齐、电流伤痕、烧伤、晕眩乃至失去知觉等病理效应；当电流为 300 mA 以上时，经常出现失去知觉的情况。

3）特殊波形电流的效应。最常见的特殊波形电流有带直流成分的正弦电流、相控电流和多周期控制正弦电流等。特殊波形电流的室颤阈值按其具有相同电击危险性的等效正弦电流有效值 I_{ev} 考虑。根据表 1-10 可以计算出 I_{ev} 值，利用此值在 15～100 Hz 交流电流对人体作用的区域范围图中，可查得其相应的电击效应。

表 1-10　　I_{ev} 值的确定

特殊波形电流种类		在下列电击持续时间 t_e 的 I_{ev} 值（t_n 为心动周期）			备注
		$t_e<0.75\ t_n$	$t_e=(0.75\sim1.5)\ t_n$	$t_e>1.5\ t_n$	
含有直流分量		$I_p/\sqrt{2}$	电流参量由峰值逐渐转为有效值	$I_{pp}/(2\sqrt{2})$	I_p——波形峰值 I_{pp}——波形峰向值 p——电力控制程序，数值为 $t_s/(t_s+t_p)$ t_s——传导时间 t_p——不传导时间
相位控制	对称控制			相应波形电流有效值	
	不对称控制			待定	
多周期控制				由 p 决定	

注：当 $p=1$ 时，I_{ev} 为与同一持续时间的正弦交流电流相同的有效值 I_e。当 $p=0.1$ 时，$I_{ev}=I_p/\sqrt{2}$。当 p 在中间值时，I_{ev} 值介于 I_e 与 $I_p/\sqrt{2}$ 之间，按插入法计算。

4）电容放电电流的效应。这里讨论的电容放电电流指持续时间（即电容放电时间常数 τ 的 3 倍）小于 10 ms 的短持续时间脉冲电流。由于作用时间短暂，不存在摆脱阈值问题，但存在疼痛阈值。电容放电电流的感知阈值和疼痛阈值取决于电极形状、冲击电量和电流峰值。在干手握住大电极的条件下，感知阈值和疼痛阈值与电量和充电电压的关系如图 1-24 所示。图中，两组斜线分别是电容和能量的分度线。根据充电电压的坐标及电容坐标的交叉点，可在相应的斜线上读出脉冲的电荷及能量。

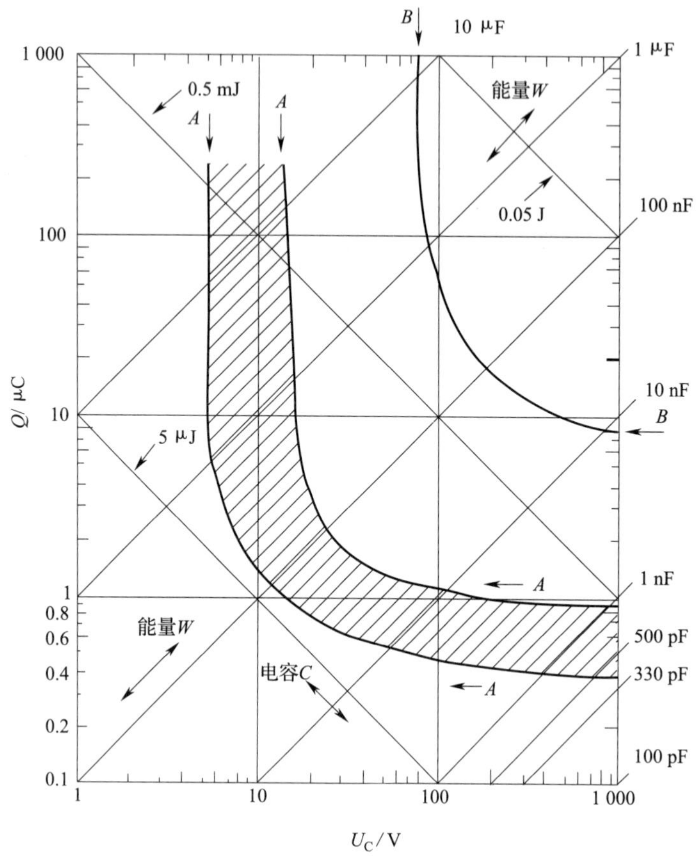

图 1-24　电容放电的感知阈值和疼痛阈值与电量和充电电压的关系（干手、大接触面积）

A 区—感知阈值　曲线 B—典型的疼痛阈值

电容放电的室颤阈值取决于电流持续时间、电流大小、脉冲发生时的心脏相位、电流通过人体的途径和个体生理特征等因素。电容放电的室颤阈值如图 1-25 所示。该图对应左手—双脚的电流途径。图中，C_1 以下，无心室颤动危险；C_1 以上直到 C_2，低心室颤动危险（直到 5% 的概率）；C_2 以上直到 C_3，中等心室颤动危险（直到 50% 的概率）；C_3 以上，高心室颤动危险（大于 50% 的概率）。

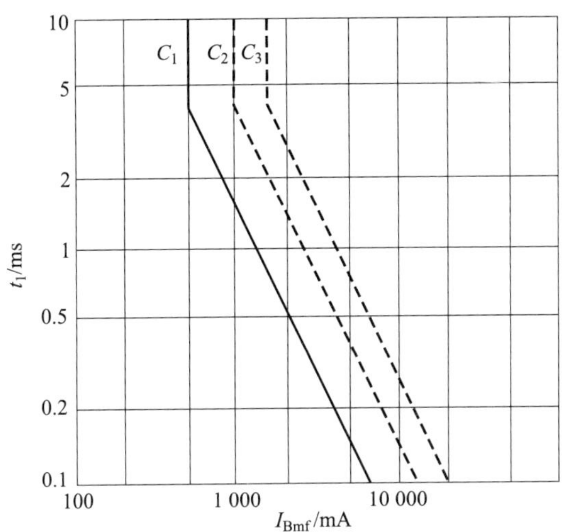

图 1-25　电容放电的室颤阈值

本章小结

1. 电能的生产、输送、分配和使用是在同一瞬间完成的，实现这个全过程的各个环节构成了一个有机联系的整体，这个整体就称为电力系统。电力系统由发电厂、送电线路、变电所、配电网和电力负荷组成，电力系统各部分的功能、额定电压和电压等级、工业企业供电系统组成、常见的 4 种供电方式、电力负荷分级以及各级电力负荷对供电电源的要求等是电气安全的基础知识。

2. 工业企业高、低压配电主要有放射式、树干式、环式 3 种基本接线方式，它们各具特点并有其适用场所。根据具体的情况，实际的系统往往由几种接线方式组合而成。

3. 电气事故是由电能非正常地作用于人体或设备所造成的。根据电能的不同作用形式，电气事故分为触电事故、电气火灾爆炸事故、静电危害事故、雷电灾害事故、射频电磁场危害和电气系统事故等。

4. 有关电流人体效应的理论和数据对于制定防触电技术标准，鉴定安全型电气设备，设计电气安全防护措施，分析电气事故，评价安全水平等是必不可少的。本章针对触电事故的类型及其分布规律以及电流对人体的作用相关知识作了重点讨论。

复习思考题

1. 概述电力系统的组成和各部分的功能。

2. 工业企业常见的供电方式有几种？试说明各种供电方式的组成及其适用的工业企业。

3. 电力负荷根据什么进行分级？分为几级？符合何种情况为一级负荷，一级负荷的供电电源应满足哪些要求？

4. 简述电气事故的特点。

5. 从能量角度阐述各种类型电气事故的发生概要，并说明其危害。

6. 试说明直接接触电击和间接接触电击在概念上有何不同。

7. 根据触电事故的统计，触电事故具有哪些分布规律？

8. 电流对人体的伤害程度与哪些因素有关？各因素如何影响伤害程度？什么因数反映伤害程度与电流途径的关系？该因数是如何定义的？

9. 试说明感知电流、摆脱电流和室颤电流的概念并说明它们各自的数值。

10. 简述人体阻抗的构成。试说明在干燥条件、较大接触面积、电流途径为左手到右手、接触电压为220 V的情况下，人体阻抗的大致取值范围。

第二章　直接接触电击防护

本章学习目标

1. 熟悉电击的防护准则，掌握电击防护的措施要求。

2. 熟悉绝缘等直接接触电击防护措施。掌握绝缘材料主要电气性能，掌握绝缘击穿、老化、损坏等绝缘破坏的机理，掌握绝缘电阻测量仪的工作原理和使用方法。

3. 掌握屏护和间距等直接接触电击防护措施。熟悉常用的屏护和间距防护措施的具体要求。

本章首先介绍电击的防护准则及措施要求，然后介绍直接接触电击最常用的防护措施，即绝缘、屏护和间距。这些措施的主要作用是防止人体触及或过分接近带电体造成触电事故以及防止短路、故障接地等电气事故。

第一节　电击的防护准则及措施要求

一、电击的防护准则

1. 基本准则

电击防护相关 IEC（国际电工委员会）技术报告和我国标准提出的电击防护基本准则：在正常情况和在单一故障情况下，危险的带电部分是不可触及的，而可触及的可导电部分是不可以带危险电位的。

2. 带电部分和可触及的可导电部分的定义

上述基本准则中，带电部分是指正常运行中带电的导体或可导电部分（含中性导体，但按惯例不包括 PEN 导体①、PEM 导体②或 PEL 导体③）。可触及的可导电部分是指电气设备上能触及的可导电部分，在正常情况下不带电，但在故障情况下可能带电。其最典型的情况是电气设备的金属外壳，当电气设备带电部分的绝缘损坏时，会导致外壳由不带电变为带电。

3. 直接接触电击和间接接触电击的定义

由第一章的学习可知，电击事故分为直接接触电击和间接接触电击。直接接触电击是指人体直接接触到上述的“带电部分”而引起的电击。间接接触电击是指人体接触到发生漏电故障的电气设备的“可触及的可导电部分”而引起的电击。电击防护基本准则正是针对上述两种情况所提出的。

4. 正常情况和单一故障情况的定义

直接接触电击即使在设备正常运行、没有故障的情况下也可发生，而间接接触电击则是在设备出现故障时才可能发生。因此，电击防护基本准则提出，不仅要在“正常情况下”，也要在“单一故障情况下”，均应是无危险的。

上述基本准则中，单一故障是指以下 3 方面之一：

（1）正常情况下不带电的可触及的可导电部分变为危险的带电部分。例如，电机的绕组与线槽间的基本绝缘失效，使电机外壳由不带电变为带电。

（2）可触及的无危险的带电部分变为危险的带电部分。例如，提供交流 12 V 特低电压的变压器其一、二次绕组之间绝缘失效，使二次绕组产生危险的对地电压。

（3）正常不可触及的变为可触及的危险带电部分。例如，电源插座外壳机械性损坏，使带电部分外露。

基本准则仅考虑单一故障情况，而不考虑多故障情况，主要原因如下：一是使用者发现电气设备发生故障不能工作时，应该立即由专业人员进行处理，也就排除了强行继续使用出现第二种故障的可能性；二是故障总是在设备最薄弱环节发生，两个及以上故障同时出现的概率极小。

二、电击防护的措施要求

1. 正常情况

为符合上述基本准则，在正常情况下，需要有针对直接接触电击的防护措施，

---

① PEN 导体指保护接地中性导体，是兼有保护导体和中性导体功能的导体。

② PEM 导体指保护接地中间导体，是兼有保护导体和中间导体功能的导体。

③ PEL 导体指保护接地线导体，是兼有保护接地导体和线导体功能的导体。

即基本防护。基本防护可以由绝缘（基本绝缘）、屏护（外护物）、间距（包括置于伸臂范围之外）、限制稳态接触电流、限制电压（特低电压）等基本防护措施之一来提供。

2. 单一故障的情况

为符合上述基本准则，在电气设备发生单一故障的情况下，需要有针对间接接触电击的防护措施，即故障防护。

电击防护措施既要有基本防护措施，又要有故障防护措施，为满足此要求，可通过下述方法之一实现：

（1）独立的基本防护措施和独立的故障防护措施适当组合。

（2）兼有基本防护和故障防护的加强防护措施。

双重绝缘措施（将在第四章具体讲述）就是前者，其既有作为基本防护措施的基本绝缘，又有作为故障防护措施的附加绝缘，是两个独立的防护措施组合的典型例子；而加强绝缘措施（将在第四章具体讲述）就是后者，是兼备了基本防护和故障防护的加强防护措施。

三、电击防护的措施分类

电击防护措施分3类。

1. 直接接触电击防护措施

该类措施即在正常情况下所采用的基本防护措施，主要有绝缘、屏护、间距等，这类措施相关内容将在本章讨论。

2. 间接接触电击防护措施

该类措施即在单一故障情况下所采用的故障防护措施，主要有TN、TT、IT系统及等电位联结等，相关内容将在第三章介绍。

3. 兼防直接接触电击和间接接触电击的防护措施

兼防直接接触电击和间接接触电击的防护措施主要有特低电压、剩余电流动作保护、双重绝缘及加强绝缘等，这部分内容将在第四章介绍。

第二节　绝　　缘

绝缘是指利用绝缘材料对带电体进行封闭和隔离。长久以来，绝缘一直是预防触电事故的重要措施，良好的绝缘也是保障电气系统正常运行的基本条件。

一、绝缘材料的电气性能

绝缘材料又称为电介质，其导电能力很小，但并非绝对不导电。工程上应用的绝缘材料电阻率一般都不低于 $10^7\Omega\cdot m$。

绝缘材料的主要作用是对带电的或不同电位的导体进行隔离，使电流按照确定的线路流动。

绝缘材料的品种很多，一般分为以下 3 种：

（1）气体绝缘材料。常用的气体绝缘材料有空气、氮、氢和六氟化硫等。作为气体绝缘的典型例子，架空高压输电线路的各相导线对地以及各相导线之间，除了采用绝缘子外，还利用空气作为绝缘介质。六氟化硫气体作为一种绝缘性能优良的气体绝缘材料被广泛用于高压断路器、气体绝缘封闭式组合电器 GIS（gas insulated switchgear）。

（2）液体绝缘材料。常用的液体绝缘材料有从石油原油中提炼出来的碳氢化合物绝缘矿物油，十二烷基苯、聚丁二烯、硅油和三氯联苯等合成油以及蓖麻油。实际中常用的变压器油、电容器油和电缆油均属于液体绝缘材料。

（3）固体绝缘材料。常用的固体绝缘材料有树脂绝缘漆、胶和熔敷粉末，纸、纸板等绝缘纤维制品，漆布、漆管和绑扎带等绝缘浸渍纤维制品，绝缘云母制品，电工用薄膜、复合制品和黏带，电工用层压制品，电工用塑料和橡胶，（钢化）玻璃、电瓷、环氧树脂等。固体绝缘材料用得最多，这是因为除了绝缘作用外，固体绝缘材料还能起到支撑带电体的作用。

电气设备的质量和使用寿命在很大程度上取决于绝缘材料的电、热、机械和理化性能，而绝缘材料的性能和寿命与材料的组成成分、分子结构有着密切的关系。

绝缘材料的电气性能主要表现在电场作用下材料的导电性能、介电性能及绝缘强度。它们分别以绝缘电阻率 ρ（或电导率 γ）、相对介电常数 ε_r、介质损耗因数 $\tan\delta$ 以及击穿场强 E_B 4 个参数来表示。本节暂先介绍前 3 个参数，击穿场强将在后面介绍。

1. 绝缘电阻率和绝缘电阻

任何绝缘材料都不是绝对的绝缘体，总存在一些带电质点，主要为本征离子和杂质离子。在电场的作用下，它们可做有方向的运动，形成漏导电流，通常又称为泄漏电流。在外加电压作用下的绝缘材料的等效电路如图 2-1a）所示，在直流电压作用下的电流曲线如图 2-1b）所示。图中，电阻支路的电流 i_l 即为漏导电流；流经电容和电阻串联支路的电流 i_a 称为吸收电流，是由缓慢极化和离子体积电荷形成的电流；电容支路的电流 i_c 称为充电电流，是由几何电容等效应构成的电流。

在正常范围内，绝缘材料的漏导电流密度与电场强度之间符合欧姆定律（微分形式），即

$$\vec{\delta}_l = \gamma \vec{E} \tag{2-1}$$

式中　$\vec{\delta}_l$——漏导电流密度；

γ——电导率；

$\vec{E}$——电场强度。

电阻率是电导率的倒数，即

$$\rho = 1/\gamma \tag{2-2}$$

对于固体，漏导电流有两条途径，即体积途径和表面途径，对应有两种电阻率，即体积电阻率 ρ_V 和表面电阻率 ρ_S。由于电流流经体积途径时遇到的体积电阻正比于流经材料长度，反比于电极的接触面积，可以推知体积电阻率 ρ_V 的单位是 Ω · m。同样，由于电流流经表面途径时遇到的表面电阻正比于流经材料长度，反比于电极的宽度，可以推知表面电阻率 ρ_S 的单位是 Ω。

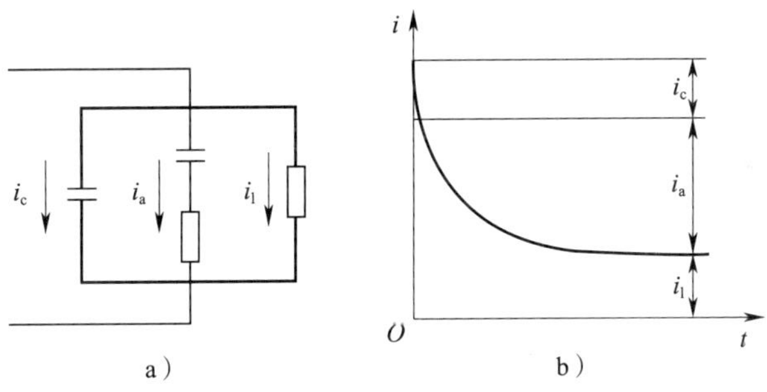

图 2-1　绝缘材料导电

a）等效电路　b）电流曲线

绝缘电阻率和绝缘电阻分别是绝缘材料和绝缘结构的主要电气性能参数之一。为了检验绝缘性能的优劣，在绝缘材料的生产和应用中，经常需要测定其绝缘电阻率，包括体积电阻率和表面电阻率；在绝缘结构的应用中，经常需要测定绝缘电阻。

温度、湿度、杂质含量、电场强度的增加都会降低绝缘材料的电阻率。

温度升高时，分子热运动加剧，使离子容易迁移，电阻率按指数规律下降。

湿度升高时，一方面，水分的浸入增加了绝缘材料的导电离子，使电阻率下降；另一方面，对亲水物质，表面的水分会大大降低其表面电阻率。电气设备特别是户外设备，在运行过程中，往往因受潮引起绝缘材料电阻率下降，造成漏导电流过大而使设备损坏。因此，为了预防事故的发生，应定期检查设备绝缘电阻的变化。

杂质含量增加，导致内部导电离子增加，也使绝缘材料表面受污染并吸附水分，从而降低体积电阻率和表面电阻率。

在较高的电场强度作用下，固体和液体绝缘材料的离子迁移能力随电场强度的增强而增大，使电阻率下降。当电场强度接近绝缘材料的击穿电场强度时，因出现大量电子迁移，电阻率按指数规律下降。

2. 介电常数

绝缘材料处于电场作用下时，其分子、原子中的正电荷和负电荷发生偏移，使得正、负电荷的中心不再重合，形成电偶极子。电偶极子形成及其定向排列称为绝缘材料的极化。绝缘材料极化后会在其表面产生束缚电荷。束缚电荷不能自由移动。

介电常数是表明绝缘材料极化特征的性能参数。介电常数越大，绝缘材料极化能力越强，产生的束缚电荷就越多。束缚电荷产生电场，且该电场总是削弱外电场。因此，处在绝缘材料中的带电体周围的电场强度，总是低于同样带电体处在真空中时周围的电场强度。

现用电容器来说明介电常数的物理意义。设电容器极板间为真空时，其电容量为 C_0；当极板间充满某种绝缘材料时，其电容量变为 C。C 与 C_0 的比值即该绝缘材料的相对介电常数。即

$$\varepsilon_r = \frac{C}{C_0} \tag{2-3}$$

在填充绝缘材料以后，出现了束缚电荷，若维持极板间的电场强度不变，极板上的自由电荷必然有所增加。亦即填充绝缘材料之后，极板上可容纳更多的自由电荷，意味着电容增大。因此，相对介电常数总是大于 1 的。

绝缘材料的介电常数受电源频率、温度、湿度等因素而产生变化。

随电源频率增加，有的极化过程在半周期内来不及完成，以致极化程度下降，介电常数减小。

随温度增加，电偶极子转向极化易于进行，介电常数增大；但当温度超过某一限度后，由于热运动加剧，极化反而困难一些，介电常数减小。

随湿度增加，材料吸收水分，由于水的相对介电常数很高（在 80 左右），且水分的侵入能增加极化作用，使得绝缘材料的介电常数明显增加。因此，通过测量介电常数，能够判断绝缘材料受潮程度等。

大气压力对气体材料的介电常数有明显影响，压力增大，气体密度增大，相对介电常数也增大。

3. 介质损耗

在交流电压作用下，绝缘材料中的部分电能不可逆地转变成热能，这部分能量叫作介质损耗。单位时间内消耗的能量叫作介质损耗功率。介质损耗一种是由漏导电流引起的，另一种是由极化引起的。介质损耗使介质发热，是绝缘材料发生热击穿的根源。

施加交流电压时，绝缘材料中电流、电压的相量关系如图 2-2所示。

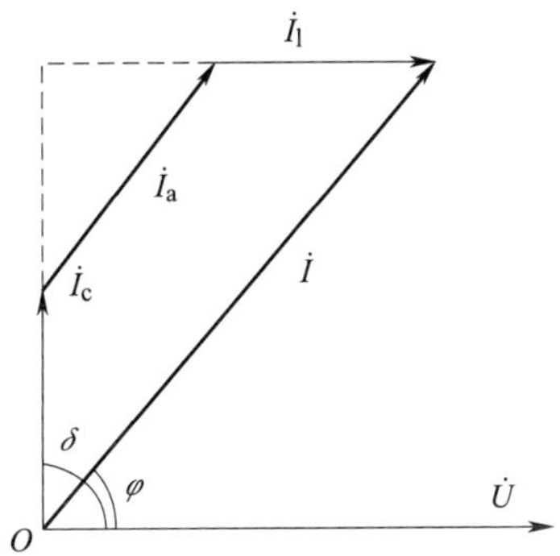

图 2-2　绝缘材料中电流、电压的相量关系

总电流与电压的相位差 φ 即绝缘材料的功率因数角。功率因数角的余角 δ 称为介质损耗角。根据相量图，不难求出单位体积内介质损耗功率为

$$p=\omega\varepsilon E^2\tan\delta \tag{2-4}$$

式中　ω——电源角频率，$\omega=2\pi f$；

ε——绝缘材料介电常数；

E ——绝缘材料内电场强度；

δ——介质损耗角。

p 值与试验电压、试品尺寸等因素有关，难以用来对绝缘材料品质做严密的比较，因此，通常以 $\tan\delta$ 来衡量绝缘材料的介质损耗性能。

对于电气设备中使用的绝缘材料，$\tan\delta$ 越小越好。在绝缘试验中，绝缘受潮或

劣化时，$\tan\delta$ 值会剧烈上升。绝缘材料内部发生游离时，也可通过测定 $\tan\delta = f(U)$ 的曲线来加以判断。

影响绝缘材料介质损耗的因素主要有电源频率、温度、湿度、电场强度和辐射，影响过程比较复杂，从总的趋势上来说，随着上述因素的增强，介质损耗增加。

二、绝缘的破坏

在电气设备的运行过程中，由于电场、热、化学因素、机械因素、生物因素等的作用，绝缘材料的绝缘性能会发生劣化。

1. 绝缘击穿

当施加于绝缘材料上的电场强度高于临界值时，通过绝缘材料的电流会突然猛增，这时绝缘材料被破坏，完全失去绝缘性能，这种现象称为绝缘材料的击穿。发生击穿时的电压称为击穿电压，击穿时的电场强度称为击穿场强。

（1）气体绝缘材料的击穿。气体绝缘材料的击穿是由碰撞电离导致的电击穿。在强电场中，气体的带电质点（主要是电子）在电场中获得足够的动能，当它与气体分子发生碰撞时，能够使中性分子电离为正离子和电子。新形成的电子又在电场中积聚能量而碰撞其他分子，使其电离，这就是碰撞电离。这个过程是一个连锁反应过程。每一个电子碰撞产生一系列新电子，因而形成电子崩。电子崩向阳极发展，最后形成一条具有高电导的通道，导致绝缘击穿。

在均匀电场中，当温度一定，电极距离不变，气体压力很低时，气体中分子稀少，碰撞游离的机会很小，因此击穿电压很高。随着气体压力的增大，碰撞游离的机会增加，击穿电压有所下降，在某一特定的气压下出现最小值。但当气体压力继续升高时，气体密度逐渐增大，电子平均自由行程很小，只有更高的电压才能使电子积聚足够的能量以产生碰撞游离，击穿电压也逐渐升高。利用此规律，在工程上常采用高真空和高气压的方法来提高气体的击穿场强。

空气的击穿场强为 25～30 kV/cm。

（2）液体绝缘材料的击穿。液体绝缘材料的击穿特性与其纯净度有关，一般认为纯净液体的击穿与气体的击穿机理相似，是由电子碰撞电离导致的。但液体的密度大，电子自由行程短，积聚的能量小，因此击穿场强比气体高。纯净的液体绝缘材料在很小的均匀电场间隙中的击穿场强可达 1 MV/cm。然而，工程上液体绝缘材料不可避免地含有气体、液体和固体杂质。例如，在电气设备运行中，液体绝缘材料会从大气吸收水分，各种纤维从固体绝缘物脱落进入液体绝缘材料，液体绝缘材料本身还会随着老化分解出气体、水分和聚合物。所以，液体绝缘材料会含有气体、水分和纤维这 3 种主要杂质。

当液体中含有乳化状水滴和纤维时，由于水和纤维在电场下易极化，在强电场的作用下，纤维极化而定向排列，并运动到电场强度最高处连成小桥，小桥贯穿两电极引起电导剧增，使局部温度骤升，最后导致击穿。例如，变压器油中含有极少量水分就会大大降低油的击穿场强。含有气体杂质的液体绝缘材料的击穿可用气泡击穿机理来解释。气体杂质的存在使液体呈现不均匀性，液体局部过热，气体迁移集中，在液体中形成气泡。气泡的相对介电常数较低，使得气泡内的电场强度较高，为液体内电场强度的 2.2 ~2.4 倍，而气体的临界场强比液体低得多，致使气泡游离，局部发热加剧，体积膨胀，形成连通两电极的导电小桥，最终导致整个绝缘材料击穿。

杂质的存在使工程用液体绝缘材料的击穿过程与纯净液体绝缘材料截然不同，其击穿场强也就明显不同。变压器油的击穿场强为 120 ~250 kV/cm。

为此，在使用液体绝缘材料之前，必须对其进行纯化、脱水、脱气处理，并在使用过程中避免这些杂质的侵入。

液体绝缘材料击穿后，绝缘性能在一定程度上可以得到恢复。

（3）固体绝缘材料的击穿。固体绝缘材料的击穿有电击穿、热击穿、电化学击穿、放电击穿等击穿形式。

1）电击穿。电击穿是固体绝缘材料在强电场作用下，其内少量处于导带的电子剧烈运动，与晶格上的原子（或离子）碰撞而使之游离，并迅速扩展导致的击穿。电击穿的特点是电压作用时间短，击穿电压高。电击穿的击穿场强与电场均匀程度密切相关，但与环境温度及电压作用时间几乎无关。

2）热击穿。在强电场作用下，如果介质损耗等原因所产生的热量不能够及时散发出去，温度上升，会导致固体绝缘材料局部熔化、烧焦或烧裂，最后造成击穿。这种击穿称为热击穿。热击穿的特点是电压作用时间长，击穿电压较低。热击穿电压随环境温度上升而下降，但与电场均匀程度关系不大。

3）电化学击穿。电化学击穿是固体绝缘材料在强电场作用下，由游离、发热和化学反应等因素的综合效应造成的击穿。其特点是电压作用时间长，击穿电压往往很低。电化学击穿电压与绝缘材料本身的耐游离性能、制造工艺、工作条件等因素有关。

4）放电击穿。放电击穿是固体绝缘材料在强电场作用下，内部气泡首先发生碰撞游离而放电，继而加热其他杂质，使之汽化形成气泡，由气泡放电进一步发展导致击穿。放电击穿的击穿电压与绝缘材料的质量有关。

固体绝缘材料一旦击穿，将失去绝缘性能。

实际上，绝缘结构发生击穿时，往往电、热、电化学、放电等击穿形式同时存在，很难截然分开。一般来说，采用 tanδ 大、耐热性差的绝缘材料的低压电气设备，在工作温度高、散热条件差时热击穿较为多见。而在高压电气设备中，发生放电击穿的概率就大些。脉冲电压下的击穿一般属电击穿。当电压作用时间达数十小时乃至数年时，大多数属于电化学击穿。

2. 绝缘老化

电气设备在运行过程中，其绝缘材料由于受热、电、光、氧气、机械力（包括超声波）、辐射线、微生物等因素的长期作用，会产生一系列不可逆的物理变化和化学变化，导致绝缘材料的电气性能和机械性能劣化。

绝缘老化过程十分复杂，就其老化机理而言，主要有热老化机理和电老化机理。

（1）热老化。一般，在低压电气设备中，促使绝缘材料老化的主要因素是热。热老化包括低分子挥发性成分的逸出，材料的解聚和氧化裂解、热裂解、水解，以及材料分子链继续聚合等过程。

每种绝缘材料都有其极限耐热温度，当超过这一极限耐热温度时，其老化将加剧，电气设备的寿命就会缩短。在电工技术中，常把电机电器中的绝缘结构和绝缘系统按耐热等级进行分类。我国绝缘材料相关标准规定的绝缘耐热分级及其极限温度见表 2–1。

表 2–1　绝缘耐热分级及其极限温度

耐热分级	极限温度/℃
Y	90
A	105
E	120
B	130
F	155
H	180
C	>180

（2）电老化。电老化主要是由局部放电引起的。在高压电气设备中，促使绝缘材料老化的主要原因是局部放电。局部放电时产生的臭氧、氮氧化物、高速粒子都会降低绝缘材料的性能，局部放电还会使材料局部发热，促使材料性能恶化。

3. 绝缘损坏

绝缘损坏是指不正确选用绝缘材料、不正确地进行电气设备及线路的安装、不合理地使用电气设备等，导致绝缘材料受到外界腐蚀性液体、气体、蒸气、潮气、粉尘的污染和侵蚀，或受到外界热源或机械因素的作用，在较短或很短的时间内失去其电气性能或机械性能的现象。另外，动物和植物也可能破坏电气设备和电气线路的绝缘结构。

三、绝缘检测和绝缘试验

绝缘检测和绝缘试验的目的是检查电气设备或线路的绝缘指标是否符合要求。绝缘检测和绝缘试验主要包括绝缘电阻试验、耐压试验、泄漏电流试验和介质损耗试验。其中，绝缘电阻试验是最基本的绝缘试验；耐压试验用于检验电气设备承受过电压的能力，主要用于新品种电气设备（型式试验）及投入运行前的电力变压器等设备、电工安全用具等；泄漏电流试验和介质损耗试验只针对一些要求较高的高压电气设备。以下仅对绝缘电阻试验和耐压试验进行介绍。

1. 绝缘电阻试验

绝缘电阻是衡量绝缘结构性能优劣的最基本指标。在绝缘结构的制造和使用中，经常需要测定其绝缘电阻。通过测定，可以在一定程度上判定某些电气设备的绝缘好坏，判断某些电气设备如电机、变压器的受潮情况等，以防因绝缘电阻降低或损坏而造成漏电、短路、电击等电气事故。

（1）绝缘电阻的测量。绝缘材料的电阻可以用比较法（属于伏安法）或泄漏法测量，但通常用兆欧表（摇表）测量。这里仅就应用兆欧表测量绝缘材料的电阻进行介绍。

兆欧表主要由作为电源的手摇发电机（或其他直流电源）和作为测量机构的磁电式流比计（双动线圈流比计）组成。测量时，给被测物加上直流电压，测量其通过的泄漏电流，在表的盘面上读到的是经过换算的绝缘电阻值。

磁电式流比计的工作原理如图2–3所示。在同一转轴上装有两个交叉的线圈。当两线圈通有电流时，两个线圈分别产生互为相反方向的转矩 T_1、T_2。其大小分别为

$$T_1 = K_1 f_1(\alpha) I_1 \tag{2–5}$$

$$T_2 = K_2 f_2(\alpha) I_2 \tag{2–6}$$

式中　K_1、K_2——比例常数；

I_1、I_2——通过两个线圈的电流；

α——线圈带动指针偏转的偏转角。

当 $T_1 \neq T_2$ 时，线圈转动，指针偏转。当 $T_1 = T_2$ 时，线圈停止转动，指针停止偏转，且两电流之比与偏转角满足以下函数关系

$$\frac{I_1}{I_2} = Kf_3(\alpha) \tag{2-7}$$

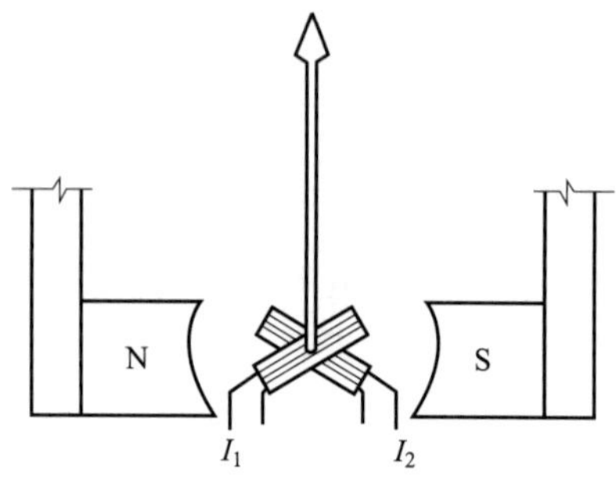

图 2-3　磁电式流比计的工作原理

兆欧表的测量原理如图 2-4所示。在接入被测电阻 R_x 后，构成了两条相互并联的支路，当摇动手摇发电机时，两个支路分别通过电流 I_1 和 I_2。可以看出

$$\frac{I_1}{I_2} = \frac{R_2 + r_2}{R_1 + r_1 + R_x} = f_4(R_x) \tag{2-8}$$

考虑两电流之比与偏转角满足的函数关系，不难得出

$$\alpha = f(R_x) \tag{2-9}$$

可见，指针的偏转角 α 仅仅是被测绝缘电阻 R_x 的函数，而与电源电压没有直接关系。

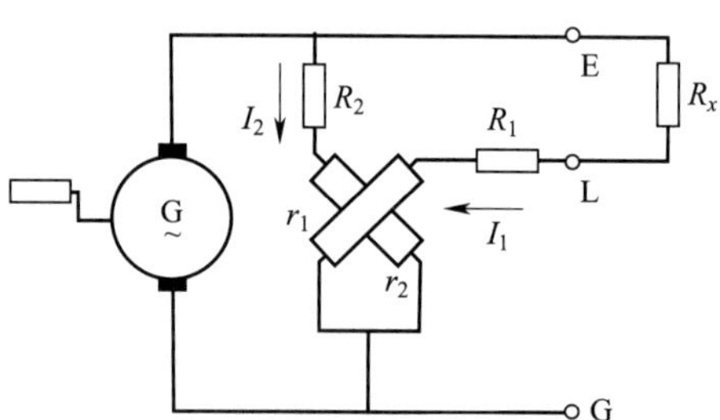

图 2-4　兆欧表的测量原理

在兆欧表上有 3 个接线端钮，分别标为接地 E、电路 L 和屏蔽 G。一般测量仅用 E、L 两端，E 通常接地或接设备外壳，L 接被测线路或电机、电器的导线或电

机绕组。测量电缆芯线对外皮的绝缘电阻时，为消除芯线绝缘层表面漏电引起的误差，还应在绝缘上包覆锡箔，并使之与 G 端连接，如图 2-5所示。这样可使流经绝缘表面的电流不再经过流比计的测量线圈，而是直接流经 G 端构成回路。所以，测得的绝缘电阻只是电缆绝缘的体积电阻。

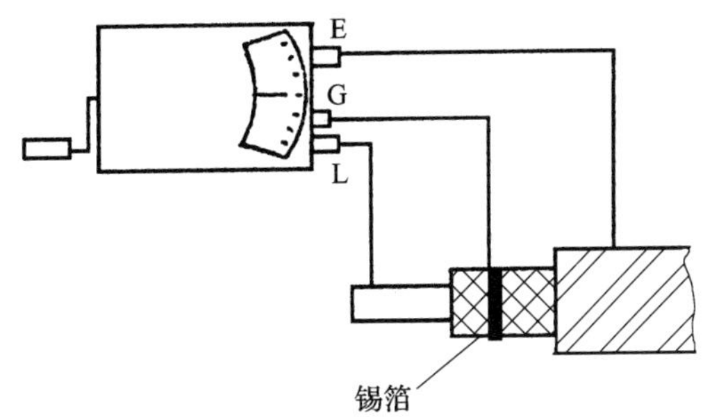

图 2-5　电缆绝缘电阻测量

使用兆欧表测量绝缘电阻时，应注意下列事项：

1）应根据被测物的额定电压正确选用不同电压等级的兆欧表。所用兆欧表的工作电压应高于被测物的工作电压。一般情况下，测量额定电压在 500 V 以下的线路或设备的绝缘电阻，应采用工作电压为 500 V 或 1 000 V 的兆欧表；测量额定电压在 500 V 及以上的线路或设备的绝缘电阻，应采用工作电压为 1 000 V 或 2 500 V 的兆欧表。

2）与兆欧表端钮连接的导线应用单股线，不能用双股绝缘导线，以免测量时因双股线或绞线绝缘不良引起误差。

3）测量前，必须断开被测物的电源，并进行放电，测量终了也应进行放电，放电时间一般为 2 ~ 3 min。对于高电压、大电容的电缆线路，放电时间应适当延长，以消除静电荷，防止发生触电危险。

4）测量前，应对兆欧表进行检查。先使兆欧表端钮处于开路状态，转动摇把，观察指针是否在“∞”位。再将 E 和 L 两端短接，慢慢转动摇把，观察指针是否迅速指向“0”位。

5）进行测量时，摇把的转速应由慢至快，到 120 r/min 左右时，发电机输出额定电压。摇把转速应保持均匀、稳定，一般摇动 1 min 左右，待指针稳定后再进行读数。

6）测量过程中，如指针指向“0”位，表明被测物绝缘失效，应停止转动摇把，以防表内线圈发热烧坏。

7）禁止在雷电时或邻近设备带有高电压时用兆欧表进行测量工作。

8）测量应尽可能在设备刚刚停止运转时进行，这样，由于测量时的温度接近运转时的实际温度，测量结果符合运转时的实际情况。

（2）吸收比的测定。对于电力变压器、电力电容器、交流电动机等高压设备，除测量绝缘电阻之外，还要求测量其吸收比。吸收比是加压测量开始后 60 s 时读取的绝缘电阻值与加压测量开始后 15 s 时读取的绝缘电阻值之比。根据吸收比的大小，可以对绝缘材料受潮程度和内部有无缺陷进行判断。这是因为，绝缘材料加上直流电压时都有一个充电过程，在绝缘材料受潮或内部有缺陷时，泄漏电流增加，同时充电过程加快，吸收比较小，接近于 1；绝缘材料干燥时，泄漏电流小，充电过程慢，吸收比明显增大。例如，干燥的发电机定子绕组在 10 ~ 30 ℃时的吸收比远大于 1.3。吸收比原理如图 2-6所示。

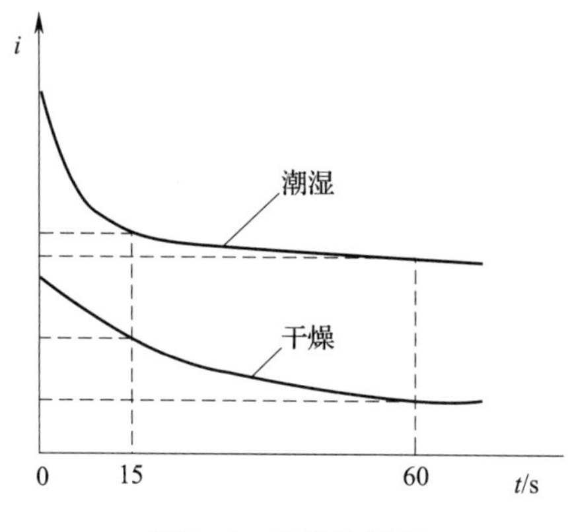

图 2-6　吸收比原理

（3）绝缘电阻指标。绝缘电阻随线路和设备的不同，其指标要求也不一样。就一般而言，高压线路比低压线路要求高，新设备比老设备要求高，室外设备比室内设备要求高，移动设备比固定设备要求高等。以下为几种主要线路和设备应达到的绝缘电阻值。

1）新装和大修后的低压线路和设备，要求绝缘电阻不低于 0.5 MΩ；运行中的线路和设备，要求可降低为每伏工作电压不低于 1 000 Ω；在安全电压下工作的设备，要求不得低于 0.22 MΩ；在潮湿环境，要求可降低为每伏工作电压 500 Ω。

2）携带式电气设备的绝缘电阻应不低于 2 MΩ；

3）配电盘二次线路的绝缘电阻应不低于 1 MΩ，在潮湿环境下允许降低为 0.5 MΩ。

4）10 kV 高压架空线路每个绝缘子的绝缘电阻应不低于 300 MΩ，35 kV 及以上的应不低于 500 MΩ。

5）运行中 6 ~ 10 kV 和 35 kV 电力电缆的绝缘电阻应分别不低于 400 ~ 1 000 MΩ 和 600 ~ 1 500 MΩ。干燥季节取较大的数值，潮湿季节取较小的数值。

6）电力变压器投入运行前，绝缘电阻应不低于出厂时的 70%，运行中的绝缘电阻可适当降低。

2. 耐压试验

电气设备的耐压试验主要用于检查电气设备承受过电压的能力。在电力系统中，线路及发电、输变电设备的绝缘，除了承受额定交流或直流电压外，还要短时承受大气过电压、内部过电压等过电压的作用。另外，其他技术领域的电气设备也会遇到各种特殊类型的高电压。因此，耐压试验是保障电气设备安全运行的有效手段。耐压试验主要有工频交流耐压试验、直流耐压试验和冲击电压试验等。其中，工频交流耐压试验最为常用，这种方法接近运行实际，所需设备简单。部分设备如电力电缆、高压电机等因电容很大，无法进行交流耐压试验时，则进行直流耐压试验。

图 2-7所示为工频高压试验装置电路。该装置由调压器 T_1、试验变压器 T_2、测量及过电压保护装置（球隙）S 及保护电阻 R_1、R_2 组成。图中，Z_x 是被试品。

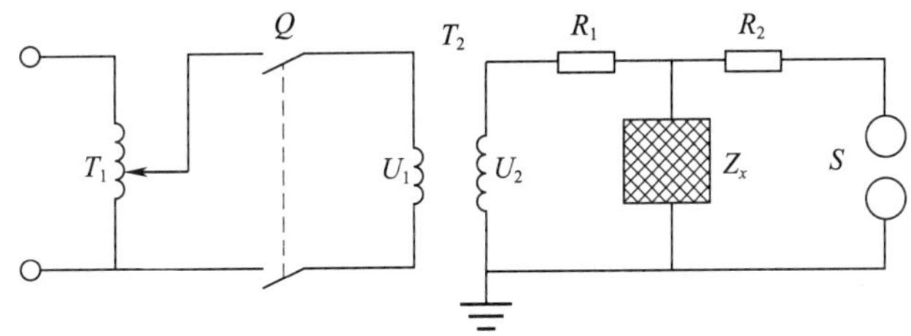

图 2-7　工频高压试验装置电路

图中，调压器 T_1 用于调节试验电压，试验变压器 T_2 用于将电压升高。球隙 S 既可以测量放电电压，又可以限制球隙间电压超过某一限值，对被试品起到保护作用。

工频耐压试验的试验电压为被试设备额定电压的一倍至数倍，但不得低于 1 000 V。

进行工频耐压试验时，先以任意速度加压至试验电压的 40% 左右，再以每秒 3% 试验电压的速度升高到试验电压，并持续规定时间，然后在 5 s 内将电压降至试验电压的 25% 以下，再切断电源。

一般情况下，耐压试验的加压时间对瓷质和液体为60 s，对以有机固体作为主要绝缘的设备为300 s。此外，被试设备、线路种类不同，耐压试验的加压时间也不同。

耐压试验应注意如下事项：

（1）耐压试验须在绝缘电阻试验合格之后进行。

（2）要确保高电压试验回路与接地物体和工作人员的距离不小于安全距离。试验现场应设置围栏，围栏上向外悬挂“止步，高压危险!”的警示标志，围栏应具有机械联锁和电气联锁。此外，还应设置红色信号灯和警铃，给出声光警示信号。

（3）试验前应由试验负责人全面检查试验装置的所有接线，确保连接无误。

（4）控制室、示波器室、电桥操作间和配电柜前，应铺设厚度在5 mm以上的绝缘胶垫。

（5）试验后应使用串联有负载电阻的放电棒，对被试设备进行放电。

（6）为了泄放高压残余电荷，以及当发生误送电时能迅速使自动开关跳闸或使熔断器熔断，保障人员安全，试验后，必须将升压设备的高压部分短路接地。

变配电设备的耐压试验电压标准见表2-2至表2-6。

表2-2　电气设备交流耐压试验电压标准　kV

额定电压	最高电压	1 min工频耐压有效值													
		油浸变压器		电容器		电流互感器		电压互感器		干式电抗器		干式变压器		隔离开关	
		出厂	交接	出厂	交接	出厂	交接	出厂	交接	出厂	交接	出厂	交接	出厂	交接
10	12	35	30	42	31.5	42	33	42	33	28	24	28	24	42	42
66	69	140	120	—	—	140	120	140	120	—	—	—	—	165	155

表2-3　绝缘子交流耐压试验电压标准　kV

额定电压	最高电压	1 min工频耐压有效值								
		支柱绝缘子				悬式绝缘子（耐压试验电压均取）	穿墙套管			
		纯瓷		固体有机绝缘			纯瓷和纯瓷充油绝缘		固体有机绝缘、油浸电容式、干式、六氟化硫式	
		出厂	交接	出厂	交接		出厂	交接	出厂	交接
10	12	42	42	42	38	60	42	42	42	33
66	69	165	165	165	148	60	140	140	140	112

表 2-4　　断路器交流耐压试验电压标准　　kV

额定电压	最高动作电压	1 min 工频耐受电压		
		相对地	相间	断路器断口
10	12	42	42	42
66	72.5	155	155	155

表 2-5　　电力变压器直流泄漏试验电压标准　　kV

绕组额定电压	6～10	20～35	63～330	500
直流试验电压	10	20	40	60

表 2-6　　交联聚乙烯电缆直流耐压试验电压标准　　kV

电缆额定电压	1.8/3	3.6/6	6/6	6/10	8.7/10
直流试验电压	11	18	25	25	37

第三节　屏护和间距

屏护和间距是最常用的电气安全措施之一。从防止电击的角度而言，屏护和间距属于防止直接接触电击的安全措施。此外，屏护和间距还是防止短路、故障接地等电气事故的安全措施之一。

一、屏护

1. 屏护的概念、种类及其应用

屏护是一种对电击危险因素进行隔离的手段，即采用遮栏、护罩、护盖、箱匣等把危险的带电体同外界隔离开来，以防止人体触及或接近带电体而引起触电事故。屏护还可起到防止电弧伤人、弧光短路和便于检修的作用。

屏护可分为屏蔽和障碍（或称阻挡物），两者的区别在于，后者只能防止人体无意识触及或接近带电体，而不能防止有意识移开、绕过或翻越该障碍触及或接近带电体。从这点来说，前者属于一种完全的防护，而后者是一种不完全的防护。

屏护装置有永久性屏护装置和临时性屏护装置之分，前者如配电装置的遮栏、开关的罩盖等，后者如检修工作中使用的临时屏护装置和临时设备的屏护装置等。

屏护装置还可分为固定屏护装置和移动屏护装置，如母线的护网就属于固定屏护装置，而跟随天车移动的天车滑线屏护装置就属于移动屏护装置。

屏护装置主要用于电气设备不便于绝缘或绝缘不足以保障安全的场合。例如，开关电器的可动部分一般不能包覆绝缘，因此需要屏护。对于高压设备，全部绝缘往往有困难，因此，不论高压设备是否有绝缘，均要求加装屏护装置。室内外安装的变压器和变配电装置应装有完善的屏护装置。当作业场所邻近带电体时，在作业人员与带电体之间、过道、入口等处均应装设可移动的临时性屏护装置。

2. 屏护装置的安全条件

尽管屏护装置是简单装置，但为了保障其有效性，须满足以下条件：

（1）屏护装置所用材料应有足够的机械强度和良好的耐火性能。为防止因意外带电而造成触电事故，金属材料制成的屏护装置必须实行可靠的接地或接零。

（2）屏护装置尺寸应适宜，与带电体之间应保持必要的距离。

遮栏高度应不低于1.7 m，下部边缘离地应不超过0.1 m。网眼遮栏与带电体之间的最小距离见表2-7。遮栏的高度室内应不小于1.2 m，室外应不小于1.5 m，栏条间距离应不大于0.2 m。对于低压设备，遮栏与裸导体之间的距离应不小于0.8 m。室外变配电装置围墙的高度一般应不小于2.5 m。

（3）遮栏、栅栏等屏护装置上应有“止步，高压危险！”等警示标志。

（4）必要时应配合采用声光报警信号和联锁装置。

表2-7　　网眼遮栏与带电体之间的最小距离

额定电压/kV	最小距离/m
<1	0.15
10	0.35
20～35	0.6

我国有关标准对严酷条件下户外场所电气装置的外壳遮栏防护等级作了具体规定，参见本书第六章第一节“外壳防护等级（IP）”部分。

二、间距

间距是指带电体与地面之间、带电体与其他设备和设施之间、带电体与带电体之间必要的安全距离。间距的作用是防止人体触及或接近带电体造成触电事故，避免车辆或其他器具碰撞或过分接近带电体造成事故，防止火灾、过电压放电及各种短路事故，以及方便操作。在设计、选择间距时，既要考虑安全的要求，也要满足人机工效学的要求。

不同电压等级、不同设备类型、不同安装方式、不同的周围环境所要求的间距不同。

1. 线路间距

（1）导线对地面的最小距离，以及与山坡、峭壁、岩石之间的最小净空距离应符合下列规定：

1）在最大计算弧垂情况下，导线对地面的最小距离应符合表 2-8的规定。

表 2-8　　导线对地面的最小距离　　m

线路经过地区	标称电压/kV				
	110	220	330	500	750
居民区	7.0	7.5	8.5	14.0	19.5
非居民区	6.0	6.5	7.5	11.0（10.5①）	15.5②（13.7③）
交通困难地区	5.0	5.5	6.5	8.5	11.0

①用于导线三角排列的单回路。

②对应导线水平排列单回路的农业耕作区。

③对应导线水平排列单回路的非农业耕作区。

2）在最大计算风偏情况下，导线与山坡、峭壁、岩石之间的最小净空距离应符合表 2-9的规定。

表 2-9　　导线与山坡、峭壁、岩石之间的最小净空距离　　m

线路经过地区	标称电压/kV				
	110	220	330	500	750
步行可以到达的山坡	5.0	5.5	6.5	8.5	11.0
步行不能到达的山坡、峭壁和岩石	3.0	4.0	5.0	6.5	8.5

（2）导线与建筑物之间的距离应符合以下规定：

1）输电线路通过居民区宜采用固定横担和固定线夹。

2）输电线路不应跨越屋顶为可燃材料的建筑物。对耐火屋顶的建筑物，如需跨越，应与有关方面协商。500 kV 及以上输电线路不应跨越长期住人的建筑物。

3）500 kV 及以上输电线路跨越非长期住人的建筑物或邻近民房时，房屋所在位置离地面 1.5 m 处的未畸变电场不得超过 4 kV/m。

4）在最大计算弧垂情况下，导线与建筑物之间的最小垂直距离应符合表 2-10的规定。

表 2-10　导线与建筑物之间的最小垂直距离

标称电压/kV	最小垂直距离/m
110	5.0
220	6.0
330	7.0
500	9.0
750	11.5

5）在最大计算风偏情况下，边导线与建筑物之间的最小净空距离应符合表 2-11 的规定。

表 2-11　边导线与建筑物之间的最小净空距离

标称电压/kV	最小净空距离/m
110	4.0
220	5.0
330	6.0
500	8.5
750	11.0

6）在无风情况下，边导线与建筑物之间的水平距离应符合表 2-12 的规定。

表 2-12　边导线与建筑物之间的水平距离

标称电压/kV	水平距离/m
110	2.0
220	2.5
330	3.0
500	5.0
750	6.0

7）在最大计算风偏情况下，边导线与规划建筑物之间的最小净空距离应符合表 2-11 的规定。

（3）输电线路经过经济作物和集中林区时，应符合下列规定：

1）当采用加高杆塔的方式跨越时，导线与树木之间（考虑自然生长高度）的最小垂直距离应符合表 2-13 的规定。

表 2-13　　导线与树木之间（考虑自然生长高度）的最小垂直距离

标称电压/kV	最小垂直距离/m
110	4.0
220	4.5
330	5.5
500	7.0
750	8.5

2）当采用砍伐出通道的方式时，通道净宽度应不小于线路宽度加通道附近主要树种自然生长高度的 2 倍。通道附近超过主要树种自然生长高度的非主要树种树木应砍伐。

3）在最大计算风偏情况下，输电线路通过公园、绿化区或防护林带，导线与树木之间的最小净空距离应符合表 2-14 的规定。

表 2-14　　导线与树木之间的最小净空距离

标称电压/kV	最小净空距离/m
110	3.5
220	4.0
330	5.0
500	7.0
750	8.5

4）输电线路通过果树、经济作物林或城市灌木林不应砍伐出通道。导线与果树、经济作物、城市绿化灌木以及街道行道树之间的最小垂直距离应符合表 2-15 的规定。

表 2-15　　导线与果树、经济作物、城市绿化灌木以及街道行道树之间的最小垂直距离

标称电压/kV	最小垂直距离/m
110	3.0
220	3.5
330	4.5
500	7.0
750	8.5

（4）输电线路跨越弱电线路（不包括光缆和埋地电缆）时，输电线路与弱电线路的交叉角应符合表 2-16 的规定。

表 2-16　　输电线路与弱电线路的交叉角

弱电线路等级	交叉角
一级	≥45°
二级	≥30°
三级	不限制

（5）输电线路与甲类火灾危险性的生产厂房、甲类物品库房、易燃易爆材料堆场以及可燃或易燃易爆液（气）体储罐的防火间距应不小于杆塔高度加 3 m，还应满足其他的相关规定；在通道非常拥挤的特殊情况下，可与相关部门协商，在采取适当防护措施，满足防护安全要求后，相应放宽要求。

（6）输电线路跨越 220 kV 及以上线路、铁路、高速公路、一级公路以及一、二级通航河流和特殊管道等时，悬垂绝缘子串宜采用双联串（对 500 kV 及以上线路宜采用双挂点）或两个单联串。

输电线路与铁路、公路、河流、管道、索道及各种架空线路交叉或接近的基本要求见表 2-17。

表 2-17　　输电线路与铁路、公路、河流、管道、索道及各种架空线路交叉或接近的基本要求

<table>
<tr><th colspan="2">项　　目</th><th colspan="2">铁　　路</th><th>公　　路</th><th colspan="2">电车道（有轨及无轨）</th></tr>
<tr><td colspan="2">导线或地线在跨越档内接头</td><td colspan="2">标准轨距：不得接头
窄　　轨：不得接头</td><td>高速公路、一级公路：不得接头
二、三、四级公路：不限制</td><td colspan="2">不得接头</td></tr>
<tr><td colspan="2">邻档断线情况的检验</td><td colspan="2">标准轨距：检验
窄　　轨：不检验</td><td>高速公路、一级公路：检验
二、三、四级公路：不检验</td><td colspan="2">检验</td></tr>
<tr><td rowspan="2">邻档断线情况的最小垂直距离/m</td><td>标称电压/kV</td><td>至轨顶</td><td>至承力索或接触线</td><td>至路面</td><td>至路面</td><td>至承力索或接触线</td></tr>
<tr><td>110</td><td>7.0</td><td>2.0</td><td>6.0</td><td>—</td><td>2.0</td></tr>
</table>

续表

<table>
<tr><td colspan="2">项　目</td><td colspan="4">铁　路</td><td colspan="2">公　路</td><td colspan="2">电车道（有轨及无轨）</td></tr>
<tr><td rowspan="7">最小垂直距离/m</td><td rowspan="2">标称电压/kV</td><td colspan="3">至轨顶</td><td rowspan="2">至承力索或接触线</td><td colspan="2" rowspan="2">至路面</td><td rowspan="2">至路面</td><td rowspan="2">至承力索或接触线</td></tr>
<tr><td>标准轨</td><td>窄轨</td><td>电气轨</td></tr>
<tr><td>110</td><td>7.5</td><td>7.5</td><td>11.5</td><td>3.0</td><td colspan="2">7.0</td><td>10.0</td><td>3.0</td></tr>
<tr><td>220</td><td>8.5</td><td>7.5</td><td>12.5</td><td>4.0</td><td colspan="2">8.0</td><td>11.0</td><td>4.0</td></tr>
<tr><td>330</td><td>9.5</td><td>8.5</td><td>13.5</td><td>5.0</td><td colspan="2">9.0</td><td>12.0</td><td>5.0</td></tr>
<tr><td>500</td><td>14.0</td><td>13.0</td><td>16.0</td><td>6.0</td><td colspan="2">14.0</td><td>16.0</td><td>6.5</td></tr>
<tr><td>750</td><td>19.5</td><td>18.5</td><td>21.5</td><td>7.0（10.0）</td><td colspan="2">19.5</td><td>21.5</td><td>7.0
（10.0）</td></tr>
<tr><td rowspan="3">最小水平距离/m</td><td rowspan="2">标称电压/kV</td><td colspan="4" rowspan="2">杆塔外缘至轨道中心</td><td colspan="2">杆塔外缘至路基边缘</td><td colspan="2">杆塔外缘至路基边缘</td></tr>
<tr><td>开阔地区</td><td>路径受限制地区</td><td>开阔地区</td><td>路径受限制地区</td></tr>
<tr><td>110
220
330
500
750</td><td colspan="4">交叉：塔高加3.1 m，无法满足要求时可适当减小，但不得小于30 m
平行：塔高加3.1 m，困难时双方协商确定</td><td>交叉：
8.0
10.0（750 kV）
平行：
最高杆（塔）高</td><td>5.0
5.0
6.0
8.0（15.0）
10.0（20.0）</td><td>交叉：
8.0
10.0（750 kV）
平行：
最高杆（塔）高</td><td>5.0
5.0
6.0
8.0
10.0</td></tr>
<tr><td colspan="2">附加要求</td><td colspan="4">不宜在铁路出站信号机以内跨越</td><td colspan="2">括号内为高速公路数值。高速公路路基边缘指公路下缘的排水沟</td><td>—</td><td>—</td></tr>
</table>

项　目	通航河流	不通航河流	弱电线路	电力线路	特殊管道	索道
导线或地线在跨越档内接头	一、二级：不得接头 三级及以下：不限制	不限制	不限制	110 kV及以上线路：不得接头 110 kV以下线路：不限制	不得接头	不得接头
邻档断线情况的检验	不检验	不检验	Ⅰ级：检验 Ⅱ、Ⅲ级：不检验	不检验	检验	不检验

续表

<table>
<tr><th colspan="2">项目</th><th colspan="2">通航河流</th><th colspan="2">不通航河流</th><th colspan="2">弱电线路</th><th colspan="2">电力线路</th><th>特殊管道</th><th>索道</th></tr>
<tr><td rowspan="2">邻档断线情况的最小垂直距离/m</td><td>标称电压/kV</td><td colspan="4">—</td><td colspan="2">至被跨越物</td><td colspan="2">—</td><td>至管道任何部分</td><td>—</td></tr>
<tr><td>110</td><td colspan="4">—</td><td colspan="2">1.0</td><td colspan="2">—</td><td>1.0</td><td>—</td></tr>
<tr><td rowspan="2">最小垂直距离/m</td><td>标称电压/kV</td><td>至5年一遇洪水位</td><td>至最高航行水位的最高船桅顶</td><td>至百年一遇洪水位</td><td>冬季至冰面</td><td colspan="2">至被跨越物</td><td colspan="2">至被跨越物</td><td>至管道任何部分</td><td>至索道任何部分</td></tr>
<tr><td>110
220
330
500
750</td><td>6.0
7.0
8.0
9.5
11.5</td><td>2.0
3.0
4.0
6.0
8.0</td><td>3.0
4.0
5.0
6.5
8.0</td><td>6.0
6.5
7.5
11.0（水平）、10.5（三角）
15.5</td><td colspan="2">3.0
4.0
5.0
8.5
12.0</td><td colspan="2">3.0
4.0
5.0
6.0（8.5）
7.0（12.0）</td><td>4.0
5.0
6.0
7.5
9.5</td><td>3.0
4.0
5.0
6.5
8.5（顶部）、11.0（底部）</td></tr>
<tr><td rowspan="3">最小水平距离/m</td><td rowspan="2">标称电压/kV</td><td colspan="4" rowspan="2">边导线至斜坡上缘（线路与拉纤小路平行）</td><td colspan="2">与边导线间</td><td colspan="2">与边导线间</td><td colspan="2">边导线至管道、索道任何部分</td></tr>
<tr><td>开阔地区</td><td>路径受限制地区</td><td>开阔地区</td><td>路径受限制地区</td><td>开阔地区</td><td>路径受限制地区（在最大风偏情况下）</td></tr>
<tr><td>110
220
330
500
750</td><td colspan="4">最高杆（塔）高</td><td>平行时：最高杆（塔）高</td><td>4.0
5.0
6.0
8.0
10.0</td><td>平行时：最高杆（塔）高</td><td>5.0
7.0
9.0
13.0
16.0</td><td>平行时：最高杆（塔）高</td><td>4.0
5.0
6.0
7.5
9.5（管道）、8.5（顶部）、11.0（底部）</td></tr>
<tr><td colspan="2">附加要求</td><td colspan="4">最高洪水位时，有抗洪抢险船只航行的河流，垂直距离应协商确定</td><td colspan="2">输电线路应架设在上方</td><td colspan="2">电压较高的线路一般架设在电压较低线路的上方，同一等级电压的电网公用线应架设在专用线上方</td><td colspan="2">①与索道交叉，若索道在上方，索道的下方应装保护设施；
②交叉点不应选在管道的检查井（孔）处；
③与管道、索道平行、交叉时，管道、索道应接地</td></tr>
</table>

续表

项　　目	通航河流	不通航河流	弱电线路	电力线路	特殊管道	索道
备　　注	①不通航河流指不能通航，也不能浮运的河流； ②次要通航河流对接头不限制； ③需满足航道部门协议的要求		弱电线路分级见相关标准	括号内的数值用于跨越杆（塔）顶	①管道、索道上的附属设施，均应视为管道、索道的一部分； ②特殊管道指架设在地面上输送易燃、易爆物品的管道	

①邻档断线情况的计算条件：15 ℃，无风。

②路径狭窄地带，两线路杆塔位置交错排列时导线在最大风偏情况下，标称电压 110 kV、220 kV、330 kV、500 kV、750 kV 对相邻线路杆塔的最小距离，应分别不小于 3.0 m、4.0 m、5.0 m、7.0 m、9.5 m。

③跨越弱电线路或电力线路，导线截面按允许载流量选择时应校验最高允许温度时的交叉距离，其数值不得小于操作过电压间隙，且不得小于 0.8 m。

④杆塔为固定横担，且采用分裂导线时，可不检验邻档断线时的交叉跨越垂直距离。

⑤重要交叉跨越确定的技术条件，应征求相关部门的意见。

2. 用电设备间距

明装的车间低压配电箱底口距地面的高度可取 1.2 m，暗装的可取 1.4 m。明装电度表板底口距地面的高度可取 1.8 m。

常用开关电器的安装高度为 1.3～1.5 m。开关手柄与建筑物之间应保留 0.15 m 的距离，以便于操作。墙用平开关离地面高度可取 1.4 m。明装插座距地面高度可取 1.3～1.8 m，暗装的可取 0.2～0.3 m。

室内灯具高度应大于 2.5 m；受实际条件约束达不到时，可减为 2.2 m；低于 2.2 m 时，应采取适当安全措施。当灯具位于桌面上方等人碰不到的地方时，高度可减为 1.5 m。户外灯具高度应大于 3.0 m，安装在墙上时可减为 2.5 m。

起重机具至线路导线间的距离，1 kV 及 1 kV 以下者应不小于 1.5 m，10 kV 者应不小于 2.0 m。

3. 检修间距

低压操作时，人体及其所携带工具与带电体之间的距离不得小于 0.1 m。

高压作业时，各种作业类别所要求的最小距离见表 2–18。

表 2–18　　高压作业时各种作业类别所要求的最小距离　　m

类别	电压等级	
	10 kV	35 kV
无遮栏作业，人体及其所携带工具与带电体之间①	0.7	1.0

续表

类别	电压等级	
	10 kV	35 kV
无遮栏作业，人体及其所携带工具与带电体之间，用绝缘杆操作	0.4	0.6
线路作业，人体及其所携带工具与带电体之间②	1.0	2.5
带电水冲洗，小型喷嘴与带电体之间	0.4	0.6
喷灯或气焊火焰与带电体之间③	1.5	3.0

①距离不足时，应装设遮栏。
②距离不足时，邻近线路应当停电。
③火焰不应喷向带电体。

4. 置于伸臂范围之外

置于伸臂范围之外的防护是一种只用于防止人员无意识地触及电气装置带电部分的防护措施。图2-8所示为在有人活动的场所人手臂能够达到的区域。这个区域是依照人机工程学中的人体统计尺寸并考虑一定的安全余量所规定的。图中 S 为可能有人活动的表面。一般情况下，距离超出图中所给出的手臂可达到的界限，即可认为正常状态下不可触及。

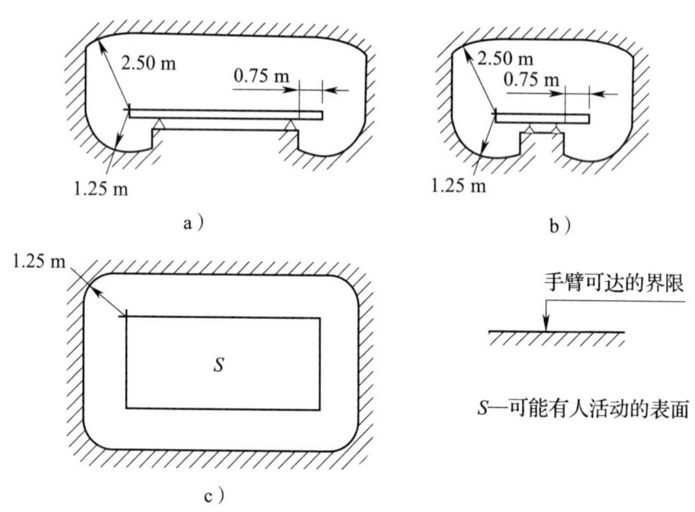

图2-8　人手臂能够达到的区域

a）主视图　b）左视图　c）俯视图

在伸臂范围以内，不允许出现可同时触及的不同电位的部分。通常如果两个部分之间的间隔不超过2.5 m，则认为两个部分可同时触及。

伸臂范围是指无其他帮助物（如工具或梯子）的赤手直接接触范围，因此，对于在正常情况下手持大的或长的导电物体的情形下，计算必要的伸臂距离时应计入那些物体的尺寸。

本章小结

1. 明确电击防护的防护准则是正确理解和掌握电击防护措施的先决和基础。电击防护的防护准则：在正常情况（正常操作和无故障情况）下，或在单故障情况下，可触及的可导电部分均应是无危险的。“可触及的可导电部分”既包括电气设备上的“带电部分”，也包括其“外露可导电部分”。

2. 直接接触电击是指人体直接接触上述的“带电部分”而引起的电击。而间接接触电击是指人体接触发生漏电故障的电气设备其“外露可导电部分”而引起的电击。

3. 最常用的直接接触电击的防护措施，即绝缘、屏护和间距。这些措施的主要作用是防止在设备正常运行、没有故障情况下，人体触及或过分接近带电体造成触电事故以及防止短路、故障接地等电气事故。

4. 本章还着重就绝缘材料主要电气性能、绝缘击穿、老化、损坏等绝缘破坏的机理以及绝缘电阻测量仪的工作原理和使用方法，屏护的种类、应用及其安全条件，线路间距、用电设备间距、检修间距以及置于伸臂范围之外等进行了分析和阐述。

复习思考题

1. 电击防护的防护准则是什么？

2. 电击防护的防护准则中“单一故障”是指哪几个方面？

3. 针对直接接触电击的基本电击防护，可以由哪些防护措施来提供？

4. 针对间接接触电击，要求除了基本防护措施之外，还要有附加防护措施。满足此要求可通过哪些方法实现？

5. 防止电击事故的措施分为哪几类？

6. 绝缘材料的电气性能主要由哪几个参数来表示？

7. 绝缘破坏的形式有哪些？

8. 固体绝缘材料有哪些击穿形式？
9. 试说明使用兆欧表测量绝缘电阻时应注意的事项。
10. 什么是吸收比？通过吸收比可以对绝缘材料做哪些判断？
11. 简述屏护装置的安全条件。
12. 简述间距的作用。

第三章　间接接触电击防护

本章学习目标

1. 了解电网的分类、特点及其电击防护对策。
2. 掌握 IT 系统和 TT 系统的原理、应用安全条件。
3. 掌握 TN 系统的原理、应用安全条件及校核计算。
4. 掌握接地装置的结构、施工要求及流散电阻的确定方法。

间接接触电击即电气系统故障或异常状态下的电击，是人体与正常状态下不带电，而在故障或异常状态下带电的物体接触造成的触电事故。双重绝缘或加强绝缘、非导电环境、等电位联结、电气隔离、保护接地、安全特低电压和剩余电流动作保护都是间接接触电击防护的技术措施。其中，IT 系统、TT 系统和 TN 系统是防止间接接触电击的基本技术措施。这 3 种措施还与低压系统的防火性能有关。本章重点介绍 IT 系统、TT 系统和 TN 系统的技术问题。

第一节　IT 系统

IT 系统是指电源中性点不接地，设备外露可导电部分接地的配电系统。由于电源中性点工作在“浮地”状态，当系统发生单相接地故障时，电源三相间的基本平衡仍可保持，系统可以继续运行，供电连续性好，在容易发生单相接地故障的场所应用较多。另外，在其他形式的低压配电系统中，通过隔离变压器构建局部的 IT 系统，对降低电击危险效果显著。保护接地是 IT 系统间接接触电击防护最基本的安全措施，不论是交流设备还是直流设备，不论是高压设备还是低压设备，都采用保护接地作为必需的安全技术措施。

一、接地基础知识

1. 接地

所谓接地，就是将电气设备的某些部位、电力系统的某点与大地紧密连接起来，提供故障电流及雷电电流的泄流通道，稳定电位，并提供零电位参考点，以确保电力系统、电气设备安全运行，同时确保运行人员及其他人员的人身安全。

接地功能是通过接地装置实现的。接地装置就是包括引线在内的埋设在地中的一个或一组金属体，包括水平埋设或垂直埋设的金属接地极、金属构件、金属管道、钢筋混凝土构筑物基础、金属设施等。表征接地装置电气性能的参数为接地电阻。接地电阻的数值等于接地装置相对无穷远处零电位点的电压与通过接地装置流入地中电流的比值。接地电阻反映接地装置流散电流和稳定电位能力的高低及保护性能的好坏，接地电阻越小，保护性能越好。

2. 接地分类

按照接地性质，接地可分为正常接地和故障接地。正常接地又有工作接地和安全接地之分。工作接地是指正常情况下有电流流过，利用大地代替导线的接地，以及正常情况下没有或只有很小不平衡电流流过，用以维持系统安全运行的接地。安全接地是正常情况下没有电流流过，起防止事故作用的接地，如防止触电的保护接地、防雷接地等。故障接地是指带电体与大地之间的意外连接，如接地短路等。

3. 接地电流和接地短路电流

凡从接地点流入地下的电流即接地电流。

系统一相接地可能导致系统发生短路，这时的接地电流即接地短路电流，如 0.23/0.4 kV 系统中的单相接地短路电流。在高压系统中，接地短路电流可能很大，接地短路电流为 500 A 及以下的称小接地短路电流系统，接地短路电流大于 500 A 的称大接地短路电流系统。

4. 流散电阻和接地电阻

接地电流入地后自接地体向四周流散，自接地体向四周流散的电流即流散电流。流散电流在土壤中遇到的全部土壤电阻即流散电阻。

接地电阻是接地体的流散电阻与接地线的电阻之和。接地线的电阻一般很小，可忽略不计，因此，在绝大多数情况下可以认为流散电阻就是接地电阻。

5. 接地体对地电压和对地电压曲线

电流通过接地体向大地流散，遵循稳恒电流场规律，满足电流的连续性和稳定电流场的势场性。式（3-1）给出了剖面与地面平行的半球接地体外沿半径方向地面电位计算公式。对地电压就是带电体与电位为零的大地之间的电位差。显然，对地电压等于接地电流和接地电阻的乘积。

$$V=\frac{I\rho}{2\pi r} \tag{3-1}$$

式中　V——在半径方向上，与 r 对应的地面电位，V；

I——流过接地体的电流，A；

ρ——接地体所在位置土壤电阻率，Ω·m；

r——接地电流流散半径，m。

从式（3-1）可以得到接地体电位为

$$V_0=\frac{I\rho}{2\pi r_0} \tag{3-2}$$

式中　r_0——半球接地体半径，m；

V_0——接地体电位，V。

由式（3-1）和式（3-2）可以看出：当电流通过接地体流入大地时，接地体具有最高的电位。离开接地体后，电位逐渐降低，且电位降低的速度也逐渐减缓。表示接地体及其周围各点对地电压的曲线即对地电压曲线。图3-1给出了剖面与地面平行的半球接地体的电流流散示意和接地体对地电压曲线。

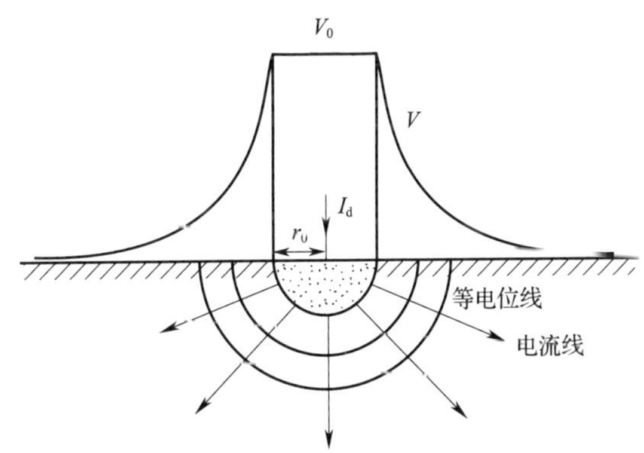

图3-1　剖面与地面平行的半球接地体的电流流散示意和接地体对地电压曲线

半球面积与半径的平方成正比，半球的面积随着远离接地体而迅速增大，因此，与半球面积对应的土壤电阻随着远离接地体而迅速减小，至离接地体 20 m 处，半球面积已超 2 500 m²，土壤电阻已小到忽略不计。这就是说，可以认为在离开接地体 20 m 以外，电流不再产生电压降。或者说，至远离接地体 20 m 处，电压几乎降低为零。电气工程上通常说的“地”就是指这里的地，而不是接地体周围 20 m 以内的地。通常所说的“对地电压”，即带电体与大地之间的电位差，也是针对离接地体 20 m 以外的大地而言的。如果接地体由多根钢管组成，则当电流自接地体流散时，至电位为零处的距离可能超过 20 m。

6. 接触电动势和接触电压

接触电动势是指接地电流自接地体流散，在大地表面形成不同电位时，与接地体相连的设备外壳与水平距离 0. 8 m 处之间的电位差。

接触电压是指施加于人体某两点之间的电压。

如图 3-2所示，当设备漏电，电流 I_d 自接地体流入地下时，漏电设备对地电压为 U_d。人体 a 触及漏电设备外壳，其接触电压即其手与脚之间的电位差为 U_c。如果忽略脚下土壤的流散电阻，接触电压与接触电动势相等；如果不忽略脚下土壤的流散电阻，接触电压将低于接触电动势。

7. 跨步电动势和跨步电压

跨步电动势是指地面上水平距离为 0. 8 m［人的步距，在我国采用 IEC（国际电工委员会）标准时人的步距取 1. 0 m］的两点之间的电位差。跨步电压是指人站在流过电流的地面上，加于人的两脚之间的电压，如图 3-2中的 U_{b1} 和 U_{b2}。如果忽略脚下土壤的流散电阻，跨步电压与跨步电动势相等。人的跨步一般按 0. 8 m 考虑，大牲畜的跨步通常按 1. 0 ~ 1. 4 m 考虑。图 3-2中，人体 b 紧靠接地体位置，承受的跨步电压最高；人体 c 离开了接地体，承受的跨步电压要小一些。如果不忽略脚下土壤的流散电阻，跨步电压也将低于跨步电动势。

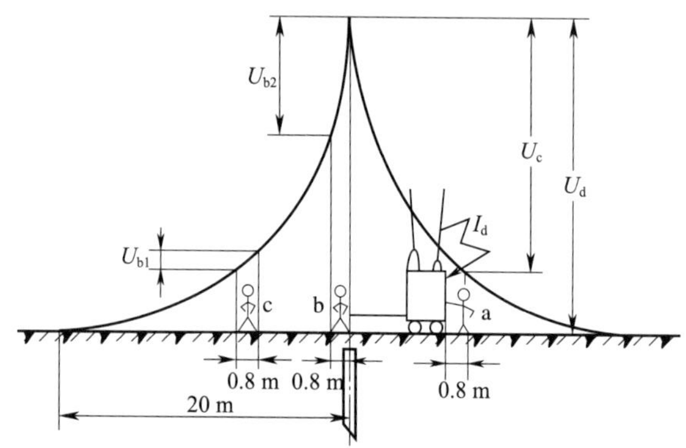

图 3-2　接触电压和跨步电压

二、IT 系统的安全原理

如图 3-3a）所示，在系统中性点不接地低压配电网中，如果未采取任何保护措施，当发生一相碰壳并有人触及时，接地电流 I_d 通过人体和配电网对地绝缘阻抗构成回路。若假设各相对地绝缘阻抗对称，即 $Z_1 = Z_2 = Z_3 = Z$，则运用戴维宁定理可以求出人体承受的电压和流经人体的电流分别为

$$U_r \approx \frac{R_r}{|R_r + Z/3|}U = \frac{3R_r}{|3R_r + Z|}U \tag{3-3}$$

$$I_r \approx \frac{U}{|R_r + Z/3|} = \frac{3U}{|3R_r + Z|} \tag{3-4}$$

式中 U——相电压，V；

U_r——人体电压，V；

I_r——人体电流，A；

R_r——人体电阻，Ω；

Z——各相对地绝缘阻抗，Ω。

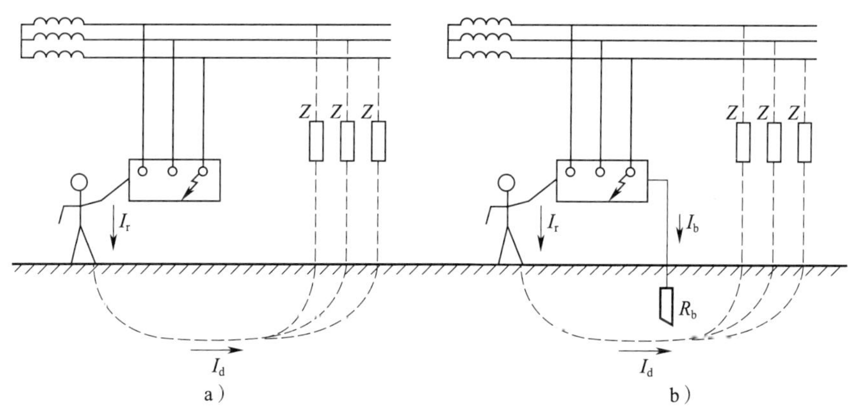

图 3-3 IT 系统保护接地原理

a）未装保护接地 b）装有保护接地

在低压配电网中，绝缘阻抗 Z 是绝缘电阻 R 和分布电容 C 的并联阻抗。对于电网分布范围不大、线路对地绝缘电阻较低的情况，绝缘阻抗中的容抗比电阻大得多，可以忽略电容的影响。这时，可简化式（3-3）和式（3-4），求得人体电压和人体电流分别为

$$U_r = \frac{3R_r}{3R_r + R}U \tag{3-5}$$

$$I_r = \frac{3U}{3R_r + R} \tag{3-6}$$

对于电网分布范围较大、对地绝缘电阻很高的情况，绝缘阻抗中的电阻比容抗大得多，可以忽略电阻的影响。这时，也可简化运算，求得人体电压和人体电流分别为

$$U_r = \frac{3R_r}{\left|3R_r - j\frac{1}{\omega C}\right|}U = \frac{3\omega R_r CU}{\sqrt{9\omega^2 R_r^2 C^2 + 1}} \tag{3-7}$$

$$I_r = \frac{3\omega CU}{\sqrt{9\omega^2 R_r^2 C^2 + 1}} \tag{3-8}$$

式中　ω——角频率，rad/s。

如果各相对地绝缘阻抗不对称，即 $Z_1 \neq Z_2 \neq Z_3$，则可用基尔霍夫定律计算。令中性点与地间电压为 U_N（参考方向为地指向 N），根据基尔霍夫电压定律，可列出各相对地电压相量为

$$\left.\begin{aligned} \dot{U}'_1 &= \dot{U}_1 - \dot{U}_N \\ \dot{U}'_2 &= \dot{U}_2 - \dot{U}_N \\ \dot{U}'_3 &= \dot{U}_3 - \dot{U}_N \end{aligned}\right\} \tag{3-9}$$

将大地视为一个节点，根据基尔霍夫电流定律，流入该节点的电流满足

$$\dot{I}_1 + \dot{I}_2 + \dot{I}_3 + \dot{I}_r = 0 \tag{3-10}$$

再运用欧姆定律，可得到

$$\frac{\dot{U}_1 - \dot{U}_N}{Z_1} + \frac{\dot{U}_2 - \dot{U}_N}{Z_2} + \frac{\dot{U}_3 - \dot{U}_N}{Z_3} + \frac{\dot{U}_3 - \dot{U}_N}{R_r} = 0 \tag{3-11}$$

整理后可求得

$$\dot{U}_N = \left(\frac{\dot{U}_1}{Z_1} + \frac{\dot{U}_2}{Z_2} + \frac{\dot{U}_3}{Z_3} + \frac{\dot{U}_3}{R_r}\right) \Big/ \left(\frac{1}{Z_1} + \frac{1}{Z_2} + \frac{1}{Z_3} + \frac{1}{R_r}\right) \tag{3-12}$$

$$U_r = |\dot{U} - \dot{U}_N| \tag{3-13}$$

$$I_r = \frac{U_r}{R_r} \tag{3-14}$$

由以上各式不难看出，在不接地配电网中，单相电击的危险性主要决定于配电网的特征，如电网电压、系统范围的大小、电气线路敷设的方式及对地绝缘电阻。

此外，还要考虑人体电阻的因素。

例：设电网各相对地电压均为220 V，各相对地绝缘电阻均为无限大，各相对地电容均为0.55 μF，人体电阻为2 000 Ω，试判断单相电击的危险性。

解：在给定人体电阻的情况下判断人体触电的危险性，必须求出通过人体的电流。将上述条件代入对应的公式，可求得人体电压和人体电流分别为

$$U_r=\frac{3\omega R_r CU}{\sqrt{9\omega^2R_r^2C^2+1}}=\left[\frac{3\ (2\pi\times50)\ \times2\ 000\times\ (0.55\times10^{-6})\ \times220}{\sqrt{9\times\ (2\pi\times50)^2\times2\ 000^2\times\ (0.55\times10^{-6})^2+1}}\right]\text{V}=158.3\ \text{V}$$

$$I_r=\frac{U_r}{R_r}=\frac{158.3}{2\ 000}\ \text{A}=79.2\ \text{mA}$$

以上例题的计算可以说明，即使是在低压不接地配电网中，单相电击也是有致命危险的。本章后面将要讲到，与同样电压等级的接地配电网相比，不接地配电网中单相电击的危险性略小一些。

如图3-3b）所示，在IT系统中，电气设备的外露金属部分以R_b接地，则情况将发生极大的变化。这时接地电阻R_b与人体电阻R_r并联，一般情况下$R_b \ll R_r$，漏电设备故障对地电压（即人体可能承受低压的极限）可表示为

$$U_E=\frac{3R_b}{|3R_b+Z|}U \tag{3-15}$$

因为$R_b \ll |Z|$，所以漏电设备故障对地电压将大大降低，只要适当控制R_b的大小，即可限制该故障电压在安全范围之内。同时，由于R_b的分流作用，通过人体的电流也将大大降低。例如，在例题给定数据的条件下，如有$R_b=4\ \Omega$，则人体电压降低到4.6 V，人体电流减小为2.3 mA。

上述将故障或异常情况下可能呈现危险对地电压的金属部分经接地线、接地体同大地紧密地连接起来，把故障电压限制在安全范围以内的做法称为保护接地。只有在不接地配电网中，由于其对地绝缘阻抗较高，单相接地电流较小，才有可能通过保护接地把漏电设备故障对地电压限制在安全范围之内。

三、IT系统的应用范围

IT系统适用于各种不接地配电网，包括交流不接地配电网和直流不接地配电网，也包括低压不接地配电网和高压不接地配电网，如1～10 kV配电网、矿井低压配电网等。在这类配电网中，凡由于绝缘损坏或其他原因而可能呈现危险电压的金属部分，除另有规定外，均应接地。

四、接地电阻的确定

从 IT 系统的安全原理可以知道，通过引入接地装置并控制其接地电阻 R_b，可限制漏电设备外壳对地电压在安全限值 U_L 以内，即漏电设备对地电压 $U_E = I_d R_b \leqslant U_L$。各种保护接地的接地电阻就是根据这个原则来确定的。

1. 低压设备接地电阻

在低压不接地配电网中，要求在故障或异常状态下 $U_L \leqslant 50$ V。若环境潮湿或金属物体分布多，较易发生间接接触电击事故，则 $U_L \leqslant 25$ V。

在 380 V 不接地电网中，一般单相接地电流很小，为确保设备漏电时外壳对地电压不超过安全范围，要求保护接地电阻 $R_b \leqslant 4\ \Omega$。

当配电变压器或发电机的容量不超过 100 kV · A 时，由于配电网分布范围很小，单相故障接地电流更小，可以放宽对接地电阻的要求，取 $R_b \leqslant 10\ \Omega$。

2. 高压设备接地电阻

（1）工作于不接地、谐振接地（中性点经消弧线圈接地）和高电阻接地系统，向 1 kV 及以下低压电气装置供电的高压配电电气装置，其保护接地的接地电阻应满足式（3-16）的要求，且应不大于 4 Ω。

$$R_b \leqslant \frac{50\ \text{V}}{I_d} \tag{3-16}$$

式中　R_b——接地电阻，Ω；

I_d——接地电流，A。

（2）低电阻接地系统的高压配电电气装置，其保护接地的接地电阻应符合式（3-17）的要求,且应不大于 4 Ω。

$$R_b \leqslant \frac{2\ 000\ \text{V}}{I_d} \tag{3-17}$$

式中　R_b——接地电阻，Ω；

I_d——接地电流，A。

（3）保护配电变压器的避雷器的接地应与变压器保护接地共用接地装置。保护配电柱上断路器、负荷开关和电容器组等的避雷器的接地导体（线）应与设备外壳相连，接地装置的接地电阻应不大于 10 Ω。

五、绝缘监视

在 IT 系统中，当发生一相故障接地时，未接地的其他两相对地电压将升高，可能接近线电压。这种情况会增加电气线路及设备的相绝缘负担，造成绝缘故障，增加触电的危险。不接地配电网中一相故障接地时的接地电流很小，线路和设备还能继续工作，故障可能长时间存在，这对安全是非常不利的。如图 3-4所示，在接地故障持续时间内发生某设备另一相漏电，即使该设备上设置有合格的保护接地，也不可能将其故障电压限制在安全范围以内。因此，在不接地配电网中，需要对配电网进行绝缘监视（接地故障监视），并设置声光双重报警信号。

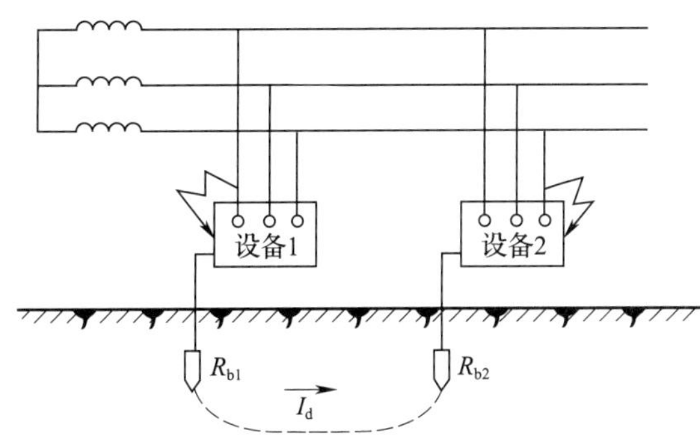

图 3-4　IT 系统两点接地

低压配电网的绝缘监视多采用三电压表法，是用三只规格相同的电压表来实现的，如图 3-5所示。配电网对地电压正常时，三相平衡，三只电压表读数均为相电压。当一相接地时，该相电压表读数急剧降低，另两相则显著升高。即使系统没有接地，而是一相或两相对地绝缘显著劣化，三只电压表也会给出不同的读数，引起工作人员的注意。为了不影响系统中保护接地的可靠性，应当采用高内阻的电压表。

高压配电网的绝缘监视是利用三相五芯柱特种电压互感器实现的，如图 3-6所示。互感器有两组低压线圈：一组接成星形，供绝缘监视的电压表用；另一组接成开口三角形，开口处接信号继电器 K。正常时，三相平衡，三只电压表读数相同，三角形开口处电压为零，信号继电器 K 不动作。当一相接地或一、两相绝缘明显劣化时，三只电压表出现不同读数，同时三角形开口处出现电压，当电压达到或超过整定值时，信号继电器 K 动作，发出信号。

这种绝缘监视装置是以监视三相对地平衡为基础的，对于一相接地故障很敏感，但对三相绝缘同时劣化，即三相绝缘同时降低的故障是没有反应的。其另一缺点是当三相绝缘都在安全范围以内，但相互差别较大时，会给出错误的指示或信号。由于上述两种情况很少发生，这种绝缘监视装置还是可用的。

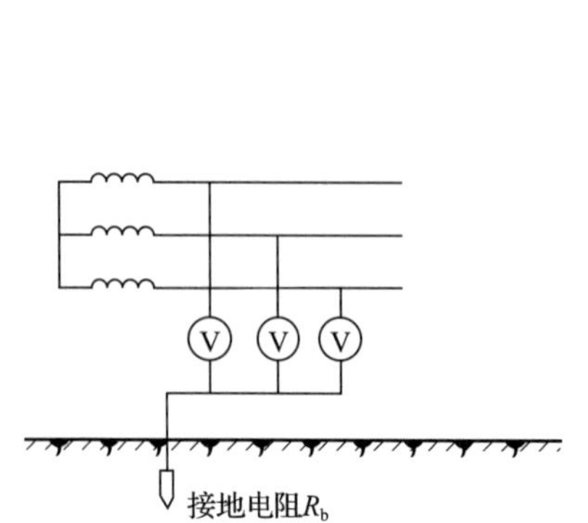

图 3-5　低压配电网绝缘监视

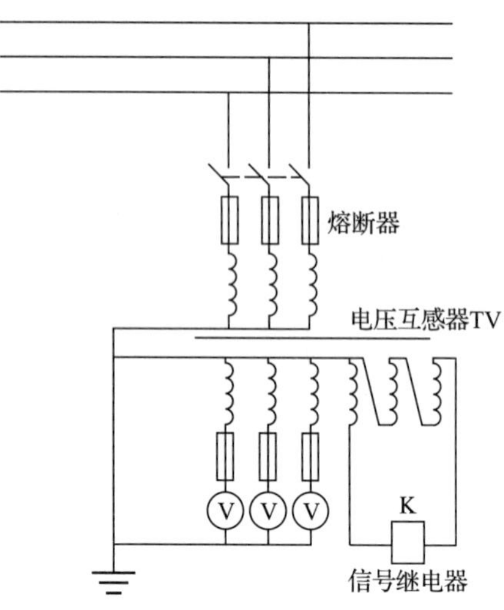

图 3-6　高电配电网绝缘监视

在低压配电网中，为了比较准确地检测配电网对地绝缘情况，可以借助专用方法测量绝缘阻抗。配电网绝缘阻抗无源测量如图 3-7所示。按下 SB1 时，测得该相对地电压 U；按下 SB2 时，测得该相接地电流 I，由此可求得三相配电网对地导纳近似为

$$Y = \sqrt{G^2 + B^2} = \frac{I}{U} \tag{3-18}$$

如接通 SA1，重复上述测定，通过电压表读数 U_G 和电流表读数 I_G 可求得这时三相电网对地导纳近似为

$$Y_G = \sqrt{(G + g_a)^2 + B^2} = \frac{I_G}{U_G} \tag{3-19}$$

如接通 SA2，重复上述测定，可求得

$$Y_B = \sqrt{G^2 + (B + b_a)^2} = \frac{I_B}{U_B} \tag{3-20}$$

联立式（3-18）、式（3-19）、式（3-20）求解即可得 G、B。

配电网绝缘阻抗有源测量如图 3-8所示。按电压表和电流表读数，经适当转换，即可求得绝缘阻抗。如果在人为电流回路加入整流和滤波环节，则可测得绝缘电阻。为了提高灵敏度，可经桥式整流后用直流毫安表测量电流或用直流流比计式仪表测量电流。

不接地配电网两相故障接地时，原则上应符合 TT 系统的要求（详见本章第二节）。不接地配电网两相故障接于同一接地装置时，原则上应符合 TN 系统的要求（详见本章第三节）。

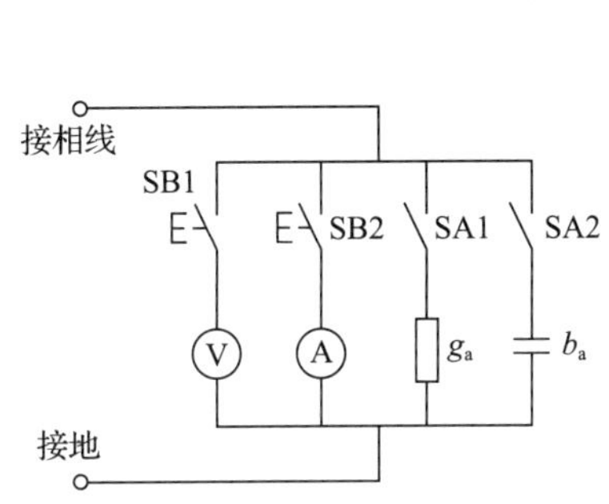

图 3-7　配电网绝缘阻抗无源测量

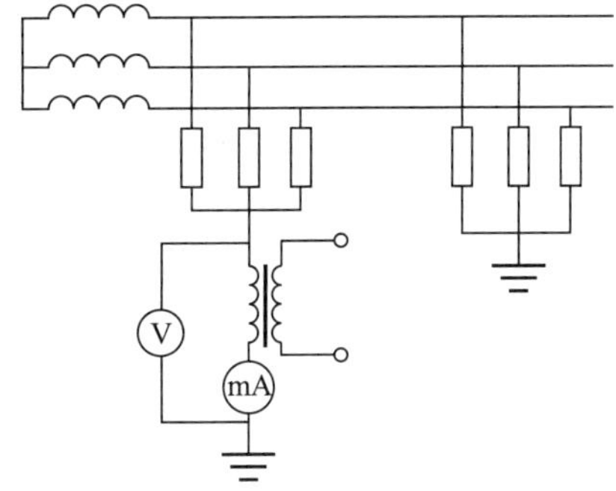

图 3-8　配电网绝缘阻抗有源测量

六、过电压的防护

导致电力系统出现过电压的原因很多。由外部原因造成的过电压有雷击过电压、电磁感应过电压和静电感应过电压，由内部原因造成的过电压有操作过电压、谐振过电压以及事故过电压。

对于 IT 系统，由于电网与大地之间没有直接的电气连接，在意外情况下可能产生很高的对地电压。例如，当变压器高压一相与低压中性点短接时（见图3-9），低压侧对地电压将大幅度升高，这将给低压系统的安全运行造成极大的威胁。

为了减轻过电压的危险，在不接地低压配电网中，应把中性点或者一相经击穿保险器接地，如图 3-10 所示。

击穿保险器主要由两片黄铜电极夹以带小孔的云母片组成，其击穿电压大多不超过额定电压的 2 倍。正常情况下，击穿保险器处在绝缘状态，配电系统不接地；当过电压产生时，云母片带孔部分的空气隙被击穿，故障电流经接地装置流入大地。这一电流即高压系统的接地短路电流，它可能引起高压系统过电流保护装置动作，切除故障，断开电源。如果高压系统接地短路电流不大，不足以引起保护装置动作，则可以通过选定适当的接地电阻值控制低压系统电压升高不超过 120 V。为此，接地电阻应为

$$R_E \leqslant \frac{120\ \text{V}}{I_{gd}} \tag{3-21}$$

式中　R_E——接地电阻，Ω；

I_{gd}——高压系统单相接地短路电流，A。

通常情况下，$R_E \leqslant 4\ \Omega$ 是能够满足上述要求的。

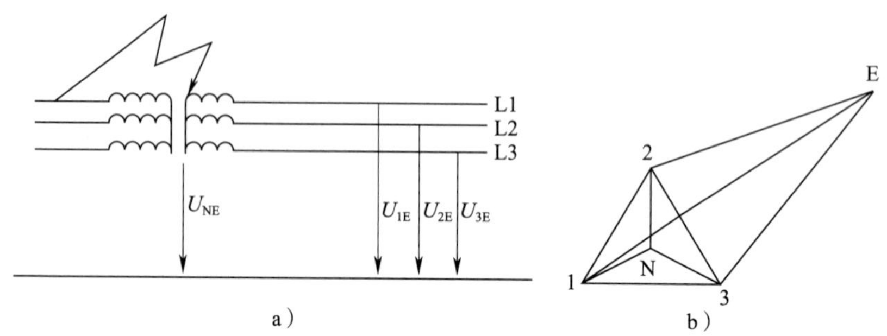

图 3-9　不接地电网高压窜低压

a）示意图　b）相量图

正常情况下，击穿保险器必须绝缘良好。否则，不接地配电网变成接地配电网，用电设备上的保护接地将不足以保障安全。因此，应经常检查击穿保险器的状态，或者如图 3-10 所示，接入两只相同的高内阻电压表进行监视。正常时，两只电压表的读数各为相电压的一半；如果击穿保险器内部短路，一只电压表的读数降低至零，而另一只电压表的读数上升至相电压。必要时，防护装置应当设置监视击穿保险器绝缘的声光双重报警信号。为了不降低系统保护接地的可靠性，监视装置应具有很高的内阻。

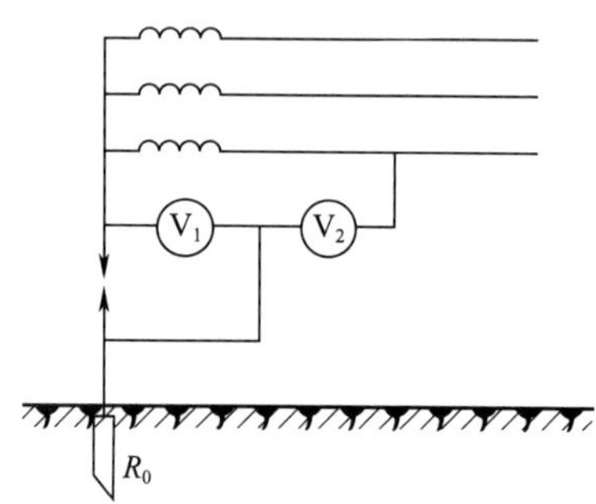

图 3-10　高压窜低压防护及监视

第二节　TT 系统

TT 系统与 IT 系统不同，这类配电系统由于电源中性点已经接地，同一台变压器能提供一组线电压和一组相电压，便于动力和照明供电；具有较好的过电压抑制与防护性能，且一相故障接地时，单相电击的危险性相对较小，与 IT 系统相比，故障接地点比较容易检测。

一、TT 系统的安全原理

TT 系统保护接地原理如图 3-11 所示。如图 3-11a）所示，低压中性点的接地通常称作工作接地，中性点引出的导线称中性线，其接地电阻称工作接地电阻，一般记为 R_0。中性线是通过工作接地与“零”电位的大地连在一起的，因而中性线也称“零线”，一般记为 N。在接地系统中，如果电气设备没有采取任何防止间接接触电击的措施，发生单相电击时，人体承受的电压接近相电压（即接触电压等于相电压在工作接地电阻与人体电阻间分压的人体电阻分压部分）。也就是说，在接地系统中，人体触及漏电设备时具有较大的电击危险性。

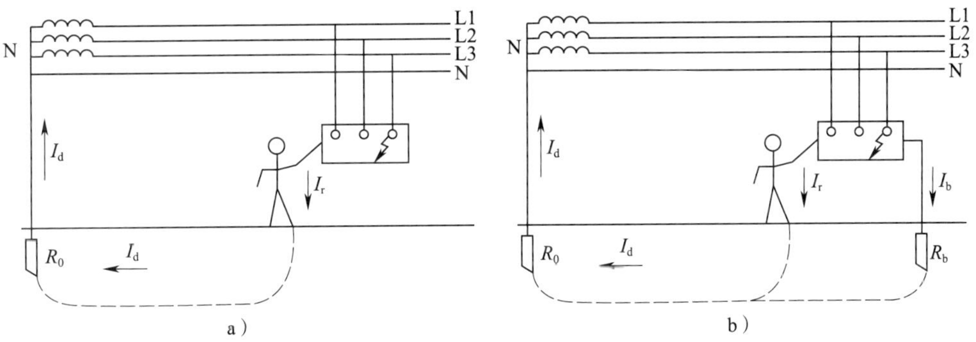

图 3-11　TT 系统保护接地原理

a）未装设保护接地　b）装设保护接地

图 3-11b）所示为设备外壳采取保护接地措施的情况。这种配电系统称为 TT 系统。TT 系统即电源中性点接地，同时设备外露可导电部分也接地的配电系统。这时，如有一相漏电，则故障电流主要经接地电阻 R_b 和工作接地电阻 R_0 构成回路。漏电设备对地电压和零线对地电压分别为

$$U_E = \frac{R_b R_r}{R_0 R_b + R_0 R_r + R_b R_r} U \tag{3-22}$$

$$U_N = \frac{R_0 R_b + R_0 R_r}{R_0 R_b + R_0 R_r + R_b R_r} U \tag{3-23}$$

式中　U——配电网相电压；

R_r——人体电阻。

一般情况下，$R_0 \ll R_r$，$R_b \ll R_r$。式（3-22）和式（3-23）可简化为

$$U_E \approx \frac{R_b}{R_0 + R_b} U \tag{3-24}$$

$$U_N \approx \frac{R_0}{R_0 + R_b} U \tag{3-25}$$

显然，$U_E + U_N = U$，且 $U_E/U_N = R_b/R_0$。与没有保护接地的情况相比较，漏电设备上对地电压有所降低，但零线上却产生了对地电压。而且，由于 R_b 和 R_0 同在一个数量级，漏电设备对地电压和零线对地电压都可能远远超过安全电压，人触及漏电设备或触及零线都可能受到致命的电击。故障电流主要经 R_b 和 R_0 构成回路，如忽略带电体与外壳之间的过渡电阻，其大小为

$$I_d = \frac{U}{R_0 + R_b} \tag{3-26}$$

由于 R_b 和 R_0 都是欧姆级的电阻，因此，I_d 不可能太大。在这种情况下，一般的过电流保护装置不起作用，不能及时切断电源，故障将长时间延续下去。例如，当 $R_b = R_0 = 4\ \Omega$ 时，故障电流只有 27.5 A，很少有能与之相适应的过电流保护装置。

正因为如此，TT 系统必须同时采取快速切断接地故障的自动保护装置或其他防止电击的措施作为补偿性技术手段。

二、工作接地

工作接地属功能接地，是指配电网的变压器或发电机中性点在其近处的一点接地。如上分析，工作接地的安全作用主要是抑制故障时配电网对地电压，使其不致升高太多，以免过分增加触电的危险性，并减轻绝缘的额外负担或防止绝缘击穿。此外，由于接地的配电网中单相接地故障电流可达到数安乃至数十安，故障比较容易被检测，故障点也比较容易确定。

图 3-12a）所示为没有工作接地的三相四线接零系统发生一相接地的情况。这时配电网各相对地电压分别为

$$\left.\begin{aligned}&U_{1E}=U_{2E}\approx\sqrt{3}U\\&U_{3E}\approx 0\\&U_{NE}=U\end{aligned}\right\}\tag{3-27}$$

式中 U——配电网相电压。

显然，中性线及所有接中性线的电气设备外露可导电部分都成了十分危险的带电体，未接地的两相单相触电的危险性大大增加。而且由于接地电流不大，这种危险状态可能持续下去。因此，这种配电网是不宜采用的。

如图3-12b）所示，中性点有工作接地，则中性点的电位漂移受到限制。这时，接地电流 I_d 经故障接地电阻 R_E 和工作接地电阻 R_0 构成回路，各相对地电压都发生了变化，并可用下列计算式表达

$$\left.\begin{aligned}&U_{NE}\approx\frac{R_N}{R_N+R_E}U\\&U_{3E}\approx\frac{R_E}{R_N+R_E}U\\&U_{1E}=U_{2E}\approx\sqrt{U^2+U_{NE}^2+UU_{NE}}\end{aligned}\right\}\tag{3-28}$$

当 $U=220$ V，$U_{NE}=50$ V 时，不难按式（3-28）求得 $U_{1E}=U_{2E}=249$ V，$U_{3E}=170$ V。这就是说，如能限制 $U_{NE}\leqslant 50$ V，即可限制未接地两相对地电压不超过250 V，即将其对地电压限制在低压的范围以内，对应的相量图如图3-12c）所示。

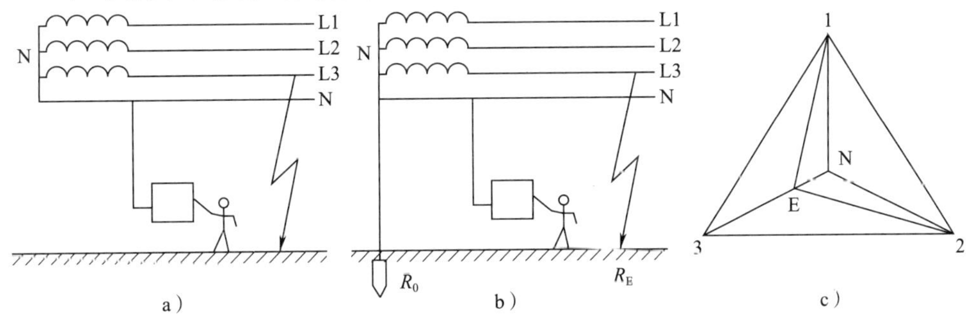

图3-12 工作接地的作用

a）无工作接地 b）有工作接地 c）有工作接地的相量图

低压配电网有工作接地时，各种过电压都受到一定的限制。当有高压窜入低压，或有感应过电压、谐振过电压发生时，电网的工作接地能稳定系统电位，使系统对地电压不超过某一范围，减轻过电压的危险。如图3-13所示，发生高压窜入

低压时，低压零线对地电压为

$$U_0 = I_{gd} R_0 \tag{3-29}$$

由式（3-29）可以看出，只要能够有效地控制工作接地电阻 R_0，就可以将系统零线电压控制在合理的范围。工作接地的接地电阻值可参考本章第一节要求确定。

下面以高压 10 kV、低压 0.4 kV 的配电系统为例，分析工作接地对过电压的限制作用。如图 3-13a）所示，尽管高压相线对地电压将近 5 800 V，但当高压侧意外与低压侧发生短接时（图中是与低压中性点短路），由于 10 kV 系统为不接地电网，单相接地电流 I_{gd} 不超过 30 A，如能控制 $R_0 \leqslant 4\ \Omega$，即可限制中性点对地电压 U_{NE} 不超过 120 V。如果三相电力变压器为 Yyn0 接法，可求得各相对地电压，U_{1E} 为 244～260 V，U_{2E} 为 303～340 V，U_{3E} 为 140～166 V。

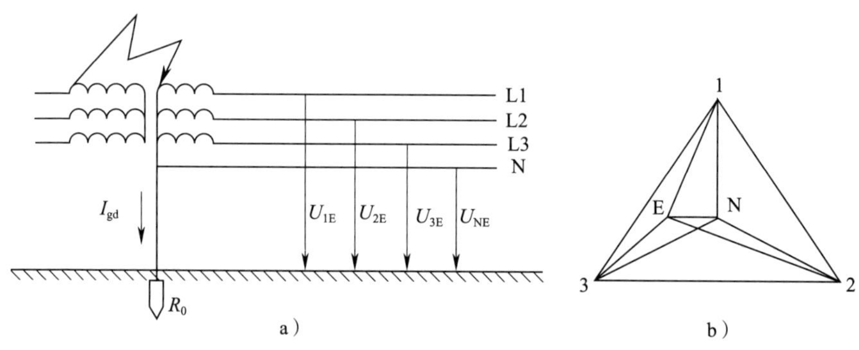

图 3-13　接地电网高压窜低压

a）示意图　b）相量图

在 TT 系统中，由于有工作接地电阻的存在，电网容易受到外界系统的影响。当不同系统的接地体相距很近，或接地体周围存在明显的杂散电流时，将引起接地体电位漂移，从而导致与接地体相连的电网中性点电位漂移，对应的相量图如图 3-13b）所示。

三、TT 系统的应用

采用 TT 系统时，为防止不同系统、不同设备的接地极间以及接地极周围存在杂散电流引起对地电位漂移，被保护区域内设备的所有外露可导电部分均应与接地体的保护导体连接起来并共同接地。

从前面分析可知，TT 系统保护接地的基本原理是限制故障设备外壳或零线对地电压在安全预期接触电压以内，即保障在允许故障持续时间内漏电设备的故障对地电压不超过某一限值。当中性线（零线）与相线具有同等绝缘水平时，一般原则为

$$U_d = I_d R_b \leqslant U_L \tag{3-30}$$

在第一种状态，即环境干燥或略微潮湿、皮肤干燥、地面电阻率高的状态下，U_L不得超过50 V；在第二种状态，即环境潮湿、皮肤潮湿、地面电阻率低的状态下，U_L不得超过25 V。故障最大持续时间原则上不得超过5 s。对于其他电压限值，允许故障持续时间应不超过表3-1所列和图3-14所示的数值。表3-1中，人体阻抗与人体电流两栏数值是与图3-14中的两组曲线相对应的。图3-14中，L_1、I_1、Z_1 曲线对应第一种状态，L_2、I_2、Z_2 曲线对应第二种状态。

表3-1　　允许故障持续时间

预期的接触电压/V	第一种状态			第二种状态		
	人体阻抗/Ω	人体电流/mA	持续时间/s	人体阻抗/Ω	人体电流/mA	持续时间/s
25	—	—	—	1 075	23	>5
50	1 725	29	>5	925	54	0.47
75	1 625	46	0.60	825	91	0.30
90	1 600	56	0.45	780	115	0.25
110	1 535	72	0.36	730	151	0.18
150	1 475	102	0.27	660	227	0.10
220	1 375	160	0.17	575	383	0.035
280	1 370	204	0.12	570	491	0.020
350	1 365	256	0.08	565	620	—
500	1 360	368	0.04	560	893	—

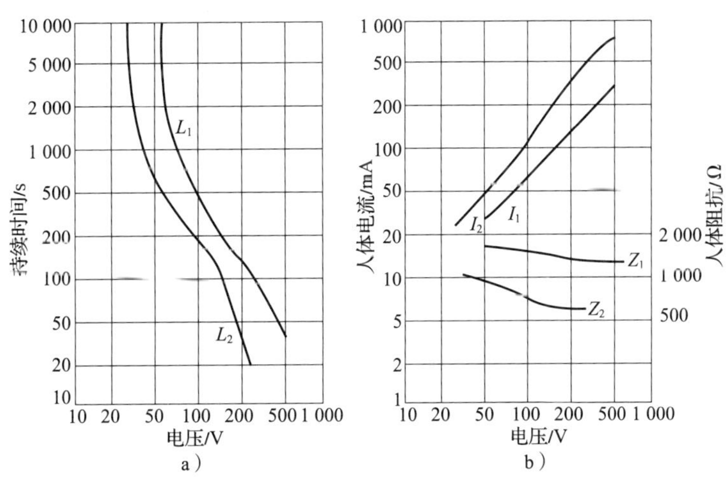

图3-14　允许故障持续时间

a）持续时间　b）人体电流和人体阻抗

为满足上述要求，可在 TT 系统中采取降低保护接地电阻、装设剩余电流动作保护装置或过电流保护装置的措施，在剩余电流动作保护装置和过电流保护装置之间优先选用前者。此外，将 TT 系统改为 TN 系统，也能取得较好的效果。

第三节　TN 系统

TN 系统旧称保护接零系统。TN 系统的前一位字母 T，表示系统为电源中性点直接接地的系统。TN 系统的后一位字母 N 表示系统中电气装置的外露可导电部分通过保护线与系统的中性点联结，由于中性点又称为零点，保护接零由此而得名。TN 系统是防止间接接触电击的基本措施。

一、TN 系统的安全原理及类别

TN 系统的安全原理如图 3－15 所示。在中性点直接接地的三相四线制配电网中，当采用 TN 系统的设备发生某相带电部分碰连设备外壳（即外露导电部分）时，故障电流通过相线和零线（保护导体）构成回路。由于回路阻抗很小，短路电流 I_d 很大，能促使线路上的过电流保护装置（如自动开关或熔断器）迅速可靠地动作，切断故障设备供电，从而缩短接触电压持续时间，消除电击的危险。

在三相四线制配电网中，应当区别工作零线和保护零线。前者即中性线，用 N 表示；后者即保护导体，用 PE 表示。如果一根线既是工作零线，又是保护零线，则用 PEN 表示。

TN 系统分为 TN－S、TN－C－S、TN－C 3 种类型，如图 3－16 所示。TN－S 系统的 PE 线是与 N 线完全分开的，TN－C－S 系统干线部分的前一部分 PE 线是与 N 线共用的，TN－C 系统的干线部分 PE 线是与 N 线完全共用的。

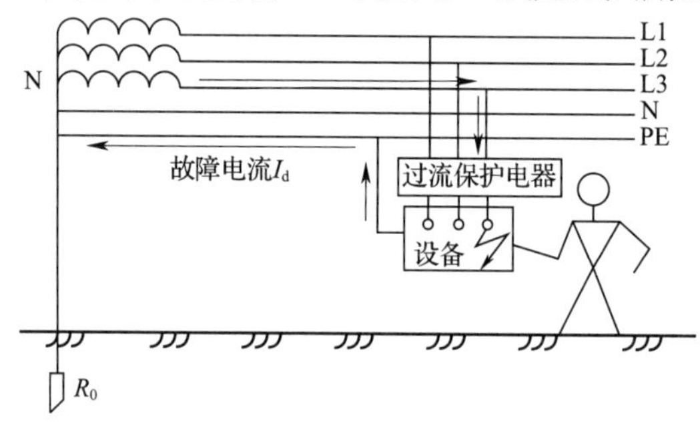

图 3－15　TN 系统的安全原理

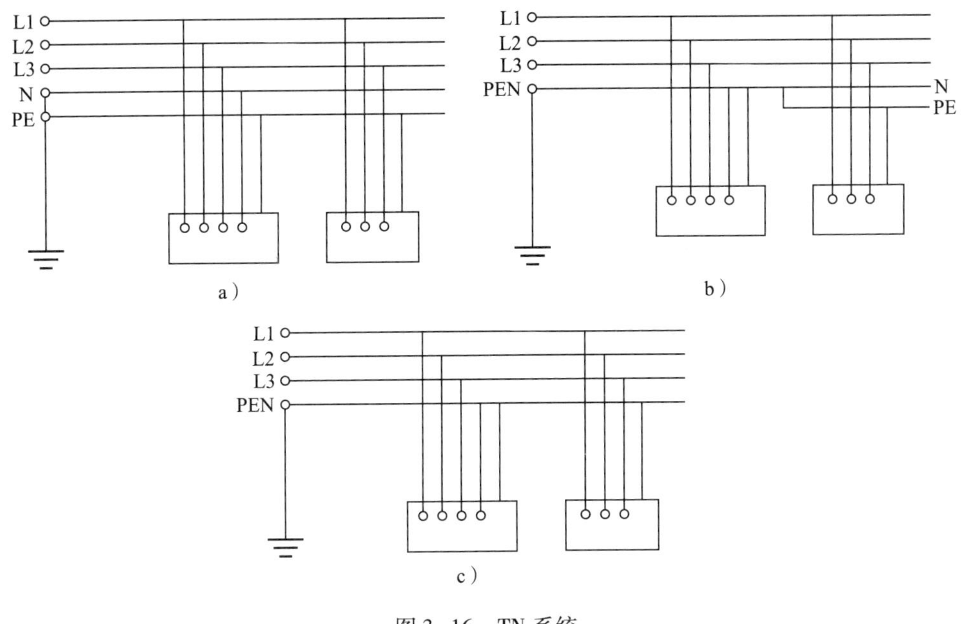

图3-16　TN 系统

a）TN－S 系统　b）TN－C－S 系统　c）TN－C 系统

二、TN 系统应满足的要求

（1）保护配合元件灵敏度应达到要求。TN 系统的实质是借助相—零线回路低阻抗形成大的短路电流，迫使继电保护装置动作切断故障设备电源。也就是说，TN 系统的作用不是单独由“接零”来实现的，而是要与其他线路保护装置配合使用才能实现。因此，单相短路电流与保护装置动作电流的匹配性是 TN 系统能否发挥作用的关键条件。单相短路电流取决于配电网相电压和相—零线回路阻抗。

当采用低压断路器保护时，动作特性是定时限的，只要短路电流达到瞬时脱扣电流的 1.1 倍，就能可靠动作。考虑短路电流计算的误差和开关脱扣电流整定的偏差，要求灵敏度应不小于 1.5 倍。当采用熔断器保护时，因为熔丝是靠电流的热效应来切断电源的，电流越大，动作越快，即熔丝的安秒特性呈反时限特性。因此，为保证迅速切断故障，一般要求灵敏度应不小于 4 倍。

（2）低压电网中性点必须有良好的工作接地，其电阻值 R_0 应不大于 4 Ω。这样，如果高、低压绕组直接短路或低压绕组一相碰壳，导入大地的接地短路电流流过工作接地所造成的零线对地电压值可以得到限制。

（3）TN－C 系统的 PEN 线不能断线。在 TN－C 系统中，PEN 线既是负载电流的通路，也是设备单相碰壳故障电流的通路。如果 PEN 线断线，三相负载不平衡时，中性点电位将发生漂移，使三相电压不对称而无法正常工作，甚至烧坏设备；如果 PEN 线断线，单相碰壳故障将无法形成短路故障而被有效检测，设备电源不会被切断，TN 系统不起作用，且断线后的 PEN 线上及全部与 PEN 线相连的设备外壳均呈现危险的对地电压，使故障范围扩大。为此，TN 系统的中性线上不允许装熔断器或单极隔离开关，避免造成断线。同时，相关规程还建议低压线路零线截面采取与相线同截面的导线，以减小相—零线回路阻抗，增加零线的机械强度和稳定性，减小断线概率。

（4）PE 线必须重复接地。重复接地指 PE 线上除工作接地以外的其他点的再次接地。按照国际电工委员会的提法，重复接地是为了保护导体在故障时尽量接近大地电位而在其他附加点的接地。重复接地是提高 TN 系统安全性能的重要措施。在 TN 系统中，除了系统中性点工作接地外，必须将 PE 线在一处或多处重复接地，其主要作用如下：

1）减轻零线断线或接触不良时触电的危险性。在很多情况下，零线（PE 线、PEN 线）可能断开或接触不良。如图 3－17a）所示，无重复接地时，如果在零线断线的同时，断线处后面某电气设备碰壳短路，故障电流经过触及设备的人体和工作接地构成回路。因为人体电阻比工作接地电阻 R_0 大得多，所以在断线处以后，人体几乎承受全部相电压。

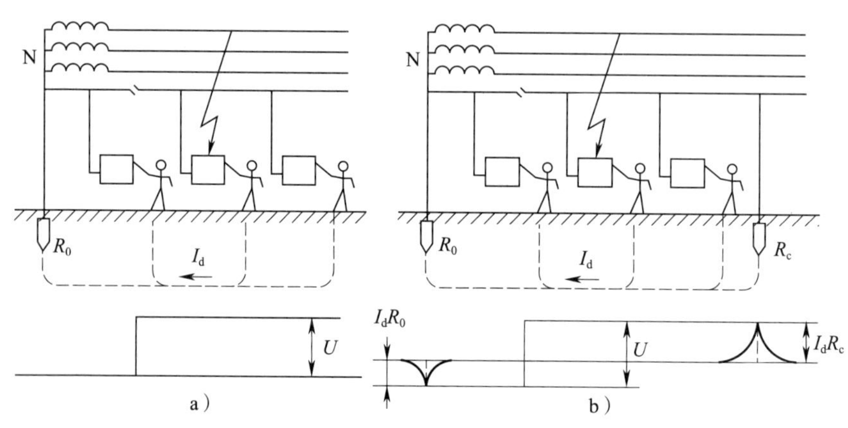

图 3－17　零线断线与设备漏电

a）无重复接地　b）有重复接地

如果像图 3-17b）那样有重复接地电阻 R_c 时，情况将与图 3-17a）不同。此时，较大的故障电流经过 R_c 和 R_0 构成回路。断线两边的对地电压 $U_0=I_dR_0$，$U_c=I_dR_c$。显然，U_0 和 U_c 都低于相电压，触电危险性得以降低。

在 PE 线断线的情况下，即使没有设备漏电，三相负载不平衡也会给人身安全造成很大的威胁。在这种情况下，重复接地同样有减轻或消除危险的作用。根据规定，在中性点直接接地的配电系统中，单相 220 V 用电设备应均匀地分配在三相线路，由负载不平衡引起的中性线电流一般不得超过变压器额定电流的 25%。如果中性线完好，25% 的不平衡电流只在零线上产生很小的电压降，对人身没有伤害。但是，如果零线断线，断线处以后的零线可能会产生数十伏乃至接近相电压的危险电压降。

如图 3-18a）所示，在两相停止用电，仅一相保持用电的特殊情况下，如果零线断线，电流经过该相负载、人体、工作接地电阻构成回路。因为人体电阻较大，所以人体承受大部分电压，造成触电危险。如果像图 3-18b）那样，零线或设备上装有重复接地，则设备对地电压即为重复接地上的电压降。一般情况下，R_c 与负载电阻或 R_0 比较不会太大，其电压降只是电源相电压的一部分，从而减轻或消除了触电的危险性。

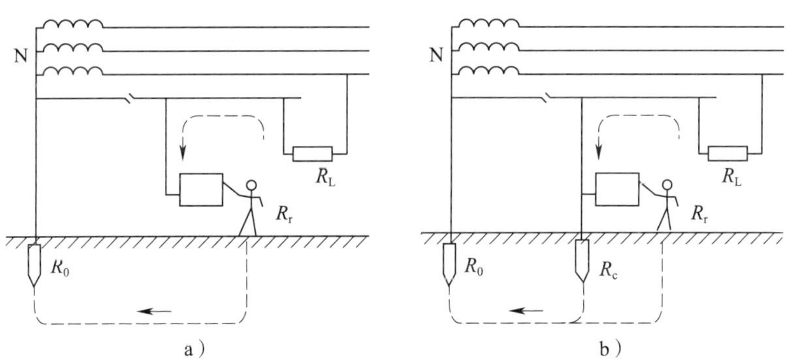

图 3-18　零线断线与不平衡负载

a）无重复接地　b）有重复接地

例如，假定该相负载为 1 kW，则其电阻 $R_L=48.4\ \Omega$；再假定 $R_0=4\ \Omega$，$R_c=10\ \Omega$，可求得对地电压为

$$U_d=I_dR_c=\frac{R_c}{R_0+R_L+R_c}U=\frac{10}{4+48.4+10}\times 220\ \text{V}\approx 35\ \text{V}$$

这个电压对人体来说是没有太大危险的。

在零线断线的情况下，重复接地一般只能降低零线断线时触电的危险性，而不能完全消除触电的危险。

在 TN－S 系统中，工作零线（N 线）断线也将带来危险。此时，如果三相负载不平衡，负载中性点将发生漂移。设电源相电压分别为 $\dot{U}_u$、$\dot{U}_v$、$\dot{U}_w$，负载阻抗分别为 Z_u、Z_v、Z_w，则运用基尔霍夫定律求得负载中性点和各相电压分别为

$$\dot{U}_{\mathrm{N}} = \left(\frac{\dot{U}_u}{Z_u} + \frac{\dot{U}_v}{Z_v} + \frac{\dot{U}_w}{Z_w}\right) \bigg/ \left(\frac{1}{Z_u} + \frac{1}{Z_v} + \frac{1}{Z_w}\right) \tag{3-31}$$

$$\left.\begin{aligned} \dot{U}_1 &= \dot{U}_u - \dot{U}_{\mathrm{N}} \\ \dot{U}_2 &= \dot{U}_v - \dot{U}_{\mathrm{N}} \\ \dot{U}_3 &= \dot{U}_w - \dot{U}_{\mathrm{N}} \end{aligned}\right\} \tag{3-32}$$

设 $Z_u = 2Z_v = 5Z_w$，$U_u = U_v = U_w = 220$ V，则可按上式求得 $\dot{U}_{\mathrm{N}} = 99.15\angle 113.9°$ V，$\dot{U}_1 = 297.46\angle -139°$ V，$\dot{U}_2 = 265.20\angle -99.0°$ V 和 $\dot{U}_3 = 126.02\angle -109.1°$ V，其相量图如图 3－19 所示。显然，第一相过电压严重，用电设备有烧坏的可能；第二相过电压也比较严重，若持续时间延长，用电设备也有烧坏的可能；第三相电压不足，用电设备不能正常工作。毫无疑问，这种运行状态是危险的。如果 TN－C－S 系统或 TN－C 系统的 PEN 线上有重复接地，则上述故障带来的危险性将大大降低。这时，负载中性点对地电压为

$$\dot{U}_{\mathrm{N}} = \left(\frac{\dot{U}_u}{Z_u} + \frac{\dot{U}_v}{Z_v} + \frac{\dot{U}_w}{Z_w}\right) \bigg/ \left(\frac{1}{Z_u} + \frac{1}{Z_v} + \frac{1}{Z_w} + \frac{1}{Z_{\mathrm{N}}}\right) \tag{3-33}$$

式中　Z_{N}——负载中性点与电源中性点之间的阻抗。

Z_{N} 为工作接地电阻与重复接地电阻之和，即 $Z_{\mathrm{N}} = R_0 + R_{\mathrm{c}}$。如设 Z_u、Z_v、Z_w 为纯电阻，且 $R_u = 2R_v = 5R_w = 100\ \Omega$，$U_u = U_v = U_w = 220$ V，$R_0 = 4\Omega$，$R_{\mathrm{c}} = 7\ \Omega$，可得 $\dot{U}_{\mathrm{N}} = 44.07\angle 133.9°$ V，$\dot{U}_1 = 252.52\angle -7.2°$ V，$\dot{U}_1 = 236.05\angle -109.7°$ V和 $\dot{U}_3 = 177.54\angle 116.6°$ V。显然，电压不平衡受到了抑制，危险性降低。

当然，在工作零线与保护零线合用的情况下，工作零线断线就是保护零线断线，必将有触电的危险。例如，在上面这个例子中，$U_{\mathrm{N}} = 44.07$ V，$R_0 = 4\ \Omega$，$R_{\mathrm{c}} = 7\ \Omega$，断线后段的零线和接零设备上将带有 28.04 V 的对地电压，同时断线前段的零线和接零设备带有 16.03 V 的对地电压。电压虽然不高，但在高度触电危险场所或特别触电危险场所，仍不能排除由电击引起致命伤害的可能性。

如果场所有爆炸性混合物，上述故障电压引起的放电火花将有很大的引燃危险。

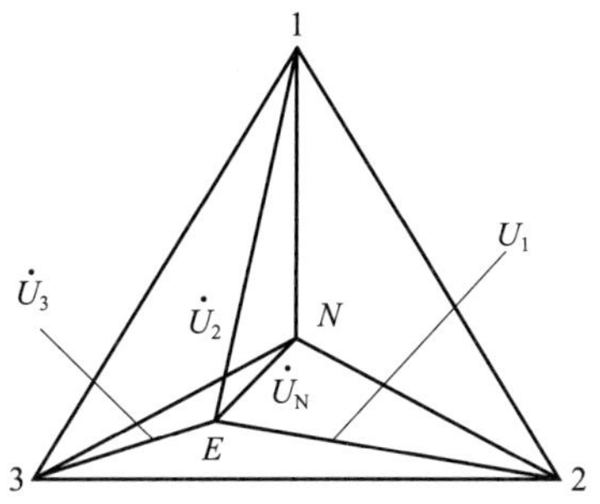

图 3-19　负载中性点漂移相量图

迅速切断电源是 TN 系统的基本保护方式。如果不能迅速切断电源，即使有重复接地，往往也只能降低危险性，而难以消除危险，而且危险范围还可能扩大。

2）降低漏电设备对地电压。有重复接地时，若发生一相碰壳，短路电流除流过零线之外，还流过重复接地电阻和中性点接地电阻。重复接地电阻与中性点接地电阻的分压作用，使得与设备外壳接触的人体所承受的对地电压比起无重复接地时大大下降，触电的危险性大大减小。

3）缩短事故持续时间。采用重复接地后，重复接地和工作接地构成零线的并联分支，降低了相—零线回路的阻抗，在发生短路时，能增加短路电流，加速线路保护装置动作，缩短事故持续时间。

4）改善架空线路的防雷性能。架空线路零线上的重复接地对雷电流有分流作用，有利于限制雷电过电压。

重复接地在设置上有如下要求：

1）架空线路的干线和分支线的终端、沿线路每 1 km 处、分支线长度超过 200 m 的分支处，电缆或架空线路引入车间或大型建筑物处，高低压线路同杆架设时，共同敷设段的两端应做重复接地。

2）线路上的重复接地宜采用集中埋设的接地体，车间内宜采用环形重复接地或网络重复接地。零线与接地装置至少有两点连接，除进线处的一点外，其对角线最远点也应连接，而且车间周围距离过远，超过 400 m 者，每 200 m 应有一点连接。

3）一个配电系统可敷设多处重复接地，并尽量均匀分布，以等化各点电位。

4）每一重复接地的接地电阻不得超过 10 Ω；在变压器低压侧工作接地的接地电阻允许不超过 10 Ω 的场合，每一重复接地的接地电阻允许不超过 30 Ω，但不得少于 3 处。

5）PE 线的重复接地可充分利用自然接地体。

（5）在由同一台发电机、同一台变压器或同一段母线供电的低压电网中，不宜同时采用 TN、TT 两种保护方式。否则，当保护接地的用电设备碰壳短路时，接零设备的外壳上将产生 I_dR_0 的对地电压，这样会使故障范围扩大，如图 3-20 所示。

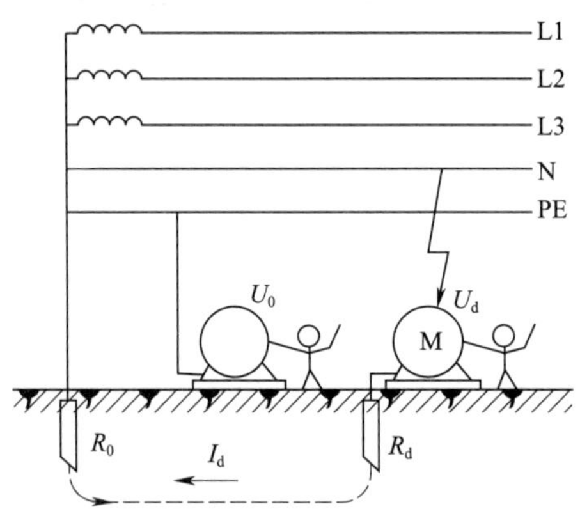

图 3-20　TN 与 TT 系统混用

（6）所有电气设备的 PE 线应以“并联”方式连接到 PE 干线上。比如，使用单相三孔插座时，不允许将插座上接电源工作零线的孔同 PE 线的孔串接。因为一旦工作零线松脱或断开，就会使设备的金属外壳带电，在零、相线接反时也会使外壳带电。正确接法是由接电源工作零线的孔和接 PE 线的孔分别引出导线接到工作零线和 PE 线上。

（7）I 类手持式电动工具要有不带工作电流的专用 PE 芯线，不可利用既带工作电流又兼用 PE 保护的同一芯线。否则当导线中的零线芯断开时，工具的金属外壳将会出现大小相当于相电压的对地电压。

三、TN 系统速断和限压的要求

在接零系统中，单相短路电流越大，保护元件动作越快；反之，动作越慢。单相短路电流取决于配电网电压和相零回路阻抗。稳态单相短路电流 $\dot{I}_d$ 按下式计算：

$$\dot{I}_{d}=\frac{\dot{U}}{Z_{L}+Z_{PE}+Z_{E}+Z_{T}}=\frac{\dot{U}}{Z} \tag{3-34}$$

式中　U——配电网相电压，V；

Z_L——相线阻抗，Ω；

Z_{PE}——保护零线阻抗，Ω；

Z_E——回路中电器元件阻抗，Ω；

Z_T——变压器计算阻抗，Ω；

Z——相零回路阻抗，Ω。

显然，相零回路阻抗不能太大，以保障发生漏电时有足够的单相短路电流，迫使线路上的保护元件迅速动作。

就电流对人体的作用而言，电流通过人体的持续时间越长，致命的危险性越大，引起心室颤动所需要的电流越小。因此，确定速断保护的动作时间时，应当考虑可能的预期接触电压。

仅仅认为 TN 系统只起过电流速断保护作用，而不能降低漏电设备对地电压是不对的。由 TN 系统电路可以求出保护元件动作前漏电设备对地电压为

$$\dot{U}_{d}\approx\frac{R_{r}}{R_{r}+Z_{N}}\dot{I}_{d}Z_{PE}\approx\frac{R_{r}}{R_{r}+Z_{N}}\cdot\frac{Z_{PE}}{Z}\dot{U}=\frac{R_{r}}{R_{r}+Z_{N}}\cdot\frac{Z_{PE}}{Z_{T}+Z_{E}+Z_{L}+Z_{PE}}\dot{U} \tag{3-35}$$

如果线路截面较小，保护零线与相线紧邻敷设。由于电抗比较小，其范围比较容易确定，对地电压可按式（3-36）简化计算：

$$U_{d}=K_{c}U\frac{R_{PE}}{R_{L}+R_{PE}} \tag{3-36}$$

式中　R_L——相线电阻，Ω；

R_{PE}——保护线电阻，Ω；

K_c——计算系数，$K_c=0.6\sim1.0$。

如令 $m=R_{PE}/R_L$，则式（3-36）可简化为：

$$U_{d}=K_{c}\frac{m}{1+m}U \tag{3-37}$$

如果导体材质相同，则 m 为相线截面与保护线截面之比。对于电缆和绝缘导线，m 为 1 ~ 3。应当指出，与不接地电网不同，在这里欲将漏电设备对地电压限制在某一安全范围内是困难的。例如，在相电压 $U=220$ V 的条件下，当 $m=1.6667$ 时，$U_d=110$ V；当 $m=1.0465$ 时，$U_d=90$ V；当 $m=0.7426$ 时，$U_d=75$ V

等。这些数值都远远超过安全电压值。但是，如果过电流保护元件能在上面3种电压对应的表3-1和图3-14规定的时间（上面3种电压分别不超过0.2 s、0.5 s和1 s）内动作，则应当认为保护是有效的。

由于地面对地电压曲线分布规律随接地体特征及其施工方式而异，发生触电的位置又受工艺过程等因素的影响，最大接触电压可能难以确定，也就无法利用表3-1和图3-14。为此，国家标准以额定电压为依据作了一个比较简明的规定：对于相线对地电压为220 V的TN系统，手持式电气设备和移动式电气设备末端线路或插座回路的短路保护元件应保证相、零线短路持续时间不超过0.4 s；配电线路或固定式电气设备的末端线路应保证短路持续时间不超过5 s。① 后者之所以放宽规定，是因为这些线路不常发生故障，而且接触的可能性较小，即使触电也比较容易摆脱。例如，配电箱引出的线路中，除固定设备的线路外，手持式、移动式设备或插座线路的短路持续时间也应不超过0.4 s。否则，应采取能将故障电压限制在许可范围之内的等电位联结措施。

为了满足TN系统要求，可以采用一般过电流保护装置或剩余电流动作保护装置。

四、TN系统的应用范围

TN系统用于中性点直接接地的220/380 V三相低压配电网。在这种系统中，凡因绝缘损坏而可能呈现危险对地电压的金属部分均应接保护线。TN系统中要求接保护线和不要求接保护线的设备和部位与IT系统的要求大致相同。

TN-S系统可用于有爆炸危险、火灾危险性较大或安全要求较高的场所，宜用于独立附设变电站的车间。TN-C-S系统宜用于厂内设有总变电站、厂内低压配电的场所及民用楼房。TN-C系统可用于无爆炸危险、火灾危险性不大、用电设备较少、用电线路简单且安全条件较好的场所。

在现实中往往会发现如图3-20所示的在TN系统中个别设备构成TT系统的情况，这是不安全的。在这种情况下，当接地的设备漏电时，该设备和保护线（包括所有接保护线的设备）对地电压分别为

$$U_E = \frac{R_b}{R_N + R_b}U \tag{3-38}$$

① 5 s的时限主要是从热稳定的要求考虑的，只是时间限值，并非人为延时。这些规定与国际标准基本符合。

$$U_N = U - U_E = \frac{R_N}{R_N + R_b}U \qquad (3-39)$$

式中，R_b 为该设备的接地电阻，R_N 为工作接地与保护线上所有其他接地电阻的并联值。这时的故障电流不太大，不一定能促使短路保护元件动作而切断电源，危险状态将在大范围内持续存在。因此，除非接地的设备或区段装有快速切断故障的保护装置，否则，不得在 TN 系统中混用 TT 方式。

在同一建筑物内，如有中性点接地和中性点不接地的两种配电方式，则应分别采取 TN 系统和 IT 系统。在这种情况下，允许二者共用一套接地装置。

五、速断保护元件

TN 系统中的速断保护元件是短路保护元件或剩余电流动作保护（漏电保护）装置。常见的短路保护元件是熔断器和低压断路器的电磁式过电流脱扣器。剩余电流保护将在本书第四章介绍。

TN 系统中的短路保护元件不仅保护设备和线路，而且是防止间接接触电击的主要单元，其动作时间必须满足本章第二节的要求。

速断保护元件的动作时间按表 3-1和图 3-14 确定。除动作时间外，TN 系统中的速断保护亦应符合热稳定等短路保护要求。

相—零线回路阻抗的计算和测量不太方便，取得单相短路电流的准确数值往往会遇到困难，而故障电流回路中的保护元件又起着保障人身安全的重要作用，因此，应严格控制保护元件的动作电流。在不致错误切断线路，不影响正常工作的前提下，保护元件的动作电流越小越好。

为了不影响线路正常工作，保护元件应能躲过线路上的最大冲击电流而不动作。例如，三相异步电动机的启动电流高达额定电流的 5～7 倍，保护元件应能躲过启动电流冲击，不妨碍电动机正常工作。用熔断器保护单台电动机时，熔丝的额定电流应为电动机额定电流的 1.5～2.5 倍。

断路器动作很快，应要求其瞬时（或短延时）动作过电流脱扣器的整定电流大于线路上的峰值电流。

国家标准规定，如在接零系统中采用熔断器作为短路保护元件，当要求故障持续时间不超过 5 s 时，单相短路电流 I_d 与熔丝额定电流 I_{FU} 的比值应不小于表 3-2所列数值；当要求故障持续时间不超过 0.4 s 时，单相短路电流 I_d 与熔丝额定电流 I_{FU} 的比值应不小于表 3-3所列数值。

表 3-2　　故障持续时间≤5 s 时的 I_d/I_{FU} 最小值

熔丝额定电流/A	4～10	12～63	80～200	25～500
I_d/I_{FU}	4.5	5.0	6.0	7.0

表 3-3　　故障持续时间≤0.4 s 时的 I_d/I_{FU} 最小值

熔丝额定电流/A	4～10	12～63	80～200	25～500
I_d/I_{FU}	8	9	10	11

当中性线导电能力不低于相线导电能力时，不必考虑中性线的过电流保护。即使中性线的导电能力低于相线的导电能力，但如果相线上的短路保护元件能保护中性线或正常情况下流过中性线的电流比相线电流小得多，亦不必考虑中性线的短路保护。

如果中性线不能被相线上的保护元件保护，可在中性线上装设保护元件，但其动作应当只能断开相线或同时断开相线和中性线，而不能只断开中性线，不断开相线。因此，不允许在有保护作用的零线上装设单极开关或熔断器。例如，三相四线制电网系统中三相设备的保护零线，以及在有接零要求的单相设备的保护零线上，都不允许装设单极开关或熔断器。如果采用低压断路器，只有当过电流脱扣器动作后能同时切断相线时，才允许在零线上装设过电流脱扣器。

六、自动切断电源的防护措施要求

在使用Ⅰ类设备、预期接触电压限值为 50 V 的场所，当回路或设备中发生带电导体与外露可导电部分或保护导体之间的故障时，间接接触防护电器应能在预期接触电压超过 50 V 且持续时间足以引起对人体有害的病理生理效应前自动切断该回路或设备的电源。

1. TN 系统

TN 系统中电气装置的所有外露可导电部分，应通过保护导体与电源系统的接地点连接。

TN 系统中配电线路的间接接触防护电器的动作特性，应符合式（3-40）的要求：

$$Z_s I_a \leq U_0 \tag{3-40}$$

式中　Z_s——接地故障回路的阻抗，Ω；

U_0——相导体对地标称电压，V；

I_a——保障间接接触防护电器在规定时间内切断故障回路的动作电流，A。

TN 系统中配电线路的间接接触防护电器切断故障回路的时间，应符合下列规定：

（1）额定电流不超过 63 A 的装有 1 个或多个插座的终端回路，以及额定电流不超过 32 A 的只给固定连接用电设备供电的终端回路，其最长的切断电源时间应符合表 3-4的规定。

（2）配电回路和上条规定之外的回路，其最长的切断电源时间应不大于 5 s。

表 3-4　　TN 系统的最长切断电源时间

相导体对地标称电压/V	切断电源时间/s
220	0.4
380	0.2
>380	0.1

在 TN 系统中，当配电箱或配电回路同时直接或间接给固定式、手持式或移动式电气设备供电时，应采取下列措施之一：

（1）应使配电箱至总等电位联结点之间的一段保护导体的阻抗符合式（3-41）的要求：

$$Z_L \leqslant \frac{50\ V}{U_0} Z_s \qquad (3-41)$$

式中　Z_L——配电箱至总等电位联结点之间的一段保护导体的阻抗，Ω。

（2）应将配电箱内保护导体母排与该局部范围内的装置外露可导电部分做局部等电位联结或辅助等电位联结。

当 TN 系统相导体与无等电位联结作用的大地之间发生接地故障时，为使保护导体和与之连接的外露可导电部分的对地电压不超过 50 V，其接地电阻应符合式（3-42）的要求：

$$\frac{R_B}{R_E} \leqslant \frac{50\ V}{U_0 - 50\ V} \qquad (3-42)$$

式中　R_B——所有与系统接地极并联的接地电阻，Ω；

　　　R_E——相导体与大地之间的接地电阻，Ω。

当不符合上述要求时，应补充其他有效的间接接触防护措施，或采用局部 TT 系统。

在 TN 系统中，配电线路采用过电流保护电器兼作间接接触防护电器时，可采用剩余电流动作保护电器。

2. TT 系统

TT 系统中，配电线路内由同一间接接触防护电器保护的外露可导电部分，应用保护导体连接至共用或各自的接地极上。当有多级保护时，各级应有各自的或共同的接地极。

TT 系统配电线路间接接触防护电器的动作特性，应符合式（3-43）的要求：

$$R_A I_a \leqslant 50\ \text{V} \tag{3-43}$$

式中 R_A——外露可导电部分的接地电阻和保护导体电阻之和，Ω。

TT 系统中，对于间接接触防护电器切断故障回路的动作电流：当采用熔断器时，应为保障熔断器在 5 s 内切断故障回路的电流；当采用断路器时，应为保障断路器瞬时切断故障回路的电流；当采用剩余电流动作保护电器时，应为额定剩余动作电流。

TT 系统中，可做局部等电位联结或辅助等电位联结。

TT 系统中，配电线路的间接接触防护电器应采用剩余电流动作保护电器或过电流保护电器。

3. IT 系统

在 IT 系统的配电线路中，当发生第一次接地故障时，应发出报警信号，且故障电流应符合式（3-44）的要求：

$$R_A I_d \leqslant 50\ \text{V} \tag{3-44}$$

式中 I_d——相导体和外露可导电部分间发生第一次接地故障时的故障电流，A。此值应计及泄漏电流和电气装置全部接地阻抗值的影响。

IT 系统应设置绝缘监测器。当发生第一次接地故障或绝缘电阻低于规定的整定值时，应由绝缘监测器发出音响和灯光信号，且灯光信号应持续到故障消除。

IT 系统的外露可导电部分可采用共同的接地极接地，亦可个别或成组地采用单独的接地极接地，并应符合下列规定：

（1）当外露可导电部分为共同接地，发生第二次接地故障时，故障回路的切断应符合 TN 系统自动切断电源的要求。

（2）当外露可导电部分单独或成组地接地，发生第二次接地故障时，故障回路的切断应符合 TT 系统自动切断电源的要求。

IT 系统不宜配出中性导体。

在 IT 系统的配电线路中，当发生第二次接地故障时，故障回路的最长切断时间应不大于表 3-5的规定。

表 3-5　　IT 系统第二次故障时最长切断时间

相对地/相间标称电压/V	切断时间/s	
	没有中性导体配出	有中性导体配出
220/380	0.4	0.8
380/660	0.2	0.4
580/1 000	0.1	0.2

IT 系统可由过电流保护电器或剩余电流动作保护电器切断故障回路，并应符合下列规定：

(1) 当 IT 系统不配出中性导体时，保护电器动作特性应符合式（3-45）的要求：

$$Z_c I_c \leqslant \frac{\sqrt{3}}{2} U_0 \tag{3-45}$$

(2) 当 IT 系统配出中性导体时，保护电器动作特性应符合式（3-46）的要求：

$$Z_d I_c \leqslant \frac{1}{2} U_0 \tag{3-46}$$

式中　Z_c——包括相导体和保护导体的故障回路的阻抗，Ω；

Z_d——包括相导体、中性导体和保护导体的故障回路的阻抗，Ω；

I_c——保障保护电器在表 3-3规定的时间或其他回路允许的 5 s 内切断故障回路的电流，A。

第四节　保护导体

保护导体（PE）是在故障情况下防止电击所采用的导体。保护导体损坏或有缺陷除可能导致触电事故外，还可能导致电气火灾和设备损坏。因此，必须保障保护导体的可靠性。

一、保护导体的组成

保护导体分为人工保护导体和自然保护导体。

交流电气设备应优先利用自然保护导体。例如，建筑物的金属结构（梁、柱等）及设计规定的混凝土结构内部的钢筋，起重机的轨道，配电装置的外壳，走廊、平台、电梯竖井、起重机与升降机的构架，运输皮带的钢梁，电除尘器的构架等金属结构，配线的钢管，电缆的金属构架及铅、铝包皮（通信电缆除外）等均可用作自然保护导体。在低压系统，还可利用不流经可燃液体或气体的金属管道作自然保护导体。在非爆炸危险环境，如果自然保护导体有足够的截面积，可不再另行敷设人工保护导体。

人工保护导体可以采用多芯电缆的芯线、与相线同一护套内的绝缘线、固定敷设的绝缘线或裸导体等。

保护导体干线必须与电源中性点和接地体（工作接地、重复接地、保护接地）相连。保护导体支线应与保护干线相连。为提高可靠性，保护导体干线应经两条连接线与接地体连接。

利用母线的外护物作保护导体时，外护物各部分电气连接必须良好，且不会受到机械破坏或化学腐蚀。其导电能力必须符合要求，而且每个预定的分接点应能与其他保护导体连接。利用电缆的外护物或导线的穿管作保护零线时，亦应保障连接良好和有足够的导电能力。利用设备以外的导体作保护零线时，除保障连接可靠、导电能力足够外，还应有防止变形和移动的措施。

利用自来水管作保护导体必须得到供水部门的同意，而且水表及其他可能断开处应予跨接。

煤气管等输送可燃气体或液体的管道原则上不得用作保护导体。

为了保持保护导体导电的连续性，所有保护导体，包括有保护作用的 PEN 线上均不得安装单极开关和熔断器；保护导体应有防机械损伤和化学腐蚀的措施；保护导体的接头应便于检查和测试（封装的除外）；可拆开的接头必须是用工具才能拆开的接头；与保护干线连接的各设备保护支线不得串联连接，即不得用设备的外露可导电部分作为保护导体的一部分。此外，一般不得在保护导体上接入电器的动作线圈。

二、保护导体的截面积

为满足导电能力、热稳定性、机械稳定性、耐化学腐蚀的要求，保护导体必须有足够的截面积。

如果规定断开时间不超过 5 s，保护导体最小截面应符合式（3-47）的要求，或按表 3-6的规定确定。

$$S_{PE} \geqslant \frac{I_{dmax}}{k}\sqrt{t} \tag{3-47}$$

式中 S_{PE}——保护导体最小截面积，mm^2；

I_{dmax}——流过保护导体的预期故障电流或短路电流的有效值，A；

t——过流速断保护动作时间，s；

k——计算系数，按式（3-48）计算，或按表3-7至表3-12确定。

$$k=\sqrt{\frac{Q_c\ (\beta+20\ ℃)}{\rho_{20}}\ln\left(1+\frac{\theta_f-\theta_i}{\beta+\theta_i}\right)} \tag{3-48}$$

式中　k——计算系数；

Q_c——导体材料在20 ℃时的体积热容量，按表3-13的规定确定，J/(℃·mm^3)；

β——导体在0 ℃时电阻率温度系数的倒数，按表3-13的规定确定，℃；

ρ_{20}——导体材料在20 ℃时的电阻率，按表3-13的规定确定，Ω·mm；

θ_i——导体初始温度，℃；

θ_f——导体最终温度，℃。

表3-6　　保护导体的最小截面积　　mm^2

相导体截面积 S	保护导体的最小截面积	
	保护导体与相导体使用相同材料	保护导体与相导体使用不同材料
$S≤16$	S	$\frac{S\times k_1}{k_2}$
$16<S≤35$	16	$\frac{16\times k_1}{k_2}$
$S>35$	$\frac{S}{2}$	$\frac{S\times k_1}{2\times k_2}$

①S 为相导体截面积。
②k_1 为相导体的系数，应按表3-12的规定确定。
③k_2 为保护导体的系数，应按表3-7至表3-11的规定确定。

非电缆芯线且不与其他电缆成束敷设的绝缘保护导体的初始、最终温度和系数，应按表3-7的规定确定。

表3-7　　非电缆芯线且不与其他电缆成束敷设的绝缘保护导体的初始、最终温度和系数

导体绝缘	温度/℃		导体材料的系数		
	初始	最终	铜	铝	钢
70 ℃聚氯乙烯	30	160（140）	143（133）	95（88）	52（49）
90 ℃聚氯乙烯	30	160（140）	143（133）	95（88）	52（49）
90 ℃热固性材料	30	250	176	116	64

续表

导体绝缘	温度/℃		导体材料的系数		
	初始	最终	铜	铝	钢
60 ℃橡胶	30	200	159	105	58
85 ℃橡胶	30	220	166	110	60
硅橡胶	30	350	201	133	73

注：括号内数值适用于截面积大于300 mm^2 的聚氯乙烯绝缘导体。

与电缆护层接触但不与其他电缆成束敷设的裸保护导体的初始、最终温度和系数，应按表3–8的规定确定。

表3–8　与电缆护层接触但不与其他电缆成束敷设的裸保护导体的初始、最终温度和系数

电缆护层	温度/℃		导体材料的系数		
	初始	最终	铜	铝	钢
聚氯乙烯	30	200	159	105	58
聚乙烯	30	150	138	91	50
氯磺化聚乙烯	30	220	166	110	60

电缆芯线或与其他电缆或绝缘导体成束敷设的保护导体的初始、最终温度和系数，应按表3–9的规定确定。

表3–9　电缆芯线或与其他电缆或绝缘导体成束敷设的保护导体的初始、最终温度和系数

导体绝缘	温度/℃		导体材料的系数		
	初始	最终	铜	铝	钢
70 ℃聚氯乙烯	70	160（140）	115（103）	76（68）	42（37）
90 ℃聚氯乙烯	90	160（140）	100（86）	66（57）	36（31）
90 ℃热固性材料	90	250	143	94	52
60 ℃橡胶	60	200	141	93	51
85 ℃橡胶	85	220	134	89	48
硅橡胶	180	350	132	87	47

注：括号内数值适用于截面积大于300 mm^2 的聚氯乙烯绝缘导体。

用电缆的金属护层作保护导体的初始、最终温度和系数，应按表3–10的规定确定。

表 3-10　　用电缆的金属护层作保护导体的初始、最终温度和系数

电缆绝缘	温度/℃		导体材料的系数			
	初始	最终	铜	铝	铅	钢
70 ℃聚氯乙烯	60	200	141	93	26	51
90 ℃聚氯乙烯	80	200	128	85	23	46
90 ℃热固性材料	80	200	128	85	23	46
60 ℃橡胶	55	200	144	95	26	52
85 ℃橡胶	75	220	140	93	26	51
硅橡胶	70	200	135	—	—	—
裸露的矿物护套	105	250	135	—	—	—

注：电缆的金属护层，如恺装、金属护套、同心导体等。

裸导体温度不损伤相邻材料时的初始、最终温度和系数，应按表 3-11 的规定确定。

表 3-11　　裸导体温度不损伤相邻材料时的初始、最终温度和系数

裸导体所在的环境	温度/℃				导体材料的系数		
	初始温度	最终温度			铜	铝	钢
		铜	铝	钢			
可见的和狭窄的区域内	30	500	300	500	228	125	82
正常环境	30	200	200	200	159	105	58
有火灾危险	30	150	150	150	138	91	50

相导体的初始、最终温度和系数，应按表 3-12 的规定确定。

表 3-12　　相导体的初始、最终温度和系数

导体绝缘		温度/℃		相导体的系数		
		初始温度	最终温度	铜	铝	铜导体的锡焊接头
聚氯乙烯		70	160（140）	115（103）	76（68）	115
交联聚乙烯和乙丙橡胶		90	250	143	94	—
工作温度为 60 ℃的橡胶		60	200	141	93	—
矿物质	聚氯乙烯护套	70	160	115	—	—
	裸护套	105	250	135	—	—

注：括号内数值适用于截面积大于 300 mm^2 的聚氯乙烯绝缘导体。

表 3-13　　不同材料的参数值

材料	β/℃	Q_c/［J/（℃·mm³）］	ρ_{20}/（Ω·mm）
铜	234.5	3.45×10^{-3}	1.7241×10^{-5}
铝	228	2.5×10^{-3}	2.8264×10^{-5}
铅	230	1.45×10^{-3}	2.14×10^{-4}
钢	202	3.8×10^{-3}	1.38×10^{-4}

三、等电位联结

等电位联结是一种以降低接触电压为目标的“场所”电击防护措施，是指保护导体与建筑物的金属结构、生产用的金属装备以及允许用作保护导体的金属管道等用于其他目的的正常不带电导体之间的联结（包括 IT 系统和 TT 系统中各用电设备金属外壳之间的联结）。等电位联结分为总等电位联结、辅助等电位联结和局部等电位联结，其中局部等电位联结是辅助等电位联结的一种扩展。这三者在原理上都是相同的，不同之处在于作用范围和工程做法。

1. 总等电位联结

总等电位联结是在建筑物电源进线处采取的一种等电位联结措施，它所需要联结的导体如下：

（1）进线配电箱的 PE（或 PEN）母排。

（2）公共设施的金属管道，如上水、下水、热力、空调、煤气等管道。

（3）建筑物的全部金属结构。

（4）如果有人工接地体，应包括接地体及其引线。

若建筑物有多处电源进线，则每一电源进线处都应做总等电位联结，各个总等电位联结端子板应互相连通。

2. 辅助等电位联结和局部等电位联结

辅助等电位联结是指将两个可能带不同电位的设备外露可导电部分和（或）装置外可导电部分用导体直接联结。

当需要在某一局部范围内应用多个辅助等电位联结时，可将多个辅助等电位联结通过一个等电位联结端子板来实现，这种方式叫局部等电位联结，这块端子板称作局部等电位联结端子板。局部等电位联结需要联结的导体如下：

（1）PE 母线或 PEN 干线。

（2）公共设施的金属管道，如上水、下水、热力、空调、煤气等管道。

（3）建筑物的全部金属结构。

（4）装置的外露可导电部分和其他装置外可导电体。

等电位联结如图 3-21 所示。保护导体干线应接向总开关柜。总开关柜内保护导体端子排与接地体之间的联结为总等电位联结。总开关柜以下，如采用放射式配电，则保护导体作为支线分别接向用电设备或配电箱（配电箱以下都属于支线）；如采用树干式配电，应从总开关柜上引出保护导体干线，再从该干线向用电设备或配电箱引出保护导体支线。对于用电设备或配电箱，如其 TN 系统难以满足速断要求，或为了提高 TN 系统的可靠性，可将其与自然接地体之间再进行联结。这一联结称为局部等电位联结或辅助等电位联结。

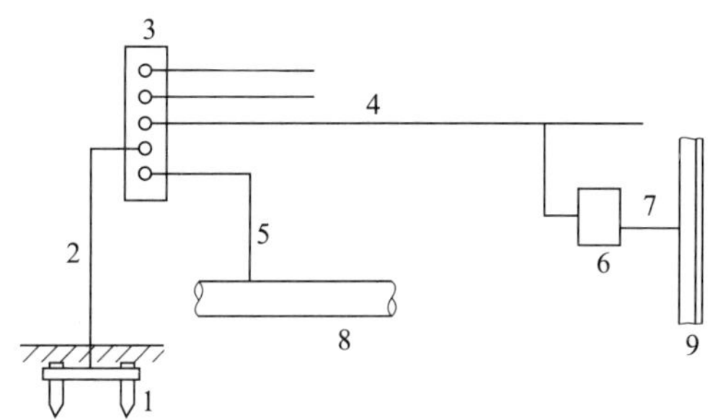

图 3-21　等电位联结

1—接地体　2—接地线　3—保护导体端子排　4—保护导体　5—主等电位联结导体
6—装置外露导电部分　7—局部等电位联结导体　8—可连接的自然导体　9—装置以外的接零导体

总等电位联结用保护联结导体的截面积，应不小于配电线路最大保护导体截面积的 1/2，保护联结导体截面积的最小值和最大值应符合表 3-14 的规定。

表 3-14　保护联结导体截面积的最小值和最大值　mm^2

导体材料	最小值	最大值
铜	6	25
铝	16	按载流量与 25 mm^2 铜导体的载流量相同确定
钢	50	

联结两个外露可导电部分的保护联结导体，其电导应不小于接到外露可导电部分的较小的保护导体的电导；联结外露可导电部分和装置外可导电部分的保护联结导体，其电导应不小于相应保护导体截面积 1/2 的导体所具有的电导。

通过等电位联结可以实现等电位环境。等电位环境内可能的接触电压和跨步电压应限制在安全范围内。采用等电位环境时，应采取防止环境边缘处危险跨步电压的措施，并应考虑防止环境内高电位引出和环境外低电位引入的危险。

四、保护导体的安装

由变压器中性点引出的保护导体应与配电方式相适应。对于放射式配电系统，保护导体应采用相应截面的导体直接从变压器中性点引至低压开关柜内的保护导体端子排上。对于变压器干线式配电系统，从变压器中性点引出的保护导体不必经过总开关而可以直接接向 PE 干线。

户外架空线路一般没有自然导体可作为 PE 线，而应当用同样的方法架设 PE 线，PE 线截面由机械强度和导电能力确定。户内架空线路可采用起重机轨道、车间金属结构等自然导体作 PE 线。作 PE 线的自然导体与相线之间的距离不宜超过 6 m。如没有自然导体可用，宜采用与相线相同材料的导体作 PE 线。

电缆线路应利用其专用保护芯线和金属包皮作 PE 线。如果电缆没有专用保护芯线，应采用两条电缆的金属包皮作 PE 线，并最好再沿电缆敷设一条 20 mm × 4 mm 的扁钢作为辅助 PE线。仅有一条电缆时，除利用其金属包皮外，还须敷设一条 20 mm×4 mm 的扁钢。对于穿管线路，包括从低压开关柜至架空线路和穿管线路，从低压开关柜至用电设备的穿管线路，从架空线路引至配电箱的穿管线路以及从配电箱引至用电设备的穿管线路，一般均可用钢管作为保护零线。

有关保护导体安装及连接的其他要求见本章第五节中有关接地线的内容。

五、相—零线回路检测

相—零线回路检测是 TN 系统的主要检测项目，主要包括保护零线完好性、连续性检查和相—零线回路阻抗测量。测量相—零线回路阻抗是为了检验接零系统是否符合规定的速断要求。

1. 相—零线回路阻抗停电测量法

相—零线回路阻抗停电测量接线如图 3-22 所示，开关 QS1 断开以断开电力电源，QS2 和其他开关合上以接通试验回路。试验变压器可采用小型电焊变压器（约 65 V）或行灯变压器（50 V 以下）。试验变压器二次绕组接入电流表后再接向一条相线和保护零线。为了检验熔断器 FU1，应在 a 处使相线与零线短接，测量回路阻抗。为了检验熔断器 FU2，应在线路末端，即在 b 处使相线与零线短接，测量回路阻抗。所测量的阻抗可由电压表读数 U_M 和电流表读数 I_M 直接算出，即

$$Z_{S0}=\frac{U_M}{I_M} \tag{3-49}$$

这样测量得到的结果不包括配电变压器的阻抗，计算短路电流时应加上变压器的阻抗。为了减小测量误差，测量应尽量靠近变压器。

如果零线上有其他原因产生的不平衡电流流过，这种测量方法将带有一定的误差，应设法消除。

为了安全，测量用变压器 T 应采用双绕组变压器。因为测量时带有一定的电压，而零线的分布特别是自然保护导体的利用，又可能使测量电压延伸到意想不到之处，所以测量前应掌握零线的联结、分布情况。为确保安全，测量时要统一指挥，并设专人联络。

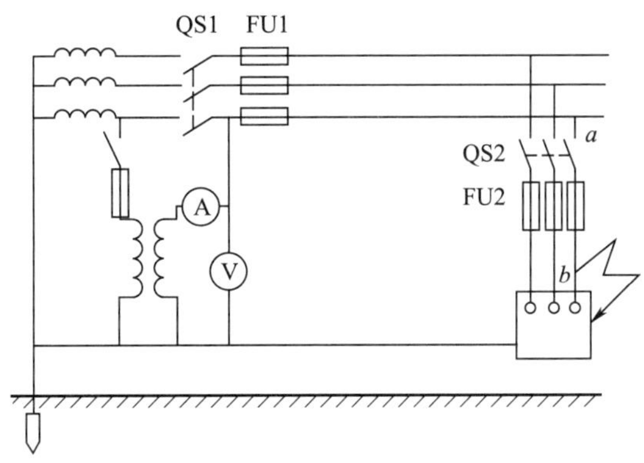

图 3-22　相—零线回路阻抗停电测量接线

2. 相—零线回路阻抗不停电测量法

如果现场停电有困难，则只能应用不停电测量法。不停电测量法有辅助负荷法和电压调整法。当电网电压波动较大时，辅助负荷法测量结果的误差较大。这里仅介绍电压调整法。

电压调整法需要一套电压变换设备，其接线如图 3-23 所示。电压变换设备可把线电压变换成相电压。接通开关 S 前，调整电压变换设备，使 a、b 两端电压恰好等于相电压。这时，电压表读数为零。接通开关 S 后，电流沿相—零线回路和电阻 R_P流通，c、b 两点之间的电压即电阻 R_P 上的电压降 U_R，电压表读数 U_M 应为相电压与 U_R 之差，即

$$U_M=U-U_R \tag{3-50}$$

这个电压即消耗在相—零线回路阻抗上的电压降。因此，可求得相—零线回路阻抗为

$$Z_{S0}=\frac{U_M}{I_M} \tag{3-51}$$

式中　I_M——电流表读数，即通过电阻 R_P 的电流。

不停电测量法测量得到的结果是包括配电变压器阻抗在内的相—零线回路全阻抗。不停电测量相—零线回路阻抗时，如果零线部分有断裂处或接触不良，设备外壳可能呈现不允许的电压，因此，测量用辅助装置的电阻和电感都必须有较大的数值，电阻值和感抗值均宜在 10 kΩ 以上。

3. 零线连续性测试

为了检查零线的连续性，即检查零线是否完整和接触良好，可以采用低压试灯法，其原理如图 3-24 所示。在外加直流或交流低电压作用下，电流经试灯沿 a、b 两点之间的零线构成回路。如果试灯很亮，说明 a、b 两点之间的零线良好；如果试灯不亮、发暗或不稳定，说明 a、b 两点之间的零线断裂或接触不良。试灯也可用电流表代替，用电流表的指示来作判断。外加低压电源可用直流电源，也可从双绕组变压器取得交流电源。如果安全条件许可，可适当提高试验电压。必要时，可配用电流互感器测量试验电流。

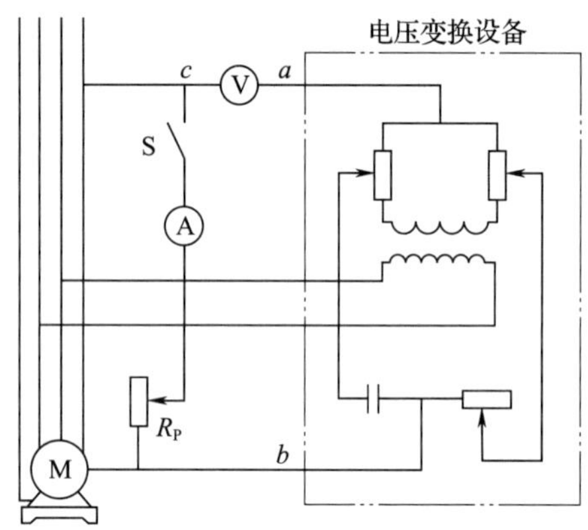

图 3-23　相—零线回路阻抗电压调整法测量接线

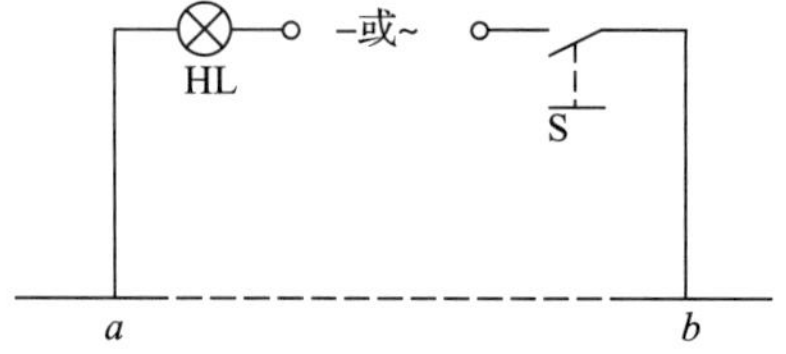

图 3-24　零线连续性测试原理

第五节　接地装置

接地装置是接地体与接地线的统称，如图 3-25 所示。埋入土壤内并与大地直接接触的金属导体或导体组，称为接地体，也称接地极，它按设置结构可分为人工接地体与自然接地体两类，按具体形状可分为管形与带形等多种。连接接地体与电气设备应接地部分的金属导体，称为接地线，通常又可分为接地干线与接地支线。运行中的接地装置应当始终保持良好状态。

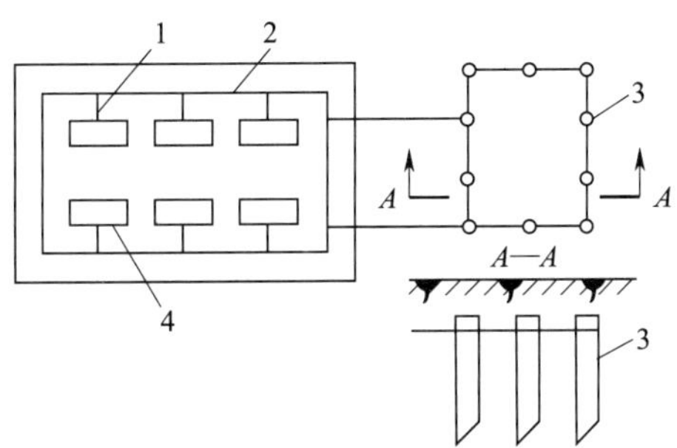

图 3-25　接地装置

1—接地支线　2—接地干线　3—接地体　4—设备

一、自然接地体和人工接地体

自然接地体是用于其他目的，且与土壤保持紧密接触的金属导体。例如，埋设在地下的金属管道（有可燃或爆炸性介质的管道除外）、金属井管、与大地有可靠连接的建筑物的金属结构、水工构筑物及类似构筑物的金属管、桩等自然导体均可用作自然接地体。利用自然接地体不但可以节省钢材和施工费用，还可以降低接地电阻和等化地面及设备间的电位。如果有条件，应当优先利用自然接地体。当自然接地体的接地电阻符合要求时，可不敷设人工接地体（发电厂和变电所除外）。在利用自然接地体的情况下，应考虑当自然接地体拆装或检修时，接地体被断开，断口处可能出现电位差，接地电阻可能发生变化。自然接地体至少应有两根导体在不同地点与接地网相连（线路杆塔除外）。利用自来水管及电缆的铅、铝包皮作接地体时，必须取得主管部门同意，以便互相配合施工和检修。

人工接地体可采用钢管、角钢、圆钢或废钢铁等材料制成。人工接地体宜采用垂直接地体，多岩石地区可采用水平接地体。垂直埋设的接地体可采用直径为 40 ~

50 mm 的钢管或 40 mm ×40 mm ×4 mm 至 50 mm ×50 mm ×5mm 的角钢。垂直接地体可以成排布置，也可以作环形布置。水平埋设的接地体可采用 40 mm ×4 mm 的扁钢或直径为 16 mm 的圆钢。水平接地体多呈放射形布置，也可成排布置或环形布置。

变电所经常采用以水平接地体为主的复合接地体，即人工接地网。复合接地体的外缘应闭合，并做成圆弧形。

为了保障足够的机械强度，并考虑防腐蚀的要求，钢质接地体的最小尺寸见表 3-15。电力线路杆塔接地体引出线应镀锌，截面积不得小于 50 mm^2。

表 3-15　　钢质接地体和接地线的最小尺寸

材料种类		地上		地下	
		室内	室外	交流	直流
圆钢直径/mm		6.0	8.0	10.0	12.0
扁钢	截面/mm^2	60.0	100.0	100.0	100.0
	厚度/mm	3.0	4.0	4.0	6.0
角钢厚度/mm		2.0	2.5	4.0	6.0
钢管管壁厚度/mm		2.5	2.5	3.5	4.5

二、接地线

交流电气设备应优先利用自然导体作接地线。在非爆炸危险环境，如自然接地线有足够的截面积，可不再另行敷设人工接地线。

如果车间电气设备较多，宜敷设接地干线。各电气设备外壳分别与接地干线连接，而且接地干线要有两条连接线与接地体连接。各电气设备的接地支线应单独与接地干线或接地体相连，不应串联连接。接地线的最小尺寸亦不得小于表 3-15 规定的数值。低压电气设备外露接地线的截面积不得小于表 3-16 所列的数值。选用时，一般应比表中数值选得大一些。接地线截面应与相线载流量相适应。

表 3-16　　低压电气设备外露接地线的截面积　　mm^2

材料种类	铜接地线截面积	铝接地线截面积
明设的裸导线	4.0	6.0
绝缘导线	1.5	2.5
电缆接地芯或与相线包在同一保护套内的多芯导线的接地芯	1.0	1.5

接地线的涂色和标志应符合国家标准。非经允许，接地线不得作其他电气回路使用。不得用蛇皮管、管道保温层的金属外皮或金属网以及电缆的金属护层作接地线。

三、接地装置的施工与安装

接地装置本身就是安全装置。为防止电气事故的发生，接地装置必须安全可靠。接地装置的施工与安装应符合下列要求。

1. 导电的连续、可靠性

必须保障电气设备和接地体之间的导电连续性，不能有间断。采用建筑物的钢结构、行车钢轨、工业管道、电缆的金属外皮等自然导体作为接地线时，在其伸缩缝或接头处应另加跨接导线，以保障连续可靠。自然接地体与人工接地体之间务必连接可靠。

接地体、接地线的连接原则应采用焊接，并应采用搭焊，不得有虚焊。扁钢与扁钢搭接长度不得小于扁钢宽度的 2 倍，且至少在 3 个棱边施焊；圆钢的搭焊长度应为其直径的 6 倍，并由两面施焊；扁钢与钢管、扁钢与角钢焊接时，除应在接触部位两侧进行焊接外，还应在连接处焊以圆弧形或直角形卡子（包板），或直接将扁钢弯成圆弧形或直角形与钢管焊接。

接地线检测点或接地线与管道的连接可采用螺纹连接或抱箍螺纹连接（见图 3-26），但必须采用镀锌件，以防止锈蚀，保持接触良好。在有振动的地方，应采取防松措施。

为了提高接地的可靠性，设备的接地线不得经设备本身串联，即不得将用电设备本身作为接地线的一部分，而必须并排分别连接接地干线或接地体。变电所的接地，既有变压器低压侧中性点的工作接地，又有变、配电装置的重复接地，二者都应有自己的接地线与接地体相连，不允许串联连接。此外，变、配电装置最好有两条接地线与接地体相连，以提高可靠性。

对于大接地短路电流系统（接地电流大于 500 A）的接地装置，还必须根据热稳定性条件，验算接地线的最小截面。

2. 有足够的机械强度

为了保障有足够的机械强度，接地体和接地线的尺寸不能过小，具体可参见有关接地的施工要求。接地线一般应选用钢材而不用贵重的有色金属铜或铝。裸铝导体很容易腐蚀断裂，所以不得用作接地体或地下接地线。携带式设备因为经常移动，用钢制接地线容易折断，所以要用截面积在 0.75 mm^2 以上的多股软铜线。

3. 防腐蚀

为了防止腐蚀，接地装置最好采用镀锌或镀铅的钢制元件，焊接处涂沥青油，

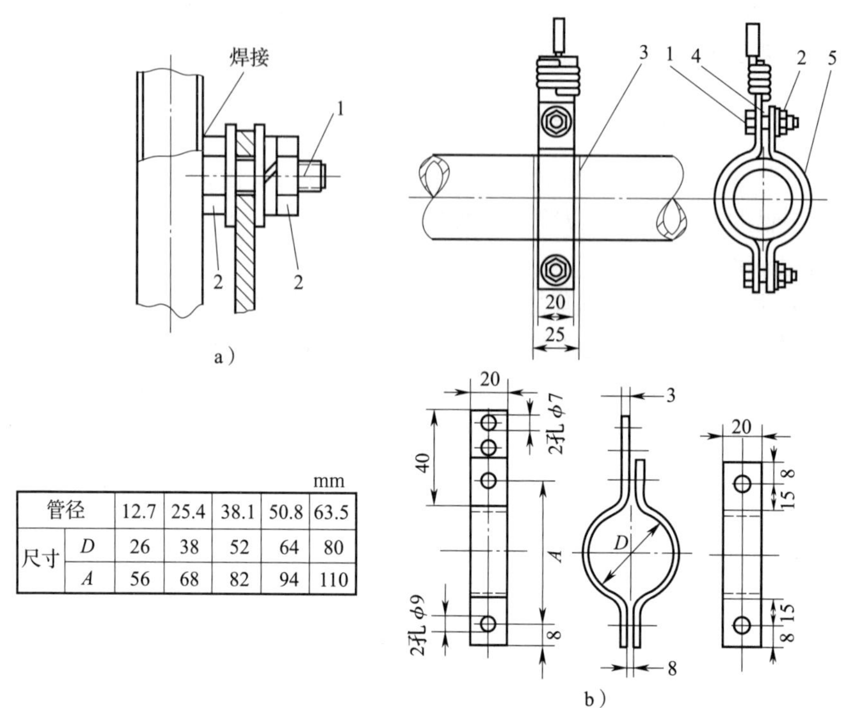

mm

管径		12.7	25.4	38.1	50.8	63.5
尺寸	*D*	26	38	52	64	80
	A	56	68	82	94	110

图 3-26　接地线连接

a）焊接螺纹连接　b）抱箍螺纹连接

1—螺钉　2—螺母　3—铅封垫　4—扁钢长箍　5—扁钢短箍

明设的接地线可涂防腐漆（地下接地体不能涂漆）。接地装置应尽量避免敷设在土壤中含有电解时排出活性物质或各种溶液等的腐蚀性较强的地带，如不能避开，则应采取防腐蚀措施。必要时可采用外引式接地装置，否则应采取改良土壤的措施。接地体的引出线和连接部位应作防腐处理。在有强烈腐蚀性的土壤中，接地体还应适当加大截面积。

直流接地线和接地体的最小尺寸应大于交流接地线和接地体的最小尺寸。

4. 防损伤

接地线应尽量安装在人员不易接触到的地方，以免意外损坏，但必须安装在明显且不妨碍设备拆卸和检修的地方，以便于检查。为防止机械损伤，接地线与铁路或公路的交叉处、接地线地面引出点及其他可能受到损伤处，均应穿管或用角钢保护。接地线穿过铁路时，应向上拱起，以便有伸缩余地，防止断开。接地线穿过墙壁、楼板、地坪时，应敷设在明孔、管道或其他坚固的保护管中。接地线与建筑物伸缩缝、沉降缝交叉时，应弯成弧状或另加补偿连接件。

5. 埋设深度适当

普通垂直接地体可打入地下。对于挖坑埋设者，回填土不应夹有石块、建筑垃圾等杂物，并应分层夯实。为了减少季节及其他因素对接地电阻的影响，接地体最高点深度一般应不小于0.6 m（农田地带应不小于1.0 m），也不宜太深，否则将增加施工难度，且效果有限。接地体埋设深度应在大地冻土层以下。

6. 与其他物体间的距离

接地体与建筑物的距离一般应不小于1.5 m。接地体与独立避雷针的接地体之间的地下距离应不小于3.0 m，接地装置的地上部分与独立避雷针的接地线之间的空间距离应不小于5.0 m。

7. 防意外伤害

接地体、接地干线引出点宜避开人行道和建筑物出入口附近，以避免接触电压、跨步电压的意外伤害。

对于能与大地构成闭合回路且经常流过电流的直流接地装置的接地线，应沿绝缘垫板敷设，不得与金属管道、建筑物和设备的构件有金属连接。

典型角钢垂直接地体如图3-27所示。每一垂直接地体的垂直元件不得少于2

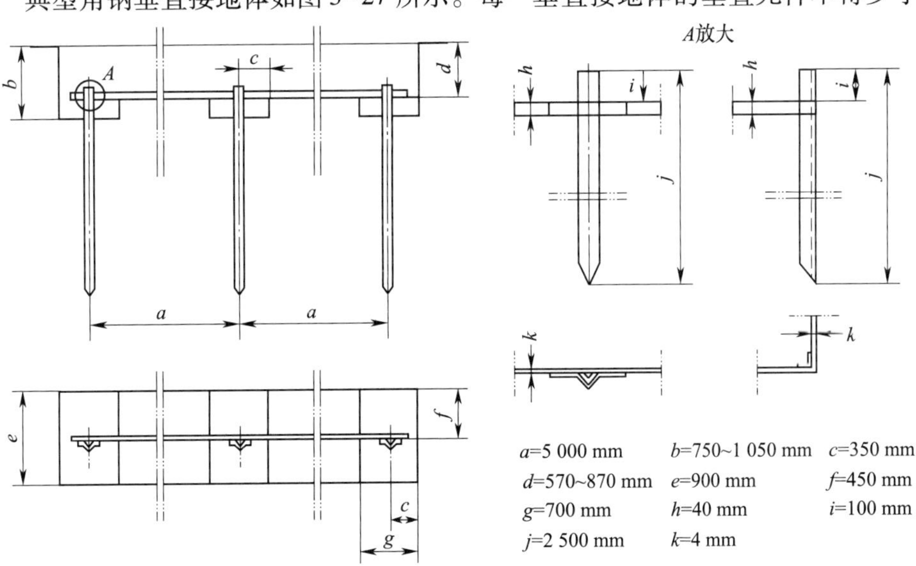

图3-27　角钢垂直接地体

根。垂直元件的长度以 2.0～2.5 m 为宜，太短会增加流散电阻，太长会增加施工难度和钢材的消耗，而且接地电阻减小甚微。相邻垂直元件之间的距离不宜小于其长度的 2 倍。接地体垂直元件上端用扁钢或圆钢焊接成一个整体。为了减小自然因素对接地电阻的影响，接地体上端深度应不小于 0.6 m（农田地带应不小于 1.0 m），并应在冻土层以下。接地体的引出导体应引出地面 0.3 m 以上，接地体与独立避雷针接地体之间的地下距离不得小于 3.0 m，与建筑物墙基之间的地下距离不得小于 1.5 m。

室内接地干线的安装可参考图 3-28。图中高度 H 由设计确定，一般为 250 mm 左右；至墙的距离 s 为 10～15 mm；卡子弯高 h 可参考表 3-17 选取。

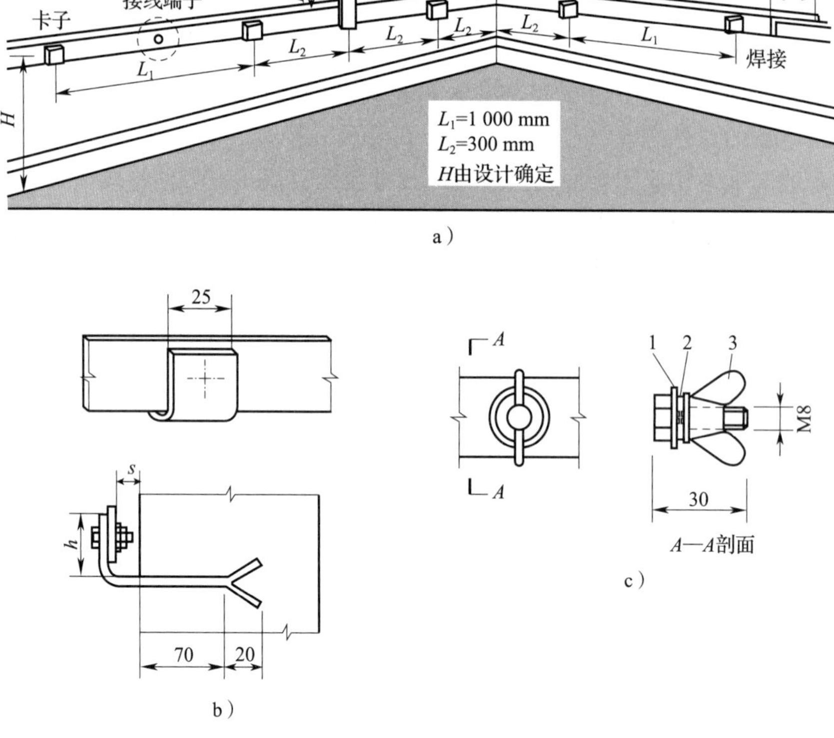

图 3-28　室内接地干线

a）安装示意图　b）支持卡子安装图　c）接线端子图

1—镀锌垫圈　2—弹簧垫圈　3—蝶形螺母

表 3-17　接地支持卡子弯高

接地干线镀锌扁钢/（mm×mm）	卡子弯高/mm
15×4	20
25×4	30
40×4	45

很多厂房采用网络接地体。当网络接地体外部的跨步电动势大于允许数值时，应当采取适当措施，具体如下：

（1）敷设图 3-29 所示的帽檐式均压条，即在网络外较网络深的地方埋设两条与网络连接在一起的均压条，以降低网络各近处的跨步电动势。

（2）敷设图 3-30 所示的互不连接的均压条。这时，对地电压曲线陡度减小，跨步电动势降低。

（3）在地面敷设卵石、砾石或沥青层，以提高跨步电动势的允许值。

采取网络接地方式的安全实质在于限制故障时可能出现的接触电动势和跨步电动势。采用这种方法应当注意防止高电位引出和低电位引入的可能性。由于网络可能呈现较高的对地电压，如将网络内的电流由高电位引出，则可能在网络外造成触电危险；如将网络外的电流由低电位引入，则可能在网络内造成触电危险。

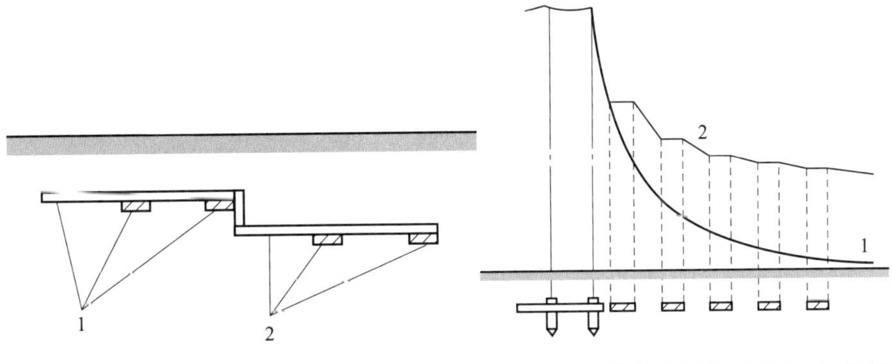

图 3-29　帽檐式均压条
1—网络均压条　2—帽檐式均压条

图 3-30　网络外均压条及对地电压曲线
1—无均压条　2—有均压条

四、接地体流散电阻的计算

流散电阻是接地电阻的主要成分，是接地体重要的应用和技术指标。在工频条件下，如果接地线不长，可以认为流散电阻就是接地电阻。流散电阻主要取决于接地装置的结构和土壤电阻率。

1. 土壤电阻率

土壤是不良导体，其电阻率为金属的 $1\times10^7 \sim 1\times10^9$ 倍。土壤的过流面积比导线大得多，因此，接地体外土壤的流散电阻是可以控制在一定范围之内的。

土壤电阻率受很多因素影响，在很大范围内变化。其主要影响因素如下：

（1）土壤种类。不同土壤含有不同性质和数量的溶解物质，对水的保持能力不同，加之分散度也不同，导致电阻率相差很大。由于测量方法和土壤条件的差异，各种土壤电阻率的资料也有很大的差异。如无实测资料，不同种类土壤和水的电阻率可参考表 3–18 中所列数值。

表 3–18　　不同种类土壤和水的电阻率　　Ω · m

种类	名称	近似值	变动范围		
			较湿时（多雨区）	较干时（少雨区）	地下水含盐碱时
泥土	陶黏土	10	5 ~ 20	10 ~ 100	3 ~ 10
	泥炭、沼泽地	20	10 ~ 30	50 ~ 300	3 ~ 10
	捣碎的木炭	40	—	—	—
	黑土、园田土、陶土、白垩土	50	30 ~ 100	50 ~ 300	10 ~ 30
	黏土	60	30 ~ 100	50 ~ 100	10 ~ 30
	砂质黏土	100	30 ~ 300	80 ~ 1 000	3 ~ 10
	黄土	200	100 ~ 200	250	30
	含砂黏土、砂土	300	100 ~ 1 000	> 1 000	30 ~ 100
	多石土壤	400	—	—	—
	上层红色风化黏土、下层红色页岩	500（相对湿度 30%）	—	—	—
	表层土夹石、下层石子	600（相对湿度 30%）	—	—	—

续表

种类	名称	近似值	变动范围		
			较湿时（多雨区）	较干时（少雨区）	地下水含盐碱时
砂	砂子、砂砾	1 000	250～1 000	1 000～2 500	—
	砂层深度大于10 m，地下水较深的草原或地面黏土深度不大于1.5 m，底层多岩石的地区	1 000	—	—	—
岩石	砾石、碎石	5 000	—	—	—
	多岩石地带	5 000	—	—	—
矿石	金属矿石	0.01～1	—	—	—
混凝土	在水中	40～45	—	—	—
	在湿土中	100～200	—	—	—
	在干土中	500～1 300	—	—	—
	在干燥的大气中	12 000～18 000	—	—	—
水	海水	1～5	—	—	—
	湖水、塘水	30	—	—	—
	泥水	15～20	—	—	—
	泉水	40～50	—	—	—
	地下水	20～70	—	—	—
	溪水	50～100	—	—	—
	河水	30～280	—	—	—
	污秽的水	300	—	—	—
	蒸馏水	1 000 000	—	—	—

（2）土壤含水量。土壤含水量较低时，随着含水量的增加，土壤中盐、酸、碱的溶解量增加，离子导电性提高，土壤电阻率降低。土壤含水量为15%～20%时，随着含水量的增加，土壤电阻率变化不大。土壤含水量超过75%时，水多于土，随着含水量的增加，可能由于溶解物质浓度降低而使土壤电阻率升高。一般，土壤含水量旱季约为10%，雨季约为35%。砂土和砂质黏土的土壤电阻率随含水量的变化如图3–31所示。

（3）土壤温度。图3–32所示为含水量在16.2%的砂质黏土电阻率与温度的关系。当温度从 0 ℃上升时，由于溶解和电离程度增加，土壤电阻率下降。这一趋势一直到水分蒸发为止。当温度下降为 0 ℃时，由于水分冻结，电阻率急剧上升；当温度继续下降时，电阻率明显上升。因此，接地体应埋设在冻土层以下，以减小季节对电阻率的影响。

（4）土壤化学成分。土壤中含有盐、碱、酸等成分时，电阻率显著降低。含水量为 15%、温度为 17 ℃时，砂质黏土的电阻率与含盐量的关系见表 3-19。

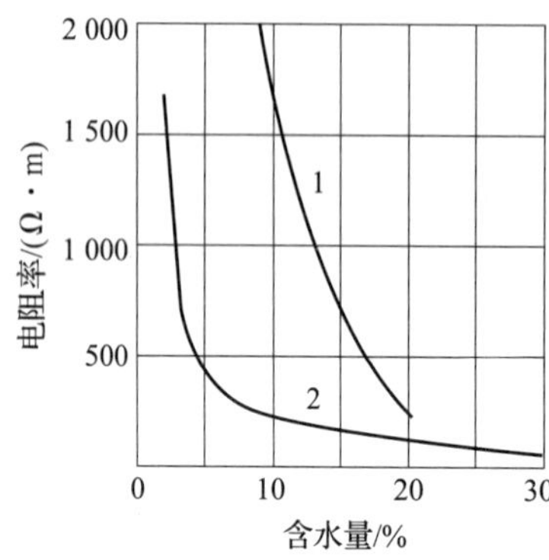

图 3-31　砂土和砂质黏土的电阻率随含水量的变化

1—砂土　2—砂质黏土

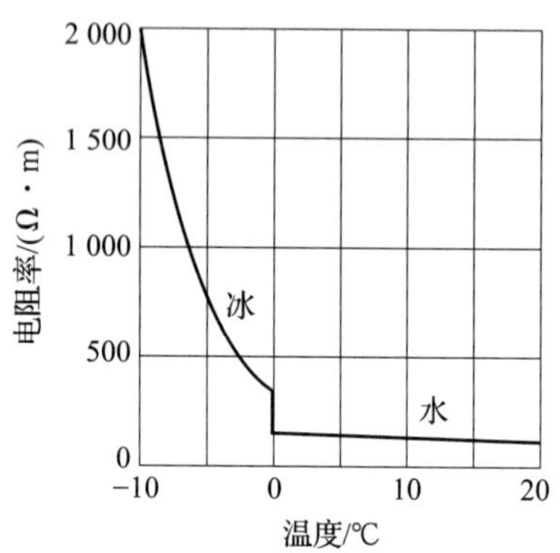

图 3-32　含水量在 16.2% 的砂质黏土电阻率与温度的关系

表 3-19　砂质黏土的电阻率与含盐量的关系

土壤中盐的质量分数/%	土壤电阻率/（Ω · m）
0	10 700
0.1	1 800
1	460
5	190
10	130
20	100

（5）土壤物理性质。土壤越密实，电阻率越低。当土壤承受的压力由 2 kPa 增加到 20 kPa 时，电阻率降低 10%～30%。这就是为什么要把接地体周围的回填土夯实的道理。

土壤颗粒大小也影响其电阻率。粗颗粒土壤由于能结合较多的水而比细颗粒土壤的电阻率低。

此外，土壤掺有金属及其他导电杂质时，电阻率显著降低。

（6）季节的影响。由于土壤含水量和土壤温度受季节影响很大，随着季节的变化，土壤电阻率也跟着变化。接地体埋设深度越小，受季节影响越大。图 3-33 所示为土壤电阻率相对值随季节的变化。当然，对于不同地区，由于自然条件不同，变化规律不尽相同。

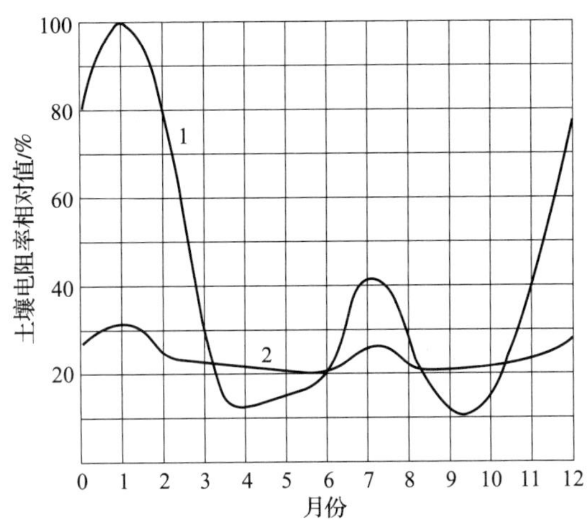

图 3-33　土壤电阻率相对值随季节的变化

1—深 0.7 mm　2—深 2.5 mm

为了考虑季节的影响，引进土壤季节系数 ψ。土壤季节系数 ψ 即可能出现的最大土壤电阻率与测量得到的土壤电阻率的比值，即

$$\psi = \frac{\rho_{\max}}{\rho_{\mathrm{M}}} \tag{3-52}$$

式中　ψ——土壤季节系数；

$\rho_{\max}$——最大电阻率，Ω · m；

ρ_{M}——测量电阻率，Ω · m。

相应地，不同土壤季节系数见表 3-20。

表 3-20　　不同土壤季节系数

土壤性质	深度/m	$\psi_1$①	$\psi_2$②	$\psi_3$③
黏土	0.5 ~ 0.8	3	2	1.5
	0.8 ~ 3	2	1.5	1.4
陶土	0 ~ 2	2.4	1.36	1.2
砂砾盖以陶土	0 ~ 2	1.8	1.2	1.1

续表

土壤性质	深度/m	ψ_1[①]	ψ_2[②]	ψ_3[③]
园地	0～2	—	1.32	1.2
黄沙	0～2	2.4	1.56	1.2
有黄沙的砂砾	0～2	1.5	1.3	1.2
泥炭	0～2	1.4	1.1	1.0
石灰石	0～2	2.5	1.51	1.2

①ψ_1 用于测量前数天降雨量较大的条件。
②ψ_2 用于中等含水量的条件。
③ψ_3 用于干燥或测量前数天降雨量很小的条件。

除上述因素外，土壤电阻率还与电场强度有关。随着电场强度增加（不发生击穿），土壤电阻率可能下降10%～70%。显然，土壤电阻率不是一个常数，而是随着电压的升高而降低。

在进行接地设计时，应就地测量土壤电阻率的数据。如果没有实测数据，可应用资料，但必须考虑土壤分布、分层等条件的影响。

2. 人工接地体的流散电阻

（1）静电比拟法。流散电阻构成的场是稳恒电流场。如果接地体的电导率比土壤的电导率小得多，可以认为在接地体与土壤的界面上，电流密度矢量（或电流线）垂直于界面。这一情况与静电场中电位移矢量（或电位移线）垂直于电极表面的情况是一致的。因此，两种场具备了相似性，即具备了可比拟的条件。

下面研究电流场中电导与静电场中电容的比拟关系。

在电流场和静电场中，电导 G 和电容 C 可分别表示为

$$G=\frac{I}{\varphi} \tag{3-53}$$

$$C=\frac{Q}{\varphi} \tag{3-54}$$

式中 φ——电极电位，V；

I——自接地体流出的电流，A；

Q——电极上的电量，A·s。

稳恒电流场中的电流和静电场中的电量可分别表示为

$$\left.\begin{aligned} I &= \oiint_S \vec{\delta}\mathrm{d}S = \oiint_S \gamma\vec{E}\mathrm{d}S = \gamma\oiint_S \vec{E}\mathrm{d}S \\ Q &= \oiint_S \vec{D}\mathrm{d}S = \oiint_S \varepsilon\vec{E}\mathrm{d}S = \varepsilon\oiint_S \vec{E}\mathrm{d}S \end{aligned}\right\} \tag{3-55}$$

由上述关系可以求得

$$G=\frac{I}{\varphi}=\frac{(\gamma/\varepsilon)\cdot Q}{\varphi}=\frac{\gamma}{\varepsilon}C \tag{3-56}$$

$$R=\frac{1}{G}=\frac{\varepsilon\rho}{C} \tag{3-57}$$

式中　$\vec{\delta}$——电流密度，A/m²；

$\vec{E}$——电场强度，N/C；

$\vec{D}$——电位移，C/m²；

G——电导，S；

R——电阻，Ω；

γ——电导率，S · m⁻¹；

ρ——电阻率，Ω · m；

ε——介电常数。

由此可见，只要可以比拟，即可先求出与待求电流场对应的静电场中的电容 C，再由式（3-56）和式（3-57）求出电导 G 和电阻 R。

稳恒电流场和静电场都是电极以外的区域，不论哪种场，其电位函数都符合拉普拉斯方程。如果两种场又有同样的边界，根据唯一性定理，二者的解都应有同样的形式。

（2）常用单一接地体的接地电阻。将接地装置假设为一定的理想形状，根据电磁场理论，可以得到各种接地装置的接地电阻计算公式。表 3-21 列出了基本形状接地装置接地电阻常用计算公式。

表 3-21　　基本形状接地装置接地电阻常用计算公式

接地体类型	接地体的形状和尺寸	接地电阻计算公式
半球	D	$R=\frac{\rho}{\pi D}$
深埋圆球	h, D	$R=\frac{\rho}{\pi D}\left(0.5+\frac{D}{8h}\right)$ $(D<h)$
圆板	D	$R=\frac{\rho}{2D}$

续表

接地体类型	接地体的形状和尺寸	接地电阻计算公式
深埋圆板		$R=\frac{\rho}{2D}\left(0.5+\frac{D}{4\pi h}\right)$ $(D<2h)$
垂直接地体		Sunde，Dwight 公式： $R=\frac{\rho}{2\pi L}\left(\ln\frac{8L}{d}-1\right)$ $(d\ll L)$
深埋圆环		$R=\frac{\rho}{2\pi^2 D}\ln\frac{16D^2}{hd}$
水平接地体	接地体总长为 L，埋深为 h	$R=\frac{\rho}{2\pi L}\left(\ln\frac{L^2}{dh}+A\right)$，$A$ 为形状系数

（3）复合接地体接地电阻。单一接地体的流散电阻往往不能满足要求，而且容易因腐蚀等原因而受到损坏。因此，要求埋设两个以上的接地体，且接地体应互相连接起来，组成复合接地体。由若干单一接地体组成的复合接地体，其地中电流线互相排挤，从每一单一接地体流散的电流受到限制（见图 3-35），使得总流散电阻大于各单一接地体流散电阻的并联值。因此，对于复合接地体，引进利用系数 η。

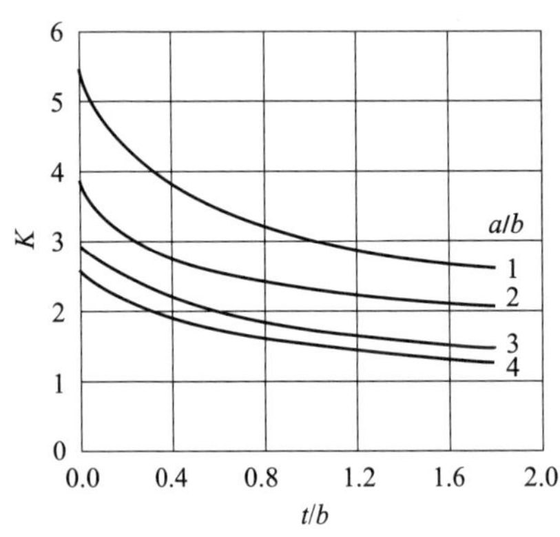

图 3-34　计算水平板状接地体接地电阻的 McCrocklin 公式的系数 K

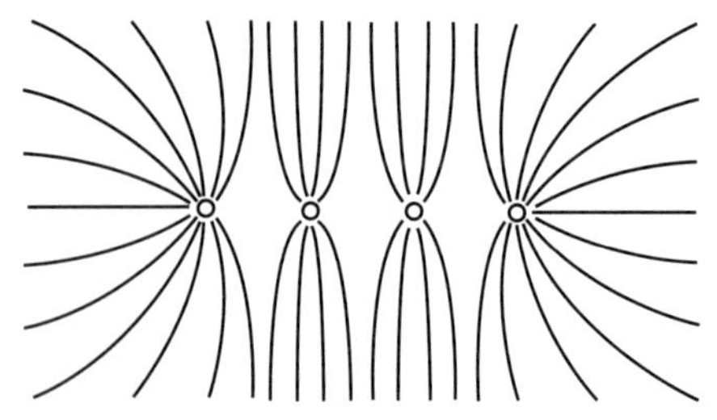
图 3-35　复合接地体的流散电阻

利用系数即单一接地体流散电阻的并联值与复合接地体流散电阻的比值。对于结构相同的单一接地体，其总流散电阻为

$$R_n = \frac{R_0}{\eta n} \tag{3-58}$$

式中 R_0——单一接地体的流散电阻，Ω；

n——单一接地体的根数。

显然，利用系数总是小于1，最多也只能接近于1。

五、接地测量

各种接地装置的接地电阻应当定期测量，以检查其可靠性，一般应当在雨季前或其他土壤最干燥的季节测量。雨天一般不测量接地电阻，雷雨天不得测量防雷装置的接地电阻。对于易于受热、受腐蚀的接地装置，应适当缩短测量周期。凡新安装或设备大修后的接地装置，均应测量接地电阻。

1. 接地电阻的测量

接地电阻可用电流表—电压表法或接地电阻测量仪法测量。本书仅介绍接地电阻测量仪法。最常见的接地电阻测量仪是电位差计型接地电阻测量仪。这种接地电阻测量仪本身能产生交变的接地电流，无须外加电源，电流极和电压极也是配套的，使用简单，携带方便，而且抗干扰性能较好，因此应用十分广泛。

电位差计型接地电阻测量仪的本体由手摇发电机（或电子交流电源）和电位差计式测量机构组成，其主要附件是3条测量导线和两支辅助测量电极。测量仪有E、P、C 3个接线端子或C2、P2、P1、C1 4个接线端子。测量时，在离被测接地体一定的距离向地下打入电流极和电压极。外部接线如图3-36所示，E端或C2、P2端并接后接于被测接地体，P端或P1端接于电压极，C端或C1端接于电流极。选好倍率，以大约120 r/min的转速转动摇把时，即可产生110～115 Hz的交流电流，电流沿被测接地体和电流极构成回路；同时，调节电位器旋钮，使仪表指针保持在中心位置，即可直接由电位器旋钮的位置（刻度盘读数）结合所选倍率读出被测接地电阻值。

测量仪内部接线如图3-37所示。在测量过程中，当电位差计取得平衡，仪表指针指向中心位置时，B点与P点（或P1点）的电位相等，即 $U_{E-P} = U_{E-B}$（或 $U_{C2P2-P1} = U_{C2P2-B}$）。由此不难得到

$$I_1 R_E = I_2 R_{O-B} \tag{3-59}$$

如电流互感器的变流比为 $K_1 = I_1/I_2$，则

$$R_E = \frac{I_2}{I_1}R_{O-B} = \frac{R_{O-B}}{K_1} \tag{3-60}$$

因为 K_1 为仪器给定的某一固定值，所以，可以直接由 R_{O-B}按比例给出 R_E。

如果被测接地电阻很小，且接线很长，接线电阻可能带来较大的误差，此时应将仪器上的 C2、P2 端子拆开，分别连接被测接地体。

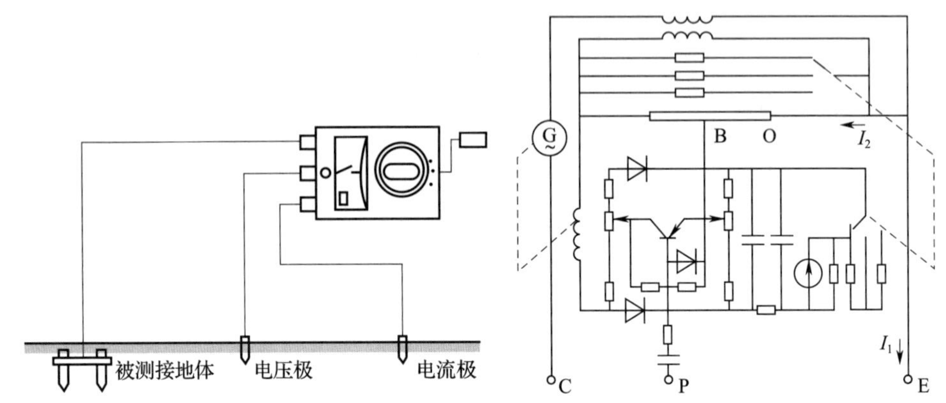

图 3-36　接地电阻测量仪外部接线　　图 3-37　接地电阻测量仪内部接线

不论用哪种方法测量接地电阻，均应将被测接地体与其他接地体分开，以保障测量的准确性。测量接地电阻时，应尽可能把测量回路同电力网分开，以有利于测量的安全，也有利于消除杂散电流引起的误差，还能防止将测量电压反馈到与被测接地体连接的其他导体上而引起事故。

测量电极间的连线应避免与邻近的高压架空线路平行，以防止感应电压的危险。测量电极的排列应避免与地下金属管道平行，以保障测量结果的真实性。

2. 土壤电阻率的测量

土壤电阻率是接地设计的原始资料，可用电流表—电压表法或接地电阻测量仪法测量。

一种测量办法是在取样地段垂直打入一根钢管，测量其流散电阻，再按式（3-61）换算，即可得到土壤电阻率。

$$\rho = \frac{2\pi LR}{\ln(4L/d)} \tag{3-61}$$

传统电阻率测量采用四极法，如图 3-38 所示。四极法是将 4 个电极等距离排列成一条直线，测量中间两个电极之间的电压或电阻。如果测得中间两极之间的电阻为 R，则土壤电阻率可按式（3-62）计算。

$$\rho = \frac{\pi LR}{\ln\left[2\left(L+\sqrt{D^2+L^2}\right)/\left(L+\sqrt{4D^2+L^2}\right)\right]} \tag{3-62}$$

如果埋入深度 $L \leqslant D/20$，土壤电阻率可按式（3-63）计算。

$$\rho = 2\pi DR \tag{3-63}$$

对于不均匀土壤或分层土壤，取不同的极间距离 D，将得到不同的 ρ 值。

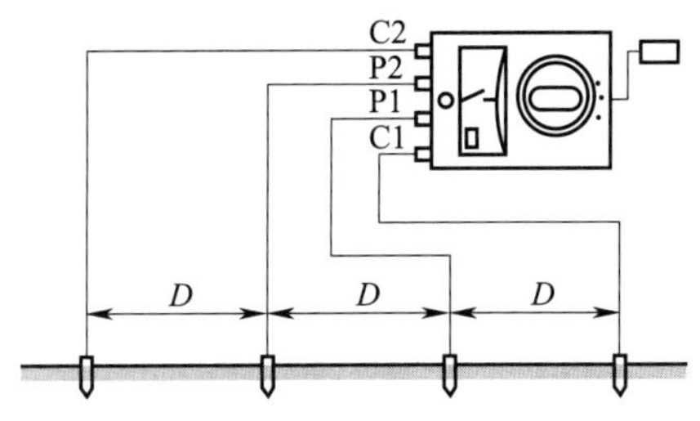

图 3-38　四极法测量土壤电阻率

六、接地装置的检查和维护

接地装置定期检查的主要内容如下：各部位连接是否牢固，有无松动，有无脱焊，有无严重锈蚀，接地线有无机械损伤或化学腐蚀，涂漆有无脱落，人工接地体周围有无堆放强烈腐蚀性物质，地面以下 0.5 m 以内接地线的腐蚀和锈蚀情况，接地电阻是否合格。

接地装置定期检查的周期如下：变、配电站接地装置，每年检查一次，并于干燥季节每年测量一次接地电阻；车间电气设备的接地装置，每两年检查一次，并于干燥季节每年测量一次接地电阻；防雷接地装置，每年雨季前检查一次；手持式电动工具的接零线或接地线，每次使用前进行检查；有腐蚀性的土壤内的接地装置，每 5 年局部挖开检查一次。

应对接地装置进行维修的情况如下：焊接连接处开焊，螺纹连接处松动，接地线有机械损伤、断股或有严重锈蚀、腐蚀（锈蚀或腐蚀 30% 以上者应予更换），接地体露出地面，接地电阻超过规定值。

七、智能化系统接地

现代智能化系统接地一般具有直流电源回路接地（直流地）、信号回路接地（信号地）和保护接地（PE）、防雷接地、屏蔽接地与防静电接地等。

智能化系统机房内的电子设备应进行等电位联结并接地。

智能化系统信号回路接地系统的形式，应根据电子设备的工作频率和接地导体长度，确定采用 S 型接地、M 型接地或 SM 混合型接地，其中 S 型接地和 M 型接地如图 3-29 所示，SM 混合型接地是上述两种接地方式的组合。

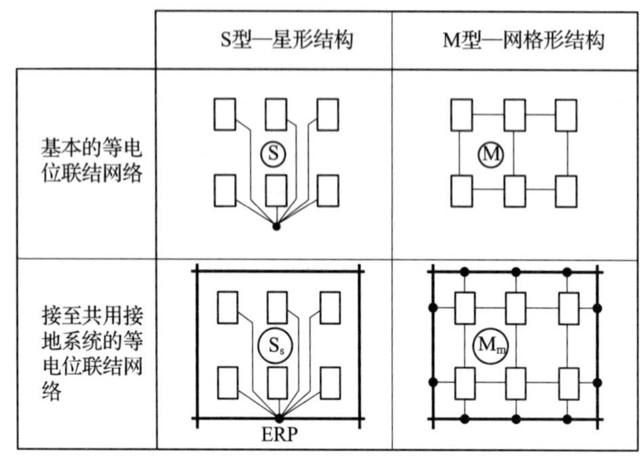

图 3-39　S 型接地和 M 型接地

——共用接地系统　——等电位联结导体　□设备

●等电位联结网络的连接点　ERP 接地基准点　S_s 单点等电位联结的星形结构

M_m 网状等电位联结的网格形结构

除另有规定外，智能化系统接地宜采用共用接地装置，接地电阻应不大于 1 Ω。

建筑物的总接地端子可引出铜质接地干线，智能化系统装置应以最短距离与其连接并接地。当智能化系统装置较多时，接地干线应敷设成闭路环。

本章小结

1. 间接接触电击防护是触电防护的核心内容。间接接触电击发生的原因是存在接触电动势和跨步电动势。保护导体技术是间接接触电击防护的最基本手段。

2. 接地就是将电气设备的某一部位或电力系统的某一点与大地紧密联系起来。在保护方案讨论中，重点对工作接地、保护接地和重复接地进行了介绍与分析，阐述了它们的功能与要求。

3. 在 TN 系统中，借助相—零线回路的形成及过流速断保护元件的配合，实现了故障或异常条件下接触电动势的自动切除。在 TN 系统技术应用中，应熟悉 TN

系统的各项要求，如应用范围、重复接地、速断和限压要求等。

4. 保护导体和接地体是保护接地系统的重要部件。本章讨论了保护导体的组成、设计与校核、应用及其要求，以及检测技术等；接地装置的设计、施工与安装、接地体流散电阻计算及其测量技术等。

复习思考题

1. 电网从技术上分为几类？试分析其运行安全性。
2. 简述间接接触电击的概念，分析危害形成的原因、特点和可以采取的对策。
3. 在高、低压电网中，间接接触电击发生的形式有哪些？
4. IT 系统的工作原理、应用安全条件是什么？需要补偿性措施吗？
5. 说明 TT 系统的工作原理及其弱点。
6. 简述 TN 系统的安全原理并说明该系统有哪几种类型。
7. 在同一供电回路区域内，为什么 TT 系统和 TN 系统不能混合应用？
8. 哪些电气设备不需要实施 PE 保护？
9. 简述等电位联结的概念、分类及针对不同电网分类的作用和存在的问题。
10. 电气接地中，“地”电位在什么地方？

第四章　兼防直接接触电击和间接接触电击的防护措施

本章学习目标

1. 熟悉特低电压的区段、限值和额定值，掌握特低电压防护的类型及安全条件，理解特低电压的安全电源及回路配置要求，了解功能特低电压及补充安全要求。

2. 掌握剩余电流动作保护装置的原理、类型，熟悉其主要技术参数、选用和安装要求，了解剩余电流动作保护装置运行中误动作和拒动作的原因。

3. 了解双重绝缘和加强绝缘的结构，熟悉其安全条件。

4. 理解不导电环境的概念及其安全条件。

5. 了解电气隔离的安全原理和安全条件。

兼防直接接触电击和间接接触电击的防护措施主要有特低电压、剩余电流动作保护、双重绝缘及加强绝缘等。

第一节　特低电压

特低电压又称安全特低电压（旧称安全电压），是既能防范直接接触电击，也能防范间接接触电击的防护措施。其保护原理：通过对系统中可能作用于人体的电压进行限制，使触电时流过人体的电流受到抑制，将触电危险性控制在安全的范围内。

一、特低电压的区段、限值和额定值

1. 特低电压区段

特低电压位于特低电压区段。特低电压区段范围如下：

（1）交流（工频）：无论是相对地或相对相之间，均不大于 50 V（有效值）。

（2）直流（无纹波）：无论是极对地或极对极之间，均不大于 120 V。无纹波直流通常是指正弦纹波含量的有效值不大于 10% 的直流电。例如，对于一个 120 V 的无纹波直流系统，其峰值不超过 137 V。

2. 特低电压的限值

特低电压限值是指在任何运行条件下，允许存在于两个可同时触及的可导电部分间的最高电压值（交流为有效值，直流为无纹波直流电压值）。可以认为，限值范围内的电压在相应条件下对人是不会有危害的。

相应条件包括是否为故障状态、环境状况、电源频率、接触面积及是否为可握紧部件等。

国家标准规定，15 ~ 100 Hz 交流电压限值：在电气设施或电气设备正常（无故障）状态下，干燥环境中限值为 33 V（对于接触面积小于 1 cm^2 的非可握紧部件，允许增大至 66 V），潮湿环境中限值为 16 V；在电气设施或电气设备出现能影响两个可同时触及的可导电部分间电压的单一故障状态下，干燥环境中限值为 55 V（对于接触面积小于 1 cm^2 的非可握紧部件，允许增大至 80 V），潮湿环境中限值为 33 V。

国家标准规定的直流电压限值：在电气设施或电气设备正常（无故障）状态下，干燥环境中限值为 70 V（电池充电时，允许增大至 75 V），潮湿环境中限值为 35 V；在电气设施或电气设备出现能影响两个可同时触及的可导电部分间电压的单一故障状态下，干燥环境中限值为 140 V（电池充电时，允许增大至 150 V），潮湿环境中限值为 70 V（电池充电时，允许增大至 75 V）。

特低电压限值可作为从电压值的角度评价电击防护安全水平的基础性数据。

3. 特低电压额定值

国家标准规定了特低电压的系列，将特低电压额定值（工频有效值）的等级规定为 42 V、36 V、24 V、12 V 和 6 V。

特低电压额定值是根据使用环境、人员和使用方式等因素确定的。例如，在特别危险环境中使用手持式电动工具，应采用 42 V 特低电压；在有电击危险环境中使用手持式照明灯和局部照明灯，应采用 36 V 或 24 V 特低电压；在金属容器内、特别潮湿处等特别危险环境中使用手持式照明灯，应采用 12 V 特低电压；水下作业等场所应采用 6 V 特低电压。当电气设备采用 24 V 以上特低电压时，必须采取防护直接接触电击的措施。

二、特低电压防护的类型及安全条件

1. 类型

特低电压防护的类型分为 ELV 和 FELV，其缩写字原有的含义如下：

ELV——extra low voltage（特低电压）。

FELV——functional extra low voltage（功能特低电压）。

其中，ELV 防护又分为 SELV 和 PELV 两种类型，其缩写字原有的含义如下：

SELV——safety extra low voltage（安全特低电压）。

PELV——protective extra low voltage（保护特低电压）。

但是，根据国际电工委员会相关导则中有关慎用“安全”一词的原则，上述缩写字仅作为特低电压防护类型的表示，而不再有原缩写字的含义，即不能认为仅采用了“安全特低电压”电源就能防止电击事故的发生。因为只有符合规定的条件并采取相关的防护措施，系统才是安全的。

可将特低电压防护归纳为以下 3 类：

（1）SELV，只作为不接地系统的安全特低电压用的防护。其特点是特低电压回路的带电部分不接地，也不与其他电路的带电部分或保护导体相连接，即 SELV 回路处于“悬浮状态”，安全性能最佳，在特低电压防护中为首先考虑的类型，实际应用最为广泛。

（2）PELV，只作为保护接地系统的安全特低电压用的防护。

（3）FELV。由于功能上的原因（非电击防护目的），采用了特低电压，但不能满足或没有必要满足 SELV 和 PELV 的所有条件。FELV 防护是在这种前提下，补充规定了某些直接接触电击和间接接触电击防护措施的一种防护。

2. 安全条件

要达到兼有直接接触电击防护和间接接触电击防护的要求，必须满足以下条件：

（1）线路或设备的标准电压不超过标准所规定的安全特低电压值。

（2）SELV 和 PELV 必须满足安全电源、回路配置和各自的特殊要求。

（3）FELV 必须满足其辅助要求。

三、SELV 和 PELV 的安全电源、回路配置

SELV 和 PELV 对安全电源的要求完全相同，在回路配置上既有共同要求，也有特殊要求。

1. SELV 和 PELV 的安全电源

安全特低电压必须由安全电源供电。可以作为安全电源的主要有以下几种：

（1）安全隔离变压器或与其等效的具有多个隔离绕组的电动发电机组，其绕组的绝缘至少相当于双重绝缘或加强绝缘。安全隔离变压器接线如图 4-1所示。

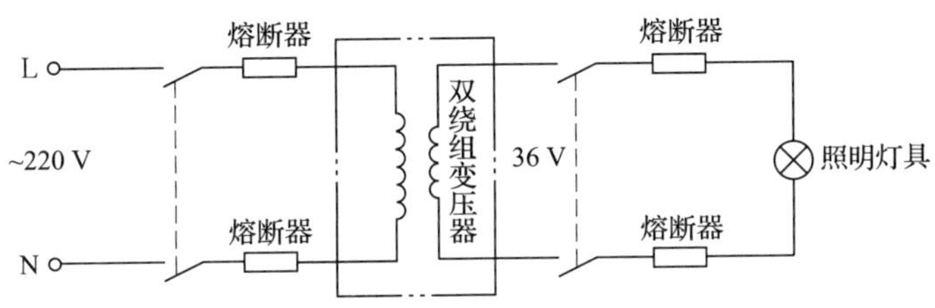

图 4-1　安全隔离变压器接线

安全隔离变压器的一次与二次绕组之间必须有良好的绝缘，其间还可用接地的屏蔽隔离。安全隔离变压器各部分的绝缘电阻不得低于下列数值：带电部分与壳体之间的工作绝缘，2 MΩ；带电部分与壳体之间的加强绝缘，7 MΩ；输入回路与输出回路之间的绝缘电阻，5 MΩ；输入回路与输入回路之间的绝缘电阻，2 MΩ；输出回路与输出回路之间的绝缘电阻，2 MΩ；Ⅱ类变压器的带电部分与金属物件之间的绝缘电阻，2 MΩ；Ⅱ类变压器的带电部分与壳体之间的绝缘电阻，5 MΩ；绝缘壳体上内、外金属物件之间的绝缘电阻，2 MΩ。

安全隔离变压器的额定容量，单相变压器不得超过 10 kV·A，三相变压器不得超过 16 kV·A，电铃用变压器不得超过 100 V·A，玩具用变压器不得超过 200 V·A。

安全隔离变压器的输入和输出导线应有各自的通道。导线进、出变压器处应有护套。固定式变压器的输入电路中不得采用接插件。

此外，安全隔离变压器各部分的最高温升不得超过允许限值。例如，金属握持部分的温升不得超过 20 ℃，非金属握持部分的温升不得超过 40 ℃，金属非握持部分的外壳温升不得超过 25 ℃，非金属非握持部分的外壳温升不得超过 50 ℃，接线端子的温升不得超过 35 ℃，橡皮绝缘的温升不得超过 35 ℃，聚氯乙烯绝缘的温升不得超过 40 ℃。

（2）电化电源或与高于安全特低电压回路无关的电源，如蓄电池及独立供电的柴油发电机等。

（3）即使在故障时仍能够确保输出端子上的电压（用内阻不小于 3 kΩ 的电压表测量）不超过特低电压值的电子装置电源等。

2. SELV 和 PELV 的回路配置

SELV 和 PELV 的回路配置应满足以下要求：

（1）SELV 和 PELV 回路的带电部分相互之间、回路与其他回路之间应实行电气隔离，其隔离水平应不低于安全隔离变压器输入与输出回路之间的电气隔离。尤其是有些电气设备，如继电器、接触器、辅助开关的带电部分与电压较高线路的任何部分的电气隔离应不小于安全隔离变压器的输入和输出绕组的电气隔离要求。但此要求不排除 PELV 回路与地的连接。

（2）SELV 和 PELV 回路的导线应与其他任何回路的导线分开敷设，保持适当的物理上的隔离。当此要求不能满足时，必须采取诸如将回路的导线置于非金属外护物中，或将电压不同的回路导线以接地的金属屏蔽层或接地的金属护套分隔开等措施。回路电压不同的导线置于同一根多芯电缆或导线组中时，其中 SELV 和 PELV 回路的导线绝缘必须单独地或成组地按能够承受所有回路中的最高电压考虑。

四、SELV 及 PELV 特殊要求

1. SELV 的特殊要求

（1）SELV 回路的带电部分严禁与大地或其他回路的带电部分或保护导体相连接。

（2）外露可导电部分不应有意地连接到地或其他线路的保护导体或外露可导电部分，也不能连接到外部可导电部分；若设备功能要求与外部可导电部分进行连接，则应采取措施，使这部分所能出现的电压不超过安全特低电压。

如果 SELV 回路的外露可导电部分容易偶然或被有意识地与其他回路的外露可导电部分相接触，则电击保护就不能再仅仅依赖于 SELV 的保护措施，还应依靠其他回路的外露可导电部分的保护方法，如发生接地故障时自动切断电源。

（3）若标称电压超过 25V 交流有效值或 60V 无纹波直流值，应装设必要的遮栏或外护物，或者提高绝缘等级；若标称电压不超过上述数值，除非某些特殊应用的环境条件，一般无须直接接触电击防护。

2. PELV 的特殊要求

实际上，可以将 PELV 类型看作由 SELV 类型进行接地演变而来。PELV 允许回路接地，进而有可能从大地引入故障电压，使回路的电位升高，因此，PELV 的防护水平要求比 SELV 高。

（1）利用必要的遮栏或外护物，或者提高绝缘等级来实现直接接触电击防护。

（2）如果设备在等电位联结有效区域内，以下情况可不进行上述直接接触电击防护：

1）当标称电压不超过25 V交流有效值或60 V无纹波直流值，而且设备仅在干燥情况下使用，且带电部分不大可能同人体大面积接触时。

2）在其他任何情况下，标称电压不超过6 V交流有效值或15 V无纹波直流值。

五、FELV的辅助要求

（1）装设必要的遮栏或外护物，或者提高绝缘等级来实现直接接触电击防护。

（2）当FELV回路设备的外露可导电部分与一次回路的保护导体相连接时，应在一次回路装设自动断电的防护装置，以实现间接接触电击防护。

六、插头及插座要求

为了避免经电源插头和插座将外部电压引入，必须从结构上保证SELV、PELV及FELV回路的插头和插座不致误插入其他电压系统或被其他系统的插头插入。SELV和PELV回路的插座不得带有接零或接地插孔，而FELV回路则根据需要决定是否带接零或接地插孔。

插头与插座应按规定正确接线，插座的保护接地极在任何情况下都应单独与保护接地线可靠连接，不得在插头（座）内将保护接地极与工作中性线连接在一起。

第二节　剩余电流动作保护

剩余电流动作保护旧称漏电保护，是利用剩余电流动作保护装置来防止电气事故的一种安全技术措施。剩余电流动作保护装置简称RCD（residual current operated protective device）。剩余电流是指流过剩余电流动作保护装置主回路电流瞬时值的矢量和（用有效值表示）。剩余电流动作保护装置是一种低压安全保护电器，主要用于防止人身电击，防止因接地故障引起火灾。剩余电流动作保护装置的主要功能是提供间接接触电击保护，而额定漏电动作电流不大于30 mA的剩余电流动作保护装置，在其他保护措施失效时，也可作为直接接触电击的补充保护，但不能作为基本的保护措施。

实践证明，剩余电流动作保护装置和其他电气安全技术措施配合使用，在防止电气事故方面有显著的作用。本节就剩余电流动作保护装置的原理及应用进行说明。

一、剩余电流动作保护装置的原理

电气设备漏电时，将呈现出异常的电流和电压信号。保护装置通过检测此异常电流或异常电压信号，经信号处理，促使执行机构动作，利用开关设备迅速切断电源。根据故障电流动作的保护装置是电流型保护装置，即剩余电流动作保护装置；根据故障电压动作的是电压型保护装置。早期的漏电保护装置为电压型漏电保护装置，因其存在结构复杂、受外界干扰动作特性稳定性差、制造成本高等缺陷，已逐步被淘汰。取而代之的剩余电流动作保护装置得到了广泛的应用，并占据了主导地位。目前，国内外剩余电流动作保护装置的研制、生产及有关技术标准均以电流型剩余电流动作保护装置为对象。以下主要对电流型剩余电流动作保护装置即 RCD 进行介绍。

1. 剩余电流动作保护装置的组成

图 4-2所示为剩余电流动作保护装置的组成。其构成主要包括 3 部分，即检测元件、中间环节（包括放大元件和比较元件）和执行机构。此外，剩余电流动作保护装置还包括辅助电源和试验装置。

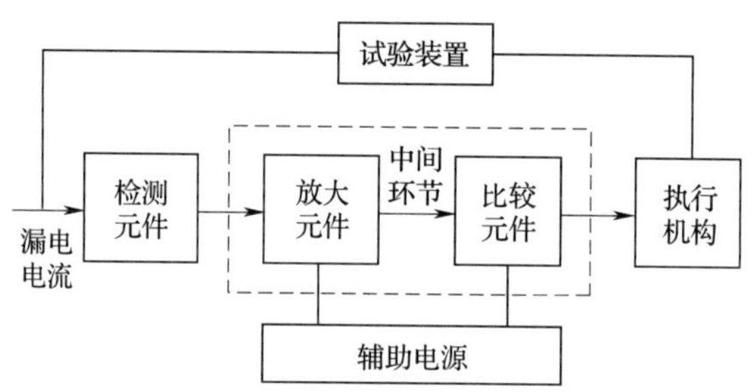

图 4-2　剩余电流动作保护装置的组成

（1）检测元件。检测元件是一个零序电流互感器，如图 4-3所示。图中，被保护主电路的相线和中性线穿过环行铁芯构成了互感器的一次绕组 N_1，均匀缠绕在环形铁芯上的绕组构成了互感器的二次绕组 N_2。检测元件的作用是将漏电电流信号转换为电压或功率信号输出给中间环节。

（2）中间环节。中间环节对来自零序电流互感器的漏电信号进行处理。中间环节通常含有放大器、比较器、脱扣器（或继电器）等，不同类型的剩余电流动作保护装置在中间环节的具体构成上不同。

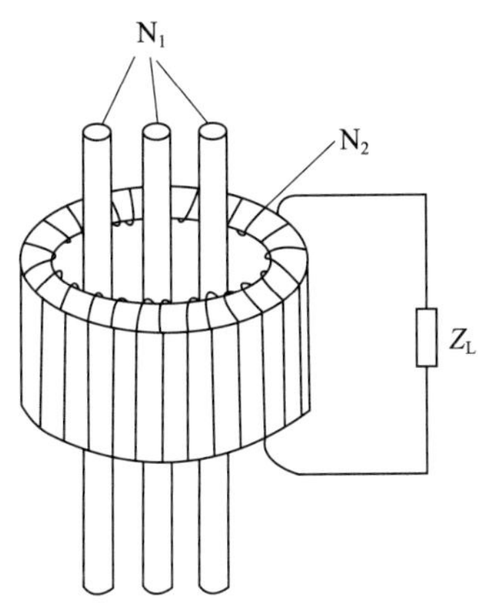

图 4-3　零序电流互感器

(3) 执行机构。执行机构用于接收中间环节的指令信号，实施动作，自动切断故障处的电源。执行机构多为带有分励脱扣器的自动开关或交流接触器。

(4) 辅助电源。当中间环节为电子式时，辅助电源的作用是提供电子电路工作所需的低压电源。

(5) 试验装置。试验装置是对运行中的剩余电流动作保护装置进行定期检查时所使用的装置。通常用一只限流电阻和检查按钮相串联的支路来模拟漏电的路径，以检验装置是否能够正常动作。

2. 剩余电流动作保护装置的工作原理

图 4-4所示为三相四线制供电系统的剩余电流动作保护电气原理，图中 TA 为零序电流互感器，QF 为断路器，TL 为主开关 QF 的分励脱扣器线圈。

在被保护电路工作正常，没有发生漏电或触电的情况下，由基尔霍夫定律可知，通过 TA 一次绕组电流的相量和等于零，TA 铁芯中磁通的相量和也为零，TA 二次绕组不产生感应电动势，剩余电流动作保护装置不动作，系统保持正常供电。

当被保护电路发生漏电或有人触电时，由于漏电电流的存在，通过 TA 一次绕组各相负载电流的相量和不再等于零，即产生了剩余电流。这就导致 TA 铁芯中磁通的相量和也不再为零，即在铁芯中出现了交变磁通。在此交变磁通作用下，TA 二次绕组就有感应电动势产生。此漏电信号经中间环节进行处理和比较，当达到预定值时，断路器分励脱扣器线圈 TL 通电，驱动断路器 QF 自动跳闸，迅速切断被保护电路的供电电源，从而实现保护。

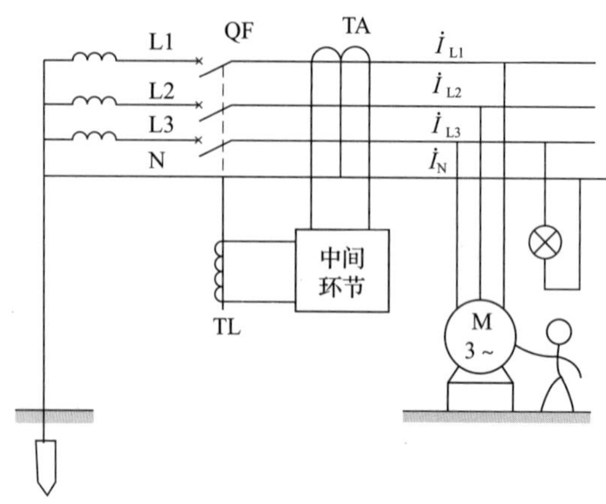

图 4-4　三相四线制供电系统的剩余电流动作保护电气原理

二、剩余电流动作保护装置的分类

1. 按剩余电流动作保护装置中间环节的结构特点分类

（1）电磁式剩余电流动作保护装置。电磁式剩余电流动作保护装置的中间环节为电磁器件，有电磁脱扣器和灵敏继电器两种类型。电磁式剩余电流动作保护装置因全部采用电磁元器件，其耐受过电流和过电压冲击的能力较强，因无须辅助电源，当主电路缺相时仍能起剩余电流动作保护作用。但其灵敏度不易提高，且制造工艺复杂，价格较高。

（2）电子式剩余电流动作保护装置。电子式剩余电流动作保护装置的中间环节使用了由电子器件构成的电子电路，有的是分立元件电路，有的是集成电路。中间环节的电子电路用来对漏电信号进行放大、处理和比较。其特点是灵敏度高，动作电流和动作时间调整方便。但电子式剩余电流动作保护装置对使用条件要求严格，抗电磁干扰性能较差，当主电路缺相时，可能因失去辅助电源而丧失保护功能。

2. 按结构特征分类

（1）整体式剩余电流动作保护装置。该类装置是一种将零序电流互感器、中间环节和断路器组合安装在同一机壳的开关电器。其特点是当检测到超过预定值的剩余电流后，保护器本身即可直接切断被保护主电路的供电电源。这种保护器有的还兼有短路保护及过电流保护功能。

（2）组合式剩余电流动作保护装置。该类装置是一种由剩余电流继电器、低压接触器和低压断路器组合而成的剩余电流动作保护装置。当检测到超过预定值的剩余电流时，由剩余电流继电器进行检测、信号处理和比较，通过其脱扣器或继电器动作，发出报警信号，或通过控制触点操作断路器切断供电电源。剩余电流继电器本身不具备直接断开主电路的功能。

3. 按安装方式分类

（1）固定位置安装、固定接线方式的剩余电流动作保护装置。

（2）带有电缆的可移动使用的剩余电流动作保护装置。

4. 按极数和线数分类

按照断路器的极数和穿过零序电流互感器的线数可将剩余电流动作保护装置分为单极二线剩余电流动作保护装置、二极剩余电流动作保护装置、二极三线剩余电流动作保护装置、三极剩余电流动作保护装置、三极四线剩余电流动作保护装置、四极剩余电流动作保护装置。

其中，单极二线剩余电流动作保护装置、二极三线剩余电流动作保护装置、三极四线剩余电流动作保护装置均有一根直接穿过零序电流互感器而不能被断路器断开的中性线。

5. 按运行方式分类

（1）不需要辅助电源的剩余电流动作保护装置。

（2）需要辅助电源的剩余电流动作保护装置。此类中又分为辅助电源中断时可自动切断的剩余电流动作保护装置和辅助电源中断时不可自动切断的剩余电流动作保护装置。

6. 按分断时间分类

按动作时间的要求不同，剩余电流动作保护装置分为一般型（无延时）剩余电流动作保护装置和延时型剩余电流动作保护装置。一般型（无延时）是无人为故意延时分断的剩余电流动作保护装置。延时型设定某一剩余动作电流，根据预定的极限不分断时间延时动作。延时型中，分断时间具有选择性的称为 S 型剩余电流动作保护装置。

7. 按动作灵敏度分类

按动作灵敏度可将剩余电流动作保护装置分为高灵敏度型、中灵敏度型和低灵敏度型 3 种。

8. 按剩余电流含有直流分量时的动作特性分类

按能否对含有直流分量的剩余电流可靠脱扣，将剩余电流动作保护装置分为

AC 型剩余电流动作保护装置、A 型剩余电流动作保护装置和 B 型剩余电流动作保护装置。AC 型对突然施加或缓慢上升的交流正弦波剩余电流能可靠脱扣；A 型除对突然施加或缓慢上升的交流正弦波剩余电流能可靠脱扣之外，还能对含有直流分量的剩余脉动直流电流可靠脱扣；B 型除对突然施加或缓慢上升的交流正弦波剩余电流和含有直流分量的剩余脉动直流电流可靠脱扣之外，还能对平滑直流电流可靠脱扣，B 型装置又称为全电流敏感型剩余电流动作保护装置。

9. 按专业人员使用还是家用分类

按专业人员使用还是家用将剩余电流动作保护装置分为专业人员使用的剩余电流动作保护装置和家用剩余电流动作保护装置。专业人员使用的一般额定电流比较大，作为配电装置中主干线或分支线的保护开关，发生故障时影响比较大，要求由专业人员使用。家用的一般额定电流小于或等于 125 A，用作终端电气线路和电气设备的保护。家用的主要安装在商用大厦、办公楼及城乡居民住宅等建筑物内，作为防止人身电击的保护装置，适合于非专业人员使用。

10. 按照能否执行过电流保护功能分类

家用的剩余电流动作保护装置根据是否带过电流保护功能分为带过电流保护的剩余电流动作保护装置（RCBO）和不带过电流保护的剩余电流动作保护装置（RCCB）两种。前者能执行过载和（或）短路保护功能，后者不能执行过载和（或）短路保护功能。

三、剩余电流动作保护装置的主要技术参数

1. 关于剩余电流性能的技术参数

关于剩余电流性能的技术参数是剩余电流动作保护装置最基本的技术参数，包括额定剩余动作电流、额定剩余不动作电流和分断时间。

（1）额定剩余动作电流（$I_{\Delta n}$）。额定剩余动作电流是制造厂对剩余电流动作保护装置规定的剩余动作电流值，在该电流值时，剩余电流动作保护装置应在规定的条件下动作。该值反映了剩余电流动作保护装置的灵敏度。

国家标准规定的额定剩余动作电流值分为 0.006 A、0.01 A、0.015 A*、0.03 A、0.05 A*、0.075 A*、0.1 A、0.2 A*、0.3 A、0.5 A、1 A、3 A、5 A、10 A、20 A 15 个等级。其中，0.03 A 及其以下者属高灵敏度，主要用于防止各种人身触电事故；0.03 A 以上至 1 A 者属中灵敏度，用于防止触电事故和漏电火灾；1 A 以上者

注：带 * 的值不推荐优先使用。

属低灵敏度，用于防止漏电火灾和监视一相接地事故。

（2）额定剩余不动作电流（$I_{\Delta no}$）。额定剩余不动作电流是制造厂对剩余电流动作保护装置规定的剩余不动作电流值，在该电流值时，剩余电流动作保护装置应在规定的条件下不动作。为了防止误动作，剩余电流动作保护装置的额定剩余不动作电流不得低于额定剩余动作电流的1/2。

（3）分断时间。分断时间是指从突然施加剩余动作电流的瞬间到所有极电弧熄灭瞬间（被保护电路完全被切断）所经过的时间。剩余电流动作保护装置根据分断时间的不同分为一般型和延时型两种。延时型剩余电流动作保护装置人为地设置了延时，以适应分级保护的需要，主要用于分级保护的首端，仅适用于 $I_{\Delta n}>0.03$ A 的间接接触电击防护。延时型剩余电流动作保护装置的延时时间优选值为0.2 s、0.4 s、0.8 s、1 s、1.5 s、2 s。分级保护时，延时型剩余电流动作保护装置延时时间的级差为0.2 s。

国家标准规定的直接接触电击补充保护用剩余电流动作保护装置的最大分断时间见表4-1，间接接触电击保护用剩余电流动作保护装置的最大分断时间见表4-2。

表4-1　直接接触电击补充保护用剩余电流动作保护装置的最大分断时间

$I_{\Delta n}$/A	I_n/A	最大分断时间/s		
		$I_{\Delta n}$	$2I_{\Delta n}$	0.25 A
任何值	任何值	0.1	0.08	0.04

表4-2　间接接触电击保护用剩余电流保护装置的最大分断时间

$I_{\Delta n}$/A	I_n/A	最大分断时间/s		
		$I_{\Delta n}$	$2I_{\Delta n}$	0.25 A
>0.03	任何值	0.3	0.2	0.15

2. 其他技术参数

剩余电流动作保护装置其他参数的额定值主要如下：

（1）额定频率。额定频率的优先值应为50 Hz、60 Hz。

（2）额定电压（U_N）。额定电压为230 V或400 V。

（3）额定电流（I_N）。额定电流为6 A、10 A、16 A、20 A、25 A、32 A、40 A、50 A、63 A、80 A、100 A、125 A、160 A、200 A、250 A、315 A、400 A、500 A、630 A、700 A、800 A。

3. 接通分断能力

带短路保护的剩余电流动作保护装置的接通分断能力，应符合其执行主电路接通分断功能部分所采用断路器的有关规程要求。不带过电流保护的剩余电流动作保护装置的额定接通分断能力 I_m 优先值有 500 A、1 000 A、1 500 A、3 000 A、4 500 A、6 000 A、10 000 A、20 000 A、50 000 A，额定接通分断能力 I_m 的最小值见表 4-3。

表 4-3　　额定接通分断能力 I_m 最小值

I_n/A	I_m 最小值/A
$I_n \leqslant 50$	500
$50 < I_n \leqslant 100$	1 000
$100 < I_n \leqslant 150$	1 500
$150 < I_n \leqslant 200$	2 000

四、剩余电流动作保护装置的应用

1. 对直接接触电击事故的防护

在直接接触电击事故防护中，剩余电流动作保护装置只作为直接接触电击事故基本防护措施的补充保护措施。从剩余电流动作保护的原理可知，其保护并不包括相与相、相与中性线间形成的直接接触电击事故的防护。

2. 对间接接触电击事故的防护

间接接触电击事故防护的主要措施是采用自动切断电源的保护方式，以防止电气设备绝缘损坏发生接地故障时，电气设备的外露可导电部分持续带有危险电压而产生电击事故。当电路发生绝缘损坏造成接地故障，其故障电流值小于过电流保护装置的动作电流值时，过电流保护装置不动作，不能消除电击危险，此时，需要依靠剩余电流动作保护装置的动作来切断电源，实现保护。

剩余电流动作保护装置用于间接接触电击事故防护时，应正确地与电网的系统接地类型相配合。

（1）TN 系统相关要求如下：

1）采用剩余电流动作保护装置的 TN－C 系统，应根据电击防护措施的具体情况，将电气设备外露可导电部分独立接地，形成局部 TT 系统。

2）在 TN 系统中，必须将 TN－C 系统改造为 TN－C－S、TN－S 系统或局部

TT 系统后，才可安装使用剩余电流动作保护装置。在 TN－C－S 系统中，剩余电流动作保护装置只允许用在 N 线与 PE 线分开部分。

（2）TT 系统。TT 系统的电气线路或电气设备必须装设剩余电流动作保护装置作为预防电击事故的保护措施。

剩余电流动作保护装置接线方式见表 4–4。

表 4–4　　剩余电流动作保护装置接线方式

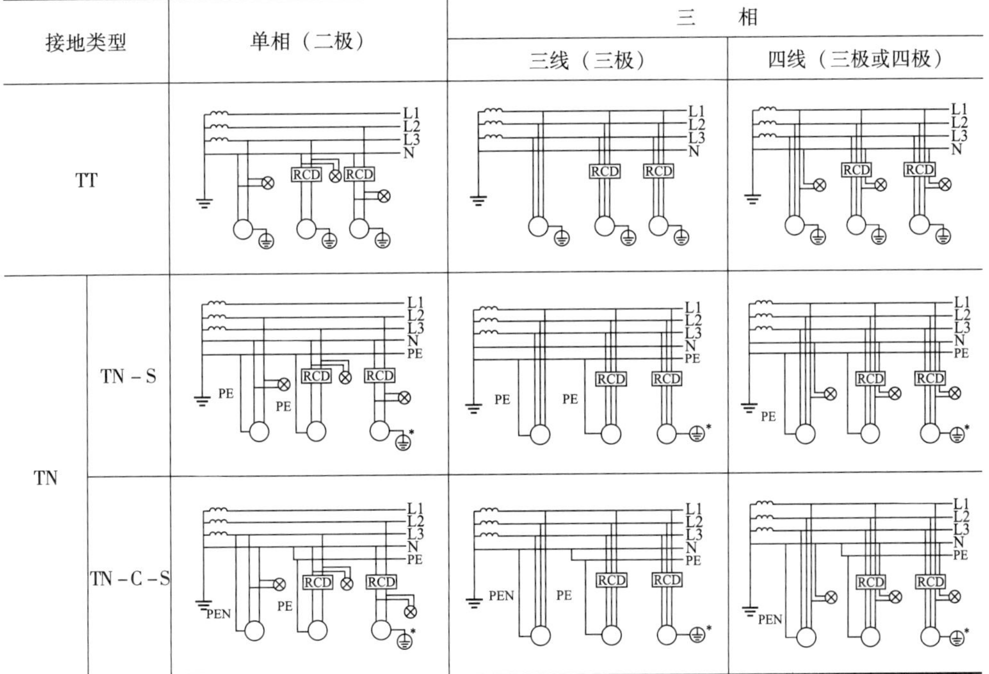

接地类型		单相（二极）	三相	
			三线（三极）	四线（三极或四极）
TT				
TN	TN－S			
	TN－C－S			

①L1、L2、L3 为相线，N 为中线性，PE 为保护线，PEN 为中性线和保护线合一，为单相或三相电气设备，⊗为单相照明设备，RCD 为剩余电流动作保护装置，⊜为不与系统中性接地点相连的单独接地装置（作保护接地用）。

②单相负载或三相负载在不同的接地保护系统接线方式图中，左侧设备未装有 RCD，中间和右侧装有 RCD。

③在 TN－C－S 系统中使用 RCD 的电气设备，其外露可导电部分的保护线应接在单独接地装置上形成局部 TT 系统，如TN－C－S系统接线方式图中的右侧设备带＊的接线方式。

④表中 TN－S 及 TN－C－S 系统，单相和三相负载接线图中的中间和右侧接线图根据现场情况绘制，可任选其中一种接地方式。

3. 对电气火灾的防护

为防止电气设备或线路因绝缘损坏形成接地故障引起电气火灾，应装设当接地故障电流超过预定值时，能发出报警信号或自动切断电源的剩余电流动作保护装置。

为防止电气火灾发生而安装剩余电流动作电气火灾监控系统时，应对建筑物内防火区域作出合理的分布设计，确定适当的控制保护范围。该电气火灾监控系统的剩余电流动作的预定值和预定动作时间，应满足与分级保护动作特性相配合的要求。

4. 分级保护

低压供电系统中，当发生人身电击事故和接地故障时，剩余电流动作保护装置动作将电源切断，形成停电。为了尽量缩小由此造成的停电范围，剩余电流动作保护装置应采用分级保护。分级保护是指在电源端、负载群首端、负载端分别装设剩余电流动作保护装置，构成两级或以上串接保护系统，且各级剩余电流动作保护装置的主回路额定电流值、剩余电流动作值与动作时间协调配合，实现具有选择性的保护。

分级保护方式的选择根据用电负载和线路的具体情况，一般可分为两级或三级保护。剩余电流动作保护装置的分级保护应以末端保护为基础。住宅和末端用电设备必须安装剩余电流动作保护装置。末端保护的上一级保护范围应根据负载分布的具体情况确定。

配电线路可根据线路具体情况，采用分级保护，以防止发生接地故障导致人身电击事故。配电线路电源端的剩余电流动作保护装置的动作特性应与线路末端保护协调配合。

企事业单位的建筑物和住宅应采用分级保护，电源端的剩余电流动作保护装置应满足防接地故障引起电气火灾的要求。网络健康水平较高、负载类型相对比较复杂的城镇配电网的分级保护方式参考模式如图 4-5所示。

5. 必须安装剩余电流动作保护装置的设备和场所

（1）末端保护的设备和场所如下：

1）属于Ⅰ类的移动式电气设备和手持式电动工具。

2）工业生产用电气设备。

3）施工工地的电气机械设备。

4）农业生产用电气设备。

5）水产品加工用电气设备。

6）安装在户外的电气装置。

7）临时用电的电气设备。

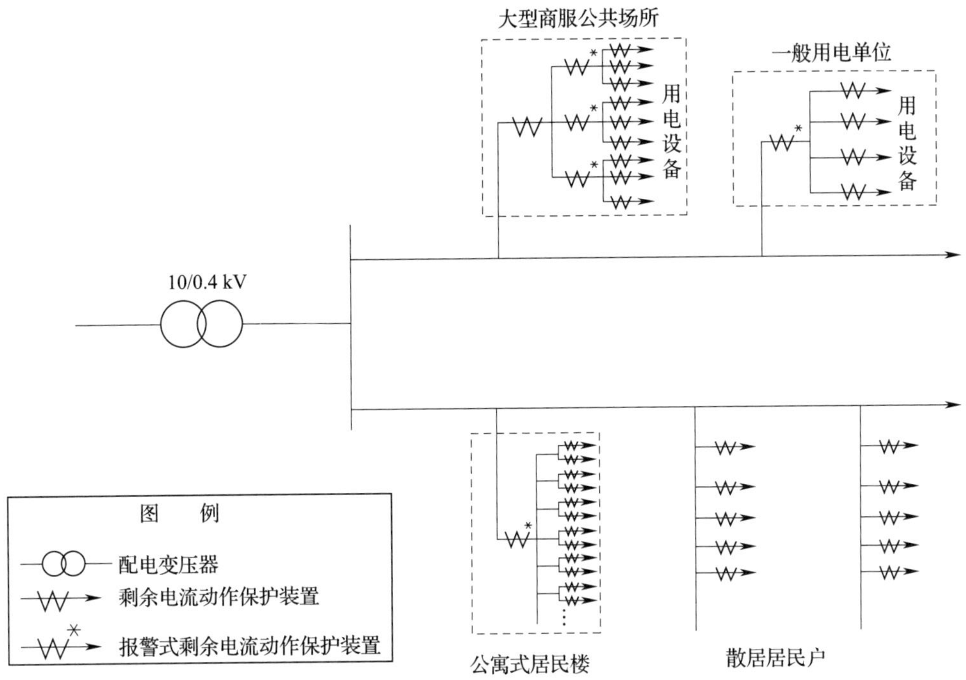

图 4-5　城镇配电网的分级保护方式参考模式

8）机关、学校、宾馆、饭店、企事业单位和住宅等除壁挂式空调电源插座外的其他电源插座或插座回路。

9）游泳池、喷水池、浴室、浴池的电气设备。

10）安装在水中的供电线路和设备。

11）医院中可能直接接触人体的医用电气设备。

12）住宅向灯具供电的交流终端回路。

13）其他需要安装剩余电流动作保护装置的场所。

（2）线路保护。低压配电线路根据具体情况采用二级或三级保护时，在总电源端、分支线首端或线路末端（农村集中安装电能表箱、农业生产设备的电源配电箱）安装剩余电流动作保护装置。

6. 可不安装剩余电流动作保护装置的情况

具备下列条件的电气设备和场所，可不安装剩余电流动作保护装置：

（1）使用特低电压供电的电气设备。

（2）一般环境情况下使用的具有双重绝缘或加强绝缘的电气设备。

（3）使用隔离变压器且二次侧为不接地系统供电的电气设备。

（4）非导电场所的电气设备。

（5）在没有间接接触电击危险场所的电气设备。

7. 报警式剩余电流动作保护装置的应用

因出现剩余电流导致电源被切断，将造成严重事故或重大经济损失的电气设备或场所，应装设不切断电源的报警式剩余电流动作保护装置。应装设报警式剩余电流动作保护装置的电气设备和场所如下：

（1）公共场所的通道照明及应急照明电源。

（2）确保公共场所安全的设备。

（3）消防设备的电源，如消防电梯、消防水泵、消防通道照明等。

（4）防盗报警装置的电源。

（5）其他不允许停电的特殊设备和场所。

为了防止人身电击事故，上述场所的负载末端保护不得采用报警式剩余电流动作保护装置。

8. 剩余电流动作保护装置的选用

选用剩余电流动作保护装置时，应首先根据保护对象的不同要求进行选型，既要保障在技术上有效，还应考虑经济上的合理性。错误的选型不仅达不到保护目的，还会造成剩余电流动作保护装置的拒动作或误动作。正确合理地选用剩余电流动作保护装置，是实施剩余电流动作保护措施的关键。

剩余电流动作保护装置的技术条件应符合有关标准的规定，并通过国家强制性产品认证。

（1）动作性能参数的选择要求如下：

1）手持式电动工具、移动电气设备、家用电器等设备应优先选用额定剩余动作电流不大于 30 mA 的一般型（无延时）剩余电流动作保护装置。

2）单台电气机械设备，可根据其容量大小选用额定剩余动作电流在 30 mA 以上、100 mA 及以下的一般型（无延时）剩余电流动作保护装置。

3）为防止接地故障电流引起电气火灾，电气线路或多台电气设备（或多用户）的电源端安装的剩余电流动作保护装置的动作电流和动作时间应按被保护线路和设备的具体情况及其泄漏电流值确定。必要时应选用动作电流可调和延时动作型剩余电流动作保护装置。

4）在采用分级保护方式时，上、下级剩余电流动作保护装置的动作时间差不得小于0.2 s。上一级剩余电流动作保护装置的极限不驱动时间应大于下一级剩余电流动作保护装置的动作时间，且时间差应尽量小。

5）选用的剩余电流动作保护装置的剩余不动作电流，应不小于被保护电气线路和电气设备正常运行时泄漏电流最大值的2倍。

6）安装在潮湿场所的电气设备应选用额定剩余动作电流为6～30 mA的一般型（无延时）剩余电流动作保护装置。

7）医院中可能直接接触人体的医用电气设备，以及安装在浴室、游泳池、水景喷水池、水上游乐园等特定区域的电气设备，应选用额定剩余动作电流为10 mA的一般型（无延时）剩余电流动作保护装置。

8）在金属物体上工作，操作手持式电动工具或使用非特低电压的行灯时，应选用额定剩余动作电流为10 mA的一般型（无延时）剩余电流动作保护装置。

9）连接室外架空线路的电气设备，可能发生冲击过电压时，可采取特殊的保护措施（如采用电涌保护器等过电压保护装置），并选用增强耐误脱扣能力的剩余电流动作保护装置。

10）对应用电子元器件较多的电气设备，电源装置故障含有脉动直流分量时，应选用A型剩余电流动作保护装置。

（2）按电气设备供电方式选择。剩余电流动作保护装置的极数、线数应根据被保护电气设备的供电方式选择。

1）单相220 V电源供电的电气设备，应优先选用二极二线制剩余电流动作保护装置。

2）三相三线制380 V电源供电的电气设备，应选用三极三线制剩余电流动作保护装置。

3）三相四线制220/380 V电源供电的电气设备，三相设备与单相设备共用的电路应选用三极四线或四极四线制剩余电流动作保护装置。

剩余电流动作保护装置的技术参数额定值应与被保护线路或设备的技术参数和安装使用的具体条件相配合。

（3）根据电气设备的工作环境条件选用。对电源电压偏差较大地区的电气设备，应优先选用动作功能与电压无关的剩余电流动作保护装置。在高温或特低温环境中的电气设备，应选用非电子型剩余电流动作保护装置。用于家用电器保护的剩余电流动作保护装置，必要时可选用满足过电压保护要求的剩余电流动作保护装置。安装在易燃、易爆、潮湿或有腐蚀性气体等恶劣环境中的剩余电流动作保护装置，应根据相关标准选用特殊防护条件的剩余电流动作保护装置，或采取相应的防护措施。

（4）其他性能的选择。剩余电流动作保护装置的额定剩余动作电流要充分考虑电气线路和电气设备的对地泄漏电流值，必要时可通过实际测量取得被保护线路或设备的对地泄漏电流。因季节性变化引起对地泄漏电流值变化时，应考虑采用动作电流可调式剩余电流动作保护装置。

（5）交流电焊机应采用专用的防电击保护装置。交流电焊机的空载输出电压为68 V左右，易使操作人员受到电击。由于交流电焊机的二次绕组与一次绕组之间靠磁路耦合，没有电的联系，即使二次侧发生电击，一次侧的剩余电流动作保护装置也不会切断电源。交流电焊机应采用在二次侧安装专用防电击保护装置的措施来达到防电击目的。

9. 剩余电流动作保护装置的安装和施工要求

剩余电流动作保护装置的安装应符合有关标准的要求，并充分考虑供电方式、供电电压、系统接地类型及保护方式。剩余电流动作保护装置的类型、额定电压、额定电流、额定分断能力、额定剩余动作电流、分断时间应满足被保护线路和电气设备的要求。

采用不带过电流保护功能，且需辅助电源的剩余电流动作保护装置时，与其配合的过电流保护元件（熔断器）应安装在剩余电流动作保护装置的负载侧。

剩余电流动作保护装置负载侧的N线，只能作为中性线，不得与其他回路共用，且不能重复接地。TN－C系统的配电线路因运行需要，N线必须重复接地时，不应将剩余电流动作保护装置作为线路电源端保护。

当电气设备装有高灵敏度剩余电流动作保护装置时，电气设备独立接地装置的接地电阻可适当放宽要求，但应满足如下关系：

$$R_A I_{\Delta n} \leqslant 50\ \text{V}$$

式中　R_A——接地装置的接地电阻和外露可导电部分的接地导体的电阻总和，Ω；

$I_{\Delta n}$——剩余电流动作保护装置的额定剩余动作电流，A。

安装剩余电流动作保护装置的电气线路或设备，在正常运行时，其泄漏电流必须控制在允许范围内，即所选用剩余电流动作保护装置的额定不动作电流应不小于电气线路和设备正常泄漏电流最大值的2倍。当电气线路或设备的泄漏电流大于允许值时，必须更换绝缘良好的电气线路或设备。

安装剩余电流动作保护装置的电动机及其他电气设备在正常运行时的绝缘电阻应不小于0.5 MΩ。

剩余电流动作保护装置标有电源侧和负载侧时，安装时必须加以区别，按照规定接线，不得反接。如果接反，会造成电子式剩余电流动作保护装置的脱扣线圈无法随电源切断而断电，将因长时间通电而烧毁。

安装剩余电流动作保护装置时，必须严格区分 N 线和 PE 线。使用三极四线制和四极四线制剩余电流动作保护装置时，N 线应接入剩余电流动作保护装置。通过剩余电流动作保护装置的 N 线不得作为 PE 线，不得重复接地或接设备外露可导电部分。PE 线不得接入剩余电流动作保护装置。

安装剩余电流动作断路器时，应按要求在电弧方向有足够的非弧距离。连接组合式剩余电流动作保护装置的控制回路时，应使用截面积不小于 1.5 mm^2 的铜导线。

剩余电流动作保护装置安装完毕后应进行检验，包括用试验按钮试验 1 次，带额定负载电流分合 1 次，均应可靠动作，确认正常后，才能投入使用。

10. 剩余电流动作保护装置的运行

（1）剩余电流动作保护装置的运行管理。为了确保剩余电流动作保护装置的正常运行，必须加强运行管理。剩余电流动作保护装置投入运行后，运行管理单位应建立相应的管理制度，并做好动作记录。

1）对使用中的剩余电流动作保护装置，应定期用试验按钮检查其动作特性是否正常。雷击活动期和用电高峰期应增加试验次数。对有故障的剩余电流动作保护装置，应立即更换。

2）用于手持式电动工具和移动式电气设备的不连续使用剩余电流动作保护装置，应在每次使用前进行试验。

3）为检验剩余电流动作保护装置在运行中的动作特性及其变化，运行管理单位应配置专用测试仪器，并应定期进行动作特性试验。动作特性试验项目包括测试剩余动作电流值、分断时间和极限不驱动时间。

4）电子式剩余电流动作保护装置，根据电子元器件有效工作寿命要求，工作年限一般为 6 年。超过规定年限应进行全面检测，根据检测结果，决定可否继续使用。

5）因各种原因停运的剩余电流动作保护装置再次使用前，应进行通电试验，检查装置的动作情况是否正常。

6）运行中的剩余电流动作保护装置动作后，应认真检查其动作原因，排除故障后再合闸送电。经检查未发现动作原因时，允许试送电一次。如果再次动作，应查明原因，找出故障，不得连续强行送电。必要时对其进行动作试验，经检查确认剩余电流动作保护装置本身发生故障时，应在最短时间内予以更换。严禁退出运行、私自撤除或强行送电。

7）剩余电流动作保护装置运行中遇有异常现象，应由专业人员进行检查处理，以免扩大事故范围。剩余电流动作保护装置损坏后，应由专业机构进行检查维护。

8）在剩余电流动作保护装置的保护范围内发生电击伤亡事故，应检查剩余电流动作保护装置的动作情况，分析未能起到保护作用的原因，在未调查前，不得拆动剩余电流动作保护装置。

9）剩余电流动作保护装置进行特性试验时，应使用经国家有关部门检测合格的专用测试设备，由专业人员进行测试。严禁采用相线直接对地短路或利用动物作为试验物的方法进行试验。

（2）剩余电流动作保护装置的误动作和拒动作分析。

1）误动作。误动作是指线路或设备未发生预期的触电或漏电时剩余电流动作保护装置产生的动作。误动作的原因主要来自两方面：一方面是剩余电流动作保护装置本身的原因，另一方面是线路的原因。

剩余电流动作保护装置本身的原因是质量问题。例如，装置在设计上存在缺陷，选用元件质量不良，装配质量差，屏蔽不良等，均会降低保护装置的稳定性和平衡性，使可靠性下降，导致误动作。

线路原因具体如下：

①接线错误。例如，剩余电流动作保护装置负载侧的零线与其他零线连接或接地，或保护装置负载侧的相线与其他支路的同相相线连接，或将负载跨接在保护装置电源侧和负载侧等。

②绝缘恶化。剩余电流动作保护装置负载侧一相或两相对地绝缘破坏，或对地绝缘不对称降低，都将产生不平衡的泄漏电流，引发误动作。

③冲击过电压。冲击过电压将产生较大的不平衡冲击泄漏电流，导致误动作。

④不同步合闸。不同步合闸时，先于其他相合闸的一相可能产生足够大的泄漏电流，引起误动作。

⑤大型设备启动。剩余电流动作保护装置的零序电流互感器平衡特性差时，在大型设备的大启动电流作用下，零序电流互感器一次绕组的漏磁可能引发误动作。

此外，偏离使用条件、制造安装质量低劣、抗干扰性能差等都可能引起误动作。

2）拒动作。拒动作是指线路或设备已发生预期的触电或漏电，而剩余电流动作保护装置却不产生预期的动作。拒动作较误动作少见，然而其带来的危险不容忽视。拒动作的原因主要如下：

①接线错误，如错将保护线接入剩余电流动作保护装置。

②动作电流选择不当，如额定剩余动作电流选择过大或整定过大。

③线路绝缘阻抗降低或线路太长，如部分电击电流经绝缘阻抗再次流经零序电流互感器返回电源。

此外，零序电流互感器二次绕组断线、脱扣元件粘连等各种各样的剩余电流动作保护装置内部故障、缺陷均可造成拒动作。

第三节　双重绝缘和加强绝缘

一、双重绝缘和加强绝缘的结构

典型的双重绝缘和加强绝缘的结构如图 4-6所示。

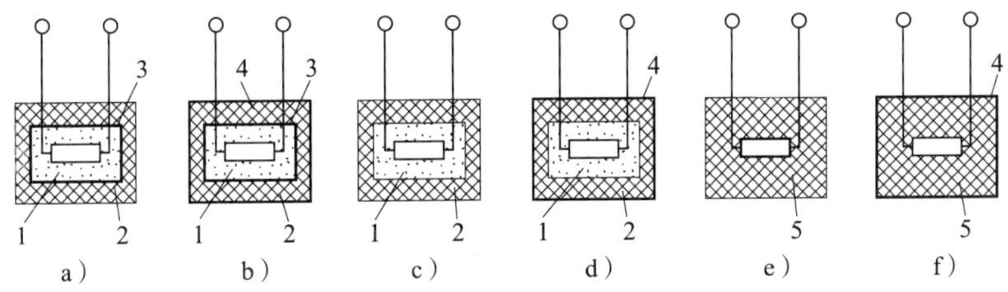

图 4-6　典型的双重绝缘和加强绝缘的结构

1—工作绝缘　2—保护绝缘　3—不可触及的金属件　4—可触及的金属件　5—加强绝缘

工作绝缘又称基本绝缘或功能绝缘，是保障电气设备正常工作和防止触电的基本绝缘，位于带电体与不可触及的金属件之间。

保护绝缘又称附加绝缘，是在工作绝缘因机械破损或击穿等失效的情况下，可防止触电的独立绝缘，位于不可触及的金属件与可触及的金属件之间。

双重绝缘是兼有工作绝缘和保护绝缘的绝缘。

加强绝缘是基本绝缘经改进，在绝缘强度和机械性能上具备了与双重绝缘同等防触电能力的单一绝缘，在构成上可以包含一层或多层绝缘材料。

具有双重绝缘和加强绝缘的设备属于Ⅱ类设备，按外壳特征分为以下 3 类：

(1) 全部绝缘外壳的Ⅱ类设备。此类设备其外壳上除了铭牌、螺钉、铆钉等小金属外，其他金属件都在连接无间断的封闭绝缘外壳内，外壳成为加强绝缘的补充或全部。

（2）全部金属外壳的Ⅱ类设备。此类设备有一个由金属材料制成的无间断的封闭外壳。其外壳与带电体之间应尽量采用双重绝缘，无法采用双重绝缘的部件可采用加强绝缘。

（3）兼有绝缘外壳和金属外壳两种特征的Ⅱ类设备。

二、双重绝缘和加强绝缘的安全条件

由于具有双重绝缘或加强绝缘，Ⅱ类设备无须再采取接地、接零等安全措施。因此，对双重绝缘和加强绝缘的设备可靠性要求较高。

1. 绝缘电阻和电气强度

绝缘电阻在直流电压为500 V的条件下进行测试，工作绝缘的绝缘电阻不得低于2 MΩ，保护绝缘的绝缘电阻不得低于5 MΩ，加强绝缘的绝缘电阻不得低于7 MΩ。

交流耐压试验的试验电压，工作绝缘为1 250 V，保护绝缘为2 500 V，加强绝缘为3 750 V。对于有可能产生谐振电压者，试验电压应比2倍谐振电压高出1 000 V。耐压持续时间为1 min。试验中不得发生闪络或击穿。

直流泄漏电流试验的试验电压，对于额定电压不超过250 V的Ⅱ类设备，应为其额定电压上限值或峰值的1.06倍。于施加电压5 s后读数。泄漏电流允许值为0.25 mA。

2. 外壳防护和机械强度

Ⅱ类设备应保障在正常工作时以及在打开门盖和拆除可拆卸部件时，人体不会触及仅由工作绝缘与带电体隔离的金属部件。其外壳上不得有易于触及上述金属部件的孔洞。

若利用绝缘外护物实现加强绝缘，则要求外护物必须用钥匙或工具才能开启，其上不得有金属件穿过，并有足够的绝缘水平和机械强度。

Ⅱ类设备应在明显位置标上作为Ⅱ类设备技术信息一部分的“回”形标志，如标在额定值标牌上。

3. 电源连接线

Ⅱ类设备的电源连接线应符合加强绝缘要求。电源插头上不得有起导电作用以外的金属件。电源连接线与外壳之间至少应有两层单独的绝缘层。

电源连接线的固定件应使用绝缘材料，如使用金属材料，应加以保护绝缘等级的绝缘。

对电源连接线截面积的要求见表4-5。

表 4-5　　对电源连接线截面积的要求

额定电流 I_N/A	电源连接线截面积/mm^2
$I_N \leq 10$	0.75
$10 < I_N \leq 13.5$	1
$13.5 < I_N \leq 16$	1.5
$16 < I_N \leq 25$	2.5
$25 < I_N \leq 32$	4
$32 < I_N \leq 40$	6
$40 < I_N \leq 63$	10

注：当额定电流在 3 A 以下、电源连接线长度在 2 m 以下时，允许截面积为 0.5 mm^2。

此外，电源连接线还应经受基于电源连接线拉力试验标准的拉力试验而不损坏。

一般场所使用的手持式电动工具应优先选用Ⅱ类设备。在潮湿场所或金属构架上工作时，除选用特低电压的工具之外，也应尽量选用Ⅱ类工具。

三、不导电环境

利用不导电的材料制成地板、墙壁等，使人员所处的场所成为一个对地绝缘水平较高的环境，这种场所称为不导电环境或非导电场所。不导电环境应符合以下安全要求：

（1）地板和墙壁每一点对地的电阻，500 V 及以下者应不小于 50 kΩ，500 V 以上者应不小于 100 kΩ。

（2）保持间距或设置屏障，确保在电气设备工作绝缘失效的情况下，人体不能同时触及不同电位的导体。

（3）为了维持不导电的特征，场所内不得设置保护零线或保护地线，并应有防止场所内高电位引出场所外和场所外低电位引入场所内的措施。

（4）场所的不导电性能应具有永久性特征，不应因受潮、设备的变动等原因使安全水平降低。

第四节　电气隔离

电气隔离防护的主要要求之一是被隔离设备或电路必须由单独的电源供电。这种单独的电源可以是一个隔离变压器，也可以是一个安全等级相当于隔离变压器的电源。通常，电气隔离是指采用电压比为 1∶1，即一次侧与二次侧电压相等的隔离变压器，实现工作回路与其他电气回路的电气隔离。

一、电气隔离安全原理

电气隔离实质上是将接地的电网转换为范围很小的不接地电网。电气隔离的安全原理如图4-7所示。从图中a、b两人的触电危险性可以看出，正常情况下，由于N线（或PEN线）直接接地，流经a的电流沿系统的工作接地和重复接地构成回路，a的危险性很大；而流经b的电流只能沿绝缘电阻和分布电容构成回路，电击的危险性减弱。

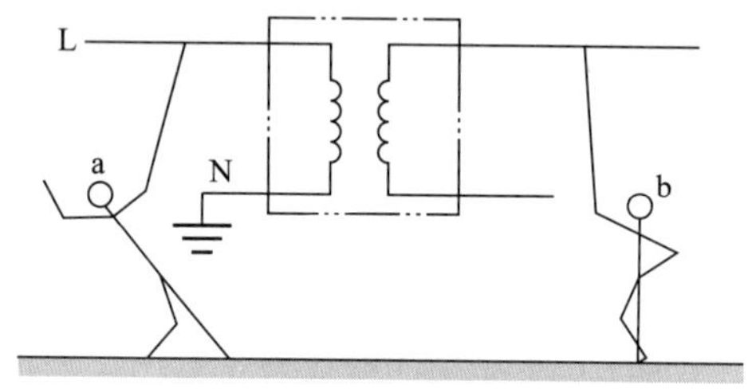

图4-7　电气隔离的安全原理

二、电气隔离的安全条件

单独的供电电源有的仅对单一设备供电，有的同时对多台设备供电。对这两种情况，从安全条件上有其通用的要求，也有各自的特殊要求。

1. 通用要求

（1）电气上隔离的回路，其电压不得超过500 V交流有效值。

（2）电气上隔离的回路必须由隔离的电源供电。使用隔离变压器供电时，隔离变压器必须具有加强绝缘的结构，其温升和绝缘电阻要求与安全隔离变压器相同。最大容量单相变压器不得超过25 kV·A，三相变压器不得超过40 kV·A。

（3）被隔离回路的带电部分保持独立，严禁与其他电气回路、保护导体或大地有任何电气连接。应有防止被隔离回路故障接地及窜连其他电气回路的措施。

（4）软电线电缆中易受机械损伤的部分，其全长均应是可见的。

（5）被隔离回路应尽量采用独立的布线系统。

（6）隔离变压器的二次侧线路电压过高或线路过长都会降低回路对地绝缘水平。因此，必须限制二次侧电压和二次侧线路长度，按照规定，电压与长度的乘积应不超过100 000 V·m。此时，布线系统的长度应不超过200 m。

2. 特殊要求

（1）对单一电气设备隔离的补充要求。当实行电气隔离的为单一电气设备时，设备的外露可导电部分严禁与系统或装置中的保护导体或其他回路的外露可导电部分连接，以防止从隔离回路以外引入故障电压。若设备的外露可导电部分易于与其他回路的外露可导电部分接触，则触电防护就不应再依赖于电气隔离，而必须采取电击防护措施，如实行以外露可导电部分接地为条件的自动切断电源的防护。

（2）对多台电气设备隔离的补充要求如下：

1）当实行电气隔离的为多台电气设备时，必须用绝缘和不接地的等电位联结导体相互连接。如图4-8所示，如果没有等电位联结线（图中的虚线），当隔离回路中两台相距较近的设备发生不同相线的碰壳故障时，这两台设备的外壳将带有不同的对地电压。当有人同时触及这两台设备时，其承受的接触电压为线电压，具有相当大的危险性。还须注意，等电位联结导体严禁与其他回路的保护导体、外露可导电部分或任何可导电部分连接。

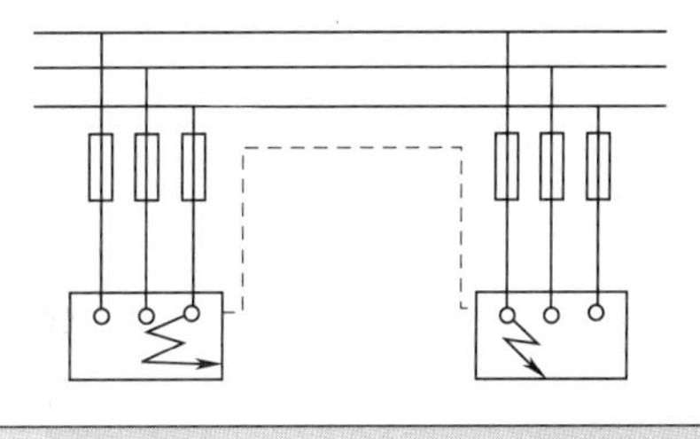

图4-8 电气隔离的等电位联结

2）回路中所有插座必须带有供等电位联结用的专用插孔。

3）除为Ⅱ类设备供电的软电缆之外，所有软电缆都必须包含一根用于等电位联结的保护芯线。

4）设置自动切断供电的保护装置，当隔离回路中的两台设备发生不同相线的碰壳故障时，按规定的时间自动切断故障回路的供电。

本章小结

1. 兼防直接接触电击和间接接触电击的防护措施主要有特低电压、剩余电流动作保护、双重绝缘及加强绝缘等。

2. 特低电压和剩余电流动作保护的保护原理本质上都是将作用于人体的电流

能量限制到没有危险的程度。不同之处在于：前者的着眼点在于对带电部分的电压值进行限制，后者的着眼点在于对作用于人体的电流强度和作用时间进行限制。

3. 双重绝缘和加强绝缘是在基本绝缘的直接接触电击防护基础上，通过结构上附加绝缘或绝缘的强化，使之具备间接接触电击防护功能。

4. 电气隔离实质上是将接地的电网转换为范围很小的不接地电网，从而使电击的危险性得到有效抑制。

复习思考题

1. 兼防直接接触电击和间接接触电击的措施主要有哪些？
2. 简述特低电压保护原理。
3. 特低电压限值是指什么？国家标准对 15 ~ 100 Hz 交流电压限值是如何规定的？
4. 特低电压额定值是指什么？国家标准对特低电压额定值是如何规定的？
5. 可以作为 SELV 和 PELV 安全电源的电气装置主要有哪些？
6. 试说明什么是剩余电流。
7. 简要阐述电子式剩余电流动作保护装置的组成和工作原理。
8. 剩余电流动作保护装置的主要参数有哪些？分别反映装置的什么性能？
9. 为什么剩余电流动作保护装置的保护并不包括对相与相、相与中性线间形成的直接接触电击事故的防护？
10. 哪些设备和场所必须安装剩余电流动作保护装置？
11. 哪些电气装置或场所应装设不切断电源的报警式剩余电流动作保护装置？
12. 简要分析剩余电流动作保护装置产生误动作的原因。
13. 试说明双重绝缘和加强绝缘的结构和安全条件。
14. 简要阐述不导电环境的概念和安全要求。
15. 试阐述电气隔离的安全原理及其安全条件。

第五章　电气线路安全

本章学习目标

1. 了解电气线路的种类，熟悉电气线路结构。
2. 熟悉电气线路常见故障及其防护措施。
3. 掌握电气线路安全基本要求和导线截面选择与校核。

电气线路一般可分为电力线路和控制线路。前者主要任务是完成电能的输送与分配；后者主要任务是传递各种信号，实现计量、监控和保护等功能。本章所称电气线路主要指电力线路。

第一节　电气线路的种类和特点

电气线路种类的划分方法有很多，按电压等级可以分为高压线路、低压线路，按导线绝缘状况可分为裸导线线路、绝缘导线线路，按使用性质等可分为母线、干线和支线，按敷设地点可以分为户外线路、室内线路等。本节按架空线路、电缆线路和室内配电线路分类并分别进行介绍。

一、架空线路

凡是用绝缘子和杆塔将导线架设于地面上的电气线路都属于架空线路。架空线路造价低，机动性强，便于检修。但是，架空线路妨碍交通，影响市容，易受空气中杂质的污染；且架空线路碰撞或过分接近树木及其他高大设施或构件，易发生电击、短路等事故。

架空线路的组成包括导线、杆塔、横担、基础与拉线、绝缘子、金具和避雷线等。架空线路的结构如图5-1所示。

1. 导线

导线是线路的主体，应具有良好的导电能力、机械强度以及耐腐蚀性等环境适应能力。架空线路导线多采用钢心绞线、硬铜绞线、硬铝绞线和铝合金绞线。因为铝导线易受碱性和酸性物质的侵蚀，所以腐蚀性强烈的场所应采用铜导线。厂区内（特别是户内、有火灾爆炸危险的环境等）的低压架空线路宜采用绝缘导线。

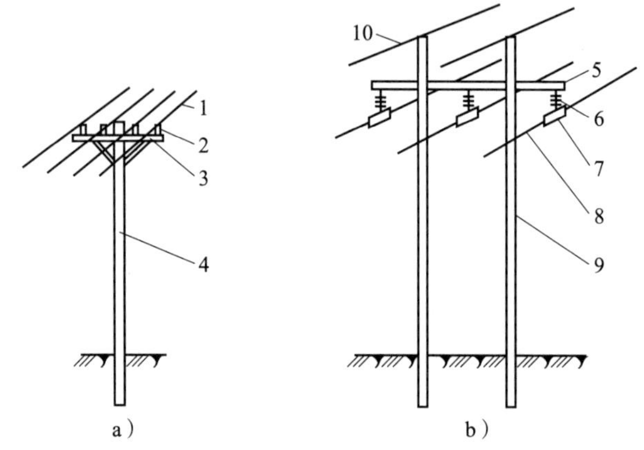

图5-1 架空线路的结构

a）低压架空线路 b）高压架空线路

1—低压导线 2—针式绝缘子 3、5—横担 4—低压电杆 6—绝缘子串 7—线夹 8—高压导线 9—高压电杆 10—避雷线

2. 杆塔

杆塔的作用是支撑导线及其附件，杆塔应具有足够的机械强度和抗侵（腐）蚀能力。杆塔有木电杆、钢筋混凝土电杆和铁塔之分。根据国家木材政策，木电杆已很少使用。钢筋混凝土电杆因经久耐用，受气候影响小，不易被侵（腐）蚀，维护简单，应用最为广泛。杆塔按其在线路中的功能，可分为直线杆塔、耐张杆塔、跨越杆塔、转角杆塔、分支杆塔、终端杆塔等。

（1）直线杆塔。直线杆塔位于线路的直线段上，用来支撑导线。正常运行时，杆塔承受导线、绝缘子、横担与金具的自重以及冰雪重和侧向风力，不承受线路方向的拉力。

（2）耐张杆塔。耐张杆塔位于线路直线段上的几个直线杆塔之间，其作用是限制线路发生断线、倒杆事故时的影响范围。这种杆塔能承受邻档导线拉力差引起的导线拉力。两耐张杆塔之间的线路称为一个耐张段，其间距离称为耐张档距。

（3）跨越杆塔。跨越杆塔位于线路跨越铁路、公路、河流等处，是高大、加强的耐张型杆塔。

（4）转角杆塔。转角杆塔位于线路改变方向的地方，根据转角大小的不同，分为耐张型杆塔和直线型杆塔，能承受两侧导线的合力。

（5）分支杆塔。分支杆塔位于线路的分支处，在主线路方向上可采用直线型杆塔或耐张型杆塔，在分线路方向上须采用耐张型杆塔。

（6）终端杆塔。终端杆塔位于导线的首端和终端，在正常运行的情况下，杆塔除承受导线的垂直荷重和水平风力外，还须承受单侧线路方向全部导线的拉力。

3. 横担

横担安装在杆塔的上部，用来固定绝缘子及支撑导线，并由绝缘子的位置确定导线间的距离。常用的横担有木横担、铁横担和瓷横担。木横担具有良好的防雷性能，但易腐蚀。铁横担坚固耐用，但防雷性能不好，且易腐蚀。木横担、铁横担在使用时应作防腐、防锈处理。瓷横担是绝缘子与普通横担的组合体，结构简单，安装方便，电气绝缘性能较好，但瓷横担较脆，机械强度略差。高压线路上的瓷横担如图 5-2所示。

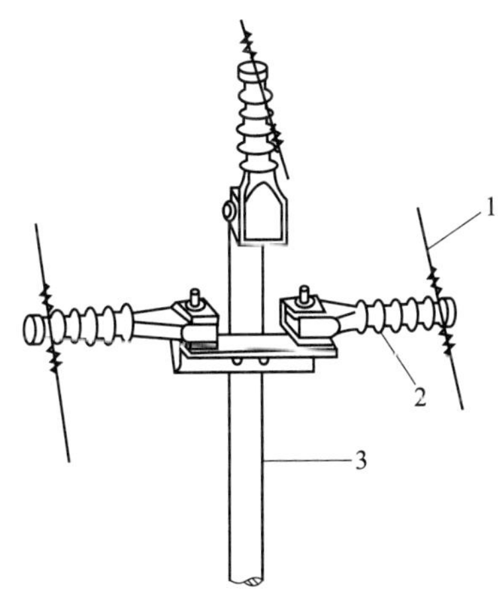

图 5-2　高压线路上的瓷横担

1—高压导线　2—瓷横担绝缘子　3—直线杆塔

4. 基础与拉线

基础与拉线的作用是平衡架空线路各方面的作用力，防止杆塔倾倒，保持杆塔的稳定性。对耐张杆塔、转角杆塔、分支杆塔、终端杆塔等，应安装拉线。拉线结构如图5-3所示。

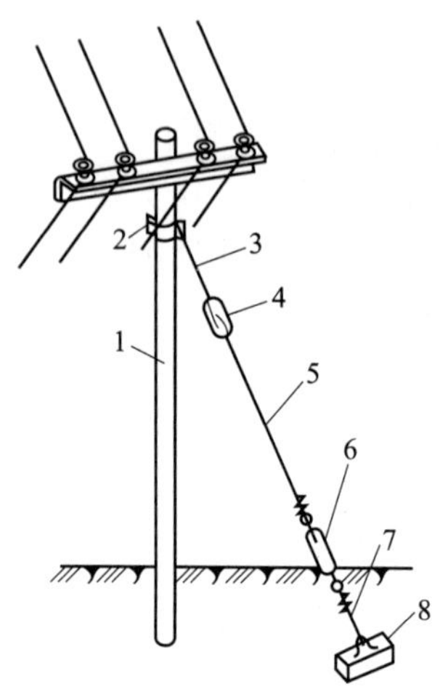

图5-3　拉线结构

1—杆塔　2—拉线抱箍　3—上把　4—拉线绝缘子
5—腰把　6—花篮螺丝　7—底把　8—拉线底盘

5. 绝缘子

绝缘子的作用是支撑、悬挂导线并使之与杆塔保持绝缘，绝缘子应具有良好的绝缘性能和足够的机械强度。企业供配电线路多采用针式绝缘子、蝶式绝缘子、悬式绝缘子、瓷横担绝缘子和拉紧绝缘子等。为确保电气线路安全运行，不应采用有裂纹、破损或表面有斑痕的绝缘子。部分绝缘子的外形如图5-4所示。

6. 金具和避雷线

金具是用来固定或悬挂导线、安装横担和绝缘子、紧固和张紧拉线的金属附件，包括线夹、挂环、挂板、横担支撑、抱箍、垫铁、拉板以及各类螺纹连接器件等。

在高压架空线路上，为改善线路耐雷水平，预防线路雷电危害，一般均要架设避雷线。避雷线应具有足够的机械强度和耐腐蚀性能。目前多采用镀锌钢绞线架设。

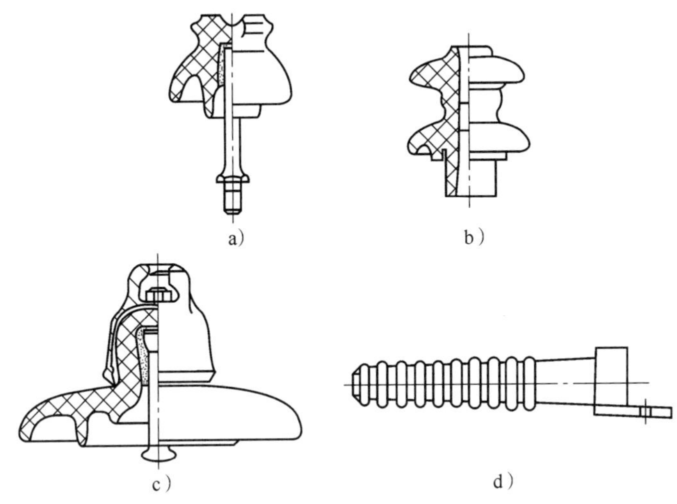

图 5-4　部分绝缘子的外形

a）针式　b）蝶式　c）悬式　d）瓷横担

7. 架空线路的技术参数

（1）档距（跨距）。同一线路上相邻两杆塔中心线间的距离称为档距，如图 5-5所示。10 kV 及以下城区线路的档距一般为 40 ~ 50 m。

（2）线间距离。同杆导线的线间距离与线路电压等级、档距大小等因素有关。10 kV 及以下高压线路，最小线间距离为 0.6 ~ 0.65 m；低压线路的最小线间距离为 0.3 ~ 0.4 m。但靠近杆塔的两导线间的水平距离，应不小于 0.5 m。

（3）弧垂（弛度）。如图 5-5a）所示，对平地，架空导线最低点与两端杆塔上导线悬挂点间的垂直距离称为弧垂。其大小要根据档距、导线型号与截面积、导线所受拉力及气温等条件决定，需要时可查有关手册。弧垂不能过大或过小。弧垂过大，可能造成导线对地或对其他物体安全距离不够，而且导线摆动时容易导致碰线；弧垂过小，导线内应力过大，可能造成断线或倒杆事故。

对于坡地，用最大弧垂和最小弧垂表示弧垂情况，如图 5-5b）所示。

（4）导线与地面的最小距离。在居民区，10 kV 及以下高压线路与地面或水面的最小距离为 6.5 m，低压线路与地面或水面的最小距离为 6 m。

架空线路导线与拉线、杆塔或构架间的净空距离，高压引下线与低压线间距离，交叉跨越距离等应符合电气线路设计技术规程要求。

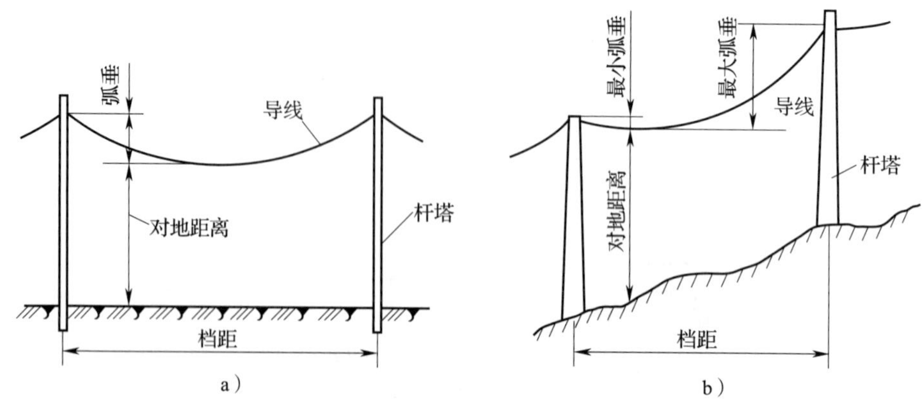

图 5-5　架空线路的档距和弧垂
a）平地　b）坡地

二、电缆线路

在城市建设和现代化企业中，电缆线路得到了普遍的应用。特别是在有腐蚀性、存在易燃易爆气体或蒸气以及潮湿的场所，电缆线路应用最为广泛。电缆线路主要由电力电缆、终端头和中间接头 3 个部分组成。与架空线路相比，电缆线路除不妨碍交通外，不影响市容，更重要的是供电可靠，不受外界影响，不易因雷击、风害、冰雪等自然灾害导致故障。但是，电缆线路的造价高，不便分支，施工和维修难度大。

1. 电力电缆

电力电缆分为油浸纸绝缘电缆、聚氯乙烯绝缘电缆和交联聚乙烯绝缘电缆。此外，在低压配电系统中还广泛应用橡胶绝缘电缆。电缆主要由导电芯线、绝缘层和保护层组成。油浸纸绝缘电缆结构如图 5-6所示。

（1）导电芯线。导电芯线分铜芯和铝芯两种，为增加其挠性，多采用绞线，其截面形状有圆形、半圆形、椭圆形和扇形等。导电芯线的数量有单芯、两芯、三芯、四芯和五芯不等。

（2）绝缘层。电缆绝缘层分相绝缘和统包绝缘两种，导电芯线外是相绝缘，在相绝缘之外是统包绝缘。绝缘层所用材料有绝缘油浸渍纸、聚氯乙烯、交联聚乙烯、橡胶等。

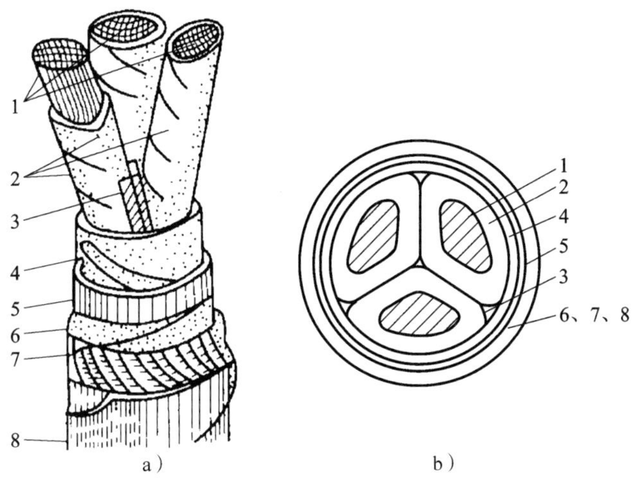

图 5-6 油浸纸绝缘电缆结构

a）结构图 b）断面图

1—芯线 2—芯线绝缘层 3—填充物 4—统包绝缘层 5—密封护套 6—纸带 7—钢带内衬 8—钢带铠装

（3）保护层。保护层分内护层和外护层，具有密封保护层是电缆区别于绝缘导线的标志。内护层保护统包绝缘免受潮湿和轻度机械损伤以及防止绝缘浸渍剂漏流，分铅包、铝包、聚氯乙烯护套、交联聚乙烯护套、橡套等多种；外护层保护内护层免受机械损伤和化学侵蚀，外护层包括黄麻衬垫、钢铠、防腐层等。

电缆线路可采用电缆沟或电缆隧道中敷设、电缆桥架敷设、吊挂敷设、排管敷设等，也可按规程的要求直接埋入地下。电缆直接埋在地下的敷设方式，施工简便，散热良好，但检修、更换不方便，不能可靠地防止外力损伤，而且电缆外护层易受土壤中酸、碱物质的腐蚀。

2. 电缆头

电缆头是电缆线路与电气设备或线路连接的专有部件，电缆终端头用于电缆线路与电气设备或其他线路的连接，电缆中间接头用于电缆线路与电缆线路的连接。电缆头制作工艺复杂，分户外、户内两大类。电缆终端头有铸铁外壳型、瓷外壳型、环氧树脂型、干包型和热缩型等，电缆中间接头有环氧树脂型、热缩型、塑料盒型和铅包型等。环氧树脂终端头成形工艺简单，与电缆金属护套有较强的结合力，有较好的绝缘性能和密封性能，应用较为普遍；热缩型电缆头制作工艺较简便，性能也好，应用越来越多。干包电缆终端头如图 5-7所示，10 kV 油浸纸绝缘电缆热缩式中间接头如图 5-8所示。

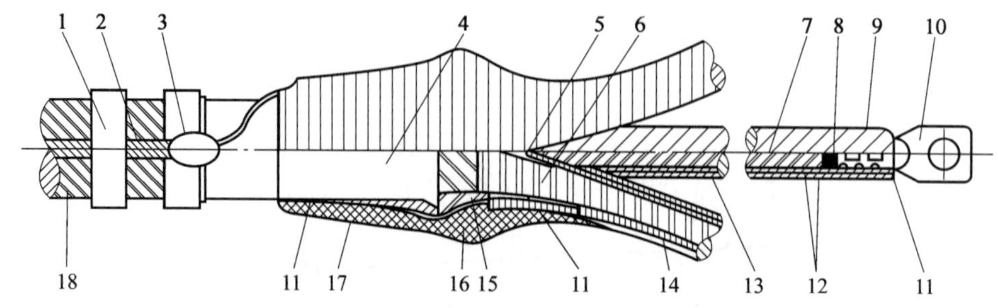

图 5-7　干包电缆终端头

1—电缆钢带卡子　2—接地线　3—接地线焊点　4—电缆铅包　5—环氧—聚酰胺腻子　6—线芯绝缘　7—塑料管　8—导线线芯　9—压坑内填以环氧—聚酰胺腻子　10—接线端子　11—尼龙绳绑扎　12—聚氯乙烯带　13—黄蜡带加固层　14—相包塑料胶粘带　15—聚氯乙烯带内包层　16—外包层　17—聚氯乙烯软套　18—电缆钢带

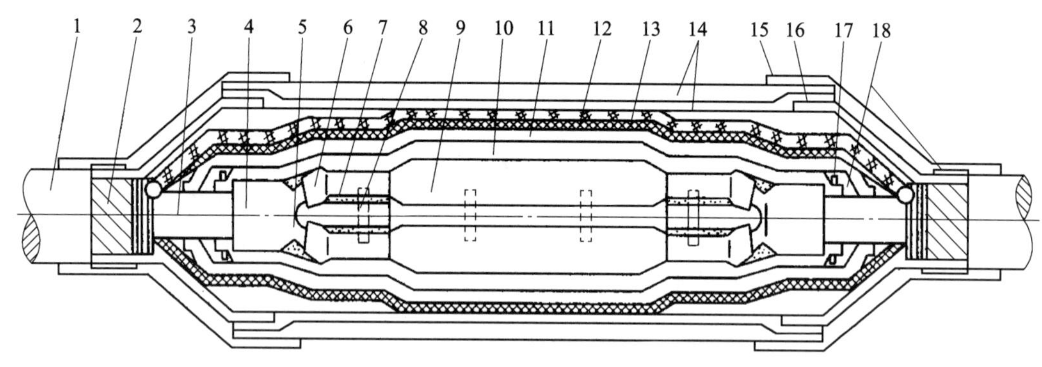

图 5-8　10 kV 油浸纸绝缘电缆热缩式中间接头

1—外护层　2—铠装　3—铅包　4—隔油分支套　5—耐油填充胶　6—隔油管　7—油膏　8—三角支架　9—外隔油管　10—隔油护套　11—半导电护套　12—铜网　13—地线　14—金属护套管　15—端护套管　16—端金属套筒　17—卡子　18—自粘带

电缆终端头和中间接头是整个电缆线路最薄弱的环节，约有 70% 的电缆线路故障发生在终端头和中间接头，可见其安全运行对减少和防止事故发生有着十分重要的意义。

三、室内配电线路

室内配电线路主要指低压开关柜至车间动力配电箱、车间主动力配电箱至各分动力配电箱、动力配电箱至各用电设备之间的线路。室内配电线路种类繁多，其配线方式应根据环境条件、负载特征、建筑要求等因素确定。

1. 绝缘导线线路

芯线外包以绝缘材料的导线称为绝缘导线，按绝缘材料分为橡胶绝缘导线和塑料绝缘导线，按芯线导电材料分为铜芯绝缘导线和铝芯绝缘导线，按芯线结构分为单股和多股绞线，按芯线外有无保护层分为无护套绝缘导线和有护套绝缘导线。

绝缘导线的敷设方式分为明敷和暗敷两种。导线敷设于墙壁、桁架（梁）或天花板等的表面称为明敷，导线穿管埋设在墙内、地坪内或装设在顶棚里称为暗敷。

（1）直敷布线。在美观要求不高、不易触及的干燥场所，当导线截面不大于 6 mm^2 时，可以采用护套绝缘导线直接敷设。布线的固定点间距应不大于 300 mm。垂直敷设时，低于 1.8 m 的部分应穿管保护。

（2）瓷（塑料）夹、鼓形绝缘子和针式绝缘子布线。这种方式是沿墙壁、桁架（梁）或天花板明敷。瓷（塑料）夹布线适用于用电量较小、不易触及和干燥的场所，导线截面在 10 mm^2 以下；鼓形绝缘子布线适用于用电量略大的干燥或潮湿场所，导线截面在 25 mm^2 以下；针式绝缘子布线适用于用电量较大，且线路较长或潮湿的场所。

（3）槽板布线。槽板布线适用于用电量小，有一定美观要求的干燥场所或易触及的场所，导线截面一般在 6 mm^2 以下。

（4）穿管布线。穿管布线有明敷和暗敷之分，穿线用管有钢管和塑料管两种。钢管适用于具有火灾爆炸危险、易受机械损伤的场所，但不宜用于具有严重腐蚀性的场所；塑料管除不能用于高温、有火灾爆炸危险和对塑料有腐蚀的场所外，其他场所均可采用。

（5）钢索配线。钢索配线是以横跨在车间墙壁或构架之间的钢索为依托，直接吊装护套绝缘导线或用绝缘子吊装绝缘导线的明敷布线方式，可用于无特殊要求的一般场所。

2. 裸导线线路

室内裸导线线路主要是母线或干线，通常采用硬母线，其截面形状有圆形、矩形和管形等。实际应用中，相线以 LMY 型硬铝母线最为普遍，滑触线采用铜母线，接地（接零）保护干线采用扁钢带。在现代化的生产车间，相线大多数采用封闭式母线，其优点是安全、灵活、美观，缺点是结构复杂，耗用金属较多，投资较大。

各种配线方式的适用范围见表 5-1。

表 5-1　　各种配线方式的适用范围

导线类别			护套线	绝缘线						裸导线
敷设方式			直敷	瓷、塑料夹板	鼓形绝缘子	针式绝缘子	焊接钢管	电线管	硬塑料管	绝缘子明设
环境特征	干燥	生产用	○	○	○	○	○	○	+	○
		生活用	○	○	○	+	○	○	+	×
	潮湿		+	×	−	○	○	+	○	+
	特别潮湿		×	×	−	○	+	×	○	−
	高温		×	×	○	○	○	○	×	○
	振动		−	×	○	○	○	○	−	○②
	多尘		+	×	−	+	○	○	○	+
	腐蚀		+	×	×	+	+①	×	○	−
	爆炸性粉尘环境	20 区	×	×	×	×	○	×	×	×
		21 区	×	×	×	×	○	×	×	×
		22 区	×	×	×	×	○	×	×	−
	爆炸性气体环境	0 区	×	×	×	×	○	×	×	×
		1 区	×	×	×	×	○	×	×	×
		2 区	×	×	×	×	○	×	×	−

注：“○”表示推荐采用，“+”表示可以采用，“−”表示建议不采用，“×”表示不允许采用。

①钢管镀锌并刷防腐漆。

②不宜用铝导线（因其韧性差，受振动易断），应当采用多股铜绞线，连接使用接线头。

第二节　电气线路常见故障

电气线路故障可能导致触电、火灾、停电等多种事故。下面对电气线路的常见故障作简要分析。

一、架空线路故障

架空线路敞露在户外，易受气候和环境条件的影响。雷击、大雾、大风、雨雪、高温、严寒、洪水、灰尘与纤维和异物等都会从不同的方面对架空线路造成威胁。常见的架空线路故障有倒杆、断线、污闪、接地、相间短路等。

当杆塔基础锈蚀、腐朽或风力等外力超过线路杆塔的稳定度或机械强度时，就会使杆塔歪倒或损坏。这种事故一般会导致断线、接地、相间短路等线路故障。此外，大风还可能引起导线间、导线与避雷线的短路以及接地故障。

雨水会造成架空线路的停电事故和倒杆事故。毛毛细雨能使脏污的绝缘子发生闪络，从而引起短路或接地故障，造成停电事故；倾盆大雨可能造成山洪暴发而冲倒杆塔，也可能形成基础侵蚀，降低杆塔的稳定度，进而造成倒杆。

雷电击中线路时，有可能使绝缘子发生闪络或击穿，导致短路或接地故障。雷电直接作用于导线可能导致断线。

导线、避雷线覆冰时，将加重导线和杆塔的机械负载，一方面使导线弧垂增大，造成对地安全距离不足，严重时可能导致接地故障；另一方面可能导致断线，严重时杆塔也会受到影响。同时，当覆冰脱落时，又会使导线、避雷线发生跳动，有引起导线间、导线与避雷线短路或接地的可能。

高温季节，气温升高，导线弧垂加大，易发生导线间短路或接地故障；严冬季节，气温下降，导线弧垂减小，承担不了过大的张力而被拉断。

周围环境对架空线路安全运行的影响，视环境的不同而不同。例如，化工厂或沿海区域的线路容易发生污闪，河道附近的线路易遭受冲刷，路边和采石厂附近的线路易受外力的破坏等。

季节和环境是密切相关的。例如，化工区的线路常在大雾季节或雨雪季节发生故障，河道附近的线路在汛期会受到洪水的损害。

生产排出的烟尘和其他有害气体会使厂矿架空线路绝缘子的绝缘水平显著降低，当空气湿度较大时，容易发生闪络事故；在木电杆线路上，因绝缘子表面脏污，泄漏电流增大，会引起木电杆、木横担燃烧事故。有些氧化作用很强的气体会腐蚀金属杆塔、导线、避雷线和金具。

此外，鸟类在横担上筑巢，人们在线路附近放风筝、向空中抛物以及线路附近有高大树木等，都可能造成线路短路或接地故障。

架空线路的事故虽然大部分是由自然灾害造成的，但这些事故并非是不可避免的。对于正确设计和施工的线路，只要严格贯彻执行有关运行、检修规程，切实做好日常的巡视、维护和检修工作，架空线路的安全运行就会有可靠的保障。

为保障架空线路正常运行，应针对各种可能发生的事故采取相应的预防性措施。

污闪事故是由绝缘子表面脏污引起的。绝缘子表面污物的性质不同，对线路绝缘水平的影响也不同。一般的灰尘容易被雨水冲洗掉，对绝缘性能的影响不大。但是，化工、水泥、冶炼等厂矿排放出来的烟尘对绝缘子危害极大。煤尘的主要成分是二氧化硅和二氧化硫，水泥厂排放的飞尘主要成分是二氧化硅和氧化钙，沿海地区绝缘子表面的污物主要是氯化钠。这些物质都会降低绝缘子的绝缘水平，且空气越潮湿，危害越严重。加强绝缘子清扫，增加绝缘子片数以及加大爬电距离，采用地蜡、石蜡、有机硅等防尘性涂料，以及加强巡视、测试和维修，都有利于预防污闪事故。

雷电会给架空线路的安全运行带来很大的威胁。为了提高线路的耐雷水平，防止雷击事故，可以装设避雷线或避雷针以防止导线直接遭受雷击；可以安装避雷器，防止雷电侵入波的危害；可以配置自动重合闸装置，防止雷击闪络或其他放电造成的停电事故；可以在中性点装设消弧线圈，以减轻雷击或其他原因造成单相接地的危险。

架空线路还会因洪水、大风、冰雪等原因造成事故。为了防洪，汛期应加强巡视检查。必要时，在杆塔周围打防洪桩，提高杆塔的稳定性。为了防止风害，应加固杆塔，加强巡视检查和测试，调整导线的弧垂，修剪线路附近的树木，清除周围的杂物等。为了防止覆冰事故，应加强对气候变化的观察，如已经覆冰，可采用通电加热或机械办法予以除冰。

二、电缆线路故障

就故障现象而言，电缆故障包括机械损伤、铅皮（铝皮）龟裂及胀裂、终端头污闪、终端头或中间接头爆炸、绝缘击穿、金属护套腐蚀穿孔等。

就事故原因而言，电缆故障包括外力破坏、化学腐蚀或电解腐蚀、雷击、水淹、虫害、施工措施不当、运行维护不当等几类。

应当指出，这些因素往往是互相联系、互相影响的。例如，电缆长时间过负载运行或散热不良，造成铅皮龟裂，并由此引起绝缘浸水，可能发生绝缘击穿或中间接头爆炸等事故。

电缆常见故障和预防措施如下：

（1）外力破坏导致的事故占电缆事故的50%，为了防止这类事故，应加强对横穿河流、道路的电缆线路和塔架上电缆线路的巡视和检查。在电缆线路附近开挖地面时，应采取有效的安全措施；对于施工中已挖开的电缆，应加以保护。

（2）由于管理不善或施工不良，电缆在运输、敷设过程中可能受到机械损伤。运行中的电缆，特别是直埋电缆，可能因地面施工受到机械损伤。对此，应加强管理，保障敷设质量，做好标记，保存好施工资料，严格执行破土动工制度等。

（3）电缆虫害最多见的是白蚁。白蚁可造成铅、铝皮穿孔，从而导致绝缘受潮而击穿。为此，电缆四周可喷洒防蚁、灭蚁的化学药剂。老鼠等小动物啮咬也会使电缆受到损伤，对此也应采取适当的防护措施。

（4）施工、制作质量差或弯曲、扭转等机械力的作用可能导致电缆终端头漏油。对此，应严格施工，保障质量，并加强巡视。

（5）由于质量不高、检查不严、安装不良（如过分弯曲、过分密集等）、环境条件太差（如环境温度过高等）、运行不当（如过负载、过电压等），运行中的电缆可能发生绝缘击穿，铅皮可能发生疲劳、龟裂、胀裂等损伤。对此，除针对以上原因采取措施外，还应加强巡视，发现问题及时处理。

（6）为了防止电缆终端头污闪事故，对运行中的电缆，应当用专用绝缘工具予以清扫，并在终端头套管上涂以防污涂料。在存在污物的地区，可以采用电压等级高一级的终端头。

（7）由于地下杂散电流和非中性物质的作用，电缆的金属铠装或铅、铝皮可能受到化学腐蚀或电化学腐蚀。化学腐蚀是由土壤中酸、碱、氯化物、有机体腐烂物、炼铁炉灰渣等杂物造成的，电化学腐蚀则是由直流机车及其他直流装置经大地流通的电流造成的。为了防止化学腐蚀，可将电缆穿在防腐的管道中敷设。对于运行中的电缆，除应定期挖开泥土查看电缆外，还应对土壤作化学分析。为了防止电化学腐蚀，应提高直流机车轨道与大地之间的绝缘，以限制直流泄漏电流。电缆与直流机车轨道平行时，其间距离不得小于2 m，或者电缆穿绝缘管敷设；电缆与地下大金属物件接近时，也应采取绝缘措施。为了防止电化学腐蚀，运行中电缆铠装的电位不得超过1 V。

（8）浸水、导体连接不好、制作不良、超负载运行，以及污闪等原因均可能导致电缆终端头或中间接头爆炸。对此，亦应针对不同原因采取适当措施，并加强检查和维修。

（9）过热是电气线路的常见故障，线路过热可能是多种原因造成的。例如，线路过载、接触不良、线路散热条件被破坏、运行环境温度过高、短路（包括金属性短路和非金属性短路）、严重漏电、电动机过于频繁启动等不安全状态均可能导致线路过热。对此，应加强运行监视，严格控制电缆的负载电流和电缆温度。

第三节　电气线路安全条件

电气线路应满足供电可靠、运行维护管理方便及经济的要求，更应满足各项安全要求。本节主要介绍安全要求。电气线路在敷设条件下的绝缘性能、导电能力、机械强度、动稳定性、热稳定性以及防触电安全等方面的要求，对于保障电气线路的安全运行是十分必要的。

一、导电能力

电气线路的导电能力可以用发热、电压损失和热稳定性三方面因素进行描述。

1. 发热

由于导线材料存在电阻，当导线中有电流通过时就会发热。为保障导体和绝缘材料性能稳定，对各种导线的最高运行温度都有一定的限制。对于裸线，为防止接头氧化，最高运行温度为 70 ℃；对于橡胶绝缘导线和塑料绝缘导线，为防止绝缘老化，最高运行温度分别为 65 ℃和 70 ℃；对于电缆，为防止绝缘老化和热胀冷缩形成气泡，1 kV 及以下的铅包或铝包电缆最高运行温度为 80 ℃，聚氯乙烯电缆最高运行温度为 65 ℃。

导线的安全载流量取决于导体材料、导体截面、绝缘材料、环境温度、安装方式等因素。根据稳定状态下发热与散热相平衡的原则，可求得导线的安全载流量（允许通过电流）I_{al}为

$$I_{al}=\sqrt{\frac{KF\ (\theta_2-\theta_1)}{R_{\theta_2}}} \tag{5-1}$$

式中 I_{al}——安全载流量，A；

K——散热系数，W/（cm^2·℃）；

F——散热面积，cm^2；

θ_2——导线允许最高发热温度，℃；

θ_1——环境温度，℃；

R_{θ_2}——导线温度为 θ_2 时导体的电阻，Ω。

但是，由于散热系数难以确定，式（5-1）往往不能用于实际计算。

实际应用中，通常采用试验的方法确定导线在设定条件下允许通过的最大电流，称作允许载流量。在电气线路设计时，利用允许载流量选择导体截面，称作按允许载流量选择导线，也称作按发热条件选择导线。常用导线的允许载流量见表5-2至表5-6。

表 5-2　　橡胶绝缘导线穿钢管敷设的允许载流量（$\theta_2=65$ ℃）

截面积/mm^2		二根芯线允许载流量/A				管径/mm		三根芯线允许载流量/A				管径/mm		四根芯线允许载流量/A				管径/mm	
		25℃	30℃	35℃	40℃	G	DG	25℃	30℃	35℃	40℃	G	DG	25℃	30℃	35℃	40℃	G	DG
BLX、BLXF	2.5	21	19	18	16	15	20	19	17	16	15	15	20	16	14	13	12	20	25
	4	28	26	24	22	20	25	25	23	21	19	20	26	23	21	19	18	20	25
	6	37	34	32	29	20	25	34	31	29	26	20	25	30	29	25	23	20	25
	10	52	48	44	41	25	32	46	43	39	36	25	32	40	37	34	31	25	32
	16	66	61	57	52	25	32	58	55	51	46	32	32	52	48	44	41	32	40
	25	86	80	74	68	32	40	76	71	65	50	32	40	68	63	58	53	40	(50)
	35	106	99	91	83	32	40	94	87	81	74	32	(50)	83	77	71	65	40	(50)
	50	133	124	115	105	40	(50)	118	110	102	93	50	(50)	105	98	90	83	50	—
	70	165	154	143	130	50	(50)	150	140	129	118	50	(50)	133	124	115	105	70	—
	95	200	187	173	158	70	—	180	168	155	142	70	—	160	149	138	126	70	—
	120	230	215	198	181	70	—	210	196	181	166	70	—	190	177	164	150	70	—
	150	260	243	224	205	70	—	240	224	207	180	70	—	220	205	190	174	80	—
	185	295	275	255	233	80	—	270	252	233	213	80	—	250	233	216	197	80	—
BX、BXF	1.0	15	14	12	11	15	20	14	13	12	11	15	20	12	11	10	9	15	20
	1.5	20	18	17	15	15	20	18	16	15	14	15	20	17	15	14	13	20	25
	2.5	28	26	24	22	15	20	25	23	21	19	15	20	23	21	19	18	20	25
	4	37	34	32	29	20	25	33	30	28	26	20	25	30	28	25	23	20	25
	6	49	45	42	38	20	25	43	40	37	34	20	25	39	36	33	30	20	25
	10	68	63	58	53	25	32	60	56	51	47	25	32	53	49	45	41	25	32
	16	68	80	74	68	25	32	77	71	66	60	32	32	69	64	59	54	32	40
	25	113	105	97	89	32	40	100	93	86	79	32	40	90	84	77	71	40	(50)
	35	140	130	121	110	32	40	122	114	105	96	32	(50)	110	102	95	87	40	(50)
	50	175	163	151	138	40	(50)	154	143	133	121	50	(50)	137	128	118	108	50	—
	70	215	201	185	170	50	(50)	193	180	166	152	50	(50)	173	161	149	136	70	—
	95	260	243	224	205	70	—	235	219	203	185	70	—	210	196	181	166	70	—
	120	300	280	259	237	70	—	270	252	233	213	70	—	245	229	211	193	70	—
	150	340	317	294	268	70	—	310	289	268	245	70	—	280	261	242	221	80	—
	185	385	359	333	304	80	—	355	331	307	280	80	—	320	299	276	253	80	

①表中 BLX 指铝芯橡胶绝缘导线，BLXF 指铝芯氯丁橡胶绝缘导线，BX 指铜芯橡胶绝缘导线，BXF 指铜芯氯丁橡胶绝缘导线。

②目前 BXF 铜芯线只生产≤95 mm^2 规格。

③表中代号 G 为焊接钢管（又称水煤气钢管），管径指内径；DG 为电线管，管径指外径。

④括号中管径为 50 mm 电线管，管壁较薄，弯管时容易破裂，一般不选用。

表 5-3　　　　橡胶绝缘导线穿硬塑料管敷设的允许载流量（$\theta_2=65$ ℃）

截面积/mm²		二根芯线允许载流量/A				管径/mm	三根芯线允许载流量/A				管径/mm	四根芯线允许载流量/A				管径/mm
		25℃	30℃	35℃	40℃		25℃	30℃	35℃	40℃		25℃	30℃	35℃	40℃	
BLX、BLXF	2.5	19	17	16	15	15	17	15	14	13	15	15	14	12	11	20
	4	25	23	21	19	20	23	21	19	18	20	20	18	17	15	20
	6	33	30	28	26	20	29	27	25	22	20	26	24	22	20	25
	10	44	41	38	34	25	40	37	34	31	25	35	32	30	27	32
	16	58	54	50	45	32	52	48	44	41	32	46	43	39	36	32
	25	77	71	66	60	32	63	63	58	53	32	60	56	51	47	40
	35	95	88	82	75	40	84	78	72	66	40	74	69	64	58	40
	50	120	112	103	94	40	108	100	93	85	50	95	88	82	75	50
	70	153	143	132	121	50	135	126	116	106	50	120	112	103	94	50
	95	184	172	159	145	50	165	154	142	130	65	150	140	129	118	65
	120	210	196	181	166	65	190	177	164	150	65	170	158	147	134	80
	150	250	233	216	197	65	227	212	196	170	65	205	191	177	162	80
	185	282	263	243	233	80	255	238	220	201	80	232	216	200	183	100
BX、BXF	1.0	13	12	11	10	15	12	11	10	9	15	11	10	9	8	15
	1.5	17	15	14	13	15	16	14	13	12	15	14	13	12	11	20
	2.5	25	23	21	19	15	22	20	19	17	15	20	18	17	15	20
	4	33	30	28	26	20	30	28	25	23	20	26	24	22	20	20
	6	43	40	37	34	20	38	35	32	30	20	34	31	29	26	25
	10	59	55	51	46	25	52	48	44	41	25	46	43	39	36	32
	16	76	71	65	60	32	68	63	58	53	32	60	56	51	47	32
	25	100	93	86	79	32	90	84	77	71	32	80	74	69	63	40
	35	125	116	108	98	40	110	102	95	87	40	98	91	84	77	40
	50	160	149	138	126	40	140	130	121	110	50	123	115	106	97	50
	70	195	182	168	154	50	175	163	151	138	50	155	144	134	122	50
	95	240	224	207	189	50	215	201	185	170	65	195	182	168	154	65
	120	278	259	240	219	65	250	233	216	197	65	227	212	196	179	80
	150	320	299	276	253	65	290	271	250	229	65	265	247	229	209	80
	185	360	336	311	284	80	330	303	285	261	80	300	280	259	237	100

①表中 BLX 指铝芯橡胶绝缘导线，BLXF 指铝芯氯丁橡胶绝缘导线，BX 指铜芯橡胶绝缘导线，BXF 指铜芯氯丁橡胶绝缘导线。

②目前 BXF 铜芯线只生产≤95 mm² 规格。

③硬塑料管采用轻型管，管径指内径。

表 5-4　　聚氯乙烯绝缘导线穿钢管敷设的允许载流量（$\theta_2=65$ ℃）

截面积/mm^2		二根芯线允许载流量/A				管径/mm		三根芯线允许载流量/A				管径/mm		四根芯线允许载流量/A				管径/mm	
		25℃	30℃	35℃	40℃	G	DG	25℃	30℃	35℃	40℃	G	DG	25℃	30℃	35℃	40℃	G	DG
BLV	2.5	20	18	17	15	15	15	18	16	15	14	15	15	15	14	12	11	15	15
	4	27	25	23	21	15	15	24	22	20	18	15	15	22	20	19	17	15	20
	6	35	32	30	27	15	20	32	29	27	25	15	20	28	26	24	22	20	25
	10	49	45	42	38	20	25	44	41	38	34	20	25	38	35	32	30	25	25
	16	63	58	54	40	25	25	56	52	48	44	25	32	50	46	43	39	25	32
	25	80	74	69	63	25	32	70	65	60	55	32	32	65	60	50	51	32	40
	35	100	93	86	79	32	40	90	84	77	71	32	40	80	74	69	63	32	(50)
	50	125	116	108	98	32	50	110	102	95	87	40	(50)	100	93	86	79	50	(50)
	70	155	144	134	122	50	50	143	133	123	113	50	(50)	127	119	109	199	50	—
	95	190	177	164	150	50	(50)	170	155	147	134	50	—	152	142	131	122	70	—
	120	226	205	190	174	50	(50)	195	182	168	154	50	—	172	160	148	138	70	—
	150	250	233	216	197	70	(50)	225	210	194	177	70	—	200	187	173	158	70	—
	185	285	266	246	225	70	—	255	238	220	201	70	—	230	215	198	181	80	—
BV	1.0	14	13	12	11	15	15	13	12	11	10	15	15	11	10	9	8	15	15
	1.5	19	17	16	15	15	15	17	15	14	13	15	15	16	14	13	12	15	15
	2.5	26	24	22	20	15	15	24	22	20	18	15	15	22	20	19	17	15	15
	4	35	32	30	27	15	15	31	28	26	24	15	15	28	26	24	22	15	20
	6	47	43	40	37	15	20	41	38	35	32	15	20	37	34	32	29	20	25
	10	65	60	56	51	20	25	57	53	49	45	20	25	50	46	43	39	25	25
	16	82	76	70	64	25	25	73	68	63	57	25	32	65	60	56	51	25	32
	25	107	100	92	84	25	32	93	88	83	75	32	32	85	79	73	67	32	40
	35	133	124	115	105	32	40	115	107	99	90	32	40	105	98	90	83	32	(50)
	50	165	154	142	130	32	(50)	146	136	126	115	40	(50)	130	121	112	102	50	(50)
	70	205	191	177	162	50	(50)	183	171	158	144	50	(50)	165	154	142	130	50	—
	95	250	233	216	197	50	(50)	225	210	194	177	50	—	200	187	173	158	70	—
	120	290	271	250	220	50	(50)	260	243	224	205	50	—	230	215	198	181	70	—
	150	339	308	285	261	70	(50)	300	280	259	237	70	—	263	247	229	209	70	—
	185	380	355	328	300	70	—	340	317	294	268	70	—	300	280	259	237	80	—

①表中 BLV 指铝芯聚氯乙烯绝缘导线，BV 指铜芯聚氯乙烯绝缘导线。

②表中代号 G 为焊接钢管（又称水煤气钢管），管径指内径；DG 为电线管，管径指外径。

③括号中管径为 50 mm 电线管，管壁较薄，弯管时容易破裂，一般不选用。

表 5-5　聚氯乙烯绝缘导线穿硬塑料管敷设的允许载流量（$\theta_2=65$ ℃）

截面积/mm²		二根芯线允许载流量/A				管径/mm	三根芯线允许载流量/A				管径/mm	四根芯线允许载流量/A				管径/mm
		25℃	30℃	35℃	40℃		25℃	30℃	35℃	40℃		25℃	30℃	35℃	40℃	
BLV	2.5	18	16	15	14	15	16	14	13	12	15	14	13	12	11	20
	4	24	22	20	18	20	22	20	19	17	20	19	17	16	15	20
	6	31	28	26	24	20	27	25	23	21	20	25	23	21	19	25
	10	42	39	36	33	25	38	35	32	30	25	33	30	28	26	32
	16	55	51	47	43	32	49	45	42	38	32	44	41	38	34	32
	25	73	68	63	57	32	65	60	56	51	40	57	53	49	45	40
	35	90	84	77	71	40	80	74	69	63	40	70	65	60	55	50
	50	114	106	98	90	50	102	95	88	80	50	90	84	77	71	63
	70	145	135	125	114	50	130	121	112	102	50	115	107	99	90	63
	95	175	163	151	138	63	158	147	136	124	63	140	130	121	110	75
	120	200	187	173	158	63	180	168	155	142	63	160	149	138	126	75
	150	230	219	198	181	75	207	193	179	163	75	185	172	160	146	75
	185	265	247	229	209	75	235	219	203	185	75	212	198	183	167	90
BV	1.0	12	11	10	9	15	11	10	9	8	15	10	9	8	7	15
	1.5	16	14	13	12	15	15	14	12	11	15	13	12	11	10	15
	2.5	24	22	20	18	15	21	19	18	16	15	19	17	16	15	20
	4	31	28	26	24	20	28	26	24	22	20	25	23	21	18	20
	6	41	38	35	32	20	36	33	31	28	20	32	29	27	25	25
	10	56	52	48	44	25	49	45	42	38	25	44	41	38	34	32
	16	72	67	62	56	32	65	60	56	51	32	57	53	49	45	32
	25	95	88	82	75	32	85	79	73	67	40	75	70	64	59	40
	35	120	112	103	94	40	105	98	90	83	40	93	86	80	73	50
	50	150	140	129	118	50	132	123	114	104	50	117	109	101	92	63
	70	185	172	160	140	50	167	156	144	130	50	148	138	128	117	63
	95	230	215	198	181	63	205	191	177	163	63	185	172	160	146	75
	120	270	252	233	213	63	240	224	207	189	63	215	201	185	172	75
	150	305	285	263	241	75	275	257	237	217	75	250	233	216	197	75
	185	355	331	307	280	75	310	289	263	245	75	280	261	242	221	90

①表中 BLV 指铝芯聚氯乙烯绝缘导线，BV 指铜芯聚氯乙烯绝缘导线。

②硬塑料管采用轻型管，管径指内径。

表 5-6 塑料绝缘软线、塑料护套线明敷的允许载流量（$\theta_2=65$ ℃）

截面积/mm^2		单根芯线允许载流量/A				二根芯线允许载流量/A				三根芯线允许载流量/A			
		25℃	30℃	35℃	40℃	25℃	30℃	35℃	40℃	25℃	30℃	35℃	40℃
BLVV	2.5	25	23	21	19	20	18	17	15	16	14	13	12
	4	34	31	29	26	26	24	22	20	22	20	19	17
	6	43	40	37	34	33	30	28	26	25	23	21	19
	10	59	55	51	46	51	47	44	40	40	37	34	31
RV、BV、RVS、BVV	0.12	5	4.5	4	3.5	4	3.5	3	3	3	2.5	2.5	2
	0.2	7	6.5	6	5.5	4.5	5	4.5	4	4	3.5	3	3
	0.3	9	8	7.5	7	7	6.5	6	5.5	5	4.5	4	3.5
	0.4	11	10	9.5	8.5	8.5	7.5	7	6.5	6	5.5	5	4.5
	0.5	12.5	11.5	10.5	9.5	9.5	8.5	8	7.5	7	6.5	6	5.5
	0.75	16	14.5	13.5	12.5	12.5	11.5	10.5	9.5	9	8	7.5	7
	1.0	19	17	16	15	15	14	12	11	11	10	9	8
	1.5	24	22	21	18	19	17	16	15	14	13	12	11
	2.0	28	26	24	22	22	20	19	17	17	15	14	13
	2.5	32	29	27	25	26	24	22	20	20	18	17	15
	4	42	39	36	33	36	33	31	28	26	24	22	20
	6	55	51	47	43	47	43	40	37	43	29	27	25
	10	75	70	64	59	65	60	56	51	52	48	44	41

注：表中 BLVV 指铝芯聚氯乙烯绝缘氯乙烯护套圆形导线，RV 指铜芯聚氯乙烯绝缘软线，BV 指铜芯聚氯乙烯绝缘导线，RVS 指铜芯聚氯乙烯绝缘绞型连接用软线，BVV 指铜芯聚乙烯绝缘聚氯乙烯绝缘软线。

如电气线路实际运行环境温度不同于规定的数值，则允许载流量应按式（5-2）修正：

$$I'_{al}=\sqrt{\frac{\theta_2-\theta'_1}{\theta_2-\theta_1}}\times I_{al} \tag{5-2}$$

式中 I'_{al}——修正后的安全载流量，A；

θ_2——导线允许最高发热温度，℃；

θ_1——试验环境温度，℃；

θ'_1——实际环境温度，℃。

电气线路按发热条件确定导体截面的准则是

$$I_{30}\leqslant I'_{al} \tag{5-3}$$

式中 I_{30}——电气线路稳定工作载流量，A；

I'_{al}——修正后的安全载流量，A。

2. 电压损失

在电力系统中，由于损耗的存在，通过电气线路输送到负载端点的实际电压并不等于电网的额定电压，其实际电压与额定电压的差值称为电气线路的电压损失。电压损失通常用百分数表述。为保障用电设备安全运行，电气线路的电压损失必须得到控制，一般动力线路电压损失不得超过±5%，照明线路电压损失不得超过±10%。

（1）电压损失计算。式（5-4）是电压损失的一般表达式。

$$\Delta U=\frac{U-U_N}{U_N}\times 100\% \tag{5-4}$$

式中 ΔU——导线电压损失；

U——线路末端实际电压；

U_N——电网额定电压。

对图5-9所示的简单线路，相电压损失为

$$\Delta U_p=U_A-U_B\approx I\ (r\cos\varphi+x\sin\varphi)\ =\frac{p_p r}{U_B}+\frac{q_p x}{U_B} \tag{5-5}$$

式中 ΔU_p——该相电压损失；

p_p——该相有功功率；

q_p——该相无功功率；

r——线路电阻；

x——线路电抗；

φ——负载端功率因数角。

线电压损失为

$$\Delta U=\sqrt{3}\,\Delta U_p=\frac{\sqrt{3}p_p}{U_B}r+\frac{\sqrt{3}q_p}{U_B}x=\frac{P}{U_B}r+\frac{Q}{U_B}x \tag{5-6}$$

式中 U_N——负载端额定线电压；

P——三相有功功率；

Q——三相无功功率。

由于电压损失较小，在计算误差可接受情况下，用 U_N 替代 U_B，则相电压和线电压的电压损失为

$$\Delta U_p=\frac{100}{U_N^2}\ (p_p r+q_p x)\% \tag{5-7}$$

$$\Delta U=\frac{100}{U_N^2}\ (Pr+Qx)\% \tag{5-8}$$

对于图 5-10 所示的多段线路，电压损失按叠加原理计算，即

$$\Delta U = \Delta U_1 + \Delta U_2 + \cdots + \Delta U_n$$

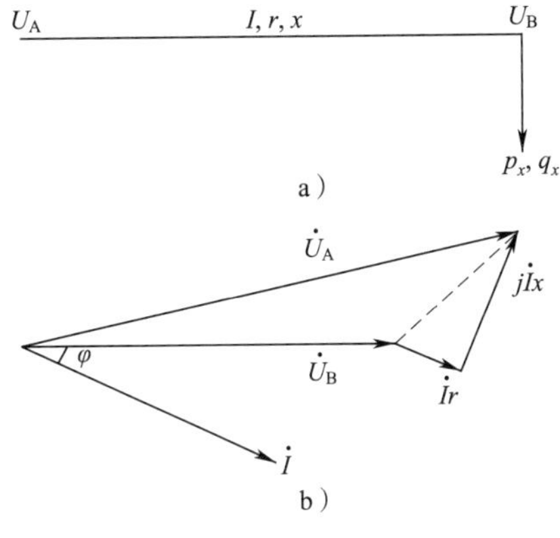

图 5-9　简单线路电压损失计算

a）电路图　b）相量

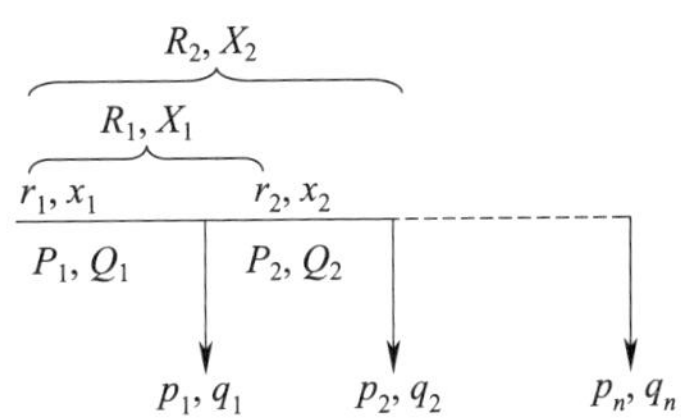

图 5-10　分段线路电压损失计算

经过展开和整理，可求得电压损失为

$$\Delta U = \frac{100}{U_N^2}\left(\sum_{i=1}^{n} P_i r_i + \sum_{i=1}^{n} Q_i x_i\right)\% = \frac{100}{U_N^2}\left(\sum_{i=1}^{n} p_i R_i + \sum_{i=1}^{n} q_i X_i\right)\% \tag{5-9}$$

（2）按允许电压损失计算导线的截面积。线路电压损失可看作电阻上的电压损失 ΔU_r 和电抗上电压损失 ΔU_x 两部分之和，即

$$\Delta U = \Delta U_r + \Delta U_x \tag{5-10}$$

显然，

$$\Delta U_r = \frac{r_0 \sum_{i=1}^{n} P_i l_i}{U_N} \tag{5-11}$$

$$\Delta U_x = \frac{x_0 \sum_{i=1}^{n} Q_i l_i}{U_N} \tag{5-12}$$

因为 $r_0 = \rho/S$，所以 ΔU 除取决于有功功率、线路长度等因素外，还取决于导线材料和截面积。对于铜线和铝线，x_0 与导线截面积关系不大，而且有一定的范围。例如，明敷设圆导线的，电抗多为 0.3 ~ 0.4 Ω/km；矩形截面导体的，电抗多在 0.2 Ω/km 左右；低压电缆，电抗多为 0.050 ~ 0.084 Ω/km 等。因此，在无功功率和线路长度确定的情况下，ΔU_x 可视为已知数。

如果给定允许的电压损失ΔU_{al}，对于同一截面的线路，根据 $\Delta U_r = \Delta U_{al} - \Delta U_x$，可求得导线的截面积为

$$S = \frac{\rho}{(\Delta U_{al} - \Delta U_x)} \times \frac{\sum_{i=1}^{n} P_i l_i}{U_N} \tag{5-13}$$

对于两段不同材料、不同截面的导线，应有 $\Delta U_r = \Delta U_{r1} + \Delta U_{r2} = \Delta U_{al} - \Delta U_x$。因为

$$\Delta U_{r1} = \frac{r_{01} P_1 l_1}{U_N} = \frac{\rho P_1 l_1}{S_1 U_N}$$

$$\Delta U_{r2} = \frac{r_{02} P_2 l_2}{U_N} = \frac{\rho P_2 l_2}{S_2 U_N}$$

可求得

$$S_1 = \frac{\rho P_1 l_1}{\Delta U_{r1} U_N} \tag{5-14}$$

$$S_2 = \frac{\rho P_2 l_2}{(\Delta U_{al} - \Delta U_{r1})\ U_N} \tag{5-15}$$

那么，全部导线所耗用有色金属的体积为

$$V = S_1 l_1 + S_2 l_2 = \frac{\rho P_1 l_1^2}{\Delta U_{r1} U_N} + \frac{\rho P_2 l_2^2}{(\Delta U_{al} - \Delta U_{r1})\ U_N} \tag{5-16}$$

将式（5-16）对ΔU_{r1}求导数，并令$\frac{\partial V}{\partial(\Delta U_{r1})} = 0$，可得

$$\frac{S_2}{S_1} = \sqrt{\frac{P_2}{P_1}} \tag{5-17}$$

应用这一关系，可求得

$$\Delta U_r = \frac{\rho P_1 l_1}{S_1 U_N} + \frac{\rho P_2 l_2}{S_2 U_N} = \frac{\rho \sqrt{P_1}}{S_1 U_N}\ (\sqrt{P_1} l_1 + \sqrt{P_2} l_2) \tag{5-18}$$

显然，可由式（5-18）求出 S_1，继而由式（5-17）求得 S_2。

对于一般情况，即对于多段不同截面的导线，可求得第 i 段和第 k 段的截面积分别为

$$S_i = \frac{\rho \sqrt{P_i}}{\Delta U_x U_N} \sum_{i=1}^{n} \sqrt{P_i} l_i \tag{5-19}$$

$$S_k = S_i \sqrt{\frac{P_k}{P_i}} \tag{5-20}$$

在实际应用中，多数情况下会依据发热条件选择导线，然后进行电压损失校验。

3. 热稳定性

电气线路导体的截面应能承受短路电流的热作用而不被破坏，即保持足够的热稳定性。为此，导体最小截面积为

$$S_{min} \geqslant \frac{I_d}{C}\sqrt{t} \tag{5-21}$$

式中 S_{min}——导线芯线最小截面积，mm^2；

I_d——可预期最大短路电流有效值，A；

t——短路电流可能持续的时间，s；

C——热稳定系数，按表5-7确定。

表5-7 热稳定系数

导体种类和材料	短路时导体允许最高温度 θ_{dmax}/℃	导体长期允许工作温度 θ/℃	热稳定系数 C
铝母线及导线、硬铝及铝镁合金	200	70	87
硬铜母线及导线	300	70	171
钢母线（不与电器直接连接）	400	70	70
钢母线（与电器直接连接）	300	70	63
10 kV 铝芯油浸纸绝缘电缆	200	60	95
10 kV 铜芯油浸纸绝缘电缆	220	60	165
6 kV 铝芯油浸纸绝缘电缆及10 kV 铝芯不滴流电缆	200	65	90
6 kV 铜芯油浸纸绝缘电缆及10 kV 铜芯不滴流电缆	220	65	150
3 kV 以下铝芯绝缘电缆	200	80	—
3 kV 以下铜芯绝缘电缆	250	80	
铝芯交联聚乙烯绝缘电缆	200	90	80
铜芯交联聚乙烯绝缘电缆	230	90	135
铝芯聚氯乙烯绝缘电缆	130	65	65
铜芯聚氯乙烯绝缘电缆	130	65	100

二、机械强度

电气线路的机械强度应当足以承受自重、温度变化的热应力、短路时的电磁作用力以及风雪、覆冰产生的应力。按照供电电压和用户的重要程度，架空线路可分

为3级，见表5-8。

表5-8　架空线路的等级

架空线路的等级	架空电力线路	
	额定电压/kV	电力用户级别
Ⅰ	>110	所有等级
	35~110	一级和二级
Ⅱ	35~110	三级
	1~20	所有等级
Ⅲ	≤1	所有等级

根据机械强度的要求，不同等级架空线路的最小截面积见表5-9。

表5-9　不同等级架空线路的最小截面积

导线结构	导线材料	线路等级		
		Ⅰ	Ⅱ	Ⅲ
单股线	铜	不允许	10 mm²	6 mm²
	青铜		ϕ3.5 mm	ϕ2.5 mm
	钢		ϕ3.5 mm	ϕ2.75 mm
	铝及其合金		不允许	10 mm²
多股线	铜	16 mm²	10 mm²	6 mm²
	青铜	16 mm²	10 mm²	6 mm²
	钢	16 mm²	10 mm²	6 mm²
	铝及其合金	25 mm²	16 mm²	16 mm²

固定敷设的导线芯线最小截面积见表5-10。

表5-10　固定敷设的导线芯线最小截面积

用途及敷设方式		导线芯线最小截面积/mm²		
		铜芯软线	铜线	铝线
照明用灯头线	屋内	0.4	1	2.5
	屋外	1	1	2.5
移动式用电设备	生活用	0.75	—	—
	生产用	1	—	—

续表

用途及敷设方式		导线芯线最小截面积/mm²		
		铜芯软线	铜线	铝线
架设在绝缘支持件上的绝缘导线其支持点间距	2 m 及以下，屋内	—	1	2.5
	2 m 及以下，屋外	—	1.5	2.5
	6 m 及以下	—	2.5	4
	15 m 及以下	—	4	6
	25 m 及以下	—	6	10
穿管敷设的绝缘导线		1	1	2.5
塑料护套线沿墙明敷设		—	1	2.5

三、线路防护

各种线路对酸、碱、盐、温度、湿度、灰尘、火灾和爆炸等外界因素应有足够的防护能力。为此，不同环境中导线和电缆及其敷设方式的选择可按表 5-11 进行。

表 5-11　不同环境中导线和电缆及其敷设方式选择

环境特征	线路敷设方式	常用电线、电缆型号
正常干燥环境	绝缘线瓷珠、瓷夹板或铝皮卡子明配线	BBLX、BLV、BLVV
	绝缘线、裸线绝缘子明配线	BBLX、BLV、LJ、LMJ
	绝缘线穿管明敷或暗敷	BBLX、BLX
	电缆明敷或沿电缆沟敷设	ZLL、ZLL11、VLV、YJV、XLV、ZLQ
潮湿和特别潮湿的环境	绝缘线瓷瓶明配线（高度 >3.5 m）	BBLX、BLV
	绝缘线穿塑料管、钢管明敷或暗敷	BBLX、BLV
	电缆明敷	ZLL11、VLV、YJV、XLV
多尘环境（不包括火灾及爆炸危险粉尘环境）	绝缘线瓷珠、瓷瓶明配线	BBLX、BLV、BLVV
	绝缘线穿钢管明敷或暗敷	BBLX、BLV
	电缆明敷或沿电缆沟敷设	ZLL、ZLL11、VLV、YJV、XLV、ZLQ
有腐蚀性的环境	绝缘线瓷珠、瓷瓶配线	BLV、BLVV
	绝缘线穿塑料管明敷或暗敷	BLVV、BLV、BV
	电缆明敷	VLV、YJV、ZLL11、XLV

续表

环境特征	线路敷设方式	常用电线、电缆型号
火灾危险环境	绝缘线瓷瓶明配线	BBLX、BLV
	绝缘线穿钢管明敷或暗敷	BBLX、BLV
	电缆明敷或沿电缆沟敷设	ZLL、ZLQ、VLV、YJV、XLV、XLHF
爆炸危险环境	绝缘线穿钢管明敷或暗敷	BBV、BV
	电缆明敷	ZL20、ZQ20、VV20
户外配线	绝缘线、裸线绝缘子明配线	BBLF、BLV－1、LJ
	绝缘线穿钢管沿外墙明敷	BBLF、BBLX、BLV
	电缆埋地	ZLL11、ZLQ2、VLV、VLV－2、YJV、VJV2

由表5-11可知，特别潮湿环境应采用硬塑料管配线或针式绝缘子配线，高温环境应采用电线管或焊接钢管配线、针式绝缘子配线，多尘（非爆炸性粉尘）环境应采用各种管配线，腐蚀性环境应采用硬塑料管配线，爆炸危险环境应采用焊接钢管配线等。

四、导线连接

导线的接头是电气线路的最薄弱环节，常常是发生故障的地方。接头接触不良或松脱会增大接触电阻，使接头过热而烧毁，还可能产生火花，严重的会酿成火灾和触电事故。因此，接头务必牢固、紧密，接头的机械强度应不低于导线机械强度的80%，接头的绝缘强度应不低于导线的绝缘强度，接头部位的电阻不得大于原线段电阻的1.2倍。工作中，应当尽可能减少导线的接头，接头过多的导线不宜使用。对于可移动线路的接头，更应当特别注意。

特别是铜导体与铝导体的连接，如没有采用铜铝过渡段，经过一段时间使用之后，接头很容易松动。接头松动的原因如下：

（1）铝导体在空气中数秒即能形成厚3～6 μm的高电阻氧化膜。氧化膜将大幅度提高接触电阻，使连接部位发热，达到危险温度。接触电阻过大还会造成回路阻抗增加，减小短路电流，延长短路保护装置的动作时间，甚至阻碍短路保护装置动作。

（2）铜和铝的线胀系数不同，铜的线胀系数为$1.68\times10^{-5}℃^{-1}$，铝的线胀系数为$2.32\times10^{-5}℃^{-1}$，即铝的线胀系数较铜的大38%，发热时铝端子体积增大而本身受到挤压，冷却后不能完全复原。经多次反复后，连接处逐渐松弛，接触电阻增加。如果连接处出现微小缝隙，则空气进入，将导致铝导体表面氧化，接触电阻大大增加；如果连接处的缝隙进入水分，将导致铝导体电化学腐蚀，接触状态将急剧恶化。

(3) 铜和铝的化学活性不同，当有水分进入铜、铝之间的缝隙时，将发生电解，使铝导体腐蚀，必然导致接触状态迅速恶化。

(4) 当温度超过 75 ℃，且持续时间较长时，聚氯乙烯绝缘将分解出氯化氢气体。这种气体对铝导体有腐蚀作用，从而增大接触电阻。

正因为如此，在潮湿场所、户外及安全要求高的场所，铝导体与铜导体不能直接连接，必须采用铜铝过渡段。对运行中的铜、铝接头，应注意检查和随时紧固。

五、线路管理

电气线路应备有必要的资料和文件（如施工图、试验记录等），建立巡视、检查、清扫、维修等制度。

对临时线应建立相应的管理制度。例如，安装临时线应有申请、审批手续，临时线应有专人负责管理，并有明确的使用地点和使用期限等。装设临时线必须考虑安全问题，应满足基本安全要求。例如，移动式三相临时线必须采用四芯橡套软线，单相临时线必须采用三芯橡套软线，长度一般不超过 10 m。临时架空线离地面高度不得低于 4 m，离建筑物和树木的距离不得小于 2 m，长度一般不超过 500 m，必要的部位应采取屏护措施等。

电气线路的绝缘设计应满足防触电、防火、耐腐蚀、耐机械损伤等要求，详见本书第二章。线路和导线间距应满足防碰撞、防短路、便于维护和操作等要求，详见本书第二章。

第四节　负荷计算

负荷计算是电力设计的基础，其目的有 3 点：一是确定导线截面，确定变压器及开关电器的容量；二是校验电压损失，选择和整定保护元件；三是确定电能消耗量和无功补偿装置。

一、设备功率的确定

进行负荷计算时，首先应将用电设备按其性质分为不同的用电设备组，然后确定设备计算功率。

电气设备根据运行特征和发热设计的不同，分为连续运行工作制、短时运行工作制和反复短时（或断续）运行工作制。对于反复短时（或断续）运行工作制设备，负荷持续率（FC，也称暂载率 JC 或接电率 ε）为

$$\mathrm{FC}=\frac{t_w}{t_w+t_0}\times 100\% \tag{5-22}$$

式中 t_w——设备工作时间，s 或 min；

t_0——设备停歇时间，s 或 min。

用电设备的额定功率 P_N 或额定容量 S_N 是指铭牌上的数据。对于不同工作制下的额定功率或额定容量，应换算为统一负载持续率下的有功功率，即设备计算功率 P_{js}。

1. 连续运行工作制电气设备的计算功率

连续运行工作制电气设备是指工作时间较长、连续运行的用电设备，如机床、通风机、各种泵类等。这一类设备的计算功率等于额定功率。

2. 短时运行工作制电气设备的计算功率

短时运行工作制电气设备是指工作时间短、停歇时间相当长的用电设备，如各类机床用的辅助机械（刀架快速移动、平台升降装置等）。这一类设备的计算功率可以在主设备容量中考虑，求计算负荷时一般不考虑。

3. 反复短时（或断续）运行工作制电气设备的计算功率

反复短时（或断续）运行工作制电气设备是指规律性的、时而工作、时而停歇、反复运行的用电设备，如起重机、电焊变压器等。这一类设备的计算功率需要进行统一的折算。对于类似起重机设备，计算功率要折算到负荷持续率为 25% 时的功率，即

$$P_{js}=\sqrt{\frac{\mathrm{FC_N}}{\mathrm{FC_{25}}}}\times P_N=2P_N\sqrt{\mathrm{FC_N}} \tag{5-23}$$

式中 $\mathrm{FC_N}$——设备额定负荷持续率；

$\mathrm{FC_{25}}$——折算用标准负荷持续率。

对于类似电焊变压器设备，计算功率要折算到负荷持续率为 100% 时的功率，即

$$P_{js}=\sqrt{\frac{\mathrm{FC_N}}{\mathrm{FC_{100}}}}\times P_N=P_N\sqrt{\mathrm{FC_N}}=\sqrt{\mathrm{FC_N}}\times S_N\times\cos\varphi \tag{5-24}$$

式中 $\mathrm{FC_N}$——设备额定负荷持续率；

$\mathrm{FC_{100}}$——折算用标准负荷持续率；

S_N——换算前设备额定容量；

$\cos\varphi$——在 S_N 时的额定功率因数。

4. 电炉变压器的计算功率

电炉变压器的计算功率是指额定功率因数时的有功功率，其计算式为

$$P_{js}=S_N\cos\varphi \tag{5-25}$$

式中 S_N——电炉变压器的额定容量；

$\cos\varphi$——在 S_N 时的额定功率因数。

5. 整流设备的计算功率

整流设备计算功率是指额定直流功率。

6. 成组用电设备的计算功率

成组用电设备的计算功率是指不包括备用设备在内的所有单个用电设备的设备功率之和。

7. 照明设备的计算功率

照明设备的计算功率一般可取灯泡上标出的额定功率；对于荧光灯及高压水银灯等，还应计入镇流器的功率损耗，将灯具的额定功率分别增加 20%~30%。

二、负荷计算方法

负荷计算的方法很多，如单位产品耗电量法、负荷密度法、利用系数法、需要系数法、二项式法、“ABC”法等。下面介绍作为供配电设计常用方法之一的“ABC”法。

“ABC”法是应用单元功率的概念，把繁杂的功率运算简化为台数运算的方法。该方法运用概率论的原理求出计算负荷与设备容量之间的关系，计算结果比较准确。这种方法可列表计算，简单易行。其计算公式为

$$P_{js}=P_{av}+\alpha\sigma_s \tag{5-26}$$

式中 P_{av}——平均功率，kW；

α——计算系数，$\alpha=3$ 时出现概率（即客观实际值低于计算值的概率）为 99.9%，$\alpha=1.5$ 时出现概率为 93.3%，一般情况下取 $\alpha=1.5$ 即可；

σ_s——负荷均方差，如令 P 为有功功率，则 $\sigma_s=\sqrt{P^2+P_{av}^2}$。

对于多台设备，“ABC”法的实用计算式为

$$P_{js}=DK_L\left(A+C\sqrt{A+2B}\right) \tag{5-27}$$

式中 D——单台等值功率，取值越大，计算精度越低；取值越小，计算精度越高。一般取 $D=3$ kW。

K_L——利用系数。

$$K_L = \frac{A_1 K_{L1} + A_2 K_{L2} + \cdots}{A_1 + A_2 + \cdots} \tag{5-28}$$

各种设备的利用系数见表 5-12。

系数 A 按式（5-29）计算。

$$A = \sum_{i=1}^{m} n_i K_i \tag{5-29}$$

式中 K_i——等值台数，按 $K_i = \frac{P_{Ni}}{D}$计算（P_{Ni}为第 i 台设备的额定功率），并按四舍五入的原则取整数；

n_i——第 i 种功率设备的台数。

系数 B 按式（5-30）计算。

$$B = \sum_{i=1}^{m} n_i \frac{K_i(K_i - 1)}{2} \tag{5-30}$$

系数 C 按式（5-31）计算。

$$C = 1.5\sqrt{\frac{1}{K_L} - 1} \tag{5-31}$$

不同用电设备组可求出 A_1、B_1、A_2、B_2、⋯，则

$$A = A_1 + A_2 + A_3 + \cdots$$

$$B = B_1 + B_2 + B_3 + \cdots$$

如要求得计算电流，则需求得 n 组设备的功率因数。n 组设备功率因数角的正切值按下式计算：

$$\tan\varphi = \frac{A_1 K_{L1} \tan\varphi_1 + A_2 K_{L2} \tan\varphi_2 + \cdots}{A_1 K_{L1} + A_2 K_{L2} + \cdots} \tag{5-32}$$

各种设备的 $\cos\varphi$ 和 $\tan\varphi$ 见表 5-12。取得成组设备的计算功率 P_{js}和功率因数以后，可按式（5-33）计算三相设备的电流。

$$I_{js} = \frac{P_{js}}{\sqrt{3} U_1 \cos\varphi} \tag{5-33}$$

式中 I_{js}——设备电流，A；

P_{js}——设备的计算功率，W；

U_1——线电压，V。

表 5-12　　利用系数 K_L 值

用电设备组名称	K_L	C	$\cos\varphi$	$\tan\varphi$
一般工作制小批生产用金属切削机床，小型车、刨、插、铣、钻床，砂轮机等	0.10～0.12	4.5	0.50	1.73
一般工作制大批生产用金属切削机床，小型车、刨、插、铣、钻床，砂轮机等	0.14	3.7	0.6	1.33
重工作制金属切削机床、冲床、自动六角车床、粗磨机、铣齿机、刨床、铣床、立车、镗床等	0.16	3.3	0.53	1.51
小批生产金属热加工机床、锻锤传动装置、锻造机、拉丝机、清理转磨筒、碾磨机等	0.17	3.2	0.60	1.33
大批生产金属热加工机床	0.2	3.0	0.65	1.17
生产用风机	0.55	1.3	0.80	0.75
卫生用风机	0.50	1.5	0.80	0.75
泵、空气压缩机、电动发电机组	0.55	1.3	0.85	0.62
移动式电动工具	0.05	7.0	0.50	1.73
不联锁的提升机、皮带运输机、螺旋运输机等连续运输机	0.035	2.0	0.75	0.88
联锁的提升机、皮带运输机、螺旋运输机等连续运输机	0.50	1.5	0.75	0.88
吊车及电动葫芦（$\varepsilon=100\%$）	0.15～0.20	3.5	0.5	1.73
电阻炉、干燥箱、加热设备	0.55～0.65	1.2	0.95	0.33
试验室用小型电热设备	0.35	2.0	1.00	0.00
3～10 t 电弧炼钢炉	0.6～0.65	1.2	0.87	0.56
0.5～1.5 t 电弧炼钢炉	0.50	1.5	0.80	0.75
0.25～0.5 t 电弧炼钢炉	0.65	1.1	0.85	0.62
单头电焊用电动发电机组	0.25	2.5	0.60	1.33
多头电焊用电动发电机组	0.50	1.5	0.70	1.02
单头电焊变压器	0.25	2.5	0.35	2.67
多头电焊变压器	0.30	2.3	0.35	2.67
自动弧焊机	0.30	2.3	0.50	1.73
缝焊机及点焊机	0.25	2.5	0.60	1.33

续表

用电设备组名称	K_L	C	$\cos\varphi$	$\tan\varphi$
对焊机及铆钉加热器	0.25	2.5	0.70	1.02
低频感应电炉	0.75	0.9	0.35	2.67
高频感应电炉（用电动发电机组）	0.75	0.9	0.80	0.65
高频感应电炉（用真空管振荡器）	0.65	1.1	0.65	1.17

三、单相用电设备计算负荷的折算

在实践中，除了广泛应用的三相用电设备外，还有一些单相用电设备，如电焊机、电炉和照明等设备。单相用电设备可接于相电压或线电压，但应尽可能使三相均衡分配，以使三相负荷尽量平衡。确定计算负荷的目的主要是选择线路上的设备和导线，使其在实际负荷电流通过时不至于过热或损坏。因此，在接有较多单相用电设备的三相线路中，不论单相用电设备接于相电压还是线电压，只要三相负荷不平衡，就应以最大负荷相有功负荷的3倍作为等效三相有功负荷进行计算。具体进行单相用电设备的负荷计算时，可遵循以下原则：

（1）如果单相用电设备的总容量不超过三相用电设备总容量的15%，则不论单相用电设备如何连接，均可作为三相平衡负荷对待。

（2）单相用电设备接于相电压时，在尽量使三相负荷均衡分配后，取最大负荷相所接的单相用电设备容量乘以3，便求得其等效三相用电设备容量。

（3）单相用电设备接于线电压时，其等效三相用电设备容量 P_e 计算如下：

当为单台时

$$P_e = \sqrt{3} P_{e \cdot \varphi} \tag{5-34}$$

当为2～3台时

$$P_e = 3P_{e \cdot \varphi \cdot max} \tag{5-35}$$

式中 $P_{e \cdot \varphi}$——单相用电设备的设备容量，kW；

$P_{e \cdot \varphi \cdot max}$——负荷最大的单相用电设备的设备容量，kW。

（4）单相用电设备分别接于线电压和相电压时，首先应将接于线电压的单相用电设备容量换算为接于相电压的设备容量，然后分相计算各相的设备容量和计算负荷。总的等效三相有功计算负荷就是最大有功负荷相有功计算负荷的3倍。总的等效三相无功计算负荷就是最大有功负荷相无功计算负荷的3倍。

本章小结

1. 电气线路是电力系统的重要组成部分，本章按架空线路、电缆线路和室内配电线路分类进行介绍。凡是用绝缘子和杆塔将导线架设于地面上的电力线路都属于架空线路，架空线路导线多采用钢芯绞线、硬铜绞线、硬铝绞线和铝合金绞线，其杆塔有木电杆、钢筋混凝土电杆和铁塔之分。电缆线路的敷设可采用电缆沟或电缆隧道中敷设、电缆桥架敷设、吊挂敷设、排管敷设等，也可按规程的要求直接埋入地下。在建筑物内部，可以根据环境状态、负荷特征以及防触电安全要求，采用直敷、绝缘子、板槽、穿管、钢索、桥架等布线方式。

2. 架空线路的主要事故形式包括倒杆、断线、绝缘子闪络、线间短路和接地。电缆线路的故障包括机械损伤、铅皮（铝皮）龟裂及胀裂、终端头污闪、终端头或中间接头爆炸、绝缘击穿、金属护套腐蚀穿孔等。事故防护的根本措施在于科学设计、科学施工和加强管理与维护。

3. 电气线路运行安全涉及自身安全和其在运行中不引发相关事故两个方面。本章重点讨论了保障电气线路运行安全的要素，以及电气线路设计中导线截面确定这一核心问题。

4. 对电气线路提出了绝缘性能、导电能力、机械强度、稳定性、电气连接可靠性和管理与技术并重的安全要求。电气线路导体宜依据负荷计算得出的稳定工作电流和导体允许载流量进行选择，然后按允许电压损失和预期最大短路冲击条件下的稳定性进行校核。“ABC”法是负荷计算常用方法之一。

复习思考题

1. 架空线路的常见故障有哪些？分析故障形成的原因。

2. 电缆线路的典型故障有哪些？故障形成的原因是什么？

3. 什么是档距、弧垂，怎样计算？分析其值大小的利弊。

4. 选择导线截面时应考虑哪些约束条件？通常高、低压电气线路宜按什么条件选择，按什么条件校核？为什么？

5. 简述电气线路的安全要求。

6. 简述负荷计算常用方法之一的“ABC”法的概念和特点。

第六章　电气设备安全

本章学习目标

1. 掌握电气设备外壳防护等级（IP 代码）和设备防触电保护分类方法，学会特别潮湿环境下用电设备的选择方法。

2. 掌握电动机、手持式电动工具、照明设备、弧焊设备等常用电气设备的基本工作原理、常见危险、正常运行条件以及选择与使用方法。

3. 掌握各种保护装置（断路器、熔断器、保护继电器、电气隔离器或隔离开关）的工作原理、构造、分类、保护作用、保护特性、技术参数和选择与使用方法。通过分类比较，厘清各种保护装置之间的关系。掌握隔离器与断路器的正确配合使用及正确操作顺序。

4. 了解变电所常用设备的种类、作用及相互关系，了解变压器、电流电压互感器、高压断路器、高压熔断器、高压隔离器开关、电力电容器的基本构造、基本参数以及常见危险。

本章首先介绍电气设备外壳防护等级、电工电子设备防触电保护分类以及用电环境与用电设备选择等电气设备安全基础知识，在此基础上讲述常用用电设备、低压保护电器和变配电设备安全知识。

第一节　电气设备安全基础知识

电气设备一般都具备一定的电击防护能力，当电气设备本身的电击防护能力与用电环境危险性相适应时，用电设备的安全性才有保障。用电设备自身电击防护能力体现在两个方面：一是直接电击防护能力，二是间接电击的防护方式与有效性。

设备对直接电击的防护能力主要体现在外壳防护等级，而对间接电击的防护则体现在其防触电保护分类。安全使用电气设备的重要原则之一就是既要考虑设备本身安全特性，还要考虑用电环境危险程度，根据用电环境选择适当的电气设备。

一、外壳防护等级（IP）

电气设备外壳防护等级是对外壳机械防护能力的分级。外壳防护等级反映以下两种内容的防护：防止固体异物进入壳内设备，防止水进入壳内对设备造成有害影响。

外壳防护等级由 IP 代码（见图 6-1）来表示。

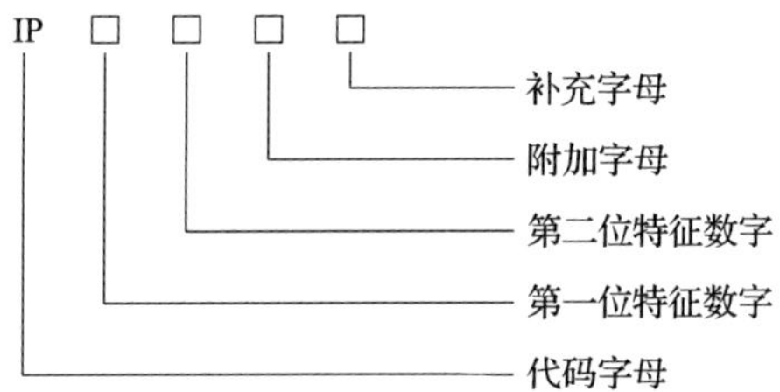

图 6-1　IP 代码

第一位特征数字表示防止固体异物进入壳内设备的防护等级，共分为 7 级，各级防护性能简要说明见表 6-1。

表 6-1　第一位特征数字各级防护性能简要说明

第一位特征数字	防护等级	
	简要说明	含义
0	无防护	—
1	防止直径不小于 50 mm 的固体异物	直径 50 mm 球形物体试具不得完全进入壳内*
2	防止直径不小于 12.5 mm 的固体异物	直径 12.5 mm 的球形物体试具不得完全进入壳内*
3	防止直径不小于 2.5 mm 的固体异物	直径 2.5 mm 的物体试具完全不得进入壳内*
4	防止直径不小于 1.0 mm 的固体异物	直径 1.0 mm 的物体试具完全不得进入壳内*
5	防尘	不能完全防止尘埃进入，但进入的灰尘量不得影响设备的正常运行，不得影响安全
6	尘密	无灰尘进入

注：* 表示物体试具的直径部分不得进入外壳的开口。

第二位特征数字表示防止外壳进水而对设备造成有害影响的防护等级，共分为10级，各级防护性能简要说明见表6-2。

表6-2　第二位特征数字各级防护性能简要说明

第二位特征数字	防护等级	
	简要说明	含义
0	无防护	—
1	防止垂直方向滴水	垂直方向滴水应无有害影响
2	防止当外壳在15°倾斜时垂直方向滴水	当外壳的各垂直面在15°倾斜时，垂直滴水应无有害影响
3	防淋水	当外壳的垂直面在60°范围内淋水时，无有害影响
4	防溅水	向外壳各方向溅水无有害影响
5	防喷水	向外壳各方向喷水无有害影响
6	防强烈喷水	向外壳各个方向强烈喷水无有害影响
7	防短时间浸水影响	浸入规定压力的水中，经规定时间后，外壳进水量不致达有害程度
8	防持续浸水影响	按生产厂和用户双方同意的条件（应比特征数字为7时严酷）持续潜水后，外壳进水量不致达有害程度
9	防高温/高压喷水的影响	向外壳各方向喷射高温/高压水无有害影响

不要求规定特征数字时，该处用“X”代替。

附加字母表示对人接近危险部件的防护等级。在实际防护高于第一位特征数字代表的防护等级时，以及当第一位特征数字用X代替，仅需表示对人接近危险部件的防护等级（无须表示对固体异物进入的防护等级）时使用附加字母。附加字母A表示防止手背接近，B表示防止手指接近，C表示防止工具接近，D表示防止金属线接近。如“IP23C”，附加字母“C”代表对接近危险部件的防护等级高于其第一位特征数字“2”。如无须表示对固体异物进入的防护等级时，可表示为“IPX3B”。

补充字母表示补充的内容。补充字母H表示高压设备，M表示防水试验在设备的可动部件（如旋转电机的转子）运行时进行，S表示防水试验在设备的可动部件静止时进行，W 表示提供附加防护或处理以适用规定的气候条件。

附加字母和（或）补充字母可以省略，无须代替。

二、电工电子设备防触电保护分类

按照防范基本绝缘失效的触电保护方式分类，电工电子设备分为 0、Ⅰ、Ⅱ、Ⅲ类。

1. 0 类设备

该类设备仅靠基本绝缘作为防触电保护，一旦基本绝缘失效，则设备是否安全完全取决于环境。

2. Ⅰ类设备

该类设备的防触电保护不仅靠基本绝缘，还包括一种附加的安全措施，即将能触及的可导电部分（导电外壳）与 PE 线相连接。一旦基本绝缘失效，接 PE 保护将发挥作用，或由其形成的漏电流驱动剩余电流动作保护装置将电源断开。

该类设备电源软线中包含一根保护导线，该保护导线在设备端与设备各个外露可导电部分相连，而在与电源相连端设有接 PE 插脚，通过该保护导线的插脚与系统或大地的 PE 线相连。

3. Ⅱ类设备

该类设备的防触电保护不仅靠基本绝缘，还具有像双重绝缘或加强绝缘这样的附加安全措施。该类设备不采用保护接地的措施，其安全性也不依赖于安装环境条件。

如果具有双重绝缘或加强绝缘的设备采取了 PE 保护措施，那么该设备仍认为是Ⅰ类设备。

Ⅱ类电气设备的标示符号为：回。

4. Ⅲ类设备

该类设备的防触电保护措施是依靠安全特低电压（SELV）供电，且设备内可能出现的电压不会高于安全特低电压。

Ⅲ类设备不得采取保护接地手段。必要时，可因工作（与保护目的不同）的原因，采取与大地连接的手段，但必须在技术水平上无损于安全水平。有金属外壳的Ⅲ类设备必要时可以采取将等电位联结线与外壳连接的手段。

Ⅲ类设备的标示符号为：◈Ⅲ。

电工电子设备防触电保护分类见表 6-3。

表 6-3　　电工电子设备防触电保护分类

项目	类别			
	0 类	Ⅰ类	Ⅱ类	Ⅲ类
设备主要特征	没有保护接地	有保护接地	有附加绝缘，不需要保护接地	设计成由安全特低电压供电
安全措施	使用环境与地绝缘	接地线与固定布线中的保护（接地）线连接	双重绝缘或加强绝缘	安全特低电压供电

三、用电环境危险性

用电设备周围环境的空气介质状态及其他参数，能够影响触电的危险性。例如，潮气、可导电性粉尘、腐蚀性蒸气和气体等对电气设备的绝缘起破坏作用，可大大降低其绝缘电阻，使电气设备的外壳、机座、机罩等金属部件带电，而导致触电事故发生。如果此时环境温度较高，人体电阻也会降低，使触电的危险性进一步增大。

在具有导电性地板的环境或电气设备附近有金属接地物体存在的环境下，无论人体直接接触带电体，还是意外接触带电体，都易构成电流回路，因此，以上环境触电的危险性较大。季节、天气等外界因素也会对用电设备的环境有影响，所以环境危险等级的划分不是绝对的。一般情况下，潮气、粉尘、高温、腐蚀性气体和蒸气都会损伤电气设备的绝缘，增加触电的危险，所以应重视以上不安全因素。

根据不同的触电危险程度，可将用电场所分为 3 类，即无较大危险的场所、有较大危险的场所和特别危险的场所。

（1）一般情况下，有绝缘地板（如木地板），没有接地导体或接地导体很少的干燥、无尘场所，属于无较大危险的场所。居民住宅、普通办公室、学校等都属于无较大危险的场所。

（2）下列场所属于有较大危险的场所：

1）潮湿场所（空气相对湿度超过 75%）。

2）高温炎热场所（温差变化超过 35 ℃）。

3）含可导电性粉尘（如煤尘、金属尘等），且粉尘沉积在导线上或落入机器、仪器的场所。

4）有金属、泥土、钢筋混凝土、砖等可导电性地板或地面的场所。

5）作业人员可能同时一方面接触接地的金属构架、金属结构或工艺装备，另一方面接触电气设备金属壳体的场所。机械厂的金工车间、锻工车间，冶金厂的压延车间、拉丝车间、电炉电极车间、碳刷车间、煤粉车间，以及水泵房、空气压缩站、成品库、车库等都属于有较大危险的场所。

（3）下列场所属特别危险的场所：

1）特别潮湿的场所，如室内天花板、墙壁、地板等各种物体都潮湿，空气相对湿度接近100%。

2）长期存在腐蚀性蒸气、气体、液体等介质的场所。

3）具有2种或2种以上有较大危险场所特征的场所，如有可导电性地板的潮湿场所，有可导电性粉尘的高温、炎热场所等。

许多生产厂房如铸造车间、酸洗车间、电镀车间、电解车间、漂染车间，化工厂的大多数车间都属于特别危险场所。

企业应根据空气介质的状态和用电设备周围环境的触电危险程度，选用适当的电气设备。要保障所选的电气设备能够防护所在场所各种不安全因素。在选择电气设备时，除应考虑触电危险性之外，还应考虑工作环境火灾和爆炸的危险性。

第二节 常用用电设备安全

一、电动机安全

生产中有70%的电能是由电动机消耗的，占生产生活总用电量的50%以上，所以说，电动机是日常生产和生活最为常用的电气设备。因此，保障电动机的正确使用与运行是降低用电故障率、减少电气设备所致伤亡的重要着眼点。

1. 电动机的分类及特性

电动机的分类方法很多，按电能种类分为交流电动机和直流电动机，按电动机的转速与电网电源频率之间的关系可分为同步电动机与异步电动机，按电源相数可分为单相电动机和三相电动机，按防护类型可分为开启式、防护式、封闭式、隔爆式、潜水式、防水式，按安装结构型式可分为卧式、立式、带底脚、带凸缘等，按绝缘等级可分为E级、B级、F级、H级等。

交流电动机可分为异步电动机与同步电动机，而异步电动机根据其转子结构又可分为笼式电动机和绕线式电动机。此外，异步电动机还可分为三相异步电动机与单相异步电动机。

交流异步电动机转子不接电源，而是由定子产生的旋转磁场与转子的相对运动在转子绕组中产生感应电动势和感应电流，感应电流再与定子旋转磁场相互作用产生转矩。交流异步电动机因转子转动必须落后于定子所产生的旋转磁场而得名。

笼式异步电动机结构简单，工作可靠，但启动和调速性能较差。笼式电动机广泛用于机床、泵、风机等，但应用最多的是作为独立电动机使用。

绕线式异步电动机转子由导线绕制而成，经滑环与外部电阻等元件连接，通过改变转子外串电阻来改变电动机的启动性能和转速。绕线式异步电动机主要用于启动、控制频繁和启动困难的场合，如起重机械和一些冶金机械等。

交流同步电动机的转子线圈通入直流励磁电流形成转子磁场，因而可以与定子旋转磁场同步旋转。交流同步电动机结构复杂，但可以通过调节转子的励磁电流改变电动机的功率因数，使之成为阻性或容性负载，从而改善整个供电系统的功率因数。交流同步电动机一般用于不需调速，不频繁启动的大型设备。

直流电动机由直流电源供电，由磁极（固定部分）、电枢（转动部分）以及换向器构成。直流电动机结构复杂，维修困难，但其调速性能较好，启动转矩较大。因此，对调速要求较高的机械如龙门刨床、镗床、轧钢机等，或者需要较大启动转矩的生产机械如起重机、电力牵引设备等，往往采用直流电动机来驱动。

2. 与电动机安全有关的分类分级

（1）电动机防护类型与外壳防护等级。从保障电动机正常运行，防止周围介质损害电动机，以及防止因电动机故障对环境造成危害的角度而言，电动机主要有以下防护类型：

1）开启式。电动机的两端、两侧都有大的通风口，散热较好，适用于干燥、清洁的环境。

2）防护式。外壳有遮盖装置，能防止水滴、铁屑或其他杂物在与垂直方向成45°以内的角度落入电动机内部。在基座的下面有通风口，散热好，适用于干燥、没有腐蚀和爆炸性气体的环境。

3）封闭式。基座和端盖上均无通风孔，完全是封闭的。封闭式又分为自冷式、自扇冷式、他扇冷式、管道通风式及密封式。前4种电动机适用于灰尘多、特别潮湿、有腐蚀性气体、易引起火灾的恶劣环境，如化工厂、水泥厂、研磨车间等。密封式可以浸在液体中使用，如潜水泵类电动机。

4）防爆式。将电动机在密封的基础上制成隔爆形式，机壳不但密封，而且具有足够的强度，一旦有爆炸性气体侵入电动机内部而发生爆炸，电动机外壳能承受内部爆炸产生的压力，火花不会窜至外界而引起外界气体的大范围爆炸。凡是有易燃、易爆性气体存在的场所，如矿井、油井、煤气站等，均应采用防爆式电动机。

（2）绝缘等级与允许温升。电动机的发热和温升是决定其容量的主要因素。电动机中耐热最差的是绝缘材料，一旦绝缘材料损坏，将造成短路，使电动机烧毁。电动机常用绝缘（耐热）等级一般有 A、E、B、F、H 5 个等级，代表其绝缘结构的 5 个最高温度限值。

同时，为了直观表示电动机发热结果，人们还采用了温升这一技术指标。电动机的允许温升以 40 ℃为基准环境温度，绝缘等级相应温度与基准环境温度的差即允许温升。电动机的绝缘等级与允许温升见表 6-4。

表 6-4　　电动机的绝缘等级与允许温升　　℃

电动机部位	A 级绝缘		E 级绝缘		B 级绝缘		F 级绝缘		H 级绝缘	
	度①	阻②	度	阻	度	阻	度	阻	度	阻
电动机交流绕组，用直流励磁、交直流电动机的磁场绕组，有换向器的电枢绕组	55	60	65	75	70	80	85	100	105	125
低电阻磁场绕组及补偿绕组	60	60	75	75	80	80	100	100	125	125
表面裸露的电枢绕组	65	65	80	80	80	90	110	110	135	135
永久短路的绝缘绕组	65	—	75	—	80	—	100	—	125	—
永久短路的无绝缘绕组	这些部件的温升不应达到足以使任何相近的绝缘或其他材料有损坏危险的数值									
不与绕组接触的铁芯及其他部件										
与绕组接触的铁芯及其他部件	60		75		80		100		125	
换向器及电环集	60		70		80		90		100	

①“度”是指用温度表法测量的温升。

②“阻”是指用电阻法测量换算的温升。

电动机运行时，若绝缘材料的工作温度不超过绝缘等级最高工作温度，其设计寿命可达 20 年以上；如果电动机长期工作在其绝缘等级的最高工作温度，其寿命就会缩短。以 A 级绝缘为例，如长期超过最高工作温度 8 ℃，电动机的绝缘寿命将会缩短一半。

电动机运行时，输出功率越大，则电流和损耗越大，温升也越高。电动机铭牌上所标明的额定功率是指在基准环境温度 40 ℃和规定的工作方式或工作制下，不超过最高允许温升时的最大输出功率。工作环境温度低于 40 ℃时，可适当提高电动机的输出功率；反之，要适当降低电动机的输出功率。

3. 电动机的选择

（1）电动机防护功能的选择。选择电动机前，首先应根据使用环境确定电动机防护类型。

1）如果用于干燥、清洁的环境中，可考虑采用开启式电动机。

2）如果使用环境存在水滴、铁屑、石块和其他杂物，则应当考虑采用防护式电动机。采用防护式电动机时，还应根据使用环境存在杂物的种类及大小，是否会遭受滴水、淋水、溅水、喷水、强力喷水甚至浸水等，考虑电动机的外壳防护等级。

3）对于尘土多、特别潮湿、有腐蚀性气体产生等的恶劣环境，应考虑采用密闭式电动机。

4）对于需要潜入水中工作的电动机，应采用专用潜水类电动机。

5）在爆炸性环境中，要根据爆炸性气体的性质与类别，选择适当类型的防爆式电动机。

（2）电动机额定功率的选择。正确地选择电动机的额定功率可以保障电力拖动系统可靠而又经济地工作。如果额定功率太小，则在正常情况下，电动机会过载运行，使发热加剧，造成电动机过早损坏，同时还可能出现启动困难、经不起冲击性负载的冲击等故障；如果额定功率过大，电动机的能力就不能被充分利用，使电动机的效率降低，能量损耗增加，功率因数降低，很不经济。选择电动机额定功率时，要考虑电动机的发热、运行过载能力以及启动能力 3 个方面的因素。

4. 欠压与缺相危险

欠压与缺相是电动机运行中很有可能出现的情况，如果没有适当的保护措施，往往会对电动机造成很大损害。

（1）电动机欠压危险。对于三相异步电动机，启动转矩和最大转矩分别为

$$T_{st}=K\frac{R_2}{R_2^2+X_{20}^2}\cdot U_1^2 \tag{6-1}$$

$$T_{max}=K\frac{U_1^2}{2X_{20}^2} \tag{6-2}$$

式中 K——常数；

R_2——转子电阻，Ω；

X_{20}——转子感抗，Ω；

U_1——电动机电源电压，V。

从以上两式可以看出，电动机的启动转矩 T_{st} 与最大转矩 T_{max} 均与电源电压的平方成正比，电源电压下降后，电动机的转矩会大幅下降。所以，电动机在电源欠压的情况下，很有可能无法启动或启动后因电压下降导致转矩不足而堵转，使电动机

电流迅速上升，导致电动机烧毁。电动机与其他产品不同，其他产品一般不会因欠压而烧毁，而电动机类产品欠压也会面临烧毁危险。电动机超压后不会发生堵转，因此电动机欠压比超压更危险。电动机类产品应装有欠压保护装置。

（2）三相异步电动机缺相。三相异步电动机一相断开后，变成380 V单相运行。而原先三相电形成的旋转磁场也变成了脉振磁场。脉振磁场是指线圈产生的方向不变，而大小随时间作正弦变化的磁场。脉振磁场可分解为两个大小相等、转向相反的旋转磁场，而每个旋转磁场的大小为脉动磁场峰值的1/2，如图6-2所示。

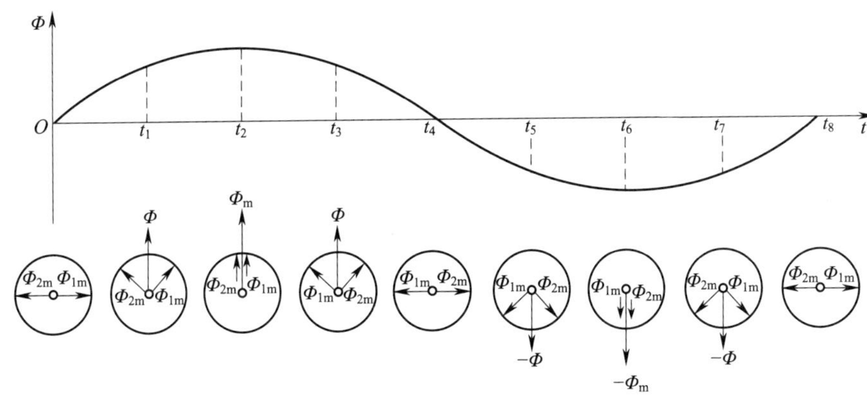

图6-2　脉振磁场

如果缺相发生在电动机启动之前，接通电源时转子是静止的，两个反向旋转磁场与转子之间的相对运动速度相等，转差率s_1、s_2相同，形成的正向转矩T_1与反向转矩T_2大小相同，转矩T为零，电动机不会启动，相当于电动机堵转情况，电流远大于工作电流，这时如果通电时间过长或频繁启动电动机，将导致电动机过热烧毁。

如果缺相发生在电动机运行当中，则某一转向的转差率会大于1，另一转向的转差率会小于1，结果是合成转矩$T = T_1 - T_2 \neq 0$，如图6-3所示。

理论上可以证明脉振磁场形成的转矩T_1和T_2的最大值为正常运行最大转矩的1/4，因此，缺相时产生的转矩$T = T_1 - T_2$会大大小于正常运转转矩。如果负载较小，电动机可继续运转，但转速会相应降低，电流会增大；如果负载较大，便有可能堵转，电流将大大增加，很有可能烧毁电动机。为了防止缺相烧毁电机，应采取缺相保护。

5. 电动机正常运行条件

新装电动机投入运行前应检查接线是否正确，电源电压是否符合电动机要求，电动机外壳防护是否完好，绝缘电阻是否合格，外壳接地是否完好，电动机保护及启动装置是否完备。带负载前空载运行一段时间，空载运行时转向、转速、声音、振动及电流应无异常。

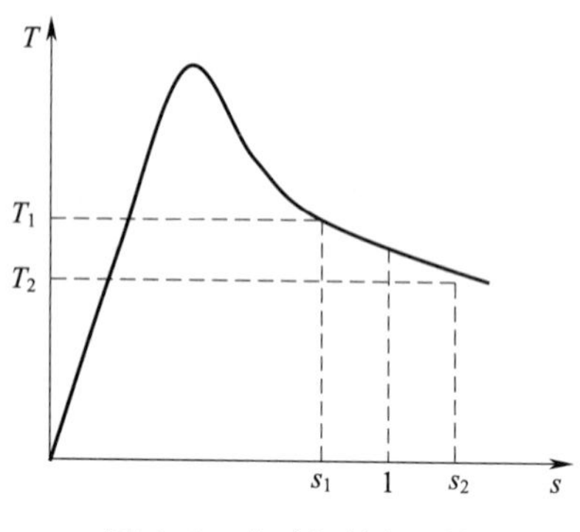

图 6-3　电动机缺相运转

（1）运行参数。电动机的电压、电流、频率、温升等运行参数应符合要求。电压波动不超过10%，电压不平衡不得超过5%，电流不平衡不得超过10%。运行中电动机的温升，尤其电动机绕组的温升不能超过其相应绝缘等级允许的温升或最高温度。

（2）电动机绝缘。电动机绝缘要求随电动机电压和温度而变。绝缘电阻允许值参见表 6-5。

（3）电动机保护。电动机保护应齐全，保护装置参数规格适当。通常用熔断器来实现电动机的短路保护，熔断器熔丝的额定电流应为异步电动机额定电流的 1.5 倍（减压启动）或 2.5 倍（全压启动）。通常用热继电器实现电动机的过载保护，热继电器热元件的电流应不大于电动机额定电流的 1.25 倍。电动机最好设有失压（或欠压）保护装置，重要电动机应设缺相保护装置。电动机外壳应根据供电系统进行可靠接零（或接地）保护。

表 6-5　　电动机绝缘电阻允许值　　MΩ

额定电压/V	6 000			<500			≤42		
绕组温度/℃	20	45	70	20	45	70	20	45	70
交流电动机定子绕组	25	15	6	3	1.5	0.5	0.15	0.1	0.05
绕线转子绕组和集电环	—	—	—	3	1.5	0.5	0.15	0.1	0.05
直流电动机电枢绕组和换向器	—	—	—	3	1.5	0.5	0.15	0.1	0.05

（4）电动机检修和维护。电动机应定期进行检修和保养。日常检修包括清除外部油污和灰尘，检查轴承并换补润滑油，检查滑环和整流子并更换电刷，检查接地是否良好，螺钉是否紧固，接线是否牢固，绝缘是否合格等，同时还要检查电动机的附属装置，如启动、保护装置等。电动机大修后，应按照有关标准要求对各部位及整机绝缘进行耐压试验、空载试验等。

6. 异步电动机常见故障及处理

异步电动机常见故障与处理方法见表 6-6。

表 6-6　　异步电动机常见故障分析与处理方法

故障现象	原因分析	处理方法
不能启动或转速下降	电源电压过低	检查电源
	熔断器熔断一相或其他连接处断开一相	用兆欧表和万用表检查有无断路或接触不良
	定子绕组断路	用兆欧表和万用表检查有无断路或接触不良
	绕线式转子内部或外部断路或接触不良	用兆欧表和万用表检查有无断路或接触不良
	笼型转子断条或脱焊	将电动机接到 15%～30% 额定电压的三相电源上并测量三相电流，如果电流随转子位置变化，说明有断条或脱焊
	定子三角形接线误接成星形接线	检查接线并改正
	负载过大或机械卡住	检查负载及机械部分
启动时响声大，且三相电流相差大	定子绕组首、末端接反	用低压单相交流电源、指示灯、电压表等器材确定绕组的首、末端，重新接线
三相电流不平衡	电源电压不平衡	检查电源
	定子绕组断路	检查有无局部过热
	定子绕组匝数错误	测量绕组电阻
	定子绕组部分线圈接线错误	检查接线并改正
过热	过载	减载或更换电动机
	电源电压太高	检查并设法限制电压波动
	定子铁芯断路	检查铁芯
	定、转子相碰（扫膛）	检查铁芯、轴、轴承、端盖等
	通风散热故障	检查风扇、通风道等
	环境温度过高	加强冷却或更换电动机
	定子绕组断路或接地	检查绕组直流电阻、绝缘电阻等
	接触不良	检查各接点
	缺相运行	检查电源及定子绕组连续性
	线圈接线错误	对照图样检查并改正

续表

故障现象	原因分析	处理方法
过热	受潮	烘干
	启动过于频繁	按规定频率启动
电刷冒火、滑环过热或烧坏	电刷牌号不对	更换电刷
	电刷压力过小或过大	调整电刷压力：一般电动机为 17.7 ~ 24.5 kPa，牵引和起重电动机为 24.5 ~ 39.2 kPa
	电刷与滑环接触不严密	研磨电刷
	滑环不平、不圆或不清洁	修理滑环
内部冒烟、起火	电刷下方火花太大	调整、修理电刷和滑环
	内部过热	消除过热原因
振动和响声大	地基不平、安装不好	检查地基及安装情况
	轴承缺陷或装配不良	检查轴承
	转动部分不平衡	必要时做静平衡和动平衡试验
	轴承或转子变形	检查转子并找正
	定子或转子绕组局部短路	拆开电动机，用仪表检测
	定子铁芯压装不紧	检查铁芯并重新压紧
	设计定、转子槽数配合不妥	允许运行

二、手持式电动工具安全

手持式电动工具在日常生产和生活中应用日益广泛。这类用电设备使用环境复杂多样，且同一用电设备因工作需要使用环境随时变化。这类用电设备与人体接触紧密且频繁，出现故障后人触电的概率在所有用电设备中是最高的，所以正确选择与使用此类用电设备对人身安全至关重要。

1. 各类工具适用范围与使用要求

（1） Ⅰ类工具或Ⅰ类设备。Ⅰ类工具或Ⅰ类设备的防电击保护不仅依靠基本绝缘、双重绝缘或加强绝缘，而且还包含一个附加安全措施，即把易触及的导电零件与设施中固定布线的保护接地导线连接起来，使易触及的导电零件在基本绝缘损坏时不会变成带电体。具有接地端子或接地触头的双重绝缘和（或）加强绝缘的工具也认为是Ⅰ类工具或Ⅰ类设备。

Ⅰ类手持式电动工具适用于一般作业场所，不适合在潮湿或金属容器类工作环境中使用。使用Ⅰ类手持式电动工具时，要在线路中设置额定剩余动作电流不大于

30 mA 的剩余电流动作保护装置。

（2）Ⅱ类工具或Ⅱ类设备。Ⅱ类工具或Ⅱ类设备的防电击保护不仅依靠基本绝缘，而且依靠提供的附加安全措施，如双重绝缘或加强绝缘。Ⅱ类工具或Ⅱ类设备没有保护接地措施，也不依赖安装条件。

Ⅱ类工具可用于以下场所：

1）一般作业场所。

2）潮湿、金属架构等作业场所。

3）锅炉、金属容器、管道内等作业场所。

Ⅱ类工具最宜在潮湿以及存在金属架构等导电良好的作业场所使用。如果在锅炉、金属容器、管道等全导电作业场所使用，则应装设额定剩余动作电流不大于 30 mA 的剩余电流动作保护装置。

（3）Ⅲ类工具或Ⅲ类设备。Ⅲ类工具或Ⅲ类设备的防电击保护是依靠安全特低电压供电，工具内不产生高于安全特低电压的电压。

Ⅲ类工具可用于各种工作场所，尤其是在特别潮湿和导电良好的环境，其他类别的工具或电气设备往往不能代替。使用Ⅲ类工具或Ⅲ类设备时，应根据作业或使用场所的危险程度选择合适等级的特低电压。

1）一般潮湿环境，如建筑工地，手持式照明工具的工作电压应为 36 V 或更低。

2）比较潮湿环境，如浴室，采用 24 V 及以下工具或设备。

3）特别潮湿环境，如游泳池水下照明设备，采用 12 V 或 6 V 特低电压。

此外，Ⅲ类工具安装的安全隔离变压器，Ⅱ类工具的剩余电流动作保护装置以及Ⅱ、Ⅲ类工具和设备的电源控制箱及电源耦合器等必须放在作业场所之外。在狭窄作业场所操作时，应有人在外监护。

2. 手持式电动工具管理

（1）管理内容。对手持式电动工具的管理应包括以下内容：

1）检查工具是否具有国家强制认证标志、产品合格证和使用说明书。

2）监督、检查工具的使用和维修。

3）对工具的使用、保管、维修人员进行安全技术教育和培训。

4）工具必须存放在干燥、无有害气体或腐蚀性物质的场所。

5）使用单位（部门）必须建立工具使用、检查和维修技术档案。

（2）安全操作规程。使用单位要按照有关标准和手持式电动工具的使用说明编制安全操作规程，其中必须包括以下内容：

1）工具允许使用范围。

2）工具的正确使用方法和操作程序。

3）工具使用前应着重检查的项目和部位，以及使用中可能出现的危险和相应的防范措施。

4）工具的存放和使用方法。

5）操作人员注意事项。

3. 手持式电动工具的检查与维修

手持式电动工具的检查与维修包括日常检查与维修和定期检查与维修。日常检查包括以下项目：

（1）是否有国家强制认证标志和定期检查合格证。

（2）外壳、手柄是否有裂纹或破损。

（3）保护接地线（PE）连接是否完好无损。

（4）电源线是否完好无损。

（5）电源插头是否完整无损。

（6）电源开关是否正常、灵活，有无缺损、破裂。

（7）机械防护装置是否完好。

（8）工具转动部分是否灵活、轻快，有无阻滞现象。

（9）电气保护装置是否良好。

定期检查每年至少一次，定期检查除以上日常检查项目外，还必须测量工具的绝缘电阻。各类工具的绝缘电阻要求见表6-7。

表6-7　各类工具的绝缘电阻要求（500 V兆欧表测量）

测量部位	绝缘电阻/MΩ		
	Ⅰ类工具	Ⅱ类工具	Ⅲ类工具
带电零件与外壳之间	2	7	1

此外，工具或设备的电气绝缘部分经过修理后，还必须进行介电强度（耐压）试验。试验电压见表6-8，试验采用50 Hz正弦交流电，试验持续时间为1 min，不出现绝缘击穿或闪络。

表6-8　手持式电动工具介电强度试验电压

试验电压施加部位	试验电压/V		
	Ⅰ类工具	Ⅱ类工具	Ⅲ类工具
带电零件与外壳之间：			
——仅由基本绝缘与带电零件隔离	1 250	—	500
——由加强绝缘与带电零件隔离	3 750	3 750	—

三、照明设备安全

1. 光源种类及其特点

照明设备或灯具的核心部件是光源。根据发光机理，光源分为热辐射光源、气体放电光源、发光二极管及激光光源，目前用于照明的光源只有前两种。

（1）热辐射光源。白炽灯和卤钨灯（见图6-4）都是热辐射光源，它们是由电流通过钨丝升温达到白炽状态而发光的光源，相对气体放电光源而言，发光效率低。白炽灯与卤钨灯的区别在于白炽灯灯内抽真空或充入少量不活泼气体，卤钨灯灯内充入卤族物质。白炽灯灯丝由于工作在真空或负压不活泼气体中，会逐渐挥发变细，最终烧断。因此，白炽灯寿命短，功率也不可能做得太大。卤钨灯充入卤族物质后，卤族物质会与灯丝挥发出来的钨元素结合形成化合物，并在灯丝附近高温处再次分解，析出单质钨，从而使挥发出来的钨重新回到灯丝上，大大延长了灯丝的寿命。因此，卤钨灯寿命较长，其功率一般比白炽灯大。

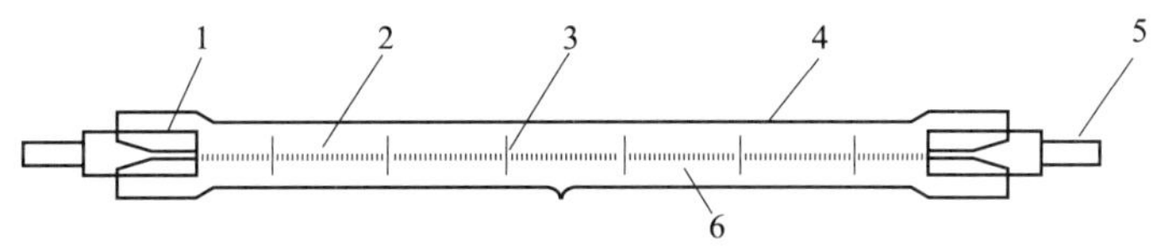

图6-4　卤钨灯

1—封套　2—灯丝　3—支架　4—石英管　5—电极　6—碘或溴蒸气

白炽灯表面温度较高，表6-9为不同功率的白炽灯在散热良好情况下的表面温度。在散热不良的情况下，其表面温度要高得多。灯泡表面温度往往高于一些可燃物的燃点，从而引起火灾。因此，使用白炽灯作为光源时，要注意避免与可燃物接触，并保持一定的距离。

表6-9　　不同功率的白炽灯在散热良好情况下的表面温度

灯泡功率/W	灯泡表面温度/℃	灯泡功率/W	灯泡表面温度/℃
40	56 ~ 63	100	170 ~ 216
60	137 ~ 180	150	148 ~ 228
75	136 ~ 194	200	154 ~ 296

一般，卤钨灯功率较白炽灯大，在所有光源中外表面温度最高。1 000 W 卤钨灯的石英玻璃管外表面温度可达 500 ~ 800 ℃，而其内部温度更高，约 1 600 ℃。因此，卤钨灯不仅能在短时间内点燃接触其外表面的可燃物，而且在较长时间高温

热辐射下，还能使距其一定距离的可燃物起火。卤钨灯是所有光源中火灾危险性最大的光源。

（2）气体放电光源。荧光灯、高压汞灯（见图6-5）和高压钠灯（见图6-6）都属于气体放电光源，它们利用电极间气体放电产生紫外线和可见光，然后再由紫外线和可见光激发灯管或灯泡内壁的荧光物质发光。此类光源发光效率高，是热辐射光源的3倍左右。

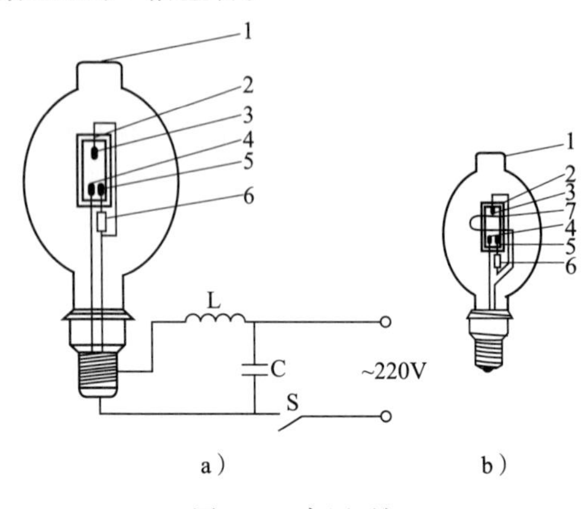

图6-5 高压汞灯

a）外镇流式 b）内镇流式

1—外泡壳 2—放电管 3、4—主电极

5—辅助电极 6—自镇流灯丝 L—镇流器

C—补偿电容器 S—开关

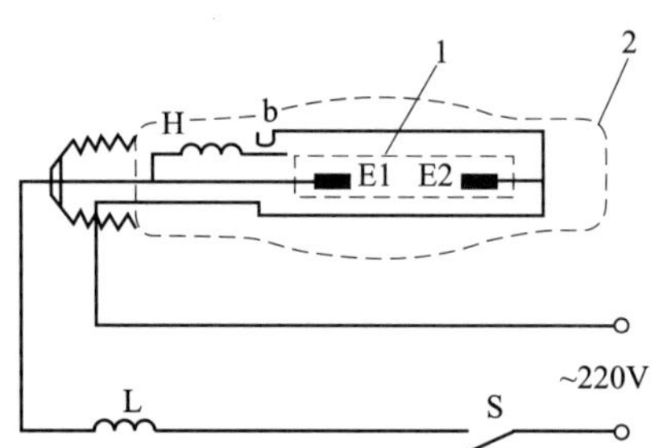

图6-6 高压钠灯

1—陶瓷放电管 2—玻璃外壳

S—开关 L—镇流器 H—加热线圈

b—双金属片 E1、E2—电极

荧光灯（日光灯）灯管表面温度不高，灯管本身引起火灾的危险性不大，使用此类光源的危险主要来自镇流器发热。高压汞灯在同样功率情况下，灯泡表面温度低于白炽灯，但高压汞灯一般功率较大，所以表面温度也较高。例如，400 W的高压汞灯表面温度为180～250 ℃，因此，高压汞灯本身存在引燃可燃物的危险。此外，高压汞灯镇流器发热也是应加以注意的火灾隐患。

2. 灯具分类

从安全角度出发，灯具分类方式有4种：按照灯具防触电保护类型分类、按照灯具防尘、防固体异物和防水（外壳防护等级）分类、按照灯具支撑面材料分类、按照使用环境分类。

（1）按照灯具防触电保护类型分类。按照防触电保护类型，灯具分为0类、Ⅰ类、Ⅱ类和Ⅲ类。额定电压超过250 V以及在恶劣环境中使用的灯具不应为0类灯具。

0 类灯具依靠基本绝缘作为防触电保护，一旦基本绝缘失效，安全性就只取决于环境。识别 0 类灯具时，可以看到此类灯具有由部分或全部基本绝缘组成的绝缘材料外壳，绝缘材料内装开启式电子镇流器，灯具易触的可导电部件没有接地。0 类灯具也可以有金属外壳，用基本绝缘材料将其与带电部件隔开。0 类灯具可以含有双重绝缘或加强绝缘部件，如含有加强绝缘的开关，但总体而言仍属 0 类灯具。

Ⅰ类灯具的防触电保护不仅依靠基本绝缘，而且还包括附加安全措施，即把易触及可导电部件接地。易触及可导电部件包括金属壳，为更换光源、启动器或为清洁而打开灯具罩时可触及的金属部件等。识别Ⅰ类灯具的关键是灯具与电源相接的软线中有接地线。如果灯具采用了加强绝缘或双重绝缘结构，但其电源软线中含有接地线，则仍视为Ⅰ类灯具，而不视为Ⅱ类灯具。

Ⅱ类灯具采用双重绝缘或加强绝缘，没有保护接地。识别Ⅱ类灯具时，可以看到坚固、耐用而且完整的绝缘外壳，除铭牌、螺钉、铆钉外，该绝缘外壳包住所有金属部件，而铭牌和外露的螺钉、铆钉与带电部件之间达到双重绝缘或加强绝缘水平，该绝缘外壳可以成为加强绝缘或双重绝缘的一部分。Ⅱ类灯具可以是全金属外壳，但金属外壳内应采用双重绝缘或加强绝缘。当然，Ⅱ类灯具也可以是部分金属、部分绝缘材料结合构成的外壳。如果具有双重绝缘或加强绝缘结构的灯具具有接地引线或接地端子，应将其归为Ⅰ类灯具。

Ⅲ类灯具的保护方式是采用安全特低电压供电，且其内部不会产生高于安全特低电压的电压。识别该类灯具关键是看此类灯具是否由安全特低电压供电，以及其内部装置会不会产生高于 50 V 有效值的电压。此外，作为使用隔离电源的灯具，该类灯具不应有接地措施。

（2）按照灯具防尘、防固体异物和防水分类。灯具防尘、防固体异物和防水分类遵从 IP 代码要求。不过 IP 代码在用于灯具时，有了一些特殊要求与规定：

1）灯具的外壳防护等级为 IP20 时可不在灯具上标出。

2）固定灯具的不同组件可具有不同的外壳防护等级，而在灯具的主标记上标记组件中最低的防护等级。

3）用于灯具的 IP 代码，其第一位、第二位特征数字必须明确给出，否则不可用于灯具的标记上。例如，“IP3X”只注明了灯具防异物等级为 3 级，未表示防水等级，此 IP 代码不可出现在灯具的标记上。

（3）按照灯具支撑面材料分类。灯具支撑面材料分为普通可燃材料、非可燃材料和易燃材料。普通可燃材料是指引燃温度至少为 200 ℃，并且在此温度时该材料不会变形或强度降低。普通可燃材料有木材以及以木材为基底、厚度大于 2 mm 的材料等。非可燃材料是指不能助燃的材料，如金属、灰浆和混凝土等。易燃材料是指不能划分为普通可燃材料和非可燃材料的材料，如木纤维以及厚度小于 2 mm、以木材为基质的材料。易燃材料不能作为灯具安装面。

按照灯具适合在所有情况下直接安装在普通可燃材料表面，还是仅适合安装在非可燃材料表面，灯具可以分为以下几类：

1）可移动式灯具和手提灯，该类灯具无标识符号。

2）安装在普通可燃材料表面的固定式灯具，该类灯具的标识符号为▽F。

3）仅适合安装在非可燃材料表面的固定式灯具，该类灯具没有标识符号，但可要求警示。

考虑到可移动式灯具和手提灯安装面的不确定性，可移动式灯具和手提灯属于适合安装在普通可燃材料表面的灯具。

使用可移动式灯具时，连接电源后能将灯具从一处移到另一处，如台灯、落地灯等。手提灯是指带有一个手柄和一根软缆的可移动式灯具。固定式灯具是指不能从一处移到另一处的灯具，除非借助工具进行拆卸。

（4）按照使用环境分类。按照使用环境，灯具分为以下两类：

1）正常使用的灯具，该类灯具无标识符号。

2）恶劣条件下使用的灯具，该类灯具有符号要求，标识符号为⊤。

恶劣条件下使用的灯具是指为繁重机械操作而设计的灯具，用于恶劣环境或临时性照明的地方，如道路照明、建筑物泛光照明、船舶照明、建筑工地照明、机械加工车间照明等。

3. 灯具选择

（1）按对灯具的防护要求选择灯具。根据灯具使用环境与条件选择具有适当保护方式和保护等级的灯具。

1）在多尘的环境中，应选用限制尘埃进入的防尘灯具或不允许粉尘进入的尘密型灯具。

2）在特别潮湿的场所，应将导线引入灯具端密封，并选择具有防水防尘罩的密闭型灯具或配有防水灯头的开启式灯具。

3）室外使用灯具应选择适合恶劣条件下使用的灯具，如路灯、草坪灯、投光灯等，其防护等级至少达到 IPX4。通常，室外灯具按其使用场所不同，有 IP45、IP55、IP65 3 个等级。

4）在特别热的高温环境下，应限制使用带有密闭玻璃罩的灯具，如必须使用，应选用耐高温的气体放电光源。

5）在有压力的水中环境或水中照明，如游泳池、浴室，应选用防护等级为IPX6～IPX8的灯具。

6）在爆炸和火灾危险环境中，应根据灯具所在爆炸危险分区和爆炸介质环境（爆炸性气体环境、爆炸性粉尘环境和火灾危险环境）等级，选择相应防爆类型、级别和组别的灯具。

（2）按对人的保护方式选择灯具。选用灯具时，除了考虑对灯具进行防护外，还要根据使用环境和使用条件选择对人保护方式适当的灯具。

1）一般环境下，常采用220 V交流供电灯具。当灯具安装在人难以触摸的高度（2.4 m以上）时，可采用0类灯具。一般装在屋顶的灯具，尤其是大的厂房和仓库，都能满足上述条件，可以采用0类灯具。

2）Ⅰ类灯具可以用在人所能触及的场所，但是照明灯具外露可导电部分必须与保护线（PE线）可靠连接，相应照明线路上装设额定动作电流不大于30 mA的剩余电流动作保护装置。

3）地下工程、高温且有导电性灰尘的场所或灯具安装后高度低于2.4 m的场所，宜采用Ⅱ类或Ⅲ类灯具。

4）在潮湿和容易触及带电体的场所，应采用Ⅲ类灯具。尤其是特别潮湿场所，如游泳池、浴室、水下照明工程、建筑施工场所等，应根据具体环境选择不同级别的安全特低电压供电的灯具，具体电压等级要求如下：

①建筑工地、地下工程照明宜选用36 V及以下安全特低电压。

②浴室、游泳池、桑拿室宜采用24 V及以下安全特低电压。

③水下照明宜采用12 V及以下安全特低电压。

5）在狭小工作空间作业使用手持式照明灯具时，宜采用不大于36 V的安全特低电压，灯具外应有金属防护网，严禁用自耦变压器供电。

4. 灯具安装

灯具的安装也是保障照明灯具安全的重要一环。灯具的安装主要考虑灯具安装高度、与可燃物的距离、正确接线、正确接入控制开关、灯具固定牢固可靠等。

（1）灯具安装高度。户内吊灯高度一般应不低于2.5 m。在干燥的环境中，如条件受限，户内吊灯高度允许降为2.0～2.2 m。户内吊灯位于桌面上方等人碰不到的地方时，灯具高度允许降低为1.5 m。户外灯具高度一般应不低于3.0 m，墙上灯具高度可减为2.5 m，不足上述高度时应加防护。在潮湿危险场所，安装高度应不低于2.5 m，低于2.5 m的灯具外壳应妥善接地。

工业企业灯具的安装高度除考虑防止碰撞、触电等安全要求外，还要考虑照明效果以及避免发生眩光等因素。

（2）灯座及开关接线。灯座分为卡口式和螺旋式。卡口式灯座带电部分封闭在灯座里面，比较安全，但卡口灯座承重小，安装不如螺旋式牢固。装于螺旋式灯座的灯具其螺旋部分容易暴露在外，所以接线时一定要把工作零线（中性线）接到与螺纹相连的端子上，火线（相线）接到与灯口中心触点相连的端子上。为了防止火灾，除敞开式灯具外，100 W以上灯具应采用瓷灯座。

另外，控制灯具的单极开关应接到火线上，防止灯具被熄灭后仍带电。

（3）灯具安装导线截面积要求。为了保障导线能够承受一定的机械应力和可靠安全运行，引向每个灯具的导线线芯最小截面积应符合表6-10的要求。

表6-10　灯具导线线芯最小截面积

灯具安装场所及用途		线芯最小截面积/mm^2		
		铜芯软线	铜线	铝线
灯头线	民用建筑室内	0.5	0.5	2.5
	工业建筑室内	0.5	1.0	2.5
	室外	1.0	1.0	2.5

（4）灯具的固定。为了防止灯具坠落，必须采取与灯具质量相当的固定方式。灯具的固定要求如下：

1）灯具质量在0.5 kg及以下时，可采用软导线自身吊装。

2）灯具质量大于0.5 kg小于等于3 kg时，采用吊链吊装，且软导线编叉在吊链内，使软导线不受力。

3）灯具质量大于3 kg时，固定在螺栓或预埋吊钩上。

四、电焊机安全

电焊机是指利用电能完成焊接工作的一类电气设备的总称。电焊机品种繁多，从大的分类而言，有电弧焊机、电阻焊机和其他焊机（如电子束焊机）。

电子束焊机是指能建立工作所需真空度，并由电子束电源作用于电子枪产生电子束，轰击工件，使之熔化而焊接的设备。此类焊机包括电源、控制箱、电子枪和抽气系统。为了获得高速运动的电子，电子束焊机的电子枪需要几十甚至上百千伏的高压，所以比较危险。电子束焊机由于结构复杂、成本高等原因，使用范围较小。

电阻焊机是使工件在相接处受压并有焊接电流流经其电阻导致发热而焊接的设备，俗称接触电焊机。电阻焊机一般是固定设备，且变压器二次绕组电压只有20 V左右，危险性较小。

电弧焊机是产生电弧以供给热量熔化金属而进行焊接的设备。电弧焊机根据其自动化程度可分为手工弧焊机、半自动弧焊机和自动弧焊机，按使用电极的性质可分为不熔化极弧焊机和熔化极弧焊机，根据电源性质可分为直流弧焊机和交流弧焊机。最常用的弧焊机是手工交流弧焊机，它由弧焊变压器供电，配有焊钳，结构简单实用。焊接时，焊钳夹住焊丝（焊条），由人手持焊钳完成焊接。手工交流弧焊机使用广泛，且由人工直接操作，危险性较大。

1. 交流弧焊机工作原理与主要危险

手工交流弧焊机工作原理如图6-7所示。交流弧焊机二次侧空载时电压有效值为70 V左右。焊接时，焊丝（焊条）接近工件到一定程度后，空载电压引发电弧，随后只要使焊丝与工件之间保持适当的距离，便能保持稳定的电弧。此时，二次侧处于近乎短路状态，电流可达数十到数百安培，交流弧焊机电源内部阻抗分担电压增加，焊钳与工件之间工作电压下降，维持电弧的电压只有30 V左右。通过调节电感L，可以控制焊接电流的大小。

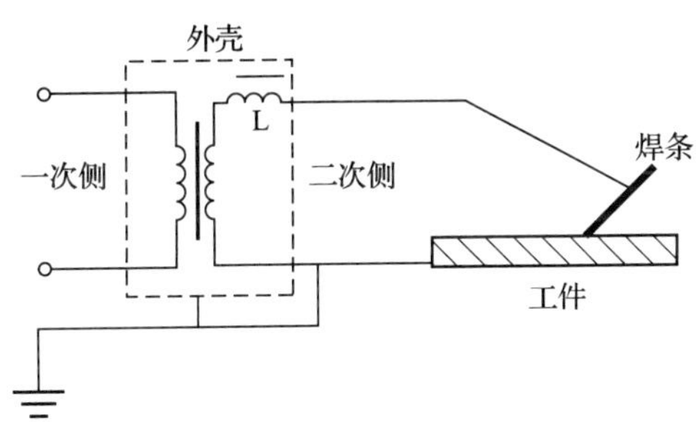

图6-7　手工交流弧焊机工作原理

从交流弧焊机工作原理可以看出，交流弧焊机工作时（电弧燃烧时），30 V左右的电压对人危险性不大。而在电弧熄灭时，焊钳与工件之间存在70 V左右的空载电压，高于50 V这一相对安全电压限值，存在较大危险。电焊人员在更换焊丝时，很有可能触及焊钳或焊丝。所以，对于交流弧焊机而言，空载电压是最主要的危险。

需要说明的是，交流弧焊机之所以采用70 V左右的空载电压，主要是考虑焊接时点燃电弧，如果空载电压太低，焊接时不易点燃电弧。

2. 手工交流弧焊机的安全使用措施与要求

（1）防止空载电压触电措施。空载电压是交流弧焊机的首要危险，必须认真加以防范。针对交流弧焊机的空载电压危险，可考虑如下 3 方面防护措施：

1）根据环境选择适当空载电压。交流弧焊机最高空载电压有效值应不超过 80 V，峰值应不超过 113 V。如果在危险性较大的环境作业，则要求最高空载电压有效值不超过 48 V，峰值不超过 68 V。

2）个体防护措施。使用手工交流弧焊机，必须严格采取个体防护措施。首先是戴帆布手套，避免更换焊丝时手直接接触及焊钳导电部分。其次，一定要穿绝缘防护鞋，这是防止空载电压危险的第二道防线。如果人在没有戴手套或者手套绝缘失效的情况下触及焊钳带电部分，只要脚下穿了绝缘良好的防护鞋，那么空载电压仍无法借助人体形成导电性通道，人仍是安全的。第三道防线便是戴头盔，穿能够盖住身体所有部位的工作服，在金属容器类环境中作业更应如此。因为在这样的环境中作业时，身体的任何部位都有可能接触周围的导电体，很容易为空载电压建立通道，造成电击事故。

除此之外，应尽量避免站在工件上作业，如果实在无法避免，在工件上焊接时脚下应使用具有阻燃效果的绝缘垫，以预防脚和手出汗引起鞋和手套绝缘效果下降带来的隐患。

3）采用弧焊变压器防触电装置。弧焊变压器防触电装置是专门用于防止弧焊机空载电压带来危险的装置，它能在不进行焊接时自动降低空载电压，甚至完全消除空载电压，而在焊接时使空载电压自动恢复至原值。该类装置能将空载电压降至不超过 24 V，当弧焊机的输入电压为额定电压的 110% 时，空载电压也不超过 30 V。

（2）弧焊机接地（或接零）要求。手工交流弧焊机一般采用 220 V 或 380 V 电压供电。弧焊机作为一种可移动式设备，危险性较大，必须保持良好的接地。弧焊机接地首先是要把弧焊变压器的外壳接地（PE），防止一次绕组与外壳之间产生漏电。其次，还要把二次侧回路接地（PE），以防一次高压侧电压直接窜入二次侧造成危险。二次侧回路接地（PE）需要注意以下几点：

1）在工件连线端接地（PE）。二次侧接地时，一定要把与工件相连的一端接地（见图 6-7），绝对避免焊钳一端接地（见图 6-8）。

图 6-8a）中，焊钳端与外壳共同接地，焊钳与弧焊变压器外壳总是具有同样的电位，这无疑是把空载电压的带电范围由原来的焊钳一处扩展到了整个设备外壳；而在图 6-8b）中，焊钳端与外壳分别接地，两者不再具有同样的电位，危险

性相对减小。然而不论上述哪种情况，如果被焊工件与大地不能完全绝缘（有时很难做到工件与大地保持良好绝缘），在焊接时将有电流经接地部位进入大地，再由工件流回焊接变压器的另外一端。其造成的结果是焊接时可能不易起弧，焊接效率降低，同时接地体周围的大地及导体充满流散电流，容易形成焊接点以外的发热点，其危险性是不言而喻的。

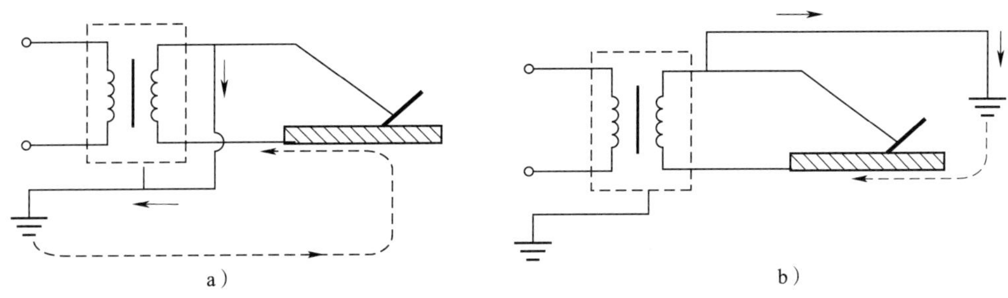

图 6-8　弧焊机二次侧错误接地

a）焊钳端与外壳共同接地　b）焊钳端与外壳分别接地

2）弧焊机二次侧只要一点接地（PE），不要两处或多处接地（PE）。在连接工件一端两处或多处接地后，即使工件与大地绝缘良好，两处或多处接地体之间也会在工件周围的大地及导体中形成流散电流。

（3）被焊工件安全措施。通过上述分析还可以看出，为避免在工件周围大地及导体中形成有害流散电流，焊接时应将被焊工件与大地隔开。这一点在实际焊接工作中有时很难做到，如被焊工件是埋入地下的管道、建筑钢筋等。在无法使被焊工件与大地隔开的情况下，焊接时应注意被焊工件以外导体的发热情况。

（4）其他要求与措施如下：

1）用于二次侧的焊接电缆线应为单股专用线，长 20 ~ 30 m，加长连接时采用焊接电缆专用连接装置，即焊接电缆耦合装置。焊接电缆接线耦合器如图 6-9所示。

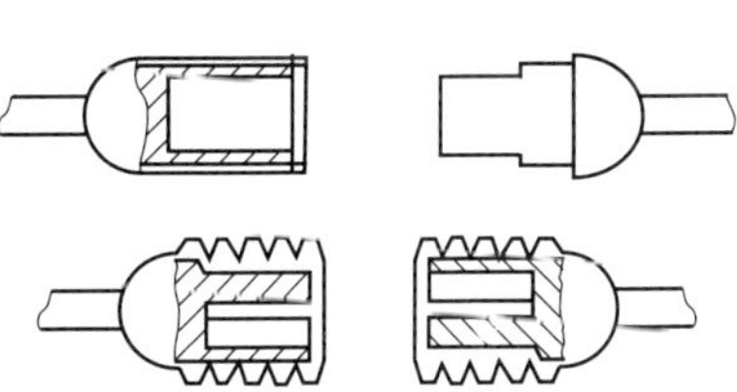

图 6-9　焊接电缆接线耦合器

2）雨天不得露天电焊。在潮湿地带工作时，电焊人员应站在铺有绝缘物品的地方并穿绝缘防护鞋。

3）移动弧焊机时，必须将弧焊机停电。

4）注意其他人体伤害。焊接产生的烟雾中含有锰类化合物，易造成锰中毒，焊接时应注意通风；应注意焊接强光对眼睛的伤害；避免高温烫伤。

5）应注意避免火灾爆炸的发生。焊接现场 10 m 范围内，不得堆放油类、木材、氧气瓶、乙炔发生器等易燃、易爆物品。

第三节　低压保护电器

一、低压保护电器概述

低压保护电器是指工作在额定电压为交流 1 000 V、直流 1 500 V 及以下电路中对人、设备及线路进行保护的电器。

低压保护电器的保护功能涉及两个方面：一方面是自动断电（带电保护），另一方面是断电后的进一步隔离（停电保护）。自动断电实现故障情况下对人和设备的即时保护，而隔离则是自动断电后对故障检修人员的安全保障。

完成自动断电保护功能的保护电器有断路器、熔断器和保护类继电器。

断路器是应用最为广泛的一类保护电器。广义而言，断路器是指在过流（过载、短路）、漏电、欠压、过热等情况下能直接即时断开电源的一类保护装置的总称。断路器可以是具有以上各种保护功能的综合装置，也可以是只具有其中一种或两种保护功能的装置。在实际应用中，最基本的保护功能是过流保护与剩余电流动作保护。因此，最常用的断路器有两种：一种是过流保护断路器，主要用于线路和设备的保护；另一种是剩余电流动作保护断路器，主要用于对人的保护。剩余电流动作保护断路器常被称作漏电保护器或剩余电流动作保护装置，由于其作用与地位特殊，常被看作一类独立的保护电器加以应用。狭义而言，断路器专指具有过流保护功能的断路器。狭义上的低压断路器又称空气自动开关或空气开关。

熔断器是专门用于过流保护的装置，与断路器不同，它靠自身在电路中形成耐热薄弱环节，当线路过流（过载或短路）时熔断来提供保护功能。

保护类继电器也是实现自动断电功能的装置，其保护功能与断路器一样，可以是过电流、漏电、欠压、过热等保护。与断路器不同的是，保护类继电器主要用于控制电路，一般不直接断开负载电路或主回路。其作用是获取主回路故障信号后，由其自身机械机构（如热继电器中的双金属片）或电磁线圈的磁力打开或闭合其自身接入控制电路的开关（辅助触点），最后再由控制电路驱动其他装置（交流接触器）完成对设备主回路的断电保护。因此，保护类继电器的功能相当于断路器的脱钩器，也就是断路器获取故障信号并发出断电触发动作的装置。进一步而言，断路器完成的功能相当于保护类继电器和交流接触器共同完成的功能，如图 6–10 所示。不过，断路器一般用于配电线路和操作不频繁的设备控制，而保护类继电器与交流接触器一般用于操作频繁的设备，如电动机的保护与控制。

图 6–10　断路器与保护类继电器的关系

虽然上述各种自动断电保护装置能将电源断开，但由于保护动作时间要求及装置体积的限制，其断开距离一般不大，电源侧产生的过电压有可能在保护装置断开处形成闪络或击穿，或者由于人为及其他原因造成保护装置误动作，使被断开的电路再次与电源接通，这势必会对故障检修人员的安全造成威胁。所以，在自动断电装置（一般是断路器）附近靠近电源一侧线路上再增设一个大距离断开处，可使被断路器或其他断电装置断开的设备或线路与电源彻底分离，而且形成了双断开保险，保障了故障检修人员的安全。这种措施就是隔离保护，而提供隔离保护功能的装置便是隔离器或隔离开关。

一般情况下，隔离器与断路器总是配合使用，一同串入线路当中，构成断电前和断电后的完整保护措施。

低压保护电器的分类及作用如图 6–11 所示。

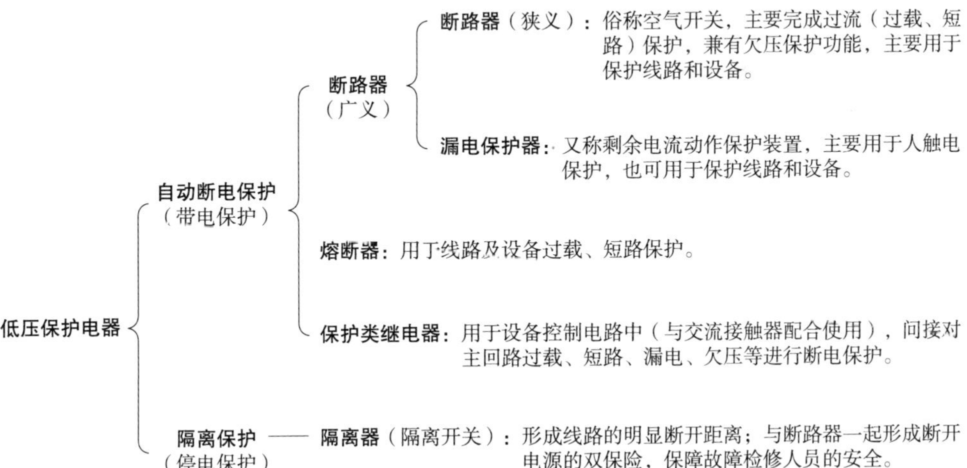

图 6–11　低压保护电器的分类及作用

二、低压断路器

鉴于剩余电流动作保护装置在前面章节中做过介绍，这里主要介绍狭义上的断路器，即空气开关。

1. 低压断路器的功能

断路器的功能是在故障情况下完成对主回路的自动断电，所以其断开的往往是带有负载、具有一定电流值的电路或设备。断开带有负载的电路往往会产生电弧，给人和设备带来危险，因此，断路器必须具备灭弧装置。实际上，不但自动断开负载电路会产生电弧，人为接通或断开负载电路也会产生电弧，也需要采取灭弧措施。正是由于断路器必须具备灭弧装置，人们常利用断路器完成正常情况下人为断开与闭合负载电路的任务。断路器的功能有 2 个：

（1）非正常情况下的自动断电保护功能。

（2）正常情况下人为分断或闭合负载线路（主回路）的功能。

需要说明的是，不应把第二种功能看成是断路器的附带功能。相反，与第一种功能一样，第二种功能是断路器的基本功能。因为在装有断路器、熔断器、隔离开关等各种装置的线路中，如果想断开电源，首先操作的必须是断路器，而不是其他装置，尤其不是隔离开关。隔离开关一般没有灭弧装置，用其直接切断负载是非常危险的。同样，在送电操作中，首先是在保持负载断开的情况下将其他各种装置闭合，最后再由断路器完成负载或线路的通电工作。

2. 低压断路器自动断电保护原理

低压断路器自动断电保护功能可完全由电磁装置来完成，也可由电子装置来完成。电磁式断路器具有结构简单、分断电流大、可靠性强、环境要求低等特点，目前广泛用于输配电线路、建筑物总配电箱、大型设备保护等领域。电子式断路器体积小，智能化程度高，目前广泛应用于家庭及电子设备等末端用户。

（1）电磁式断路器过流保护原理。过流（过载、短路）保护是断路器的基本功能，狭义上的低压断路器（空气开关）往往指以过流保护为基本功能的断路器，而欠压、热保护等往往被看作附加功能。所以，单一保护功能的断路器一般指的是过流保护断路器；而对于具备多种保护功能的断路器，过流保护是不可缺少的基本功能。

电磁式断路器过流保护原理如图 6-12 所示。电磁式断路器的核心部分为串入线路的电磁铁线圈（匝数很少，一般为 1 匝到几匝）。断路器闭合后，其动、静触点接触（如图 6-12 中所示状态），将进线与出线接通，此时复位弹簧处于拉伸状态，但由于搭钩作用，动、静触点并不能分开，所以线路一直处于接通状态。当线路中出现过载或短路时，线路电流剧增，导致电磁铁磁场增强，位于其上方的衔铁克服整定弹簧的拉力被吸下，顶杆随之上移，使搭钩脱开，在复位弹簧的作用下，动、静触点分开，供电中断。通过调整整定弹簧的弹力，可以调整自动断电时的电流大小。

（2）断路器过热（过载）与欠压保护原理。具有过流、欠压、过热（过载）综合保护功能，能同时断开三相电路的断路器（多功能断路器）如图 6-13 所示。图中，过流保护由过流电磁铁及相应部件完成，欠压保护由欠压电磁铁及相应机构完成，过热保护由发热元件与双金属片完成。

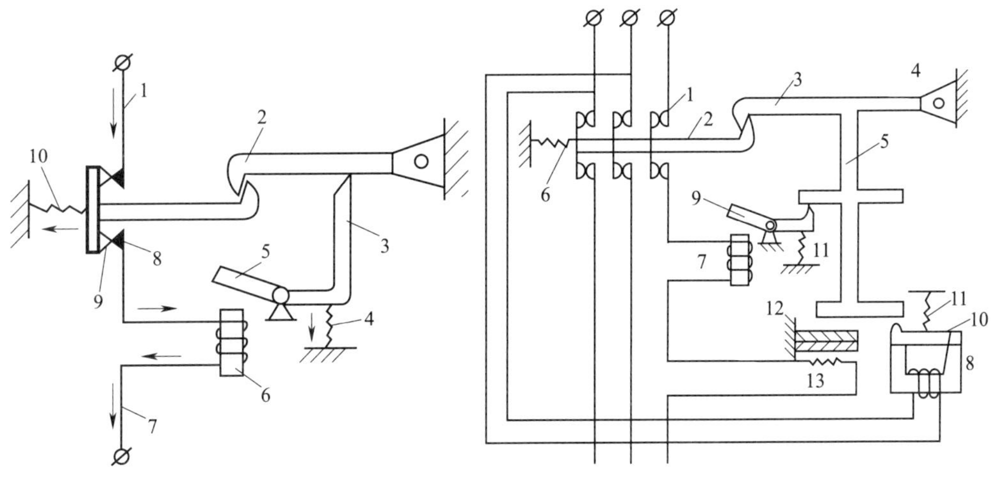

图 6-12　电磁式断路器过流保护原理

1—进线　2—搭钩　3—顶杆　4—整定弹簧　5—衔铁　6—电磁铁　7—出线　8—静触点　9—动触点　10—复位弹簧

图 6-13　多功能断路器

1—触点　2—下搭钩　3—上搭钩　4—转轴　5—杠杆　6—复位弹簧　7—过流电磁铁　8—欠压电磁铁　9、10—衔铁　11—弹簧　12—双金属片　13—发热元件

欠压保护旨在线路电压低到一定程度时断开电路。与过流保护不同，用于完成欠压保护的欠压电磁铁是并联接入电路中的，而过流电磁铁是串入电路中的。另外，欠压电磁铁的匝数较多，而过流电磁铁匝数很少。正常情况下，欠压电磁铁产生的吸引力足以克服弹簧 11 对衔铁 10 的拉力，使衔铁 10 保持在被吸合状态。当线路中的线电压低到一定程度时，欠压电磁铁 8 对衔铁 10 产生的吸引力小于弹簧 11 对衔铁 10 的拉力，衔铁 10 向上运动并触动杠杆 5，下搭钩 2 与上搭钩 3 脱开，最后靠复位弹簧 6 的拉力将触点 1 打开，完成自动断电保护。

过热保护实际上是一种过载保护，与过流保护一样，其发热元件 13 也串入电路中。正常情况下，发热元件 13 产生的热量较少，不足以使双金属片弯曲。当电路中电流较大，且持续足够长一段时间后，双金属片自身的温升使其向上弯曲，触发杠杆 5 及其他机构完成断电保护动作。过热保护与过流保护虽然都能对过载进行保护，但过热保护不会在电路出现过电流时马上动作，它需要一定的热效应累积时间，此类保护功能主要用于电动机发热保护；过流保护可以在发生过电流时即时动作，无须热效应累积时间。

（3）智能型断路器保护原理。智能型断路器是把微处理技术、网络技术和信息通信技术与现代机电一体化集成在一起的高新技术产品。其主要特征是内置智能脱扣器，利用微处理芯片，对各极电流、电压分别采样，用软件模拟电流发热效应，并应用存储器积累电流“热量”，当累积量超过限值时，微处理器发出控制指令，控制相应硬件动作，实现保护功能。

智能型断路器工作原理如图 6-14 所示。由电流互感器 TA 或电压互感器获取线路的电流、电压信号，经集成电路处理后，输出驱动信号，使脱扣线圈通电。脱扣线圈通电后，由其产生的电磁力将触点或开关断开。

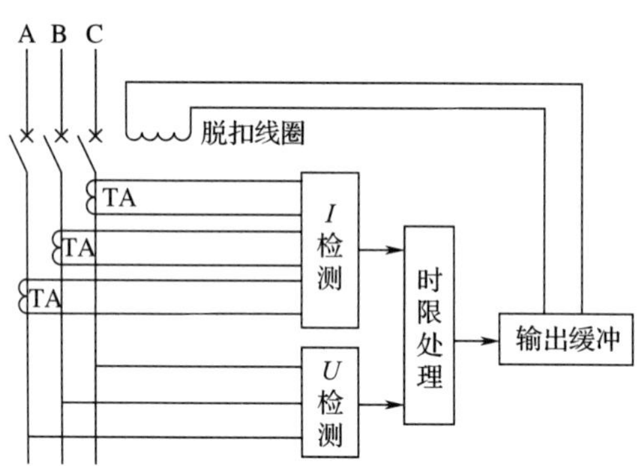

图 6-14　智能型断路器工作原理

3. 低压断路器保护特性

低压断路器保护特性是指断路器的断开时间与断开电流之间的关系，即 $t=f(I)$。而断路器的保护特性是根据保护目的设计的，其遵循的原则是在充分保护设备或线路的基础上兼顾用电的可靠性，避免不必要的停电。如果以过载保护为目的，过载电流相对短路电流而言较小，可采用热脱扣器，按反时限特性在较长时间内断开。当短路电流较小，且在较短时间内不至于造成设备损害时，采用短延时短路脱扣器，在适当延迟后断开短路电流。当然，如果短路电流持续时间较短，断路过程结束后，断路器不再断开，从而保障用电可靠性。如果短路电流非常大，需要尽快断开电路，此时要采用瞬时脱扣器完成保护任务。

低压断路器的瞬时动作过电流脱扣器的整定电流应大于线路上可能出现的峰值电流。低压断路器的瞬时动作过电流脱扣器动作电流的调整范围多为其额定电流的3～10倍。长延时动作过电流脱扣器应按照线路计算负载电流或电动机额定电流整定，具有反时限特性，以实现过载保护。短延时动作过电流脱扣器一般都是定时限的，延时为0.1～0.4 s。该脱扣器亦按线路峰值电流整定，其值应大于或等于下级低压断路器短延时或瞬时动作过电流脱扣器整定值的1.2倍。一台低压断路器可能装有以上3种过电流脱扣器，也可能只装其中两种或一种。如图6-15所示，上级断路器的保护特性应高于下级断路器的保护特性，二者不能交叉。

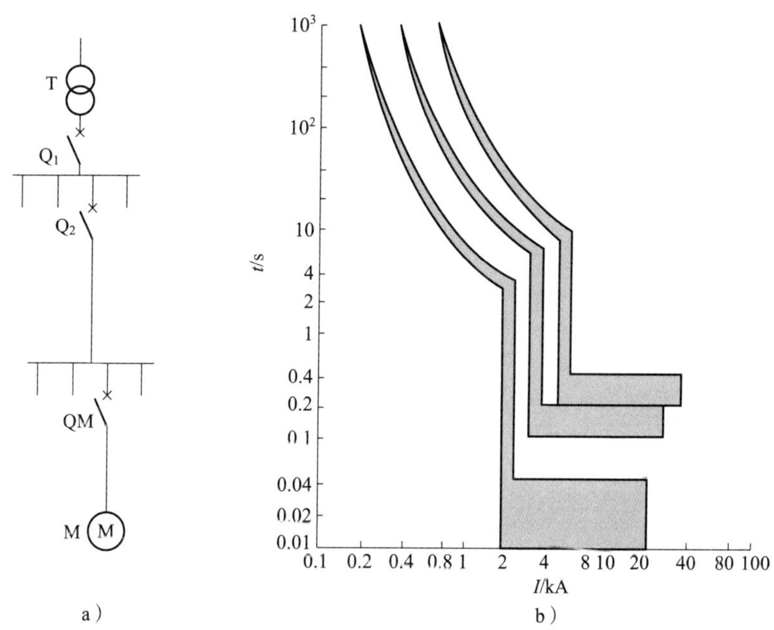

图6-15　低压断路器的保护特性

a）配电系统简图　b）保护特性

4. 低压断路器选择与使用

（1）保护特性选用原则。断路器用于保护发热对象时，其保护特性应与被保护对象的发热特性相匹配，即断路器的保护特性曲线应在被保护对象发热特性曲线以下，如图6-16a）所示。

另外，当断路器用于不同级别的线路保护时，也要注意上、下级断路器保护特性的匹配，上级保护的特性曲线应在下级保护特性曲线之上，二者不能相交。这样才能确保离短路点近的断路器动作，而其他断路器不动作，保障停电限制在有限范围之内。这种有选择的保护称为选择性保护，为此，上一级断路器的短路动作时间与下一级相比有一定的延时（如0.4 s），如图6-16b）所示。

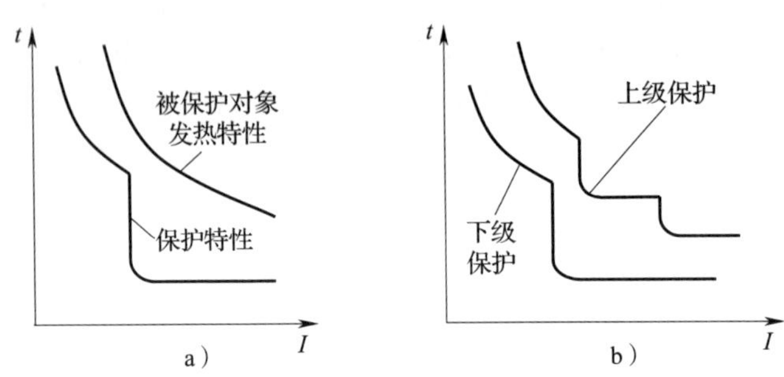

图6-16　保护特性的选择

a）断路器用于保护发热对象　b）上、下级保护

（2）其他参数的选择与使用原则。为了保障断路器的正常运行与自身安全，除保护特性外，还必须选择断路器的其他参数，具体原则如下：

1）断路器的额定电流大于等于负载工作电流。

2）断路器的额定电压大于等于电源或负载的额定电压。

3）断路器的极限通断能力大于等于电路的最大短路电流。

（3）具体应用要求如下：

1）用于保护照明及生活用电线路的断路器，一般采用塑壳式断路器。其选用原则如下：

①长延时保护整定值小于等于线路计算负载电流。

②瞬时动作整定电流为6～20倍线路计算负载电流。

2）当断路器与周围保护电器配合使用时，应满足以下要求：

①二次侧主保护断路器的保护特性曲线低于一次侧熔断器熔化特性曲线，与高压侧保护继电器配合级差为0.4～0.7 s。

②上级断路器的短延时整定电流应大于1.2倍的下级断路器整定电流或瞬时（若下级无短延时）断开整定电流。

③上级断路器的瞬时整定电流应大于 1.1 倍的下级断路器进线或出线处短路电流。

④在具有短延时和瞬时动作的情况下，上级断路器的瞬时整定电流小于等于下级断路器的延时通电能力，并大于等于 1.1 倍下级断路器进线外的短路电流。

⑤有短路延时的断路器，如果带有欠压脱扣器，则必须是带有延时的，且延时时间长于短路延时。

5. 小型断路器

小型断路器是指额定电流在 63 A 及以下的塑料外壳式低压断路器，又称微型断路器。它具有结构先进、性能可靠、分断能力强、外形小巧等特点，适合交流 50/60 Hz、额定电压 230/400 V、额定电流最大至 63 A 线路的过载和短路保护之用，也可在正常情况下作为线路的不频繁操作转换之用。小型断路器被大量用于工业、商业及办公大楼、宾馆和民用住宅等各种场所。

小型断路器由高强度及高阻燃性塑料外壳、过电流脱扣器、操动机构、触头及灭弧系统组成。其主要用途是保护线路末端的电线（或电缆）和用电设备。采用导轨安装方式，其产品宽度都选取 9 mm 的倍数，故称为模数化终端电器。

根据极数不同，小型断路器分为 1P、2P、3P、4P 4 种。根据需要，小型断路器可配装剩余电流动作保护附件、分励脱扣器、欠压脱扣器、报警与辅助接点等实现附加的保护功能。不同系列标准型产品，根据选型不同，分断能力有从数千安到十几千安的几种不同规格。应用最广泛的情形是小型断路器配装剩余电流动作保护附件，作为人身直接接触电击和间接接触电击的防护措施，同时也对电气设备或线路漏电引发的电气火灾事故起到防范作用。

三、低压熔断器

熔断器主要用于短路保护和严重过载保护，是一种广泛用于低压配电系统用电设备中的保护电器，其结构简单、使用方便、价格低廉。熔断器串接在被保护电路中，当通过它的电流小于规定值时，其熔丝相当于一根导线，起电气连接作用；当通过它的电流超过规定值一定时间之后，其熔丝熔断而切断电路，起到保护作用。

熔断器主要由熔丝、载熔丝件和熔断器底座 3 部分组成。熔丝是熔断器的核心部件，当电路发生短路或过载时，熔丝发热而熔断。载熔丝件和熔断器底座起支撑、绝缘和保护作用，由耐高温绝缘材料如陶瓷、石英玻璃等制成。

1. 熔断器保护特性和分断能力

熔断器的保护特性曲线也称熔断器的安秒特性曲线，是指熔丝的熔化电流与时间的关系曲线。其特性与熔丝材料有关，其特征为反时限性，即电流越大，熔断时间越短。

从图 6-17 看出，熔断器的保护特性中，存在一个最小熔化电流。当通过熔丝的电流小于最小熔化电流时，熔丝不会熔断；当通过熔丝的电流等于或大于最小熔化电流时 I_r，熔丝就会熔断。理论上而言，由最小熔断电流熔断熔丝的时间为无限长，实际中，往往将在 1 ~ 2 小时能使熔丝熔化的电流作为熔丝的最小熔化电流。最小熔化电流也称临界电流。

在实际应用过程中，熔断器均要选定一个额定电流 I_{rn}，使正常情况下通过熔体的电流小于或等于额定电流。额定电流一定要小于最小熔断电流。

最小熔断电流与额定电流之比称为熔断器的熔化系数，用 β 表示，即 $\beta = I_r/I_{rn}$。熔断器的熔化系数是表征其保护灵敏度的一个指标，熔化系数太大，保护灵敏度低，甚至有可能起不到保护作用；熔化系数越小，保护灵敏度越高，但保护系数太小，熔丝温度较高，容易因电流波动引起熔断，降低供电的可靠性。一般而言，10 A 及以下熔断器的熔化系数为 1.5，10 ~ 30 A 熔断器的熔化系数为 1.4，30 A 以上熔断器的熔化系数为 1.3。

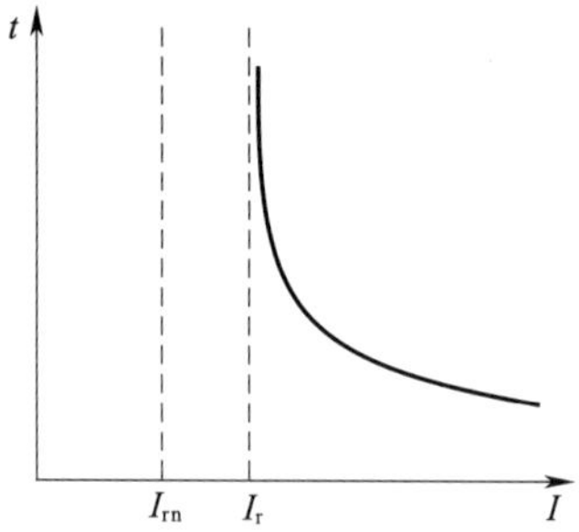

极限分断能力是熔断器的主要技术参数之一。极限分断能力是指熔断器在规定的额定电压和功率因数条件下能分断的最大短路电流。小于该电流时，熔断器可以可靠地动作，而且不会危及周围环境。超过该值，熔断器可能出现持续飞弧、引燃、烧毁熔断器等现象。

图 6-17　熔断器的保护特性（安秒特性）

2. 熔断器分类方法和型号

（1）熔断器分类方法如下：

1）按结构型式。按结构型式，熔断器可分为插入式、螺旋式、无填料密闭管式、有填料密闭管式、快速熔断式（半导体式）和自复式熔断器。

2）按工作类型分类。熔断器按工作类型或分断范围可分为 g 类和 a 类。

①g 类熔断器又称全范围熔断器，能够在不低于其额定电流的情况下长期工作，并在规定条件下分断从最小熔化电流到其额定分断电流的任何电流。

②a 类熔断器又称部分范围熔断器，在规定条件下，只能分断从 4 倍额定电流到其额定分断电流的任何电流。

3）按使用类别分类。按使用类别，熔断器分为 G 类和 M 类。其中，G 类为一般用途熔断器，M 类为电动机用熔断器，主要对电动机负载进行保护。

对于具体的熔断器，上述类型可以有不同组合，如常用的 gG 系列和 aM 系列。其中 gG 系列主要用于对电路过载和短路的保护，而 aM 系列主要用于对电动机的短路保护。

4）按动作速度分类。根据动作速度要求不同，熔断器分为一般熔断器和快速熔断器。随着电子技术的发展，半导体元件被广泛用于电气控制装置中。然而各种半导体元件的抗过载能力很差，通常只能在极短的时间内承受过载电流，必须采用快速熔断器进行保护。所以，快速熔断器又称半导体器件保护用熔断器。目前，常用的快速熔断器有 RS 系列有填料快速熔断器、RLS 系列螺旋式快速熔断器和 NGT 系列半导体器件保护用熔断器三大类。

（2）熔断器的型号。熔断器型号一般表示方法如图 6–18 所示。

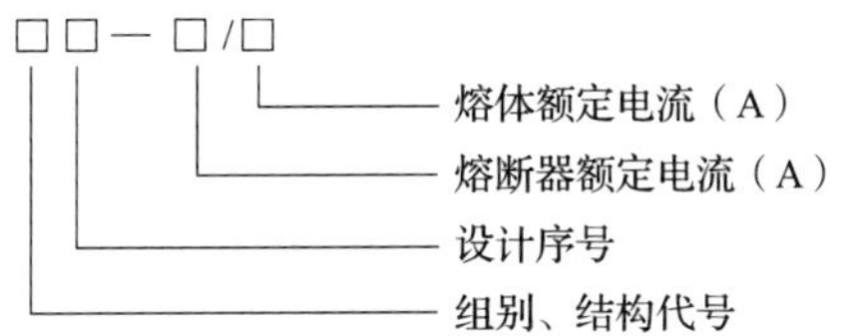

图 6–18　熔断器型号一般表示方法

其中，熔断器的组别、结构代号包括 C（插入式）、L（螺旋式）、M（无填料封闭式）、T（有填料封闭式）、S（快速熔断式）及 Z（自复式）。熔断器额定电流一项，对于 RS 系列快速熔断器，则为熔断器的额定电压。表 6–11 给出了不同类型熔断器的特点及其适用场合。

表 6–11　　不同类型熔断器的特点及其适用场合

类别	特点	适用场合
RC1 系列半封闭插入式	结构简单，价格低廉，带电更换方便，但无特殊灭弧措施，极限分断能力较小，最大为 3 kA，熔化特性不稳定	用于额定电流在 200 A 以下线路末端或分支电路中，作为电缆及电气设备的短路保护
RM 系列无填料封闭管式	结构简单，为可拆换式，更换熔丝方便，具有一定极限分断能力，最大可达 20 kA	用于电力网络、配电设备中，作为短路保护和连续过载保护
RT0 系列有填料封闭管式	具有高分断能力，极限分断电流可达 50 kA；安秒特性较稳定，有限流特性；有红色醒目熔断指示器，便于故障识别	用于要求较高、短路电流较大的电力网络或配电装置中，作为电缆、导线、电动机、变压器及其他电气设备的短路保护和电缆、导线的过载保护

续表

类别		特点	适用场合
RT10、RT11 系列有填料封闭管式		极限分断能力大，可达 50 kA，有熔断识别器，便于识别故障状态	用于额定电流为 100 A 及以下的电力网络或配电装置中，作为电缆、导线及电气设备的短路保护和电缆、电线的过载保护
RL 系列有填料封闭螺旋式		抗震性能较好，使用石英砂填料，极限分断能力较高，最大可达 50 kA，有熔断指示器	用于配电线路的过载及短路保护，也常用于机床控制电路，保护电动机
快速熔断器	RLS 系列螺旋式	动作速度快，分断能力大，极限分断能力可达 50 kA，在带电压（不带负载）下，不用工具可安全更换熔丝	用于额定电流为 100 A 的电路，作为硅整流元件、晶闸管及其成套装置的短路保护或某些不允许过电流的过载保护
	RS0、RS3 系列有填料封闭管式	分断速度快，分断能力强，具有较大限流作用	RS0 系列适于交流额定电压 750 V 及以下，额定电流 480 A 及以下电路中硅整流及成套装置的短路保护；RS3 适于 1 000 V 及以下，额定电流 700 A 及以下电路中，作为晶闸管及成套装置短路保护。RS0、RS3 也可用于过载保护

3. 熔断器的选择

（1）熔断器选用原则如下：

1）熔断器的额定电压应不小于线路的工作电压，熔断器的极限分断电流应大于电路中可能出现的最大短路电流。

2）选择熔断器时，熔断器的保护特性（安秒特性）应与被保护对象的安全特性有良好的配合。安秒特性曲线应在被保护对象的安全特性曲线以下。

（2）熔断器之间的配合要求。选择熔断器应注意各级熔断保护的配合，避免熔断器越级动作，扩大停电范围。上、下级熔断器熔丝的安秒特性（保护特性）曲线不相交，且上级熔断器熔丝的保护特性曲线在下级熔断器熔丝之上。考虑熔断器的安秒特性曲线存在一定误差范围，上、下级熔断器熔丝额定电流之比要满足一定要求。上、下熔断器的熔丝额定电流之比为 1.6∶1 或 2∶1。

（3）熔断器与断路器之间的配合。当熔断器与断路器在同一处配合使用时，熔断器可作为后备保护。断路器的保护特性曲线首先应在熔断器的安秒特性曲线下方，这样可在过流情况下优先断开断路器。然而，二者的交接电流 I_B 应小于断路器的额定运行短路分断电流 I_{cs}，如图 6－19 所示。这样可以在大断路电流的情况下，发挥熔断器对断路器的保护作用。

（4）熔丝额定电流的选择。具体选择原则如下：

对于照明电路、电炉等电流比较平稳的负载，熔断器用于过载和短路保护，熔丝额定电流 I_{rn} 要等于或略大于负载电路中的额定电流 I_{fn}，即

$$I_{rn} = (1.0 \sim 1.1)\ I_{fn}$$

对于保护电动机的熔断器，应考虑电动机启动电流的影响。电动机启动电流大于工作电流数倍，所以熔断器只能作为电动机的短路保护，无法作为过载保护，电动机过载保护一般采用热继电器。

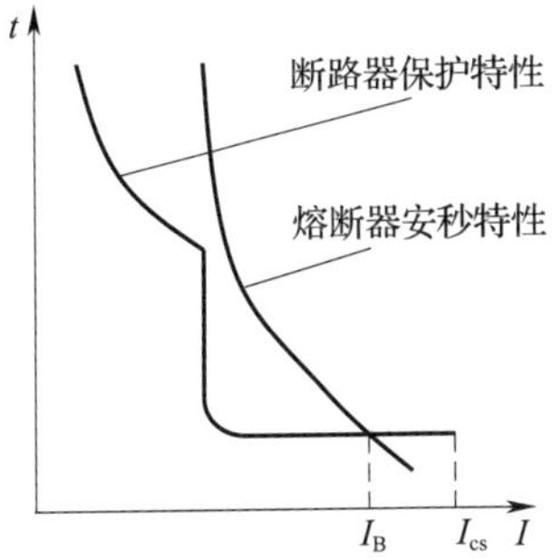

图 6-19　熔断器与断路器的配合使用

对于单台电动机，启动电流为额定电流的 4 ~ 7 倍，为了防止启动时烧断熔丝，熔丝的额定电流一般取电动机额定电流的 1.5 ~ 2.5 倍，即

$$I_{rn} = (1.5 \sim 2.5)\ I_{fn}$$

当电动机轻载启动或启动时间较短，系数可取 1.5；如果电动机带重载启动，启动时间长或频繁启动，系数应接近 2.5。

对于保护多台电动机的熔断器，考虑多数情况下电动机一般不可能同时启动，熔丝的电流应为最大一台电动机额定电流的 1.5 ~ 2.5 倍，再加上其余电动机额定电流之和。

对于降压启动的电动机，熔丝的额定电流应等于或略大于电动机的额定电流。

当熔断器用于变压器保护时，容量 160 kV · A 以下变压器的高压侧熔丝可按其额定电流的 2 ~ 3 倍选取；容量在 160 kV · A 以上时，高压侧熔丝的额定电流可以按 1.5 ~ 2 倍的额定工作电流选取，容量越大，相应倍数越小。变压器低压侧熔丝的额定电流可按 1 ~ 1.2 倍负载额定电流选取。

四、保护继电器

继电器是用于控制电路中的电器元件，可以完成多种操作或控制功能。用于保护目的的继电器称为保护继电器。它一般不直接对主回路或负载回路进行操作，而是与接触器配合使用，由接触器完成对主回路的切断或闭合任务。从这个角度而言，保护继电器的作用相当于断路器的脱扣器。与断路器脱扣器一样，保护继电器可分为热继电器、过电流继电器、欠压继电器等。由于热继电器广泛用于电机类产品保护，这里只介绍热继电器。

1. 热继电器的用途

对于电动机的保护，熔断器只能用于短路保护，不能用于过载保护。而断路器的过流保护特性与电动机所需的过载保护特性不一定匹配，所以断路器一般也不用作电动机的过载保护。目前常用的过载保护装置便是热继电器。

热继电器是利用电流热效应原理来工作的保护电器，具有与电动机允许过载特性相近的反时限保护特性，可用于电动机过载保护、缺相及电流不平衡运转的保护。目前使用最普遍的是双金属片式热继电器。热继电器的双金属片升温需要一定时间，即具有热惯性，所以不会因电动机的过载而立即动作。这样既可以允许电动机短时过载，又可以避免电动机长时间过载出现过热危险。由于热惯性，当发热元件通过较大电流甚至短路时，热继电器也不会立即动作。因此，热继电器只能用作过载保护，不能用作短路保护。

热继电器一般与用于电动机控制的交流接触器配合使用。热继电器用于电动机保护的原理如图 6-20 所示，热继电器 FR 的发热元件串入主回路，在热效应作用下，热继电器的双金属片弯曲，将其串入控制回路的常闭触点打开，接触器电磁线圈 KM 断电失去吸引力，主触点 KM 在复位弹簧作用下打开，断开电源，保护电动机。

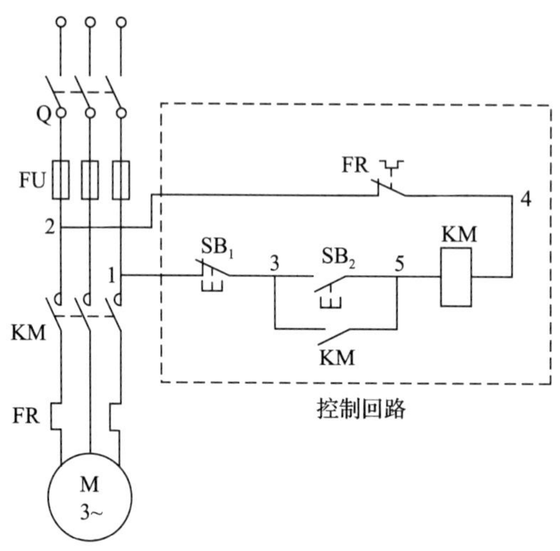

图 6-20　热继电器用于电动机保护的原理

2. 热继电器工作原理

热继电器结构及工作原理如图 6-21 所示。热继电器的核心部分是发热元件 11

与双金属片13。发热元件11直接串入电动机的电路中，直接反映电动机的过载电流。双金属片13为线膨胀系数不同的金属以机械方式碾压为一体的元件。当双金属片被发热元件加热后，双金属片由于两侧金属线膨胀系数不同而向一侧弯曲。正常情况下，这种弯曲不足以驱动热继电器动作。但当电动机过载时，发热元件产生的热量增加，双金属片弯曲加大，推动导板12，并通过补偿双金属片10与推杆6将触点4和触点5分开。触点4和触点5是串入控制电路的常闭触点，它们分开后将导致控制电路中交流接触器的电磁线圈失电，使处于闭合状态的常开主触点断开，从而切断电源，保护电动机。

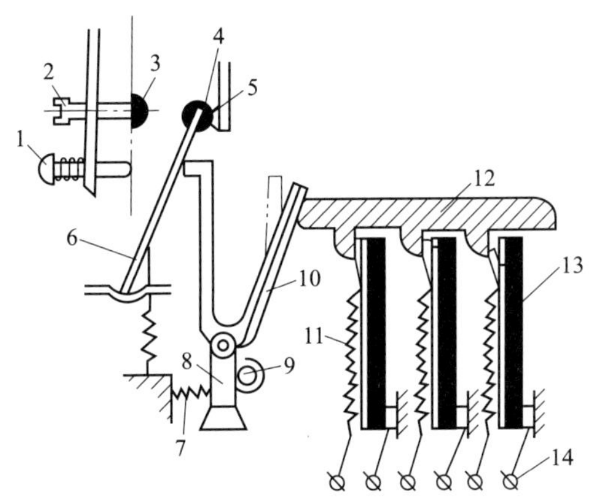

图6-21 热继电器结构及工作原理

1—按钮 2—复位螺钉 3—常开触点 4、5—常闭触点 6—推杆 7—压簧转动偏心轮 8—支撑件 9—调节旋钮 10—补偿双金属片 11—发热元件 12—导板 13—主双金属片 14—接线端子

调节旋钮9是一个偏心轮，它与支撑件8构成杠杆，转动偏心轮可以改变补偿双金属片10与导板12的距离，达到调整动作电流的目的。通过调节复位螺钉2可以改变常开触点3的位置，当复位螺钉2拧入深度较大时（常开触点3位置相对靠近常闭触点5），常闭触点4在双金属片冷却后可自动回到常闭位置，继电器可自动复位；当复位螺钉2拧入深度较浅时（常开触点3位置相对远离常闭触点5），双金属片冷却后，常闭触点4不能自动回到常闭位置，必须借助手动复位。

3. 热继电器的选择与使用

同一型号的热继电器往往配有成系列的多个热元件。选择热继电器的关键是选择热元件，而热元件的关键技术指标就是整定电流范围。整定电流就是热元件通过的电流超过此值20%时，热继电器应当在20 min内动作的电流。通常，热继电器的整定电流是可以调整的，最大的整定电流称为额定整定电流，而热继电器的整定电流范围一般为额定整定电流的66%～100%，在技术参数中通过最小、中间、额定3个典型整定电流值给出。表6-12为部分型号热继电器的主要技术参数。

表6-12　部分型号热继电器的主要技术参数

型号	热元件号	整定电流范围/A	相配交流接触器
JR20-10	1R	0.1～0.13～0.15	CJ20-10
	2R	0.15～0.19～0.23	
	3R	0.23～0.29～0.35	
	……	……	
	15R	8.6～10～11.6	
R20-16	1S	3.6～4.5～5.4	CJ20-16
	2S	5.4～6.7～8	
	……	……	
	6S	14～16～18	
R20-25	1T	7.8～9.7～11.6	CJ20-25
	2T	11.6～14.3～17	
	3T	17～21～25	
	4T	21～25～29	

选择热继电器时，首先考虑热元件，热元件整定电流的中间值要等于或略大于电动机的额定电流值。例如，电动机的额定电流为21 A，可选用编号为3T的热元件（其整定电流范围为17～21～25 A）。在实际运行中，首先把热继电器的整定电流设置为21 A，如果发现热继电器动作频繁，可调整整定电流至25 A；反之，若发现电动机温度较高，可将整定电流调至17 A。

五、隔离器与隔离开关安全

隔离器是用于停电后的一种安全保护装置，是具有隔离保护功能的一类电器的总称。隔离开关是指可以用于隔离保护的一类开关，属隔离器的一部分。隔离保护是指在断开位置上能将电气设备或后续线路与电源明显可见隔开并保持有效隔离距离。它能确保工作人员在检修断电后的线路或设备时的安全。隔离器不仅要求动、静触点之间保持规定的安全距离，而且各电源通路之间、电流通路与接触部件之间也要保持一定的安全距离。一般规定 660 V 及以下电压的隔离距离应大于 25 mm，对地距离不小于 20 mm。

隔离器一般没有灭弧装置，所以不能用其接通或断开负载，一般是在断路器、熔断器或交流接触器等自动或手动断开电源与负载后，才能将其打开。而接通电源与负载的过程正好相反，首先应闭合隔离器，然后再闭合断路器或交流接触器。也有些隔离器在结构上进行了改进，具有一定的灭弧能力，可以接通或断开一定的负载或部分设备。使用该类产品时，一定要严格按照其使用要求操作，保证其通断能力与需要通断的电流相适应。

隔离器与普通开关都是串入电路当中的，具有接通和断开两种状态，然而普通开关（或负荷开关）不能当隔离器使用，因为其往往不能满足隔离技术要求，无法保障检修人员的安全；同样，也不能把隔离器当开关使用，因其不能消除闭合或分断时产生的电弧。然而，有些开关不但具备分断负载的能力，也能满足隔离功能，兼有开关作用的隔离器称作隔离开关。

隔离器或隔离开关常与熔断器结合在一起，形成具有保护功能的组合电器。例如，隔离器熔断器组是将隔离器与熔断器串接在一起，隔离开关熔断器组是将隔离开关与熔断器串接在一起，熔断器式隔离器是将熔断器作为隔离器的隔离分开部件，熔断器式隔离开关是将熔断器作为隔离开关的开闭可动部件。

第四节 变配电设备安全

一、变配电所设备

1. 变配电所设备构成及其作用

变配电所设备包括多种高压设备和低压设备，主要有电力变压器、互感器、高压电器（高压断路器、高压负荷开关、高压隔离器等）、电力电容器、高低压母线、避雷装置等。

变压器是变配电所的核心，具有电网电压转换功能。为了保障变压器功能的正常有效发挥，围绕变压器，要完成电网的电压电流信息采集与监控、电网闭合与分断控制、设备及线路保护、功率因数调整等功能。

互感器是从电网中获取高压、大电流信息的装置，是电网一次回路（电网能量传输回路）和二次回路（对一次回路进行监控的回路）的联络元件。实际上，互感器就是一种特殊的变压器，其一次侧绕组直接接入电网中，构成一次回路的一部分，二次侧与测量仪表、控制及保护装置等相连。互感器与测量仪表和计量装置配合，可以测量一次回路的电压、电流和电能；与继电保护和自动装置配合，可以构成对电网各种故障的电器保护和自动控制。

高压电器主要完成对一次回路的直接控制与保护功能。例如，断路器完成过载或电路的自动断电保护功能；高压负荷开关完成电网送电与断电控制；高压隔离开关可使电源与后续电路或设备彻底分开，保障检修人员的安全等。

电力电容器的作用是提高电网的功率因数，减少无功功率，在提高变压器容量利用率的同时，降低无功功率在线路及设备中的无谓损耗，减少电能的浪费。

高低压母线是变配电所专用的一种矩形大截面导体，通常由导电良好的铜制成，布设在变配电所各主要设备之间，将多台变压器、电容器、避雷装置、多个送配电线路等连接在一起。

避雷装置是变配电所必不可少的保护元件。变配电所是高低压线路汇集处，同时本身设备多为高压带电导体，因而遭受传播雷和直击雷的可能性较大。一旦遭受雷击，变配电设备的直接经济损失会很大，而停电造成的间接损失更是严重，所以变配电所必须配备高效能的避雷装置。

图 6-22 为变配电所各种设备连接的单线图，从图中可以进一步了解各种设备的作用与相互关系。单线图是用一条线代替同样功能和同样连接的三条线，以简化的形式表示三相电路。图中，QS 为高压隔离开关或低压刀开关，QF 是高压或低压断路器，TM 是电力变压器，TA 和 TV 分别为电流互感器和电压互感器，WH 和 WL 分别为高压母线和低压母线，C 是电力电容器，FU 是熔断器，FV 是避雷装置。

图中最上方为高压电源引入处，来自上级变压器或发电厂的高压电路经隔离开关、断路器及互感器，再经隔离开关后与高压母线相连，其后将电力电容器、避雷装置、变压器高压侧线圈等经隔离开关、断路器等连接到高压母线之上，完成对变压器高压侧的监控、保护、功率因数调整等功能。变压器的低压侧线圈经断路器与低压母线连接，再由母线向每个送配电线路供电（图中最下部分）。当然，每个送配电线路同样设有隔离器、断路器等保护装置以及用于运行参数监控目的的互感器。

2. 变配电所的一般安全要求

变配电所的一般安全要求包括建筑设计、设备安装、运行管理等方面。

（1）变配电所的位置。变配电所的位置应符合供电、建筑、安全的基本原则。

从供电角度考虑，变配电所应接近负荷中心，以降低有色金属的消耗和电能损耗；变配电所进、出线应方便等。从生产角度考虑，变配电所不应妨碍生产和厂内运输，变配电所本身设备的运输也应当方便。从安全角度考虑，变配电所应避开易燃易爆场所；不宜设在多尘或有腐蚀性物质的场所，当无法远离时，不应设在污染源盛行风向的下风侧，或应采取有效的防护措施；变配电所不应设在人员密集的场所。变配电所的选址和建筑还应考虑灭火、防蚀、防污、防水、防雨、防雪、防震以及防止小动物钻入的要求，不宜设在对防电磁干扰有较高要求的设备机房的正上方或与其贴邻的场所，当需要设在上述场所时，应采取防电磁干扰的措施。

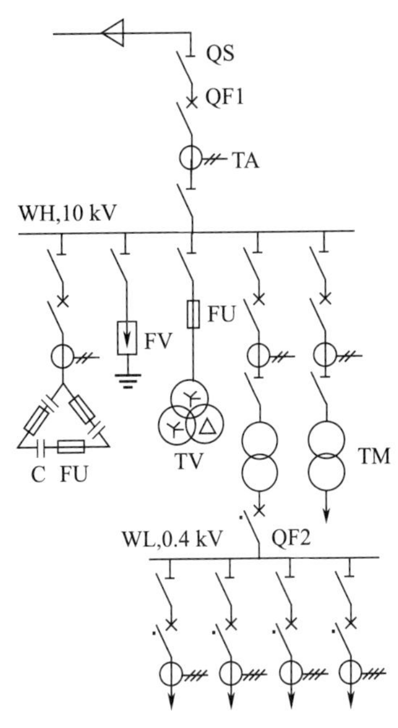

图 6-22　变配电所各种设备连接的单线图

车间变配电所多采用附设变电所。这种变配电所有一面墙或两面墙与车间共用，可以外附，也可以内附。在车间面积不足或环境特殊、工艺设备经常变动的情况下，宜采用外附变配电所。此外，在由一个变电所供给几个车间用电的情况下，或在有防火、防爆、防尘、防腐蚀等特殊要求的情况下，可采用车间外的独立变电所。在大型车间或在车间内有大型集中负荷的情况下，可采用车间内独立变电所。为了充分利用空间，可采用地下或梁架上的车间变配电结构等。

（2）建筑结构。配电室的耐火等级应不低于二级。油浸式变压器的车间内变电所，不应设在三、四级耐火等级的建筑物内；当设在二级耐火等级的建筑物内时，建筑物应采取局部防火措施。

变配电所各间隔的门应向外开；门的两面都有配电装置时，门应向两个方向开。门应为非燃烧体或难燃烧体材料制作的实体门。长度超过 7 m 的配电室至少应有两个安全出口并装设弹簧锁，严禁采用门闩。当配电室的长度大于 60 m 时，宜增加一个安全出口，相邻两个安全出口之间的距离应不大于 40 m。当变电所采用双层布置时，位于楼上的配电室至少设一个通向室外的平台或通向变电所外部通道的安全出口。

蓄电池室应隔离安装。有充油设备的房间与爆炸危险环境或有腐蚀性气体存在的环境毗邻时，墙上、天花板上以及地板上的孔洞应予封堵。

户内变配电所单台设备油量达到 100 kg 时，应有储油坑或挡油设施。储油坑应能容纳 100% 的油；挡油设施应能容纳 20% 的油，并能将油排至安全处。室外变配电所单台设备油量达到 1 000 kg 时，应有挡油设施，挡油设施也应能容纳 20% 的油。

（3）间距、屏护和隔离。变配电所装置间距和屏护应符合本书第二章的要求。户外变配电装置与建筑物应保持规定的防火间距。变压器容量越大，或储罐容量越大、建筑物耐火等级越低，则要求的间距越大。

不论是户内还是户外的配电装置，一般都少不了裸露的带电部分。为了防止电弧烧伤或金属熔化溅出烫伤，应将可能产生电弧的部件隔离开来。为了防止检修时错误地触及带电部分，应在母线与母线之间、母线与隔离开关之间，以及不同线路的设备之间设立永久的或临时的防护遮栏。

对于安装在车间或公共场所的配电装置，宜采用保护式结构。如果采用敞开式结构，户内的配电装置须设置适当的遮栏或栅栏，户外的配电装置须设置栅栏或围墙。

油量为 2 500 kg 及以上的户外油浸式变压器之间的最小净距应符合表 6-13 的要求，若不能满足，应设置防火墙，防火墙的耐火极限不宜小于 4 h，防火墙的高度应高于变压器油枕，其长度应大于变压器储油池两侧各1 000 mm。

表 6-13　户外油浸式变压器之间的最小净距

电压等级	最小净距/m
35 kV 及以下	5
66 kV	6
110 kV	8

变配电所的围墙、变配电设备的围栏、变配电所各室的门窗及通风孔的小动物栏网、开关柜的门等屏护装置应保持完好，还应根据需要做明显的标志（如“止步，高压危险!”等），并予上锁。

（4）通风。蓄电池室有可燃气体产生，必须有良好的通风。变压器室、电容器室等有较多热量排放，必须有良好的自然通风，必要时采取强制通风。进风口均宜在下方，出风口均宜在上方。

（5）联锁装置。为了避免注意力不集中造成事故，应当设置必要的联锁装置，如油断路器与隔离开关操动机构之间的联锁装置、电力电容器的开关与其放电负荷之间的联锁装置、禁区门上的联锁装置等。同时，可以安装指示灯或其他信号装置。户内配电装置设备低式布置时，还应设置防止误入带电间隔的闭锁装置。

（6）电气设备正常运行。保持电气设备正常运行包括观察电流、电压、功率因数、油量、油色、温度指示、接点状态等是否正常，观察设备和线路有无损坏，是否严重脏污，以及观察门窗、围栏等辅助设施是否完好，听其声音是否正常，注意有无放电声等异常声响，闻有无焦煳味及其他异常气味。

变配电装置的三相母线 U（或 L1）、V（或 L2）、W（或 L3）分别涂黄、绿、红色，零母线一般涂淡蓝色。

（7）安全用具和灭火器材。变配电所应备有绝缘杆、绝缘夹钳、绝缘靴、绝缘手套、绝缘垫、绝缘站台、各种标示牌、临时接地线、验电器、脚扣、安全带、梯子等各种安全用具，具体内容详见本书第九章。变配电所应配备可用于带电灭火的灭火器材，如二氧化碳灭火器、干粉灭火器等。

（8）管理制度。变配电所应建立并执行各项行之有效的规章制度，如工作票制度、工作许可制度、工作监护制度、值班制度、巡视制度、检查制度、检修制度及防火责任制、岗位责任制等。

二、电力变压器

1. 变压器的分类

（1）按相数分类如下：

1）单相变压器，用于单相负荷和二、三相组合变压器组。

2）三相变压器，用于三相系统的升、降电压。

（2）按冷却方式分类如下：

1）干式变压器。干式变压器是用环氧树脂浇注的变压器。其作为主要部件的线圈是用环氧树脂真空浇注并经高温固化的封闭结构。干式变压器依靠空气对流进行冷却，分为自然空气冷却（AN）和强迫空气冷却（AF）。自然空气冷却时，变压器可在额定容量下长期连续运行。强迫空气冷却时，变压器输出容量可提高50%。由于无油、无可燃性树脂，干式变压器具有良好的阻燃性，不会发生火灾、爆炸，不会释放有毒气体，不会对人体及环境造成危害，使用安全，可靠性高，使用寿命长，可直接安装在负荷中心。干式变压器可配备智能信号温控系统，自动检测和巡回显示三相绕组各自的工作温度，实现自动启动、停止风机，完成报警、跳闸等功能。

2）油浸式变压器。油浸式变压器依靠油作冷却介质，如油浸自冷、油浸风冷、油浸水冷、强迫油循环等。

（3）按用途分类如下：

1）电力变压器，用于输配电系统的升、降电压。

2）互感器，用于测量仪表和继电保护装置，如电压互感器、电流互感器。

3）试验变压器，用于产生试验用高电压，施加于电气设备进行高压试验。

4）特种变压器，如电炉变压器、整流变压器、调整变压器等。

（4）按绕组形式分类如下：

1）双绕组变压器，用于连接电力系统中的两个电压等级。

2）三绕组变压器，一般用于电力系统区域变电站中。

3）自耦变压器。自耦变压器为单绕组变压器，它的一、二次共用一部分绕组，在电力系统中主要用于连接额定电压相差不大的两个电网（如220/110 kV两个电网连接），也可作为普通的升压或降低变压器用。

（5）按调压方式分类如下：

1）无载调压，又称无激磁调压。

2）有载调压，在用电负荷对电压水平要求较高的场合采用有载调压变压器。

2. 变压器的结构

电力变压器除包含保证基本功能的主副线圈绕组、铁芯外，还包含冷却、保护、防爆等保护装置。油浸自冷式变压器结构如图6-23所示。

变压器高、低压绕组是变压器的核心电路部分，由绝缘铜线或铝线绕制而成，低压绕组多数做成筒形，高压绕组按照容量不同做成筒形或圆饼形，共同套到变压器的铁芯上。一般低压绕组放在内层，高压绕组在低压绕组的外层。

铁芯用于构成变压器的磁通路，变压器的高压和低压绕组都套在铁芯之上。铁芯是用导磁良好的硅钢片叠装而成的闭合磁路。为了减少涡流，铁芯一般采用含硅1%~5%，厚度为0.35~0.5 mm的涂漆钢片叠装而成。

油浸式变压器的绕组和铁芯都浸没在变压器油箱的变压器油里。变压器油具有散热、绝缘、防止内部元件老化以及熄灭内部故障引起的电弧等作用。

对于容量稍大的变压器，在变压器油箱外还焊有散热管，油经过散热管循环流动，把绕组和铁芯产生的热量散发到空气中去。大型变压器还可以采取加装风扇、强迫循环以及水内冷等冷却方式。

在保证变压器基本运行功能的基础上，变压器还设有多种安全部件。

（1）储油柜和油标。储油柜又称油枕，其构造如图6-24所示。储油柜容积一般为油箱的1/10。储油柜位于油箱上部，其下部有油管与油箱相连通。储油柜上装有油标，供观察用。储油柜经呼吸器或注油器与外界相通。储油柜上还有集污盒、取油样放油阀等附件。储油柜的作用是给油的热膨胀与冷缩留有缓冲余地，保持油箱内始终充满油；同时，减少油与空气的接触面积，减缓油的氧化。

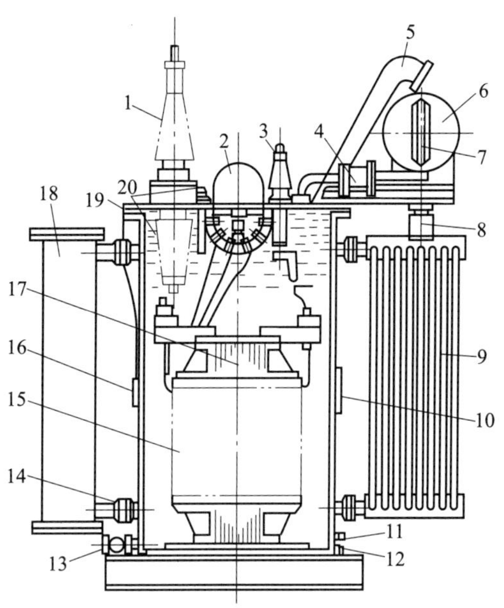

图 6-23　油浸自冷式变压器结构

1—高压套管　2—分接开关　3—低压套管　4—气体继电器　5—安全气道（防爆管）　6—储油柜　7—油表　8—呼吸器（吸湿器）　9—散热器　10—铭牌　11—接地螺栓　12—油样阀门　13—放油阀门　14—阀门　15—线圈　16—信号温度计　17—铁芯　18—净油器　19—油箱　20—变压器油

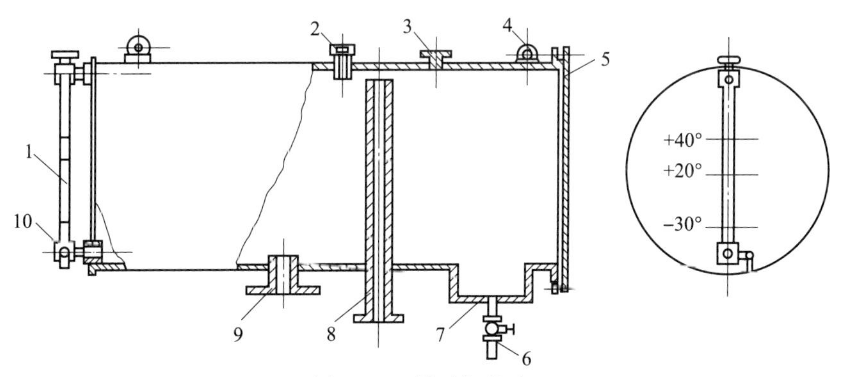

图 6-24　储油柜构造

1—油位计　2—注油孔　3—与防爆管连通法兰　4—吊环螺钉　5—端盖　6、10—阀门　7—集污盒　8—呼吸器连接管　9—气体继电器连通管法兰

（2）呼吸器（吸湿器）。呼吸器装在储油柜的下方或侧面。呼吸器主要由玻璃筒、干燥剂（硅胶）、底罩、连接管等组成，如图 6-25 所示。其连接管上方伸进

储油柜，且其上端高出储油柜内油面。呼吸器是变压器储油柜内部空间与变压器外部空间连接的通道。外部空气进入变压器内部时，空气先经底罩内的变压器油过滤，再经干燥剂吸潮。呼吸器的作用是使油箱内、外压力保持一致，并减缓油箱内变压器油的氧化和受潮，延长其使用期限。干燥剂在干燥情况下呈浅蓝色，吸潮达到饱和状态时呈淡红色。饱和的硅胶在 140 ℃高温下烘干 8 小时后可恢复使用。

（3）气体继电器。变压器的气体继电器安装在变压器油箱与储油柜之间连接油管的中部。FJ3-80 型挡板式气体继电器如图 6-26 所示。当变压器内部发生故障时，气体继电器给出信号或切断电源。当变压器内部因发生轻微故障或其他原因产生少量气体，气泡上升，在气体继电器内上方空间聚集，或者当变压器漏油至一定程度时，气体继电器内油面降低，上油杯和永久磁铁一起下降，当永久磁铁接近干簧接点一定程度时，干簧接点闭合，接通信号回路，使信号继电器动作或接通报警电路，发出轻微故障信号。当变压器内部发生严重故障时，变压器内部产生大量气体，油流冲击气体继电器的挡板，下油杯和永久磁铁一起迅速下降，干簧接点迅速闭合，接通变压器断路器的跳闸回路，断路器发生掉闸，同时，严重故障信号回路接通，信号继电器动作，发出严重故障信号。

单台容量超过 400 kV · A 的变压器，一般均要求安装气体继电器。

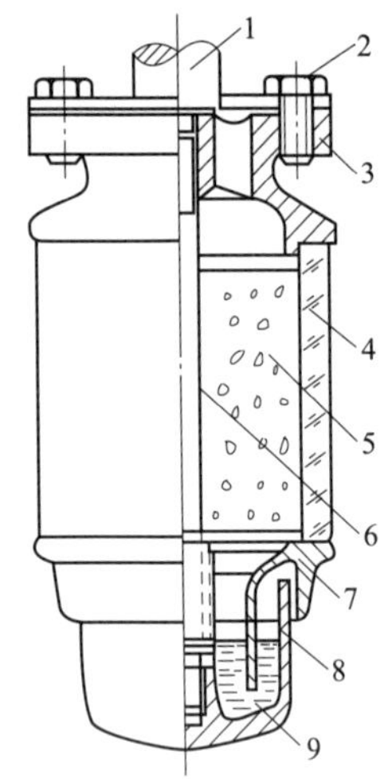

图 6-25　呼吸器（吸湿器）

1—连接管　2—螺钉　3—法兰盘
4—玻璃筒　5—硅胶　6—螺杆
7—底座　8—底罩　9—变压器油

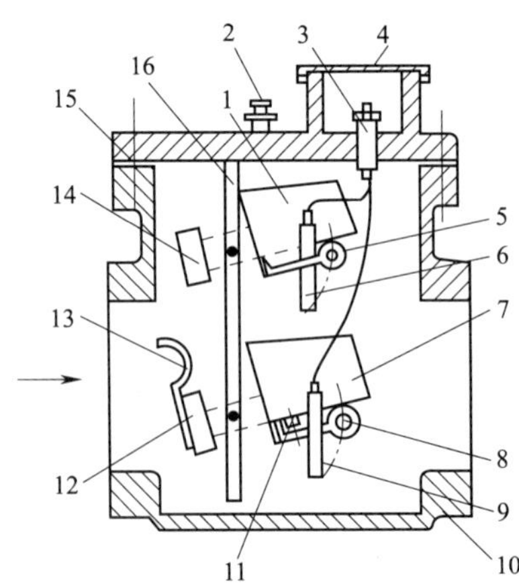

图 6-26　FJ3-80 型挡板式气体继电器

1—上油杯　2—放气塞　3—接线端头　4—接线盒盖板
5、8—磁铁　6、9—干簧接点　7—下油杯　10—法兰
11—螺钉　12、14—平衡锤　13—挡板　15 —橡胶衬垫
16—支架

（4）防爆管。大型变压器或要求高的变压器应安装防爆管。防爆管安装在变压器大盖上面，下端与变压器油箱相连，上端弯曲向外。防爆管主要由钢管和安全阀片（低强度玻璃膜或酚醛树脂膜片）组成。当变压器内部发生放电等严重故障时，内部压力剧增，安全阀片被冲破，泄去变压器内部压力，防止变压器变形或爆炸。

（5）绝缘套管。绝缘套管是将变压器高、低压绕组引线从油箱内引至油箱外的装置，它保障了变压器线圈引线与变压器外壳之间的电气绝缘，从而保障了与大地之间的电气绝缘。同时，它还起到固定引线并与外电路连接的作用。

（6）分接开关。分接开关用于改变变压器一次侧绕组抽头，借以改变变压器的变压比，从而调整二次侧电压值。分接开关分为有载调压和无载调压两种。用户配备的一般都是无载调压分接开关。电压 10 kV、容量不超过 6 300 kV · A 变压器分接开关接线如图 6-27 所示。该开关设有 3 个挡位，相应的变压比分别为 10. 5/0. 4 kV、10/0. 4 kV、9. 5/0. 4 kV，分别适用于电压偏高、电压适中和电压偏低的情况。

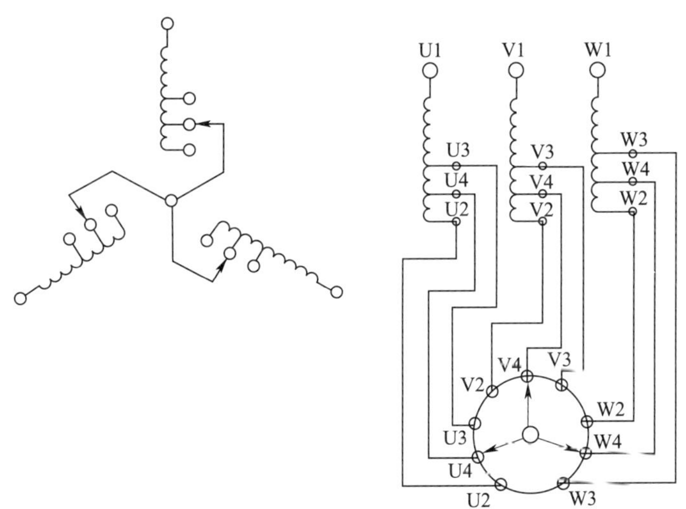

图 6-27　变压器分接开关接线

无载调压分接开关的操作必须在停电之后进行。改变挡位前、后均用万用表和电桥测量绕组的直流电阻。线间直流电阻偏差不得超过平均值的 2%。

（7）测温元件。测温元件是安装在变压器油箱上部或铭牌附近的温度计或其他测温元件，用于监测变压器内部温度。

3. 变压器的技术参数

（1）变压器的额定容量 S_N。变压器的额定容量是指变压器在正常工作条件下所能提供的最大容量，即变压器的视在功率。

（2）变压器的额定电压 U_N。变压器的额定电压包括一次侧额定电压 U_{N1} 和二次侧额定电压 U_{N2}，均指线电压。由于允许高压电源电压在 ±5% 范围内浮动，一次侧额定电压只表示电压等级，而二次侧额定电压指空载电压。

（3）额定电流 I_N。变压器的额定电流指的是线电流，三相变压器一次侧额定电流为

$$I_{1N}=\frac{S}{\sqrt{3}U_{1N}} \tag{6-3}$$

二次侧额定电流为

$$I_{2N}=\frac{S}{\sqrt{3}U_{2N}} \tag{6-4}$$

（4）阻抗电压 U_K。阻抗电压是表示变压器内阻抗大小的参数。将变压器二次侧短路，一次侧施加电压并慢慢升高至一次侧电流等于额定电流，此时一次侧所对应的电压称为短路电压，记为 U_{1K}。该短路电压与额定电压之比即变压器的阻抗电压，用百分数来表示。

$$U_K=\frac{U_{1K}}{U_{1N}}\times 100\% \tag{6-5}$$

10 kV 变压器阻抗电压在 4%～6%，35 kV 变压器阻抗电压多在 6.5%～7.5%，大容量变压器的阻抗电压会更大。

（5）变压器的空载电流 I_0。变压器次级开路时，初级仍有一定的电流，这部分电流称为空载电流 I_0。空载电流由磁化电流（产生磁通）和铁损电流（由铁芯损耗引起）组成。对于 50 Hz 电源变压器而言，空载电流基本上等于磁化电流。

4. 变压器的安装

变压器安装分为室内安装与室外安装。

（1）室内安装变压器应注意以下问题：

1）为了保障变压器散热良好，变压器下方应设通风孔，墙上方或屋顶应有排气孔。通风孔与排气孔都应装上铁丝网，以防小动物钻入而引起事故。变压器采用自然通风时，变压器室地面应高出室外 1.1 m。

2）变压器室的耐火等级应不低于二级，油浸式变压器室建筑应满足一级耐火等级要求。变压器室的门应以非燃或难燃材料制成，且门向外开。当变压器室位于

车间内、建筑物内、容易沉积可燃粉尘和可燃纤维的场所，或附近有粮和棉等易燃物大量集中的露天堆场，或变压器室下面有地下室时，变压器室的门应满足甲级防火门要求。

3）总油量超过 100 kg 的室内油浸式变压器，宜装设在单独的防爆间内，并应设置消防设施。室内单台电气设备总油量在 100 kg 以上时，应设置储油池或挡油设施。储油池应能容纳 100% 的油；挡油设施应能容纳 20% 的油，并能将油排至安全处。民用主体建筑内的附设变电所和车间内变电所的油浸式变压器室，应设置容量为 100% 变压器油量的储油池。储油池是为了在变压器发生火灾时，使燃烧的油流入储油池并在池内熄灭，不致使火灾事故扩大到建筑物或车间。储油池的通常做法是在变压器油坑内铺以厚度大于 250 mm 的卵石层，卵石层底下设置储油池，或利用变压器油坑内卵石之间的缝隙储油。铺设卵石层可以起到隔火降温、防止变压器油燃烧扩散的作用。卵石直径宜为 50～80 mm，若当地无卵石，也可采用无孔碎石替代。挡油设施是为了在变压器发生火灾时，防止变压器油流窜到变压器室外，引起周围物品起火。挡油设施的类型有多种，如利用变压器室地坪抬高时的进风坑兼作挡油设施，或设置挡油门，以及使变压器室地坪有一定的斜坡（坡向后壁）等。

4）为了维护方便，安装变压器时应考虑把油标、温度计、气体继电器、取油放样油阀等设置在最方便处，一般是靠近进门处，且应留有较大空间。10 kV 变压器壳体距门应不小于 1 m，距墙应不小于 0.8 m，装有操作开关时应不小于 1.2 m；35 kV 变压器距门应不小于 2 m，距墙应不小于 1.5 m。

5）变压器的接地一般是低压绕组中性点、外壳及阀型避雷器三者共用。变压器的工作零线应与接地线分开，且不得埋入地下。另外，接地要良好，接地线上应有可断开的连接点。

6）油浸式变压器安装应略有倾斜，没有储油柜的一方到有储油柜的一方应有 1%～1.5% 的上升坡度，以便使油箱内意外产生的气体顺利进入气体继电器。

7）变压器防爆管喷口前方不得有可燃物。

8）变压器二次侧母线支架高度应不小于 2.3 m，高压母线两侧应加遮栏。一次、二次引线均不得使绝缘套管受力。

9）居住建筑物内安装的油浸式变压器，单台容量不得超过 400 kV · A。

10）变压器门应上锁，并在门外悬挂“高压危险”警示牌。

（2）室外变压器的安装有地上安装、台上安装和柱上安装 3 种。变压器容量不超过 315 kV · A 者可在柱上安装，315 kV · A 以上者应在地上或台上安装。室外安装除注意一些与室内安装相同的安全要求外，还要注意以下要求：

1）附设变电所、露天或半露天变电所中，油量为 1 000 kg 及以上的变压器，应设置容量为 100% 油量的挡油设施。

2）室外变压器的一次和二次引线均应采用绝缘导线。

3）柱上变压器应安装平稳、牢固，腰栏应为直径 4 mm 的镀锌铁丝绕 4 圈以上，且铁丝不得有接头，缠绕必须紧密。

4）柱上变压器底部距地面高度应不小于 2. 5 m，裸导体距地面高度应不小于 3. 5 m。

5）变压器台高度一般应不低于 0. 5 m，其围栏高度应不低于 1. 7 m，变压器壳体距围栏应不小于 1 m，变压器操作面距围栏应不小于 2 m。

6）变压器围栏上应有“止步，高压危险！”的明显标志。

5. 变压器的运行

要保障变压器正常运行，首先必须保障电压、电流及功率符合技术要求。变压器高压侧电压偏差不得超过额定值的 ±5%，低压侧最大不平衡电流不得超过额定值的 25%。此外，变压器的运行声音不得太大或不均匀，套管外部应保持清洁，外壳和低压侧中性点接地保持完好，接线端子不应过热等。

在变压器运行中，最值得关注的一个重要指标便是变压器的温度与温升。一般，油浸式变压器采用 A 级耐热绝缘，A 级耐热绝缘最高允许温度为 105 ℃。以环境温度为 40 ℃为基准，可推算变压器各部分允许温升，见表 6–14。考虑变压器油的温度一般比线圈低 10 ℃，所以变压器油允许温升为 55 ℃。

表 6–14　　变压器各部分允许温升

部位	允许温升/℃	测量方法
绕组	65	电阻法
油（上层）	55	温度计

温升是变压器发热快慢与冷却效果的综合指标。当环境温度低时，即使温升达到上限，变压器也未必超过 A 级耐热绝缘的耐热温度，从这个角度而言，A 级耐热绝缘的耐热温度（105 ℃）是判断变压器运行是否安全的最终依据。变压器中的温度计便是直接监视变压器上层油温的，考虑油温与绕组温度相差 10 ℃，所以，在变压器运行中，只要上层油温不超过 95 ℃，绕组便不会超过 105 ℃，就是安全的。不过长期运行在此温度下会加快变压器绝缘老化，所以变压器运行时，绕组温度最好控制在 95 ℃以下，相应地，变压器上层油温应控制在 85 ℃以下。

考虑变压器的实际使用情况，允许变压器在一定条件下过负荷运行。变压器过负荷运行分为正常过负荷运行和事故过负荷运行。

正常过负荷运行是指在不影响变压器绕组绝缘与使用寿命的情况下，在用电高峰或环境温度比较低的冬季，依据过负荷倍数及过载前变压器油上层温升情况，允许变压器过负荷运行一定时间，具体见表 6-15。

表 6-15　油浸式变压器过负荷允许时间　min

过负荷倍数	过负荷前上层油面温升/℃					
	18	24	30	36	42	48
1.05	350	325	290	240	180	90
1.10	230	205	170	120	85	10
1.15	170	145	110	80	35	
1.20	125	100	75	45		
1.25	95	75	50	25		
1.30	70	50	30			
1.35	55	35	15			
1.40	40	25				
1.45	25	10				
1.50	15					

事故过负荷运行并非变压器在发生事故情况下过负荷运行，而是指当两台变压器并列运行时，其中一台变压器发生故障，在不能停电的情况下，由未发生故障的一台变压器来承担两台变压器所供负荷。变压器事故过负荷倍数和允许过负荷时间见表 6-16。

表 6-16　变压器事故过负荷倍数和允许过负荷时间

过负荷倍数	1.3	1.45	1.60	1.75	2	2.4	3
允许过负荷时间/min	120	80	30	15	7.5	3.5	1.5

三、互感器

互感器实际上是一类特殊的变压器，其作用一是把高电压和大电流按照一定比例变换成低电压和小电流，以便为测量仪表和继电保护装置提供所需参量；二是把电网中处于高压的部分与处于低压的测量仪表和继电保护部分隔离开，保障人员和设备的安全。

互感器分为电压互感器（TV）和电流互感器（TA）两类。我国生产的电压互感器二次侧额定电压均为 100 V，电流互感器二次侧的额定电流均为 5 A。

1. 电流互感器

（1）基本原理。电流互感器的一次绕组匝数很少，而二次绕组匝数较多。使用时，一次绕组串入具有大电流通过的主电路当中，二次绕组串入阻抗非常小的电流表或其他仪表的线圈中，这样，互感器的二次绕组近似工作在短路状态。根据变压器工作原理，可以得出一次侧和二次侧电流与绕组线圈匝数的关系：

$$I_1=\frac{N_2}{N_1}I_2=K_I I_2 \tag{6-6}$$

其中，I_1和N_1为一次侧电流与绕组匝数，I_2和N_2为二次侧电流和绕组匝数。K_I为电流互感器的变流比。

（2）电流互感器的技术参数如下：

1）额定电压。电流互感器的额定电压是指其一次绕组可以接入电路的额定电压，而不是一次绕组或二次绕组端子之间的电压。

2）变流比。变流比是指电流互感器一次绕组额定电流与二次绕组额定电流之比。变流比在铭牌上标出时直接以分数的形式给出，分子为一次绕组额定电流，分母为二次绕组额定电流，二次绕组额定电流一般为5 A。例如，某电流互感器的变流比为200/5，表示电流互感器一次绕组额定电流为200 A，二次绕组额定电流为5 A。

3）精度等级。电流互感器的精度等级是用电流的相对误差（也叫变流比误差）表示的。

$$\Delta I_{\mathrm{r}}=\frac{K_I I_2-I_{1\mathrm{N}}}{I_{1\mathrm{N}}} \tag{6-7}$$

式中　ΔI_{r}——电流相对误差；

K_I——变流比；

I_2——实测二次侧电流；

$I_{1\mathrm{N}}$——一次侧额定电流。

该相对误差即为电流互感器的精度等级，通常分为0.2、0.5、1、3、10五个等级。一般情况下，用于计量仪表的电流互感器的精度等级为0.5，用于继电器的电流互感器精度等级为3。

4）容量。电流互感器的容量是指其二次绕组允许接入负载的视在功率。二次绕组串入的负载越多，视在功率也就越大，然而二次绕组负载不能无限增加，否则，电流互感器有烧毁可能。由于视在功率与负载阻抗成正比，电流互感器的容量一般用二次绕组允许接入的负载组抗表示。

（3）电流互感器安全要求如下：

1）电流互感器由于二次绕组匝数远远大于一次绕组匝数，一旦二次侧开路，会在二次侧端子间形成很高的电压，非常危险。避免二次侧开路的具体措施如下：

①对于接在线路中没有使用的电流互感器，应将其二次侧回路线圈短路。

②二次侧回路不得安装熔断器。

③二次侧接线应采用截面积不小于 2.5 mm^2 的绝缘铜线，排列整齐，连接良好，二次侧接线不应有接头。

2）二次侧要避免超过额定负载，否则会降低测量精度，同时使电流互感器过热烧毁。

3）电流互感器外壳及二次侧回路一点应良好接地，当一次、二次绕组因绝缘破坏而被高压击穿时，可将高压引入大地，确保人身和设备安全。电流互感器二次侧回路只许一点接地，而不应两点或多点接地。若两点接地，则有可能引起分流，进而影响测量精度或者影响继电器动作。

4）电流互感器的极性和相序必须正确。

2. 电压互感器

（1）基本原理。电压互感器是一种较为精确的变换电压的降压变压器，与电流互感器正好相反，其一次绕组具有较多匝数，二次绕组匝数较少。一次侧接入高压回路，二次侧接入阻抗很大的电压表或其他仪表或装置。运行时，电压互感器的二次侧接近开路状态，根据变压器工作原理，电压互感器的一次侧与二次侧电压与绕组匝数成正比：

$$U_1 = \frac{N_1}{N_2}U_2 = K_U U_2 \tag{6-8}$$

其中，U_1 和 N_1 为一次侧电压与绕组匝数，U_2 和 N_2 为二次侧电压和绕组匝数，K_U 为电压互感器的变压比。

（2）电压互感器的技术参数如下：

1）额定电压。电压互感器的额定电压是指电压互感器一次绕组的额定电压。

2）变压比。电压互感器的变压比是指其一次绕组额定电压与二次绕组额定电压之比，二次绕组额定电压一般为 100 V。在电压互感器铭牌上，一般以分数的形式直接标出一次绕组和二次绕组的额定电压值。

3）精度等级。电压互感器的精度等级是用电压的相对误差（也叫变压比误差）表示的。

$$\Delta U_{r}=\frac{K_{U}U_{2}-U_{1N}}{U_{1N}} \tag{6-9}$$

式中 ΔU_{r}——电压相对误差；

K_{U}——变压比；

U_{2}——实测二次侧电压；

U_{1N}——一次侧额定电压。

电压互感器精度等级一般分为0.5、1和3三个等级。实际使用时，根据具体情况选用不同精度等级的电压互感器。例如，用于电度计量的专用电压互感器，其精度等级应选0.5级；用于测量仪表的，应选0.5级或1级；用于继电器的，可选择3级精度的电压互感器。

4）容量。电压互感器的容量是指二次绕组运行接入的负载功率，分为额定容量和最大容量两种。电压互感器的精度随二次负载功率大小而变化，容量增加，精度降低。铭牌所说额定容量是指最高精度级的容量。最大容量是指允许发热条件规定的极性容量，一般情况下，二次侧不应达到这个容量。

（3）电压互感器安全要求如下：

1）为了设备检修方便，以及在发生故障时及时断开设备，电压互感器一次侧应经隔离开关接入电网。对于35 kV及以下电压互感器，应有高压熔断器。对于110 kV以上电压互感器，因相应电压等级高压熔断器灭弧问题难以解决，考虑高压配电装置可靠性较高，故可不设熔断器。

2）为了防止电压互感器二次侧短路或过载，应在二次侧安装熔断器或自动开关。但开口三角形接线不应装设熔断器，因为正常运行时开口三角形两端无电压，无法监视熔断器的完好性。

3）为了防止一次侧高压窜入二次侧，保障二次侧设备与人身安全，与电流互感器一样，电压互感器二次侧必须有一点接地。

4）电压互感器的外壳应与变电所主接地网连接，并应可靠接地，以防止电位升高损坏设备或造成人身伤亡。

四、高压电器

高压电器与低压电器有着同样的功能和类别，包括高压断路器、高压熔断器、高压隔离开关、高压负荷开关等。然而，高压电器由于其额定电压高、电流大等原因，在结构上更加复杂，形式上更加多样，因而高压电器与低压电器有着明显的区别。

1. 高压断路器

高压断路器是最重要、最复杂的高压开关设备。高压断路器具有强有力的灭弧装置，既能在正常情况下接通和分断负荷电流，又能借助继电保护装置在故障情况下切断过载或短路电流。而且，很多断路器还可以借助自动装置实现自动重合操作。显然，高压断路器是能够实现控制与保护双重作用的开关电器。

（1）高压断路器的种类与构造。各种高压断路器的最大区别在于灭弧方式，依照灭弧方式的不同，高压断路器有以下类别：

1）油断路器。油断路器可分为多油断路器和少油断路器。它们都是以变压器油作为灭弧介质，断路器的触头在油中接通或断开。

2）真空断路器。触头在真空中断开、接通，依靠真空环境灭弧。

真空断路器除具有真空灭弧室外，其他结构与断路器没有多大差别。真空断路器的灭弧室如图 6-28 所示。真空灭弧室外壳是由绝缘筒 1、金属盖 2 和 3 以及波纹管组成的密闭容器。灭弧室的静触头 4 固定在静导电杆 6 上，它穿过静端盖 2 并与之焊为一体。动触头 5 固定在动导电杆 7 的一端，动导电杆在中部与波纹管 8 的一个端口焊在一起，波纹管的另外一个端口与动端盖 3 的中孔焊接，动导电杆从中孔穿出，运动时能保障真空外壳的密闭性。

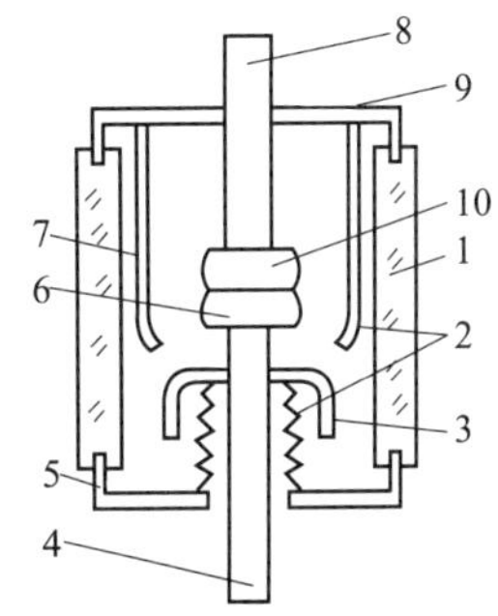

图 6-28　真空断路器的灭弧室

1—绝缘筒　2—静端盖　3—动端盖
4—静触头　5—动触头　6—静导电杆
7—动导电杆　8—波纹管
9—主屏蔽罩　10—波纹管屏蔽罩

真空断路器的触头为对接式触头，用铜合金等材料制成。真空断路器燃弧过程中产生的金属蒸气和带电粒子迅速扩散，很快在屏蔽罩上冷凝和吸收。电弧电流木身产生的横向磁场使电弧受力并沿触头表面切线方向快速移动，从而降低触头温度，减少触头烧损。

3）SF_6断路器。SF_6断路器是利用气体来熄灭电弧的断路器。

SF_6断路器采用 SF_6作为灭弧介质材料。SF_6气体具有很强的灭弧能力，静止的 SF_6气体灭弧能力为空气的 100 倍。利用 SF_6气体吹灭电弧时，气体压力和吹弧速度都不需要很大，就能在高压下断开相当大的电流。

LN2-10SF_6断路器单相结构如图 6-29 所示。其灭弧原理：当动触头与静触指分开时，产生的电弧从弧触指转移到环形电极上，电弧电流通过环形电极流过线圈并产生磁场；电弧相当于通电导体，它在磁场中受到力的作用旋转起来，同时，电

弧的高温使周围的 SF_6 气体被加热，整个密闭箱内压力升高，在喷口处形成高效强劲气流，将电弧冷却熄灭，介质绝缘迅速恢复，实现断路。助吹装置的作用是当切断小电流时，气压不足，用它增加吹弧压力，以保证足够强的灭弧能力。

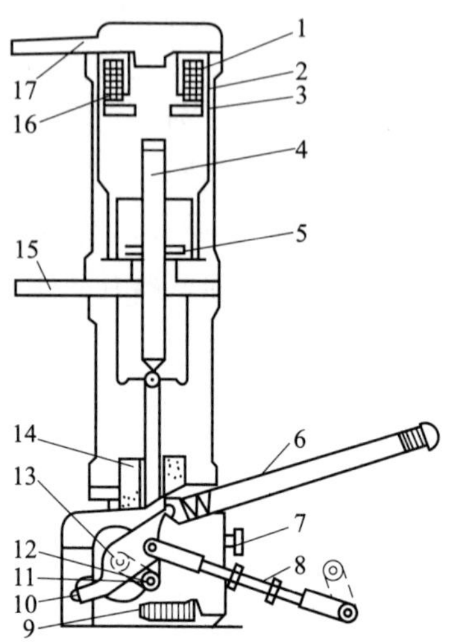

图 6-29　LN2-10 SF_6 断路器单相结构

1—线圈　2—弧触指　3—环形电极　4—动触头　5—助吹装置　6—分闸弹簧　7—自封阀盖　8—推杆　9—合闸缓冲　10—拐臂　11—主拐臂　12—分闸缓冲　13—主轴　14—吸附器　15—下接线座　16—静触指　17—上接线座

4）压缩空气断路器。利用强力压缩空气来吹灭电弧的断路器。

5）固体产气断路器。利用固体产气材料在电弧高温作用下分解出的气体来熄灭电弧。

6）磁吹断路器。在空气中，由磁场将电弧吹入灭弧栅中，使之拉长、冷却而熄灭电弧。

（2）常用高压断路器的优缺点

1）油断路器。油断路器作为第一代产品，在过去发挥过重要作用，而且目前仍占有相当的使用比例，不过油断路器有着明显缺点，主要体现在以下几个方面：

①以变压器油作为灭弧介质。变压器油为可燃液体，在电弧作用下分解出大量易燃气体，在一定条件下可能发生爆炸。因此，在大型建筑物底层或地下室高压配电室，以及有易燃易爆气体产生的化工、矿山企业不能采用油断路器。

②不能频繁操作。油断路器在切断电流熄灭电弧时要经历一个过程，变压器油

在电弧作用下分解出的气体消散需要时间，油断路器油箱中的油气压力降低也需要时间。频繁操作油断路器会引起喷油，甚至导致断路器爆炸。

③油断路器需要维护及维修的零部件较多，维修项目及工作量大，维修费用高，周期长。

由于存在以上缺点，油断路器趋于淘汰。

2）真空断路器。真空断路器具有以下特点：

①真空断路器以真空作为灭弧与绝缘环境，没有油及其他易燃易爆物质，使用起来具有很高的安全性和可靠性。真空断路器动、静触点密封在真空筒中，其分合形成的电弧被密封在真空中，产生的炙热金属气体不外露，本身无爆炸危险，也不会引起周围可燃气体爆炸。

②真空断路器在分断时，电弧在真空中很快被熄灭，之后真空的绝缘性能迅速恢复。真空断路器开关动作行程小，动导电杆惯性小，因而很适于频繁操作。

③操作简单，维修量小。

④无油，对环境无污染。

真空断路器的不足之处是易产生较高的操作过电压，制造工艺较复杂。

3）SF_6断路器。SF_6断路器与真空断路器一样具有很大的短路电流分断能力。两者比较，真空断路器更适合操作特别频繁的场合，如电弧炉、高压电动机、电力电容器组的控制等。

SF_6断路器与真空断路器一样，维修比较简单。但SF_6的电弧分解物有毒，检修时要采取措施防止人身中毒，而真空断路器不存在这个问题。

从价格来看，真空断路器比SF_6断路器稍低，但两者价格均比油断路器高得多。不过，随着工艺水平的提高，价格问题将逐步缓解。

2. 高压熔断器

高压熔断器是最简单的高压保护电器，主要用于6～35 kV小容量变压器、输电线路及其他装置的短路和过载保护。高压熔断器分为户内型管式熔断器和户外型跌开式熔断器。

（1）户内型管式熔断器。户内型管式熔断器又称限流式熔断器，其熔丝装在充满石英砂的瓷管中，当过电流使熔丝熔断时，瓷管内产生电弧。石英砂对电弧有冷却和去游离作用，所以灭弧能力很强，能在短路电流达到最大值之前将电弧熄灭，限制短路电流的数值。这种熔断器属于具有限流作用的熔断器。

RN1型熔断器外形如图6-30所示，熔断管剖面如图6-31所示。户内型管式熔断器采用紫铜作熔丝，熔断温度较高。在熔丝上焊有小锡球，通过电流时，小锡球先熔化，铜锡相互渗透，形成低燃点的铜锡合金，降低了熔丝熔点，在较低的温度下即可熔断。采用几根熔丝并联，便于把大电弧分散为几个细小电弧，电弧与填料的接触面积增大，加速了电弧的熄灭。工作熔丝熔断后，指示熔丝随即熔断，熔管端部的熔断指示器弹出，给出熔断指示。

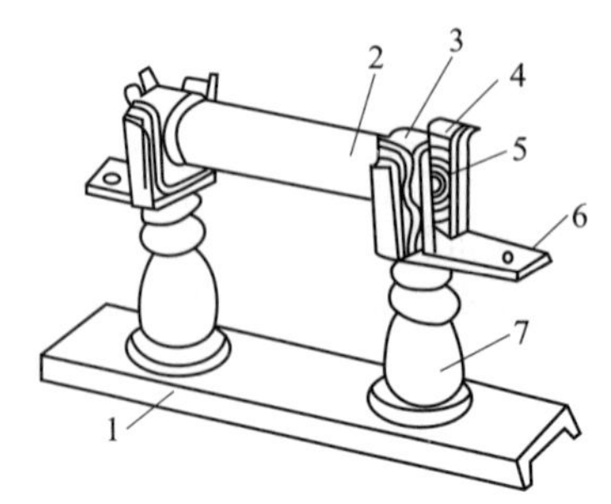

图 6-30　RN1 型熔断器外形

1—底座　2—瓷管　3—金属管帽　4—触头座　5—熔断指示器　6—接线端子　7—支撑绝缘子

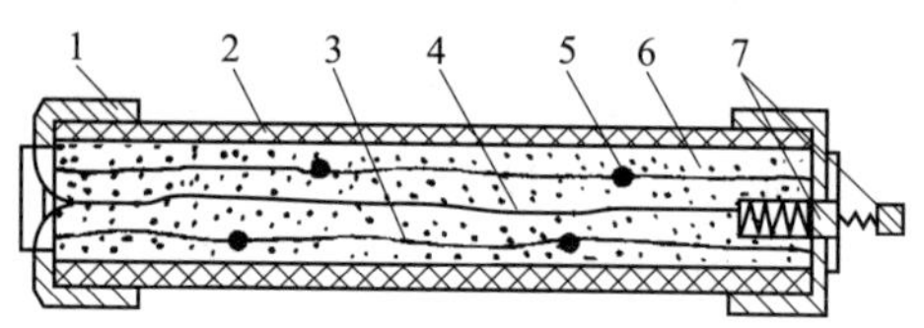

图 6-31　RN1 型熔断器熔断管剖面

1—金属管帽　2—瓷管　3—工作熔丝　4—指示熔丝　5—锡球　6—石英砂填料　7—熔断指示器

户内型管式熔断器在开断过程中无游离气体排出，所以在室内配电装置中应用广泛。RN1 和 RN2 型是普通熔断器，RN3 和 RN4 型是带有片状熔丝的熔断器，RN5 和 RN6 为改进型熔断器。其中，RN2、RN4、RN6 是用于保护电压互感器的熔断器。

（2）户外型跌开式熔断器。RW3 型跌开式熔断器外形如图 6-32 所示。跌开式熔断器将熔丝串入熔管内，利用熔丝将熔管上端的活动关节拉紧，确保熔断器触头闭合后不会脱开。当熔丝被熔断后，活动关节松开，由熔管自身和上触头的推力使熔管跌落，形成明显的断开状态。

跌开式熔断器熔丝熔断时，熔管内壁在电弧的作用下分解出大量气体，沿熔管纵向吹出电弧，使电弧熄灭；吹出熔管外的电弧则随着熔管的翻落迅速拉长而熄灭。若分断很大的电流，管内压力更大，可冲开熔管上端的封盖，两端排气吹灭电弧，以避免可能的机械破坏。跌开式熔断器在灭弧时会有大量气体产生，并伴有很大的响声，所以一般只在室外使用。

跌开式熔断器除具有过电流保护功能外，还可以接通和分断空载架空线路、空载变压器和小负载电流。跌开式熔断器合闸、拉闸都必须配有绝缘用具，用绝缘杆完成。合闸时，用绝缘杆的操作件顶住或勾住熔管封闭端的金属向上推合。拉闸时，用绝缘杆的操作件勾住熔管封闭端的金属向下拉开（RW4 型），或顶开熔管上

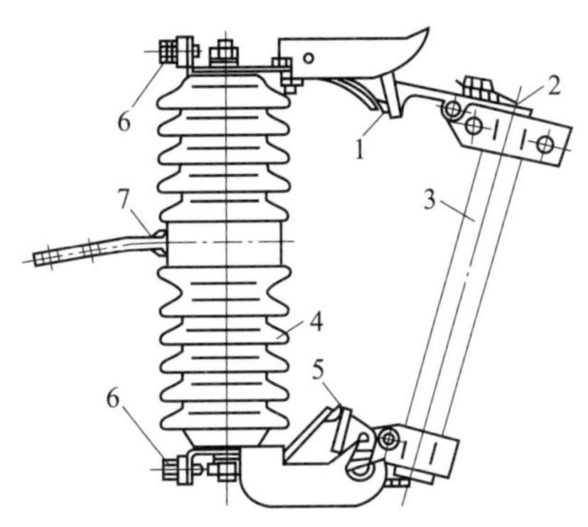

图 6-32　RW3 型跌开式熔断器外形

1—上触头　2—熔丝元件　3—熔管　4—绝缘瓷套管　5—下触头　6—端部螺栓　7—紧固板

方的脱扣罩（鸭嘴帽）令其自行翻落（RW3 型）。

跌开式熔断器是分相操作的，操作第二相时会产生较为强烈的电弧。跌开式熔断器正确的操作顺序：拉闸时先拉中相，再拉开下风侧边相，最后拉开上风侧边相；合闸时，先合上上风侧边相，再合上下风侧边相，最后合上中相。

跌开式熔断器应注意以下安装事项：

1）确保安装牢固，接触紧密、良好。

2）各相熔断器应在同一水平线上，相邻熔断器的间距户外应不小于 0.7 m（户内不小于 0.6 m）；对地面高度户外应不小于 4.5 m（户内不小于 3 m）；装在被保护设备上方时，与被保护设备外廓的水平距离应不小于 0.5 m。

3）熔管上端向外倾斜 20°～30°，以便熔断器能向下翻落。

4）熔管长度应适当，合闸后动触头应能被鸭嘴帽盖住 2/3 以上，以防止误掉闸。熔管不能过长，以免顶住鸭嘴帽，致使熔断器不能翻落。

5）熔丝可熔断部分应位于熔管中间偏上位置，熔丝额定电流不得大于熔管额定电流。

3. 高压隔离开关

（1）高压隔离开关的用途。高压隔离开关主要用来将高压配电装置中需要停电的部分与带电部分可靠地隔离，以保障检修工作的安全。隔离开关的触头全部敞露在空气中，具有明显的断开点，但没有灭弧装置，因此不能用来切断负载电流或短路电流。否则，在高压作用下，断开点将产生强烈电弧，并很难自行熄灭，甚至可能造成飞弧（相对地或相间短路），烧损设备，危及人身安全，导致“带负载拉隔离开关”的严重事故。图 6-33 所示为 GW5-110D 型双柱隔离开关。

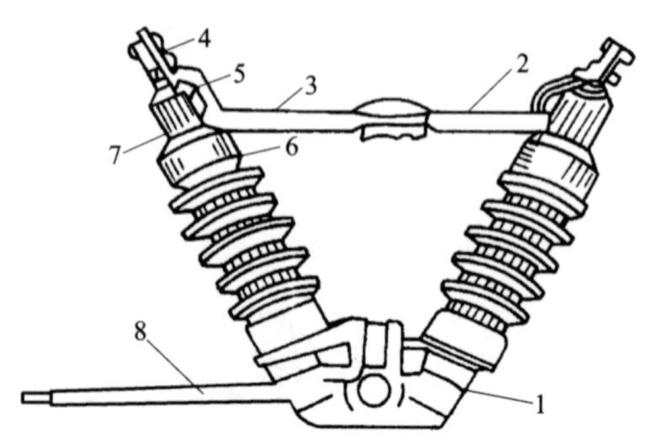

图 6-33　GW5-110D 型双柱隔离开关

1—底座　2、3—闸刀　4—接线端子　5—挠性连接导体　6—棒式绝缘子　7—支撑座　8—接地刀闸

高压隔离开关还可以用来进行某些电路的切换操作，以改变系统的运行方式。例如，在双母线电路中，可以用高压隔离开关将运行中的电路从一条母线切换到另一条母线上。同时，高压隔离开关也可以用来操作一些小电流的电路，包括以下情形：

1）接通或断开电压互感器或阀型避雷器。

2）接通或断开 35 kV，不超过 10 km 的空载输电线路。

3）接通或断开 10 kV，不超过 5 km 的空载配电线路。

4）接通或断开容量不超过 315 kV・A 的空载变压器。

（2）高压隔离开关的安装与操作安全。户外型隔离开关露天安装时应水平安装，使带有瓷裙支持的绝缘子起到防雨作用；户内型隔离开关，垂直安装时，静触头在上方，带有套管的可以倾斜一定角度安装。一般情况下，静触头接电源，动触头接负载，但是电缆进线的受电柜第一台隔离器开关正好相反，电源接动触头端，负载接静触头端。

高压隔离开关配有手动操作机构时，操作手柄中心距侧墙的距离不得小于 0.3 m，至带电体的距离不得小于 1.2 m。

因为高压隔离开关不能带负载操作，所以拉闸、合闸前应检查与之串联的断路器是否在分断位置。如果用高压隔离开关操作规定容量范围内的变压器，拉闸、合闸前应先从低压侧停掉全部负载。

拉闸、合闸前应先拔出定位销，拉闸、合闸时动作应迅速，但终了时不要用力过猛。拉闸、合闸完毕应重新上好定位销，并观察触头位置和状态。

操作过程中，如发现错误，应冷静处理，避免发生更严重的问题。如果合闸过程中发现电弧，不得将已经合上或将要合上的隔离开关再拉下来，而是迅速合上，否则会造成弧光短路。

4. 高压负荷开关

高压负荷开关是一种可以带负载分合电流的控制电器。它具有简单的灭弧装置，可以熄灭切断负载电流时产生的电弧。户内型高压负荷开关有明显的断开点，在断开电路后又具有隔离开关的作用。户外型高压负荷开关没有明显的断开点，三相触头装于同一油箱内，依靠油介质灭弧，广泛用于 10 kV 架空线路。

图 6-34 为 FN3-10 型负荷开关。在铁制的框架上装有 6 个绝缘子，上部 3 个绝缘子是用环氧树脂浇注而成的空腔圆柱体，它既用作支撑与绝缘，又作为喷射压缩空气的气缸。当负荷开关断开时，活塞压缩气缸使气体从动、静触头间喷出，吹灭电弧。

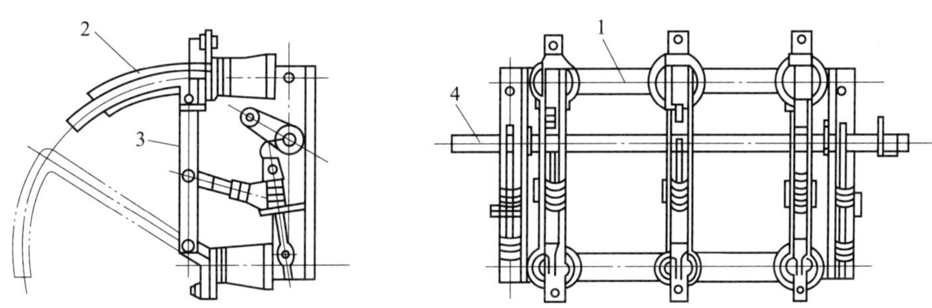

图 6-34　FN3-10 型负荷开关

1—框架　2—灭弧腔　3—闸刀　4—传达轴

除了上述压缩空气式负荷开关外，与高压断路器相类似，还有油浸式、真空式以及以 SF_6 为灭弧介质的高压负荷开关。

负荷开关只能用来接通和分断负载电流，不能用来切断短路电流，因此，负荷开关必须与高压熔断器配合使用，由熔断器切断短路电流。

在变配电站（室）中，因电气误操作而引发的恶性事故时有发生。对人身安全构成严重威胁的 5 种恶性电气误操作事故如下：

（1）带负载拉（合）隔离开关。

（2）带电挂（合）接地线（接地开关）。

（3）带接地线（开关）合断路器（隔离开关）。

（4）误分（合）断路器。

（5）误入带电间隔。

为此，变配电装置应采取能够防止上述5种恶性事故的技术措施，即设置具有“五防”功能的联锁保护。

五、电力电容器

电力电容器是一种静止的无功补偿设备。它的主要作用是向电力系统提供无功功率，提高功率因数。

1. 电力电容器分类与构造

电力电容器的种类很多，按其安装方式可分为户内及户外式，按其相数可分为单相及三相，按其运行的额定电压可分为高压和低压，按其外壳材料可分为金属外壳、瓷绝缘外壳、胶木铜外壳等数种，按其内部浸渍液体可分为矿物油、多氯联苯、蓖麻油、硅油、十二烷基苯等数种，按其工作条件可分为并联电容器（移相电容器）、串联电容器、耦合电容器、电热电容器、脉冲电容器、均匀电容器、滤波电容器和标准电容器。其中，并联电容器是电力系统最常用的一种电力电容器。

图6-35所示为并联电容器结构。并联电容器的钢质外壳内装有电容元件。这些电容元件由薄铝箔作为两极，中间隔以极薄的固体介质（包括电容器纸）卷绕而成。高压电容器为了满足高压与容量要求，一般由若干个电容元件并联成一个单元，然后多个单元进行串联连接。低压电容器中的电容元件采用并联形式，按容量与电压等级组合成所需规格的并联电容器，其内部可根据需要接成单相或三相。

2. 电力电容器放电

电力电容器与其他电器不同，断电后其储存的电荷与能量不会随着电源的断开而马上消失。电容器断电后的残余能量与自身电容成正比，与所加电压的平方成正比。一个容量为1 000 kvar、电压为10 kV的单相电容器，其储存的能量最大可达3 000 J以上。实际上，0.05 J的电容放电能量已能使人产生明显的痛感，而3 000 J的能量足以将人灼伤甚至导致死亡。所以，为了保障断电后维修人员的安全，电力电容器要么能够借助自身电路如变压器、互感器或电动机的线圈自行放电，要么接入放电电阻。

选择电容器放电电阻应遵循以下原则：

（1）应使电容器的残留电压在电容器切断30 s内降至65 V以下。

（2）为了减少正常运行过程中放电电阻的电能损耗，规定每1 kvar电容器容

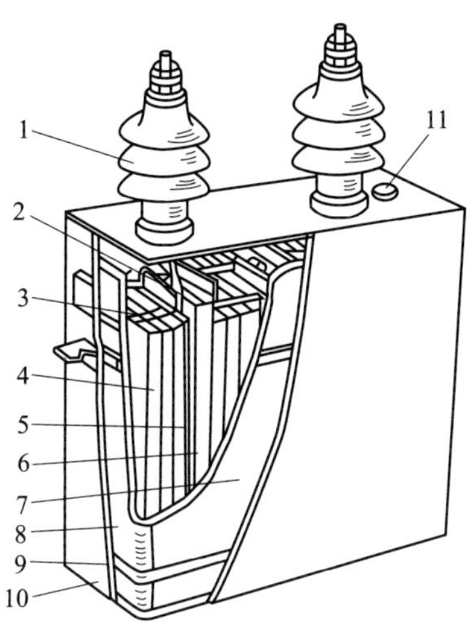

图 6-35　并联电容器结构

1—出线套管　2—出线连接片　3—连接片　4—电容元件　5—出线连接片固定板　6—组间绝缘　7—包封件　8—夹板　9—紧箍　10—外壳　11—封口盖

量放电电阻电能消耗应不大于 1 W。

对于三角形接法的 10 kV 电容器，每相放电电阻可根据下式计算：

$$R \leqslant 1.5 \times 10^{6} U^{2}/Q \qquad (6-10)$$

式中　R——每相放电电阻，Ω；

U——线电压，kV；

Q——每相电容器容量，kvar。

即使采取了上述电容器自行放电措施，放电时间也足够长，在对电容器进行检修前，仍需进一步进行放电处理，如将电容器进行接地、短路放电。任何时候都不要两手同时接触电容器的两个出线端子，以免受到残余电荷的电击，造成不必要的伤害。对于退出运行的电容器，应将其长期短路，以免在拆卸、接线时受到残余电荷的冲击。

3. 电容器控制与操作

高压电容器组总容量不超过 100 kvar 时，可用跌开式熔断器保护与控制；总容量为 100 ~ 300 kvar 时，应采用负荷开关保护与控制；总容量为 300 kvar 以上时，应采用真空断路器或其他断路器保护与控制。

在对电容器进行操作时，应注意以下问题：

（1）正常情况下全站停电操作时，应先拉开电容器的开关，后拉开各路出线开关或断路器；全站正常情况下恢复送电时，应先合上各路出线开关，后合上电容器的开关。

（2）全站事故停电，应先拉开电容器的开关。

（3）电容器断路器跳闸后，不得强行送电；熔丝熔断后，查明原因之前，不得更换熔丝送电。

（4）无论是高压电容器还是低压电容器，都不允许在带有残留电荷的情况下合闸。否则，可能产生很大的电流冲击。电容器重新合闸前，至少应放电 3 min。

（5）对电容器进行检查、修理时，要进行接地、短路人工放电。

本章小结

1. 外壳防护等级和防触电保护分类是电气设备的基本安全分级和分类方法，同时也是电气安全的基本标准。掌握电气设备外壳防护等级及防触电保护分类的目的在于，在不同危险程度的用电环境中合理选择适当的电气设备和产品。

2. 电动机是常用的一类电气设备，外壳防护方式、外壳防护等级、绝缘耐热等级以及电动机的工作制或工作定额是涉及电动机安全运行的重要基本参数。

3. 手持式电动工具使用广泛且与人体接触紧密，危险性大。应根据使用环境的危险性选择适当防护等级和防护方式的手持式电动工具。

4. 照明灯具从安全角度而言有外壳防护灯具分类、防触电保护方式分类、安全接触表面分类和使用环境分类。除了正确选择灯具类别外，还应注意灯具的正确安装。

5. 弧焊设备主要危险来自空载电压，为此可采取三方面措施加以防护。一是在高危险环境中采用空载电压较低的弧焊变压器，二是采取戴帆布手套等个体防护措施，三是可以考虑弧焊变压器防触电装置。此外，弧焊机的正确接地也是保障焊接安全的重要措施。

6. 保护电器可分为带电保护电器和停电保护电器。带电保护电器即自动断电类保护电器，包括断路器、熔断器、保护继电器；停电保护电器即停电后提供隔离保护的电器，统称隔离器，常用的低压隔离器为隔离开关。熔断器具有反时限保护特性，可用于过载与短路保护。然而，考虑电动机启动电流是工作电流的数倍，所以熔断器只能作为电动机的短路保护，无法作为过载保护。热继电器是利用电流热效应原理来工作的保护电器，具有与电动机允许过载特性相近的反时限保护特性，可用于电动机过载保护、缺相及电流不平衡运转的保护。隔离开关是一种常见的隔离器，一般没有灭弧装置，不可用其断开负载电流，或只能断开小负载电流。

7. 变电所一般以高压设备为主，包括电力变压器、高压互感器、高压断路器、高压熔断器、隔离开关和电力电容器等。电力变压器是变电所的核心设备。高压断路器和高压熔断器是变电设备和高压线路的保护装置，其主要灭弧方式有油浸、真空、SF_6气体介质等。高压隔离开关是保障停电检修安全的必备装置，由于其不具备灭弧能力，不可用其切断或闭合负载，必须在通过断路器或高压负荷开关断开负载后，再断开高压隔离开关，送电时操作过程正好相反。电力电容器是变电系统无功功率补偿装置，断电后其储存的电荷对人有致命危险。电力电容器自身一般设有放电装置或借助其他设备的线圈进行放电，尽管如此，在进行检修前，仍应对其接地实施人工放电，以免发生意外。

复习思考题

1. 电气设备的外壳防护等级涉及外壳的哪些防护功能，每种防护功能分为多少级？

2. 如何理解 IP 代码第一位特征数字？

3. 具有双重绝缘的电气设备，如果其电源软线中设有接地保护线，该设备是否还属于Ⅱ类设备？

4. 请分析笼型异步电动机欠压和缺相危险。

5. 从安全角度而言，灯具有哪些分类方法？如何根据使用场所选择灯具？

6. 手工交流弧焊机主要危险为空载电压，如何预防空载电压危险？

7. 交流弧焊机应如何接地？如果焊钳一端接地会有什么后果？

8. 低压保护电器如何分类？各类保护电器的作用是什么？

9. 说明断路器电磁式过流保护、过热（过载）保护和欠压保护的工作原理。

10. 说明上下级断路器保护特性的选用原则与整定值的关系。

11. 熔断器用于电动机保护时，如何选择熔丝的额定电流？说明熔断器只能用于电动机的短路保护，而不能用于电动机过载保护的原因。

12. 为电动机选择热继电器时，如何根据整定电流范围这一技术参数选择热继电器的热元件？

13. 断开负载电源时，断路器与隔离开关应首先断开哪一个？接通负载电源时，操作顺序又如何？

14. 变配电所主要有哪些电气设备，有何用途？

15. 变压器自身有哪些防护装置，有何用途？

16. 高压断路器常用灭弧装置有哪些类别？有何优缺点？

17. 高压熔断器有哪些类别？各适于何种场所？

18. 在变配电站（室）中，因电气误操作而引发的 5 种恶性电气事故有哪些？应采取什么防护措施？

第七章　电气防火防爆

本章学习目标

1. 理解电气火灾和爆炸事故的原因，熟悉各种电气设备构成电气引燃源的危险分析。

2. 掌握构成爆炸性混合物的可燃性物质及其分类、分级和分组。

3. 掌握危险环境的特征，熟悉危险区域的划分方法。

4. 熟悉防爆电气设备的种类、标志及选型方法。

5. 掌握常用的电气防火防爆措施。

电气火灾和爆炸事故在火灾和爆炸事故中占有较大的比例。统计资料显示，我国电气火灾占全部火灾的30%左右，位居各种火灾原因的首位。在化学工业中，80%以上的生产车间是爆炸性环境；石油开采现场和精炼厂约有70%的场所属于爆炸性环境。在爆炸性环境中，电气方面的原因，如电气设备或线路的危险温度、电火花和电弧等会成为火灾和爆炸的引燃源，造成人身伤亡和财产损失。因此，本章以电气引燃源的防范为核心讲述电气防火防爆相关知识。

第一节　电气引燃源

电气装置运行中产生的危险温度和电火花（及电弧）是引发可燃物火灾和爆炸的两种基本引燃源，称为电气引燃源。

一、危险温度

电气设备运行时总伴随着一定的热效应，引起电气设备某部分与周围介质产生

温差，称为温升。就原因而言，导体总是有电阻的，当电流通过导体时，必然要消耗一定的电能，其大小为

$$\Delta W = \int_{t_1}^{t_2} i^2(t) R \mathrm{d}t \tag{7-1}$$

式中 ΔW——在 $t_1 \sim t_2$ 时间段内导体上消耗的电能，J；

$i(t)$——流过导体的电流，A；

R——导体的电阻，Ω。

这部分电能转换为热能，其大小与电流的平方成正比，与导体电阻值大小成正比。

对于电动机、变压器等电气设备，由于使用了铁芯，交变电流的交变磁场在铁芯中产生磁滞损耗和涡流损耗，使铁芯发热，温度升高。铁芯磁通密度越高，电流频率越高，铁芯钢片厚度越大，这部分热量就越大。一般电气设备用电工钢片在磁通密度为1T、频率为50 Hz的条件下，单位质量的功率损耗多在1～2 W。

此外，有机械运动的电气设备由于摩擦也会引起发热，电气设备的漏磁、谐波也会引起发热，使温度升高。

电气设备在正常运行时，其发热与散热平衡，最高温度和最高温升都不会超过允许范围。当电气设备的正常运行遭到破坏时，发热量增加，温度升高，出现危险温度，在一定条件下即可能引起火灾。

引起电气设备过度发热的不正常运行大体有以下几种情况。

1. 短路

短路就是指不同电位的导电部分之间的低阻性短接。发生短路时，线路中电流增大为正常时的数倍乃至数十倍，由于载流导体来不及散热，温度急剧上升，除对电气线路和电气设备产生危害外，还会形成危险温度。短路的暂态过程会产生很大的冲击电流，在其流过设备的瞬间将产生很大的电动力，造成电气设备损坏。

在三相供电系统中，可能发生的短路形式有三相短路、两相短路和单相短路。其中，三相短路和两相短路属于相间短路，发生的情况相对较少。相间短路一般能够产生较大的短路电流，该短路电流使过流保护装置动作，及时切断电源，较少发生电弧性短路，因此较少发生电气火灾。单相短路是电气系统中最常见的短路形式（占70%～80%），电气火灾多是由于供电线路单相短路造成的。

单相短路的主要形式是单相接地短路，可分为金属性短路和电弧性短路。金属性短路因其短路电流大，过流保护装置在短路电流的作用下短时间内切断电源，故

起火的危险并不大。当发生电弧性短路时，故障点阻抗较大，它的短路电流并不大，过流保护装置难以动作，从而使电弧持续存在。值得注意的是，略大于0.5 A的电流产生的电弧温度即可高达2 000 ~ 3 000 ℃，足以引燃任何可燃物，并且维持电弧的电压低至20 V时仍可使电弧连续稳定存在。这种短路电弧引发的火灾占电气火灾事故的一半以上。

电气设备安装和检修中的接线和操作错误，可能引起短路；运行中的电气设备或线路发生绝缘老化、变质，或受过度高温、潮湿、腐蚀作用，或受到机械损伤等而失去绝缘能力，可能导致短路。电气设备外壳防护等级不够时，导电性粉尘或纤维进入电气设备内部，也可能导致短路。因防范措施不到位，小动物、霉菌及其他植物也可能导致短路。由于雷击等过电压、操作过电压的作用，电气设备的绝缘可能遭到击穿而短路。

2. 过载

电气线路或设备长时间过载也会导致温度异常上升，形成引燃源。过载的原因主要有如下几种情况：

（1）电气线路或设备设计选型不合理，或没有考虑足够的裕量，以致在正常使用情况下出现过热。

（2）电气设备或线路使用不合理，负载超过额定值或连续使用时间过长，超过线路或设备的设计能力，由此造成过热。

（3）设备故障运行会造成设备和线路过负载。例如，三相电动机单相运行或三相变压器不对称运行均可能造成过负载。

（4）电气回路谐波能使线路电流增大而过载。例如，三相四线制电路三次及其奇数倍（9 次、15 次谐波等）谐波电流会引起中性线过载危险。三相四线回路中相线和中性线的基波（50 Hz）及三次谐波（150 Hz）的电流波形如图 7-1所示。假设三相负载对称，三相电流相等，因三相基波相位角互差 120°，在中性线上的矢量和为零。但各相三次谐波电流在中性线上却相位相同，不是互相抵消，而是互相叠加，使中性线电流不再为零。当三次及其奇数倍谐波电流含量大时，中性线电流可等于甚至大大超过相线电流。如果三相负载不平衡，中性线电流再叠加上不平衡电流，发热将更为严重。而中性线截面常常取相线截面的 1/3 ~ 1/2，在非线性负载日益增多，能产生大量三次谐波的气体放电灯等非线性负载大量使用的情况下，中性线的严重过载将带来火灾隐患。

产生三次谐波的设备主要有节能灯、荧光灯、计算机、变频空调、微波炉、镇流器、焊接设备、UPS（不间断电源）等。以节能荧光灯为例，因灯管内电弧的负阻特性产生的谐波电流主要为三次谐波电流。

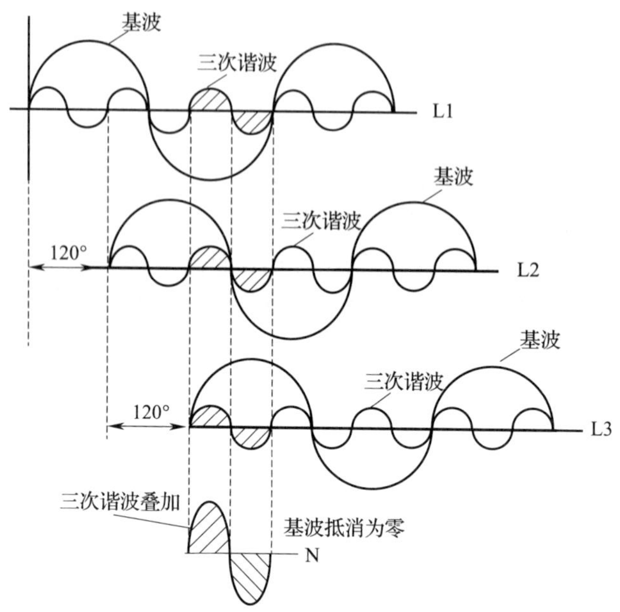

图 7–1　三相四线回路中相线和中性线的基波及三次谐波的电流波形

3. 漏电

电气设备或线路发生漏电时，因其电流一般较小，不能促使线路上的熔断器动作。当漏电电流沿线路比较均匀地分布，发热量分散时，火灾危险性不大。而当漏电电流集中在某一点时，可能引起比较严重的局部发热，引燃成灾。

4. 接触不良

电气线路或电气装置中的电路连接部位是系统中的薄弱环节，是产生危险温度的主要部位之一。

电气接头连接不牢、焊接不良或接头处夹有杂物，都会增加接触电阻而导致接头过热。刀开关、断路器、接触器的触点，插销的触头等，如果没有足够的接触压力或表面粗糙不平等，均可能增大接触电阻，产生危险温度。对于铜、铝接头，由于铜和铝的理化性能不同，接触状态会逐渐恶化，导致接头过热。

5. 铁芯过热

对于电动机、变压器、接触器等带有铁芯的电气设备，如果铁芯短路（片间绝缘破坏）或线圈电压过高，由于涡流损耗和磁滞损耗增加，铁损增大，将造成铁芯过热并产生危险温度。

6. 散热不良

电气设备在运行时必须确保具有一定的散热或通风措施。如果这些措施失效，如通风道堵塞、风扇损坏、散热油管堵塞、安装位置不当、环境温度过高或距离外界热源太近等，均可能导致电气设备和线路过热。

7. 机械故障

由交流异步电动机拖动的设备，如果转动部分被卡死或轴承损坏，造成堵转或负载转矩过大，都会因电流显著增大而导致电动机过热。交流电磁铁在通电后，如果衔铁被卡死，不能吸合，则线圈中的大电流持续不降低，也会造成过热。

8. 电压异常

相对于额定值，电压过高和过低均属电压异常。电压过高时，除使铁芯发热增加外，对于恒阻抗设备，还会使电流增大而发热。电压过低时，除可能造成电动机堵转、电磁铁衔铁吸合不上，使线圈电流大大增加而发热外，对于恒功率设备，还会使电流增大而发热。

二、电火花和电弧

电火花是电极间的击穿放电，电弧由大量电火花汇集而成。在切断感性电路时，断路器触点分开瞬间，高温引起热电子发射，产生的电离作用使断开的触点之间形成密度很大的电子流和离子流，产生电弧和电火花。电弧形成过程中导电通道电流密度可达 $10^4 \sim 10^7$ A/cm^2，可使触头金属材料强烈发热，电弧形成后的弧柱温度高达 6 000 ~ 7 000 ℃，甚至 10 000 ℃以上，不仅能引起可燃物燃烧，还能使金属熔化、飞溅，构成危险的火源。在有爆炸危险的场所，电火花和电弧是十分危险的因素。

电火花大体包括工作火花和事故火花两类。

工作火花指电气设备正常工作或正常操作过程中所产生的电火花。例如，刀开关、断路器、接触器、控制器接通和断开线路时会产生电火花，插销拔出或插入时会产生火花，直流电动机的电刷与换向器的滑动接触处、绕线式异步电动机的电刷与滑环的滑动接触处也会产生电火花等。切断感性电路时，断口处火花能量较大，危险性也较大。其火花能量可按下式估算：

$$W_L = \frac{1}{2}LI^2 \tag{7-2}$$

式中　L——电路中的电感；

I——电路中的电流。

当该火花能量超过周围爆炸性混合物的最小引燃能量时，即可能引起爆炸。

事故火花包括线路或设备发生故障时出现的火花。事故火花如绝缘损坏、导线断线或连接松动导致短路或接地时产生的火花；电路发生故障，熔丝熔断时产生的火花；沿绝缘表面发生的闪络等。

电力线路和电气设备在投切过程中由于受感性和容性负载的影响，在电路参数与相位作用下，会产生铁磁谐振和高次谐波，并引起过电压，从而击穿电气设备绝缘，并产生电弧。

事故火花还包括由外部原因产生的火花，如雷电直接放电及二次放电火花、静电火花、电磁感应火花等。

此外，电动机转子与定子发生摩擦（扫膛），或风扇与其他部件相碰也都会产生火花，这是由碰撞引起的机械性质的火花。

就电气设备着火而言，外界热源也可能引起火灾。例如，油浸式变压器周围堆积杂物、油污并由外界火源引燃，可能导致变压器喷油燃烧甚至爆炸事故。

除油浸式变压器外，多油断路器、电力电容器、充油套管、油浸纸绝缘电力电缆等充油设备也可能发生爆炸。充油设备的绝缘油在高温电弧作用下汽化和分解，喷出大量油雾和可燃气体，还可引起空间爆炸。

如果周围空间有爆炸性混合物，在危险温度或电火花作用下可引起空间爆炸。例如，发电机的氢冷装置漏气或酸性蓄电池排出氢气等，形成爆炸性混合物，遇到危险温度或电火花可引起空间爆炸。

三、电气装置及电气线路引燃源

1. 电动机

异步电动机的火灾危险性是由其内部和外部的诸如制造工艺和操作运行等种种原因造成的发热所引起的。其原因主要有：电源电压波动、频率过低；电动机运行中发生过载、闷车（堵转）、扫膛（转子与定子相碰）；电动机绝缘破坏，产生漏电，甚至发生相间、匝间短路；绕组断线或接触不良；选型和启动方式不当等。

（1）电动机过载运行。电动机过载运行，会使电流超过额定值，如果持续时间较长，会导致电动机超过允许温升，加速绝缘劣化，严重时会烧毁电动机，构成引燃源。

异步电动机的电磁转矩与绕组电压的平方成正比。当电源电压降低为额定电压的80%时，其电磁转矩下降到额定转矩的64%，将无法正常带动额定负载，导致电动机转速下降，转差率上升，电流增大，时间一长，就会引起绕组过热，形成电气引燃源，严重时会烧毁电动机。

（2）闷车（堵转）。当异步电动机所带负载转矩大于电动机的最大电磁转矩时，电动机将带不动负载，导致转速迅速下降为零。此时电流最大可为额定电流的7倍，会烧毁电动机并形成引燃源。

（3）电动机漏电或短路。电动机绝缘劣化、检修时绝缘受损、异物进入电动机内、绕组受潮等会造成电动机漏电、接地短路、绕组匝间或相间短路，漏电电流或短路时的电弧会形成危险的电气引燃源。

（4）接触不良或断线。连接电动机主电路的接线处各接点接触不良或松动时，接触电阻增大，导致接点发热，使接点处的氧化加速，导致接触状态进一步劣化，因发热形成的高温会烧毁接点，形成电弧火花，构成引燃源。

三相异步电动机如果发生某相断线，将缺相运行。此时，电动机绕组中的电流会明显上升，但又达不到熔断器的熔断电流值。因此，大电流长时间作用引起定子绕组过热，导致电动机烧毁，形成引燃源。

异步电动机形成引燃源的主要部位是绕组、铁芯和轴承以及引线（电流回路）。其原因既有电气方面的，也有机械方面的。而它们往往不是孤立的，电气原因可能引起机械方面的故障或事故，反之亦然，有时呈互为因果的恶性循环。

2. 电缆

当导线电缆出现短路、过载、局部过热、电火花或电弧等故障时，所产生的热量将远远超过正常状态。火灾案例表明，有的绝缘材料是直接被电火花或电弧引燃的；有的绝缘材料是在高温作用下发生自燃的；有的绝缘材料是在高温作用下加速热老化进程，导致热击穿短路，产生的电弧将其引燃。

电缆构成引燃源的原因如下：

（1）电缆绝缘损坏。运输过程或敷设过程中造成电缆绝缘机械损伤，以及运行中的过载、接触不良、短路故障等都会使绝缘损坏，导致绝缘击穿而产生电弧。

（2）电缆头故障使绝缘物自燃。施工不规范，质量差，电缆头不清洁等降低了线间绝缘。

（3）电缆接头盒的中间接头因压接不紧、焊接不良和接头材料选择不当导致运行中接头氧化、发热、流胶，绝缘材料质量不合格，灌注时盒内存有空气，电缆盒因密封不好而进水或潮气等，都会引起绝缘击穿，形成短路甚至发生爆炸。

（4）堆积在电缆上的粉尘起火。可燃性粉尘不清扫，在外界高温或电缆过负载时高温表面作用下，发生自燃起火。

（5）可燃气体从电缆沟窜入变配电室。电缆沟与变配电室的连通处未采取严密封堵措施，可燃气体通过电缆沟窜入变配电室，引起火灾爆炸事故。

（6）电缆起火形成蔓延。电缆受外界引火源作用一旦起火，火焰沿电缆延燃，使危害扩大。

3. 低压开关设备和保护电器

开关电器在大气中开断时，只要电源电压、电流超过一定数值，在触头之间就会产生电弧。开关电器工作时，电路的电压和电流大多大于生弧电压和生弧电流，所以切断电路时必然产生电弧，在爆炸危险场所会引起电气火灾爆炸。

4. 电热器具和照明灯具引燃源

电热器具是将电能转换成热能的用电设备。常用的电热器具有电炉、电吹风机、电烤箱、电熨斗、电烙铁、电褥子等。

电热器具的电阻丝由镍铬合金制成，使用时温度可达 800 ℃以上，可引燃与其接触的或邻近的可燃物。电热器具的功率一般比较大，使用不当容易引起火灾。电热器具连续工作时间过长，温度升高，将烧毁绝缘材料，引燃起火。电热器具电源线容量不够，也可导致发热起火。

电熨斗和电烙铁的工作温度高达 500 ~ 600 ℃，能直接引燃可燃物。电褥子通电时间过长，或经常折叠，致使电热元件损坏发生短路，将因过热而引起火灾；如将电褥子折叠使用，破坏其散热条件，亦可导致起火燃烧。

照明灯具工作温度较高，如安装、使用不当，均可能引起火灾。白炽灯灯泡表面温度随灯泡功率大小和生产厂家不同而差异很大，在一般散热条件下，其表面温度可参考表 7–1。

表 7–1　　一般散热条件下白炽灯灯泡表面温度

灯泡功率/W	40	75	100	150	200
表面温度/℃	55 ~ 60	140 ~ 200	170 ~ 220	150 ~ 230	160 ~ 300

有关试验表明，200 W 的白炽灯灯泡紧贴纸张时，12 min 即可引燃（引燃时的温度为 333 ℃）；紧贴棉被时，5 min 即可引燃（引燃时的温度为 367 ℃）。卤钨灯、高压汞灯这类灯具的表面温度一般高达 500 ~ 800 ℃，极易引起可燃物品起火。

各种原因导致灯泡爆碎时，炽热的钨丝遇可燃物，将引起可燃物燃烧。

日光灯镇流器运行时间过长或质量不高，将使发热增加，温度上升，如超过镇流器所用绝缘材料的引燃温度，亦可引燃成灾。

第二节　构成爆炸性混合物的可燃性物质

在空气中，如果可燃性气体、蒸气或薄雾以及可燃性粉尘、纤维或飞絮与空气的混合物在点燃后燃烧能在整个范围内传播，则该混合物称为爆炸性混合物。爆炸性气体混合物存在的环境称为爆炸性气体环境，含有爆炸性粉尘混合物的环境称为爆炸性粉尘环境。凡有爆炸性混合物出现或可能有爆炸性混合物出现，且出现的量达到足以要求对电气设备和电气线路的结构、安装和使用采取防爆措施的区域称为爆炸危险区域。

一、构成爆炸性混合物的可燃性物质的分类及其性能参数

1. 分类

我国将构成爆炸性混合物的可燃性物质分为以下 3 类：

Ⅰ类：矿井甲烷。

Ⅱ类：可燃性气体、蒸气或薄雾。

Ⅲ类：可燃性粉尘、纤维或飞絮。

矿井下瓦斯气体的主要成分为甲烷，因矿井下环境的特殊性，甲烷被单列为Ⅰ类。其他场所的可燃性气体、蒸气或薄雾被划为Ⅱ类。Ⅲ类专指可燃性粉尘、纤维或飞絮，不包括不可能形成爆炸性粉尘混合物的悬浮状、堆积状可燃性粉尘或可燃纤维。

2. 性能参数

构成爆炸性混合物的可燃性物质的主要性能参数有闪点、燃点、引燃温度、爆炸极限、最小点燃电流比、最小引燃能量、最大试验安全间隙等。

（1）闪点。闪点是在标准条件下，使液体变成蒸气的数量能够形成可燃性气体或空气混合物的最低液体温度。

（2）燃点。燃点是物质在空气中点火时发生燃烧，移去火源仍能继续燃烧的最低温度。对于闪点不超过 45 ℃的易燃液体，燃点仅比闪点高 1 ~ 5 ℃，一般只考虑闪点，不考虑燃点。对于闪点比较高的可燃液体和可燃固体，闪点与燃点相差较大，应用时有必要加以分别考虑。

（3）引燃温度。引燃温度指可燃性气体或蒸气与空气形成的混合物，在规定条件下被热表面引燃的最低温度。

可燃性气体或蒸气爆炸性混合物分级、分组见表 7–2。

表 7–2　　可燃性气体或蒸气爆炸性混合物分级、分组

序号	物质名称	级别	引燃温度组别	引燃温度/℃	闪点/℃	爆炸极限（体积分数）/%		相对密度
						下限	上限	
ⅡA级　一、烃类								
1	甲烷	ⅡA	T1	537	气态	5.00	15.00	0.60
2	乙烷	ⅡA	T1	472	气态	3.00	12.50	1.00
3	丙烷	ⅡA	T2	432	气态	2.00	11.10	1.50
4	丁烷	ⅡA	T2	365	–60	1.90	8.50	2.00
5	戊烷	ⅡA	T3	260	<–40	1.50	7.80	2.50
6	己烷	ⅡA	T3	225	–22	1.10	7.50	3.00
7	庚烷	ⅡA	T3	204	–4	1.05	6.70	3.50
8	辛烷	ⅡA	T3	206	13	1.00	6.50	3.90
9	壬烷	ⅡA	T3	205	31	0.80	2.90	4.40
10	癸烷	ⅡA	T3	210	46	0.80	5.40	4.90
11	环丁烷	ⅡA	—	—	气态	1.80	—	1.90
12	环戊烷	ⅡA	T2	380	<–7	1.50	—	2.40
13	环己烷	ⅡA	T3	245	–20	1.30	8.00	2.90
14	环庚烷	ⅡA	—	—	<21	1.10	6.70	3.39
15	甲基环丁烷	ⅡA	—	—	—	—	—	—
16	甲基环戊烷	ⅡA	T3	258	<–10	1.00	8.35	2.90
17	甲基环己烷	ⅡA	T3	250	–4	1.20	6.70	3.40
18	乙基环丁烷	ⅡA	T3	210	<–16	1.20	7.70	2.90
19	乙基环戊烷	ⅡA	T3	260	<–21	1.10	6.70	3.40
20	乙基环己烷	ⅡA	T3	238	35	0.90	6.60	3.90
21	萘烷（十氢化萘）	ⅡA	T3	250	54	0.70	4.90	4.80

续表

序号	物质名称	级别	引燃温度组别	引燃温度/℃	闪点/℃	爆炸极限（体积分数）/%		相对密度
						下限	上限	
22	丙烯	ⅡA	T2	455	气态	2. 00	11. 10	1. 50
23	苯乙烯	ⅡA	T1	490	31	0. 90	6. 80	3. 60
24	异丙烯基苯（甲基苯乙烯）	ⅡA	T2	424	36	0. 90	6. 50	4. 10
25	苯	ⅡA	T1	498	-11	1. 20	7. 80	2. 80
26	甲苯	ⅡA	T1	480	4	1. 10	7. 10	3. 10
27	二甲苯	ⅡA	T1	464	30	1. 10	6. 40	3. 66
28	乙苯	ⅡA	T2	432	21	0. 80	6. 70	3. 70
29	三甲苯	ⅡA	T1	—	—	—	—	—
30	萘	ⅡA	T1	526	79	0. 90	5. 90	4. 40
31	异丙苯（异丙基苯）	ⅡA	T2	424	36	0. 90	6. 50	4. 10
32	异丙基甲苯	ⅡA	T2	436	47	0. 70	5. 60	4. 60
33	甲烷（工业用）*	ⅡA	T1	537	—	5. 00	15. 00	0. 55
34	松节油	ⅡA	T3	253	35	0. 80	—	<1
35	石脑油	ⅡA	T3	288	<-18	1. 10	5. 90	2. 50
36	煤焦油石脑油	ⅡA	T3	272	—	—	—	—
37	石油（包括车用汽油）	ⅡA	T3	288	<-18	1. 10	5. 90	2. 50
38	洗涤汽油	ⅡA	T3	288	<-18	1. 10	5. 90	2. 50
39	燃料油	ⅡA	T3	220~300	>55	0. 70	50. 00	<1. 00
40	煤油	ⅡA	T3	210	38	0. 60	6. 50	4. 50
41	柴油	ⅡA	T3	220	43~87	0. 60	6. 50	7. 00
42	动力苯	ⅡA	T1	>450	<0	1. 50	80. 00	3. 00
二、含氧化合物								
43	甲醇	ⅡA	T2	385	11	6. 00	36. 00	1. 10
44	乙醇	ⅡA	T2	363	13	3. 30	19. 00	1. 60

续表

序号	物质名称	级别	引燃温度组别	引燃温度/℃	闪点/℃	爆炸极限（体积分数）/%		相对密度
						下限	上限	
45	丙醇	ⅡA	T2	412	23	2.20	13.70	2.10
46	丁醇	ⅡA	T2	343	37	1.40	11.20	2.6
47	戊醇	ⅡA	T3	300	34	1.10	10.50	3.04
48	己醇	ⅡA	T3	293	63	1.20	—	3.50
49	庚醇	ⅡA	—	—	60	—	—	4.03
50	辛醇	ⅡA	—	270	81	1.10	7.40	4.50
51	壬醇	ⅡA	—	—	75	0.80	6.10	4.97
52	环己醇	ⅡA	T3	300	68	1.20	—	3.50
53	甲基环己醇	ⅡA	T3	295	68	—	—	3.93
54	苯酚	ⅡA	T1	715	79	1.80	8.6	3.2
55	甲酚	ⅡA	T1	599	81	1.40	—	3.70
56	4-羟基-4-甲基戊酮（双丙酮醇）	ⅡA	T1	603	64	1.80	6.90	4.00
57	乙醛	ⅡA	T4	175	-39	4.00	60.00	1.50
58	聚乙醛	ⅡA	—	—	36	—	—	6.10
59	丙酮	ⅡA	T1	465	-20	2.50	12.80	2.00
60	2-丁酮(乙基甲基酮)	ⅡA	T2	404	-9	1.90	10.00	2.50
61	2-戊酮(甲基·丙基甲酮)	ⅡA	T1	452	7	1.50	8.20	3.00
62	2-己酮(甲基·丁基甲酮)	ⅡA	T1	457	16	1.20	8.00	3.45
63	戊基甲基甲酮	ⅡA	—	—	—	—	—	—
64	戊间二酮（乙酰丙酮）	ⅡA	T2	340	34	1.80	6.90	4.00
65	环己酮	ⅡA	T2	419	43	1.10	9.40	3.38
66	甲酸甲酯	ⅡA	T2	449	-19	4.50	23.00	2.10
67	甲酸乙酯	ⅡA	T2	455	-20	2.80	16.00	2.60
68	醋酸甲酯	ⅡA	T1	454	-10	3.10	16.00	2.80

续表

序号	物质名称	级别	引燃温度组别	引燃温度/℃	闪点/℃	爆炸极限（体积分数）/%		相对密度
						下限	上限	
69	醋酸乙酯	ⅡA	T2	426	-4	2.00	11.50	3.00
70	醋酸丙酯	ⅡA	T2	450	13	1.70	8.00	3.50
71	醋酸丁酯	ⅡA	T2	—	31	1.70	9.80	4.00
72	醋酸戊酯	ⅡA	T2	360	25	1.00	7.10	4.48
73	甲基丙烯酸甲酯（异丁烯酸甲酯）	ⅡA	T2	421	10	1.70	8.20	3.45
74	甲基丙烯酸乙酯（异丁烯酸乙酯）	ⅡA	—	—	20	1.80	—	3.9
75	醋酸乙烯酯	ⅡA	T2	402	-8	2.60	13.40	3.00
76	乙酰基醋酸乙酯	ⅡA	T3	295	57	1.40	9.50	4.50
77	醋酸	ⅡA	T1	464	40	5.40	17.00	2.07
三、含卤化合物								
78	氯甲烷	ⅡA	T1	632	-50	8.10	17.40	1.80
79	氯乙烷	ⅡA	T1	519	-50	3.80	15.40	2.20
80	溴乙烷	ⅡA	T1	511	—	6.80	8.00	3.80
81	氯丙烷	ⅡA	T1	520	-32	2.40	11.10	2.70
82	氯丁烷	ⅡA	T1	250	-9	1.80	10.00	3.20
83	溴丁烷	ⅡA	T1	265	18	2.50	6.60	4.72
84	二氯乙烷	ⅡA	T2	412	-6	5.60	15.00	3.42
85	二氯丙烷	ⅡA	T1	557	15	3.40	14.5	3.9
86	氯苯	ⅡA	T1	593	28	1.30	9.60	3.90
87	苄基苯	ⅡA	T1	585	60	1.20	—	4.36
88	二氯苯	ⅡA	T1	648	66	2.20	9.20	5.07
89	烯丙基氯	ⅡA	T1	485	-32	2.90	11.10	2.60
90	二氯乙烯	ⅡA	T1	460	-10	9.70	12.80	3.34
91	氯乙烯	ⅡA	T2	413	-78	3.60	33.00	2.20
92	三氟甲苯	ⅡA	T1	620	12	—	—	5.00

续表

序号	物质名称	级别	引燃温度组别	引燃温度/℃	闪点/℃	爆炸极限（体积分数）/%		相对密度
						下限	上限	
93	二氯甲烷（甲叉二氯）	ⅡA	T1	556	—	13.00	23.00	2.90
94	乙酰氯	ⅡA	T2	390	4	—	—	2.70
95	氯乙醇	ⅡA	T2	425	60	4.90	15.90	2.80
	四、含硫化合物							
96	乙硫醇	ⅡA	T3	300	<-18	2.80	18.00	2.10
97	丙硫醇-1	ⅡA	—	—	—	—	—	—
98	噻吩	ⅡA	T2	395	-1	1.50	12.50	2.90
99	四氢噻吩	ⅡA	T3	—	—	—	—	—
	五、含氮化合物							
100	氨	ⅡA	T1	651	气态	15.00	28.00	0.60
101	乙腈	ⅡA	T1	524	6	3.00	16.00	1.40
102	亚硝酸乙酯	ⅡA	T6	90	-35	4.00	50.00	2.60
103	硝基甲烷	ⅡA	T2	418	35	7.30	—	2.10
104	硝基乙烷	ⅡA	T2	414	28	3.40	—	2.60
105	甲胺	ⅡA	T2	430	气态	4.90	20.70	100
106	二甲胺	ⅡA	T2	400	气态	2.80	14.40	1.60
107	三甲胺	ⅡA	T4	190	气态	2.00	11.60	2.00
108	二乙胺	ⅡA	T2	312	-23	1.80	10.10	2.50
109	三乙胺	ⅡA	T3	249	-7	1.20	8.00	3.50
110	正丙胺	ⅡA	T2	318	-37	2.00	10.40	2.04
111	正丁胺	ⅡA	T2	312	-12	1.70	9.80	2.50
112	环己胺	ⅡA	T3	293	32	1.60	9.40	3.42
113	2-乙醇胺	ⅡA	T2	410	90	—	—	2.10
114	2-二甲胺基乙醇	ⅡA	T3	220	39	—	—	3.03
115	二氨基乙烷	ⅡA	T2	385	34	2.70	16.50	2.07

续表

序号	物质名称	级别	引燃温度组别	引燃温度/℃	闪点/℃	爆炸极限（体积分数）/%		相对密度
						下限	上限	
116	苯胺	ⅡA	T1	615	75	1.20	8.30	3.22
117	N,N-二甲基苯胺	ⅡA	T2	370	96	1.20	7.00	4.17
118	苯胺基丙烷	ⅡA	—	—	<100	—	—	4.67
119	甲苯胺	ⅡA	T1	482	85	—	—	3.70
120	吡啶	ⅡA	T1	482	20	1.80	12.40	2.70
ⅡB级 一、烃类								
121	丙炔	ⅡB	T1	—	气态	1.70	—	1.40
122	乙烯	ⅡB	T2	450	气态	2.70	36.00	1.00
123	环丙烷	ⅡB	T1	498	气态	2.40	10.40	1.50
124	1,3-丁二烯	ⅡB	T2	420	气态	2.00	12.00	1.90
二、含氮化合物								
125	丙烯腈	ⅡB	T1	481	0	3.00	17.00	180
126	异硝酸丙酯	ⅡB	T4	175	11	2.00	100.00	—
127	氰化氢	ⅡB	T1	538	-18	5.60	40.00	0.90
三、含氧化合物								
128	一氧化碳**	ⅡA	T1	—	气态	12.50	74.00	1.00
129	二甲醚	ⅡB	T3	240	气态	3.40	27.00	1.60
130	乙基甲基醚	ⅡB	T4	190	—	2.00	10.10	2.10
131	二乙醚	ⅡB	T4	180	-45	1.90	36.00	2.60
132	二丙醚	ⅡA	T4	188	21	1.30	7.00	3.53
133	二丁醚	ⅡB	T4	194	25	1.50	7.60	4.50
134	环氧乙烷	ⅡB	T2	429	<-18	3.50	100.00	1.52
135	1,2-环氧丙烷	ⅡB	T2	430	-37	2.80	37.00	2.00
136	1,3-二噁戊烷	ⅡB	—	—	2.0	—	—	2.55
137	1,4-二噁烷	ⅡB	T2	379	11	2.00	22.00	3.03
138	1,3,5-三噁烷	ⅡB	T2	410	45	3.20	29.00	3.11
139	羧基醋酸丁酯	ⅡB	—	—	61	—	—	3.52

续表

序号	物质名称	级别	引燃温度组别	引燃温度/℃	闪点/℃	爆炸极限（体积分数）/%		相对密度
						下限	上限	
140	四氢糠醇	ⅡB	T3	218	70	1.50	9.70	3.52
141	丙烯酸甲酯	ⅡB	T1	468	-3	2.80	25.00	3.00
142	丙烯酸乙酯	ⅡB	T2	372	10	1.40	14.00	3.50
143	呋喃	ⅡB	T2	390	<-20	2.30	14.30	2.30
144	丁烯醛（巴豆醛）	ⅡB	T3	280	13	2.10	16.00	2.41
145	丙烯醛	ⅡB	T3	220	-26	2.80	31.00	1.90
146	四氢呋喃	ⅡB	T3	321	-14	2.00	11.80	2.50
四、混合气								
147	焦炉煤气	ⅡB	T1	560	—	4.00	40.00	0.40～0.50
五、含卤化合物								
148	四氟乙烯	ⅡB	T4	200	气态	10.00	50.00	3.87
149	1氯-2,3-环氧丙烷	ⅡB	T2	411	32	3.80	21.00	3.30
150	硫化氢	ⅡB	T3	260	气态	4.00	44.00	1.20
ⅡC级								
151	氢	ⅡC	T1	500	气态	4.00	75.00	0.10
152	乙炔	ⅡC	T2	305	气态	2.50	100.00	0.90
153	二硫化碳	ⅡC	T5	102	-30	1.30	50.00	2.64
154	硝酸乙酯	ⅡC	T6	85	10	4.00	—	3.14
155	水煤气	ⅡC	T1	—	1	—	—	—
其他物质								
156	醋酸酐	ⅡA	T2	334	49	2.70	10.00	3.52
157	苯甲醛	ⅡA	T4	192	64	1.40	—	3.66
158	异丁醇	ⅡA	T2	—	28	1.70	9.80	2.55
159	丁烯-1	ⅡA	T2	385	-80	1.60	10.00	1.95
160	丁醛	ⅡA	T3	230	<-5	2.50	12.50	2.48
161	异氯丙烷	ⅡA	T1	529	-18	2.80	10.70	2.70
162	枯烯	ⅡA	T2	424	36	0.88	6.50	4.13

续表

序号	物质名称	级别	引燃温度组别	引燃温度/℃	闪点/℃	爆炸极限（体积分数）/%		相对密度
						下限	上限	
163	环己烯	ⅡA	T3	244	<-20	1.20	—	2.83
164	二乙酰醇	ⅡA	T1	680	58	1.80	6.90	4.00
165	二戊醚	ⅡA	T4	171	57	—	—	5.45
166	二异丙醚	ⅡA	T2	443	-28	1.40	7.90	3.25
167	二异丁烯	ⅡA	T2	420	-5	0.80	4.80	3.87
168	二戊烯	ⅡA	T3	237	42	0.75	6.10	4.66
169	乙氧基乙酸乙醚	ⅡA	T2	380	47	1.70	12.70	4.60
170	二甲基甲酰胺	ⅡA	T2	440	58	1.80	14.00	2.51
171	甲酸	ⅡA	T1	540	68	18.00	57.00	1.60
172	甲基戊基醚	ⅡA	T1	533	39	1.10	7.90	3.94
173	甲基戊基甲酮	ⅡA	T1	533	23	1.20	8.00	3.46
174	吗啉	ⅡA	T2	310	38	2.00	11.20	3.00
175	硝基苯	ⅡA	T1	480	88	1.80	40.00	4.25
176	异辛烷	ⅡA	T2	411	4	1.00	6.00	3.90
177	仲（乙）醛	ⅡA	T3	235	36	1.30	—	4.56
178	异戊烷	ⅡA	T2	420	<-51	1.40	8.00	2.50
179	异丙醇	ⅡA	T2	399	12	2.00	12.70	2.07
180	三乙苯	ⅡA	T1	550	—	—	—	4.15
181	二乙醇胺	ⅡA	T1	622	146	—	—	3.62
182	三乙醇胺	ⅡA	T1	—	190	—	—	5.14
183	25#变压器油	ⅡA	T2	350	135	—	—	—
184	重柴油	ⅡA	T3	300	>120	0.50	5.00	—
185	溶剂油	ⅡA	T2	385	33	1.10	7.20	—
186	1-硝基丙烷	ⅡB	T2	420	36	1.20	—	3.10
187	甲氧基乙醇	ⅡB	T3	285	39	2.50	19.80	2.63
188	石蜡	ⅡB	T3	300	70	7.00	73.00	—
189	甲醛	ⅡB	T2	425	—	7.00	73.00	1.03
190	2-乙氧基乙醇	ⅡB	T3	135	43	1.80	15.70	3.10

续表

序号	物质名称	级别	引燃温度组别	引燃温度/℃	闪点/℃	爆炸极限（体积分数）/%		相对密度
						下限	上限	
191	二叔丁过氧化物	ⅡB	T4	170	18	—	—	5.00
192	二丙醛	ⅡB	T3	215	21	—	—	3.53
193	烯丙醛	ⅡB	T2	378	21	2.50	18.00	2.00
194	甲基叔丁基醚（MTBE）	ⅡB	T1	460	-28	—	—	3.04
195	糠醛	ⅡB	T2	392	60	2.10	19.30	3.31
196	*N*-甲基二乙醇胺(MDEA)	ⅡB	T3	—	260	—	—	4.10
197	乙二醇	ⅡB	T2	413	116	32.00	53.00	3.10
198	二甲基二硫醚（DMDS）	ⅡB	T3	—	7	1.10	16.10	—
199	环丁砜	—	—	—	166	—	—	4.14

注：*指包括含15%以下（按体积计）氢气的甲烷混合气。

**指一氧化碳在异常环境温度下可以含有使它与空气混合物饱和的水分。

可燃性粉尘特性举例见表7-3。

表7-3　可燃性粉尘特性举例

粉尘种类	粉尘名称	高温表面堆积粉尘层（5 mm）的引燃温度/℃	粉尘云的引燃温度/℃	爆炸下限浓度/（g/m³）	粉尘平均粒径/μm	危险性质	粉尘分级
金属	铝（表面处理）	320	590	37～50	10～15	导	ⅢC
	铝（含脂）	230	400	37～50	10～20	导	ⅢC
	铁	240	430	153～204	100～150	导	ⅢC
	镁	340	470	44～59	5～10	导	ⅢC
	红磷	305	360	48～64	30～50	非	ⅢB
	炭黑	535	>600	36～45	10～20	导	ⅢC
	钛	290	375	—	—	导	ⅢC
	锌	430	530	212～284	10～15	导	ⅢC
	电石	325	555	—	<200	非	ⅢB
	钙硅铝合金（8%钙、30%硅、55%铝）	290	465	—	—	导	ⅢC
	硅铁合金（45%硅）	>450	640	—	—	导	ⅢC
	黄铁矿	445	555	—	<90	导	ⅢC
	锆石	305	360	92～123	5～10	导	ⅢC

续表

粉尘种类	粉尘名称	高温表面堆积粉尘层（5 mm）的引燃温度/℃	粉尘云的引燃温度/℃	爆炸下限浓度/（g/m^3）	粉尘平均粒径/μm	危险性质	粉尘分级
化学药品	硬脂酸锌	熔融	315	—	8～15	非	ⅢB
	萘	熔融	575	28～38	30～100	非	ⅢB
	蒽	熔融升华	505	29～39	40～50	非	ⅢB
	己二酸	熔融	580	65～90	—	非	ⅢB
	苯二（甲）酸	熔融	650	61～83	80～100	非	ⅢB
	无水苯二（甲）酸（粗制品）	熔融	605	52～71	—	非	ⅢB
	苯二甲酸腈	熔融	>700	37～50	—	非	ⅢB
	无水马来酸（粗制品）	熔融	500	82～113	—	非	ⅢB
	醋酸钠酯	熔融	520	51～70	5～8	非	ⅢB
	结晶紫	熔融	475	45～70	15～30	非	ⅢB
	四硝基咔唑	熔融	395	92～123	—	非	ⅢB
	二硝基甲酚	熔融	340	—	40～60	非	ⅢB
	阿司匹林	熔融	405	31～41	60	非	ⅢB
	肥皂粉	熔融	575	—	80～100	非	ⅢB
	青色燃料	350	465	—	300～500	非	ⅢB
	萘酚燃料	395	415	133～184	—	非	ⅢB
合成树脂	聚乙烯	熔融	410	26～35	30～50	非	ⅢB
	聚丙烯	熔融	430	25～35	—	非	ⅢB
	聚苯乙烯	熔融	475	27～37	40～60	非	ⅢB
	苯乙烯（70%）与丁二烯（30%）粉状聚合物	熔融	420	27～37	—	非	ⅢB
	聚乙烯醇	熔融	450	42～55	5～10	非	ⅢB
	聚丙烯腈	熔融炭化	505	35～55	5～7	非	ⅢB
	聚氨酯（类）	熔融	425	46～63	50～100	非	ⅢB
	聚乙烯四肽	熔融	480	52～71	<200	非	ⅢB
	聚乙烯氮戊环酮	熔融	465	42～58	10～15	非	ⅢB
	聚氯乙烯	熔融炭化	595	63～86	4～5	非	ⅢB
	氯乙烯（70%）与苯乙烯（30%）粉状聚合物	熔融炭化	520	44～60	30～40	非	ⅢB

续表

粉尘种类	粉尘名称	高温表面堆积粉尘层（5 mm）的引燃温度/℃	粉尘云的引燃温度/℃	爆炸下限浓度/（g/m^3）	粉尘平均粒径/μm	危险性质	粉尘分级
合成树脂	酚醛树脂（酚醛清漆）	熔融炭化	520	36～40	10～20	非	ⅢB
	有机玻璃粉	熔融炭化	485	—	—	非	ⅢB
天然树脂	骨胶（虫胶）	沸腾	475	—	20～50	非	ⅢB
	硬质橡胶	沸腾	360	35～49	20～30	非	ⅢB
	软质橡胶	沸腾	425	—	80～100	非	ⅢB
	天然树脂	熔融	370	38～52	20～30	非	ⅢB
	蛄钯树脂	熔融	330	30～41	20～50	非	ⅢB
	松香	熔融	325	—	50～80	非	ⅢB
沥青蜡类	硬蜡	熔融	400	26～36	80～50	非	ⅢB
	绕组沥青	熔融	620	—	50～80	非	ⅢB
	硬沥青	熔融	620	—	50～150	非	ⅢB
	煤焦油沥青	熔融	580	—	—	非	ⅢB
农产品	裸麦粉	325	415	67～93	30～50	非	ⅢB
	裸麦谷物粉（未处理）	305	430	—	50～100	非	ⅢB
	裸麦筛落粉（粉碎品）	305	415	—	30～40	非	ⅢB
	小麦粉	炭化	410	—	20～40	非	ⅢB
	小麦谷物粉	290	420	—	15～30	非	ⅢB
	小麦筛落粉（粉碎品）	290	410	—	3～5	非	ⅢB
	乌麦、大麦谷物粉	270	440	—	50～150	非	ⅢB
	筛米糠	270	420	—	50～100	非	ⅢB
	玉米淀粉	炭化	410	—	2～30	非	ⅢB
	马铃薯淀粉	炭化	430	—	60～80	非	ⅢB
	布丁粉	炭化	395	—	10～20	非	ⅢB
	糊精粉		400	71～99	20～30	非	ⅢB
	砂糖粉	熔融	360	77～107	20～40	非	ⅢB
	乳糖	熔融	450	83～115	—	非	ⅢB
纤维鱼粉	可可子粉（脱脂品）	245	460	—	30～40	非	ⅢB
	咖啡粉（精制品）	收缩	600	—	40～80	非	ⅢB

续表

粉尘种类	粉尘名称	高温表面堆积粉尘层（5 mm）的引燃温度/℃	粉尘云的引燃温度/℃	爆炸下限浓度/（g/m^3）	粉尘平均粒径/μm	危险性质	粉尘分级
纤维鱼粉	啤酒麦芽粉	285	405	—	100～500	非	ⅢB
	紫芷蓿	280	480	—	200～500	非	ⅢB
	亚麻粕粉	285	470	—	—	非	ⅢB
	菜种渣粉	炭化	465	—	400～600	非	ⅢB
	鱼粉	炭化	485	—	80～100	非	ⅢB
	烟草纤维	290	485	—	50～100	非	ⅢA
	木棉纤维	385	—	—	—	非	ⅢA
	人造短纤维	305	—	—	—	非	ⅢA
	亚硫酸盐纤维	380	—	—	—	非	ⅢA
	木质纤维	250	445	—	40～80	非	ⅢA
	纸纤维	360	—	—	—	非	ⅢA
	椰子粉	280	450	—	100～200	非	ⅢB
	软木粉	325	460	44～59	30～40	非	ⅢB
	针叶树（松）粉	325	440	—	70～150	非	ⅢB
	硬木（丁钠橡胶）粉	315	420	—	70～100	非	ⅢB
燃料	泥煤粉（堆积）	260	450	—	60～90	导	ⅢC
	褐煤粉（生褐煤）	260	450	49～68	2～3	非	ⅢB
	褐煤粉	230	185	—	3～7	导	ⅢC
	有烟煤粉	235	595	41～57	5～11	导	ⅢC
	瓦斯煤粉	225	580	35～48	5～10	导	ⅢC
	焦炭用煤粉	280	610	33～45	5～10	导	ⅢC
	贫煤粉	285	580	34～45	5～7	导	ⅢC
	无烟煤粉	>430	>600	—	100～130	导	ⅢC
	木炭粉（硬质）	340	595	39～52	1～2	异	ⅢC
	泥煤焦炭粉	360	615	40～54	1～2	导	ⅢC
	褐煤焦炭粉	235	—	—	4～5	导	ⅢC
	煤焦炭粉	430	>750	37～50	4～5	导	ⅢC

注：危险性质栏中，用“导”表示导电性粉尘，用“非”表示非导电性粉尘。

（4）爆炸极限。爆炸极限是表征可燃气体、蒸气、薄雾、粉尘、纤维危险性的重要参数。爆炸极限是指在一定的温度和压力下，当可燃气体、蒸气、薄雾、粉尘、纤维与空气（或氧）在一定浓度范围内均匀混合，遇到火源发生爆炸的浓度范围。该范围的最低浓度称为爆炸下限（LEL），最高浓度称为爆炸上限（UEL）。可燃性气体、蒸气、薄雾的爆炸极限一般用其在混合气体中所占的体积分数来表示，可燃性粉尘、纤维一般用其在混合物中的质量浓度（g/m^3）表示。

可燃性气体、蒸气、粉尘的爆炸极限见表7-2和表7-3。

爆炸极限并非常数，它受环境温度、初始压力、氧含量、不活泼气体含量、容器的形状和大小、引燃源的作用状况等多种因素影响。

1）环境温度越高，燃烧越快，爆炸极限范围越大。

2）随初始压力升高，绝大多数气体混合物的爆炸下限略有下降，爆炸上限明显上升，爆炸极限范围增大。反之，随初始压力减小，爆炸极限范围缩小。当初始压力减小至某一数值时，爆炸极限范围缩至某一点，即爆炸下限与上限重合，意味着压力再降低时，混合气体将不会发生爆炸。爆炸极限范围缩小为0时的初始压力称为临界压力。

3）氧含量升高，爆炸下限变化不大，爆炸上限明显升高，使得爆炸极限范围扩大。例如，甲烷在空气中的爆炸极限是4.9%~15.0%，在纯氧中的爆炸极限则是5.0%~61.0%。

4）混合气体中不活泼气体含量增加，爆炸极限范围随之缩小。继续增加不活泼气体含量，可使爆炸极限范围缩小为0，则该混合气体不再发生爆炸。

5）当容器细窄时，由于容器壁的冷却作用，爆炸极限范围变小。当容器直径减小至一定程度时，火焰不能蔓延，可消除爆炸危险，这个直径称为临界直径。例如，甲烷的临界直径为0.4~0.5 mm，氢和乙炔的临界直径为0.1~0.2 mm。

6）引燃源温度越高，加热面积越大或作用时间越长，爆炸极限范围越大。例如，对于甲烷，100 V、1 A 的电火花不会引起爆炸；2 A 的电火花可引起爆炸，爆炸极限为5.9%~13.6%；3 A 电火花的爆炸极限扩大为5.85%~14.8%。

（5）最小点燃电流比。最小点燃电流比（MICR）是指在规定试验条件下，气体、蒸气、薄雾等爆炸性混合物的最小点燃电流与甲烷爆炸性混合物的最小点燃电流之比。

（6）最小引燃能量。最小引燃能量是指在规定的试验条件下，能使爆炸性混合物燃爆所需的最小电火花能量。如果引燃源的能量低于这个临界值，一般不会着火。

最小引燃能量受混合物性质、引燃源特征、压力、浓度、温度等因素的影响。纯氧中的最小引燃能量小于空气中的最小引燃能量。压力减小，最小引燃能量明显增大。例如，当压力分别为0.98 MPa、0.78 MPa、0.59 MPa和0.39 MPa时，乙炔分解爆炸的最小引燃能量分别为3 mJ、6 mJ、12 mJ和32 mJ。在某一浓度下，最小引燃能量取得最小值；离开这一浓度，最小引燃能量都将变大。某些可燃气体、蒸气与空气的爆炸性混合物的最小引燃能量见表7–4。某些粉尘与空气的爆炸性混合物的最小引燃能量见表7–5。

表7–4　　某些可燃气体、蒸气与空气的爆炸性混合物的最小引燃能量

名称	化学式	体积分数/%	最小引燃能量/mJ
乙炔	$HC=CH$	7.73	0.02
乙烯	$CH_2=CH_2$	6.52	0.096
丙烯	$CH_3CH=CH_2$	4.44	0.282
二异丁烯	$(CH_3)_3CCH_2C(CH_3)=CH_2$	1.71	0.96
甲烷	CH_4	9.50	0.33
丙烷	$CH_3CH_2CH_3$	4.02	0.31
戊烷	$CH_3(CH_2)_3CH_3$	2.55	0.49
乙腊	CH_3CH	7.02	6.00
己胺	$C_2H_5NH_2$	5.28	2.40
乙醚	$C_2H_5OC_2H_5$	3.37	0.49
乙醛	CH_3CHO	7.72	0.376
丙烯醛	$CH_2=CHCHO$	5.64	0.13
甲醇	CH_3OH	12.24	0.215
丙酮	CH_3COCH_3	4.97	1.15
乙酸乙酯	$CH_3CO_2C_2H_5$	4.02	1.42
乙烯基醋酸	$CH_2=CHCH_2COOH$	4.44	0.70
苯	C_6H_6	2.71	0.55
甲苯	$C_6H_5CH_3$	2.27	2.50
二硫化碳	CS_2	6.52	0.015
氨	NH_3	21.8	680
氢	H_2	29.6	0.02
硫化氢	H_2S	12.2	0.077

表 7-5　　某些粉尘与空气的爆炸性混合物的最小引燃能量　　mJ

名称	层积状	悬浮状	名称	层积状	悬浮状
铝	1.6	10	聚乙烯	—	30
铁	7	20	聚苯乙烯	—	15
镁	0.24	20	酚醛树脂	40	10
钛	0.008	10	醋酸纤维	—	11
锆	0.0004	5	沥青	4～6	20～25
锰铁合金	8	80	大米	—	40
硅	2.4	80	小麦	—	50
硫	1.6	15	大豆	40	50
硬脂酸铝	40	10	砂糖	—	30
阿司匹林	160	25	硬木	—	20

（7）最大试验安全间隙。最大试验安全间隙（MESG）是衡量爆炸性物品传爆能力的性能参数，指在规定试验条件下，两个经长为 25 mm 间隙连通的容器，一个容器内燃爆时不会引起另一个容器内燃爆的最大连通间隙。

二、构成爆炸性混合物的可燃性物质的分级、分组

按构成爆炸性混合物的可燃性物质的性能参数对其进行分级、分组，以便有针对性地对其进行防范。

1. 爆炸性气体混合物的分级、分组

（1）分级

Ⅰ类可燃性气体仅有矿井甲烷一种气体，不分级。

Ⅱ类爆炸性气体混合物按其最大试验安全间隙（MESG）或最小点燃电流比（MICR）分级，共分为 A、B、C 3 级，即ⅡA、ⅡB、ⅡC，并符合表 7-6的规定。

表 7-6　　Ⅱ类爆炸性气体混合物按最大试验安全间隙（MESG）或最小点燃电流比（MICR）分级

级别	最大试验安全间隙（MESG）/mm	最小点燃电流比（MICR）
ⅡA	MESG≥0.9	>0.8
ⅡB	0.5<MESG<0.9	0.45≤MICR≤0.8
ⅡC	MESG≤0.5	<0.45

（2）分组

Ⅱ类爆炸性气体混合物按引燃温度可分为 T1～T6 共 6 组，各组相应的引燃温度范围见表 7-7。

表 7-7　　Ⅱ类爆炸性气体混合物各组相应的引燃温度范围

组别	引燃温度 t/℃
T1	$450 < t$
T2	$300 < t \leq 450$
T3	$200 < t \leq 300$
T4	$135 < t \leq 200$
T5	$100 < t \leq 135$
T6	$85 < t \leq 100$

《爆炸性环境　第 11 部分：气体和蒸气物质特性分类　试验方法和数据》（GB/T 3836.11—2022）列出了部分物质的特征数据，也可依据该标准查询相关物质分类。

2. 爆炸性粉尘分级

爆炸性粉尘环境中的粉尘可分为下列 3 级：ⅢA 级为可燃性飞絮，ⅢB 级为非导电性粉尘，ⅢC 级为导电性粉尘。

可燃性粉尘特性举例见表 7-3。

第三节　爆炸性环境

由于可燃性气体、蒸气或薄雾及可燃性粉尘、纤维或飞絮的物理性质、出现的形式、涉及的范围、存在的概率和持续的时间不同，发生爆炸的可能性及危害程度是不同的。同时，上述因素也直接影响爆炸性环境的区域范围。因此，除了对爆炸性环境中的气体、蒸气或薄雾及可燃性粉尘、纤维或飞絮进行分级、分组之外，还需要根据可燃性物质出现的频率和持续时间，对爆炸性环境进行危险区域划分。爆炸性环境危险区域划分的目的是正确选择和安装电气装置，实现爆炸性环境中电气装置的安全使用。

一、爆炸性气体环境

1. 爆炸性气体环境危险区域级别

我国国家标准与 IEC 标准的规定一致，根据爆炸性气体混合物出现的频率和持续时间，将爆炸性气体环境划分为 3 个级别，用“区”来描述，即 0 区、1 区和 2 区。其各自的定义如下：

（1）0 区为连续出现或长期出现爆炸性气体混合物的环境。

（2）1 区为在正常运行时可能出现爆炸性气体混合物的环境。

（3）2 区为在正常运行时不太可能出现爆炸性气体混合物的环境，或即使出现也仅是短时存在爆炸性气体混合物的环境。

这里的正常运行是指正常的开车、运转、停车、易燃物质产品的装卸、密闭容器盖的开闭，以及安全阀、排放阀及工厂所有设备在其设计参数要求范围内工作的状态。

上述 3 个区域中，0 区是最危险的区域，但除了封闭的空间，如密闭的容器、储油罐等内部气体空间外，很少存在 0 区。虽然可燃性气体的浓度高于爆炸上限，但是可能进入空气而达到爆炸极限范围内的环境仍划为 0 区。例如，固定顶盖的液体储罐，当液面以上空间未充不活泼气体时，应划为 0 区。3 个区域中，2 区相对危险性较小。

对于具有潜在爆炸危险性的环境，一般基于区域的定义和相关的要素划分区域。主要考虑的因素主要如下：

1）存在可燃性气体的可能性。

2）可燃性气体的释放量。

3）可燃性气体的特性（如气体的密度等）。

4）环境条件（主要是通风，还包括气压、温度、湿度等）。

5）与释放源的距离。

当符合下列条件时，可划为非爆炸性气体环境：

1）没有释放源且不可能有可燃性物质侵入的区域。

2）可燃性物质可能出现的最高浓度不超过爆炸下限（LEL）的 10%。

3）在生产过程中，使用明火的设备附近或炽热部件表面温度超过区域内可燃物质引燃温度的设备附近。

4）在生产装置区外，露天或开敞设置的输送可燃性物质的架空管道地带，但其阀门处按具体情况确定。

2. 释放源和通风条件的影响

（1）释放源的等级。确定环境的危险区域类型，根本在于鉴别释放源和确定释放源的等级。

释放源按其释放可燃性物质的频率、持续时间和数量等划为 3 个基本等级，即连续级、第一级、第二级释放源。

连续级释放源——预计长期释放或短时频繁释放的释放源。

第一级释放源——预计在正常运行时周期或偶尔释放的释放源。类似“正常运行时会释放可燃性物质的泵、压缩机和阀门的密封处”“正常运行时会向空间释放可燃性物质的取样点”等情况可划为第一级释放源。

第二级释放源——预计在正常运行时不可能释放，即使释放也仅仅是偶尔短时释放的释放源。类似“正常运行时不会释放可燃性物质的泵、压缩机和阀门的密封处”“正常运行时不会释放可燃性物质的法兰、连接件和管道接头”“正常运行时不会向空间释放可燃性物质的安全阀、排气孔和其他孔口处”等情况可划为第二级释放源。

现场可能同时具有连续级、第一级、第二级中的 2 个或 3 个释放源，即多级释放源。

一般情况下，连续级释放源形成 0 区爆炸性气体环境，第一级释放源形成 1 区爆炸性气体环境，第二级释放源形成 2 区爆炸性气体环境。

（2）通风类型划分。通风的有效性直接影响爆炸性气体环境的存在和形成。不同的通风效果将直接影响最终划分结果。适当的通风可以加速爆炸性气体混合物在空气中的扩散，良好、有效的通风可以缩小爆炸性气体环境的范围或使高一级的爆炸性气体环境降为低一级的爆炸性气体环境，甚至非爆炸性气体环境。相反，无通风或差的通风会扩大爆炸性气体环境的范围，甚至使低一级的爆炸性气体环境变成高一级的爆炸性气体环境。因此，通风等级也是确定环境危险区域类型的重要因素之一。

1）通风的主要类型。通风主要有自然通风和人工通风两种类型。

①自然通风。自然通风指的是由风或温度的配合效果引起空气流动或新鲜空气的置换。户外开放场所、户外开放式建筑物或具备良好自然通风条件的户内环境（如空气对流通道）的通风都可列为自然通风。

②人工通风。人工通风指的是利用人工方法（如排气扇等）使爆炸性气体环境的空气流动或置换新鲜空气。人工通风是一种强制性通风，又分为对整体场所进行的普遍性强制通风和对局部场所进行的针对性强制通风。

2）通风的有效性。通风的有效性主要反映通风连续性的优劣，影响爆炸性气体环境的存在或形成。通风有效性分为良好、一般和差 3 个等级。

①良好通风。良好通风指的是通风连续地存在。

②一般通风。一般通风指的是在正常运行时，预计通风存在，允许短时、不经

常的不连续通风。

③差的通风。差的通风指的是不能满足上述两个等级标准的通风，但预计不会出现长时间的不连续通风。

与通风相对应的“无通风”，指的是不采取与新鲜空气置换措施的状态。

在自然通风条件下，对户外场所，判断通风条件的基础是假设最小风速为0.5 m/s，且通风连续地存在。这种情况应被看作良好通风。

在人工通风条件下，估计通风有效性时，应考虑通风设备的可靠性和有效性。例如，通风有效性良好要求具有备用的风机，且在故障状态下，备用风机能自动启动。但是，若采取措施能够保障在通风设备出现故障时可燃性物质不会释放（如自动关闭加工设备），也可以假定通风有效性良好。

3）通风的等级。IEC 和我国有关标准将通风分为高、中、低 3 个等级，分别定义如下：

①高级通风（VH）——能够在释放源处瞬间降低可燃性物质浓度，使其低于爆炸下限（LEL），爆炸性气体环境范围很小甚至可以忽略不计。

②中级通风（VM）——能够控制可燃性物质浓度，使得爆炸性气体环境界限外部的浓度稳定地低于爆炸下限，虽然释放源正在释放中，但释放停止后，爆炸性气体环境持续存在时间不会过长。

③低级通风（VL）——在释放源释放过程中，不能控制可燃性物质浓度，并且在释放源停止释放后，也不能阻止爆炸性气体环境持续存在。

3. 爆炸性气体环境危险区域的划分

划分危险区域时，应综合考虑释放源级别和通风条件，并应遵循以下原则：

（1）首先应按下列释放源级别划分区域：存在连续级释放源的区域可划为 0 区，存在第一级释放源的区域可划为 1 区，存在第二级释放源的区域可划为 2 区。

（2）其次应根据通风条件调整区域划分。当通风良好时，应降低危险区域等级。良好的通风标志是混合物中可燃性物质的浓度被稀释到爆炸下限的 25% 以下。当通风不良时，应提高危险区域等级。

局部机械通风在降低爆炸性气体混合物浓度方面比自然通风和一般机械通风更为有效时，可采用局部机械通风降低危险区域等级。

在障碍物、凹坑、死角等处，由于通风不良，应局部提高危险区域等级。

堤或墙等障碍物可限制比空气重的爆炸性气体混合物的扩散，缩小爆炸危险范围。

通风等级与通风的有效性相配合来反映通风的总体情况，并影响危险区域的划分。

通风对区域类型的影响见表 7–8。

表 7-8　　通风对区域类型的影响

释放源等级	通风等级						
	高			中			低
	通风有效性						
	良好	一般	差	良好	一般	差	良好、一般或差
连续级	(0 区 NE①)非危险	(0 区 NE①)2 区	(0 区 NE①)1 区	0 区	0 区 +2 区	0 区 +1 区	0 区
第一级	(1 区 NE①)非危险	(1 区 NE①)2 区	(1 区 NE①)2 区	1 区	1 区 +2 区	1 区 +2 区	1 区或 0 区③
第二级②	(2 区 NE①)非危险	(2 区 NE①)非危险	2 区	2 区	2 区	2 区	1 区甚至 0 区③

①0 区 NE、1 区 NE 或 2 区 NE 表示在正常条件，其范围可忽略不计的理论上的区域。

②由第二级释放源产生的 2 区范围也许会超过可归为第一级或连续级释放源引起的范围，在这种情况下，应取较大的距离。

③若通风很弱，而且事实上释放爆炸性气体的情况连续存在（亦即接近“无通风”条件），则为 0 区。

“+”表示被……所包围。

4. 爆炸性气体环境危险区域的范围

爆炸性气体环境危险区域的范围应按下列要求确定。

（1）危险区域的范围应根据释放源的级别和位置、易燃物质的性质、通风条件、障碍物及生产条件、运行经验，经技术经济比较综合确定。

（2）建筑物内部，宜以厂房为单位划定危险区域的范围，但也应根据生产的具体情况综合考虑。当厂房内空间大、释放源释放的易燃物质量少时，可按厂房内部分空间划定危险区域范围，并应符合下列规定：

1）当厂房内具有比空气重的易燃物质时，厂房内通风换气次数应不少于 2 次/h，且换气不受阻碍；厂房地面上高度在 1 m 以下的空气与释放至厂房内的易燃物质所形成的爆炸性气体混合物浓度应小于爆炸下限。

2）当厂房内具有比空气轻的易燃物质时，厂房平屋顶平面以下 1 m 高度内，或圆顶、斜顶的最高点以下 2 m 高度内的空气与释放至厂房内的易燃物质所形成的爆炸性气体混合物的浓度应小于爆炸下限。

应注意，释放至厂房内的易燃物质的最大量应按 1 h 释放量的 3 倍计算，但不包括由于灾难性事故引起破裂时的释放量。

另外，我国相关规范将相对密度小于 0.8 的气体或蒸气定义为轻于空气的气体或蒸气，将相对密度大于 1.2 的气体或蒸气定义为重于空气的气体或蒸气。对于相对密度在 0. 8 与 1. 2 之间的气体或蒸气应酌情考虑。

（3）当易燃物质可能大量释放并扩散到 15 m 以外时，危险区域的范围应划分附加 2 区。

（4）在物料操作温度高于可燃液体闪点的情况下，可燃液体可能泄漏时，其危险区域的范围可适当缩小。

危险区域的等级和范围宜符合图 7-2 至图 7-10 中爆炸性气体距地坪距离、不同的密度和不同的通风条件下典型危险区域划分示例的规定，并应根据易燃物质的释放量、释放速度、沸点、温度、闪点、相对密度、爆炸下限、障碍物等条件，结合实践经验确定。在爆炸性气体环境实施电气防爆措施时，危险区域的划分是一项难度相对较大的环节。在危险区域划分时，既要防止盲目提高区域危险等级和扩大危险区域范围所造成的不必要的经济投入，又要防止盲目降低区域危险等级和缩小危险区域范围所导致的电气防爆措施不到位，从而增大爆炸事故发生的风险。因此，危险区域的划分不仅需要由懂得可燃性物质性能、设备和工艺性能的专业人员进行，还应与安全、电气及其他专业的工程技术人员商议共同完成。

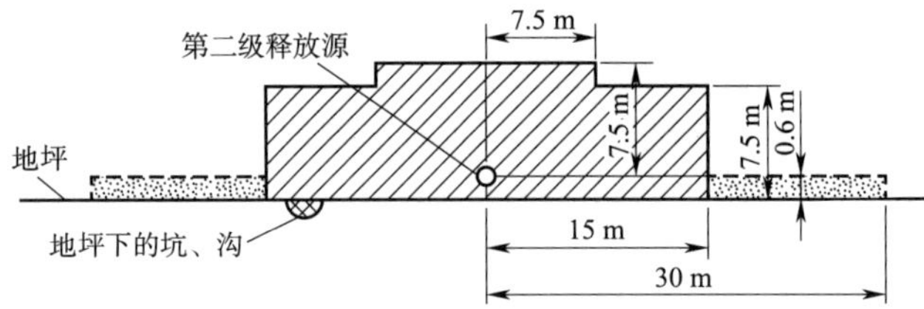

图 7-2　释放源接近地坪时可燃性物质重于空气、通风良好的生产装置区危险区域划分

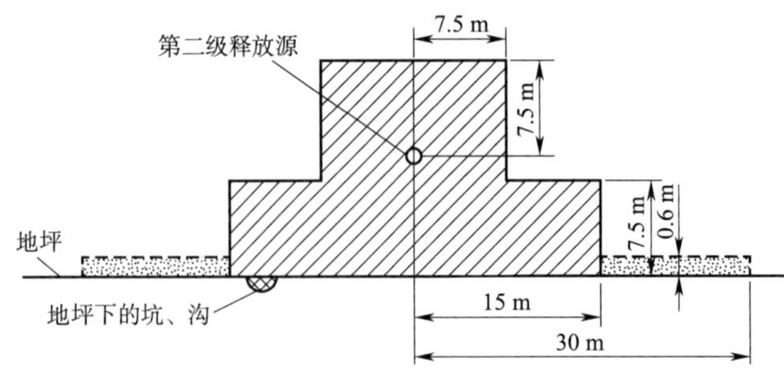

图 7-3　释放源在地坪以上时可燃性物质重于空气、通风良好的生产装置区危险区域划分

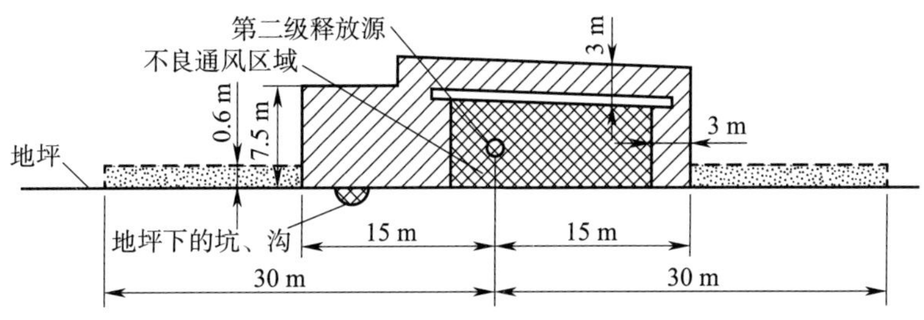

图 7-4　可燃性物质重于空气、释放源在封闭建筑物内通风不良的生产装置区危险区域划分

注：用于距释放源在水平方向 15 m 的距离，或在建筑物周边 3 m 范围，取两者中较大者。

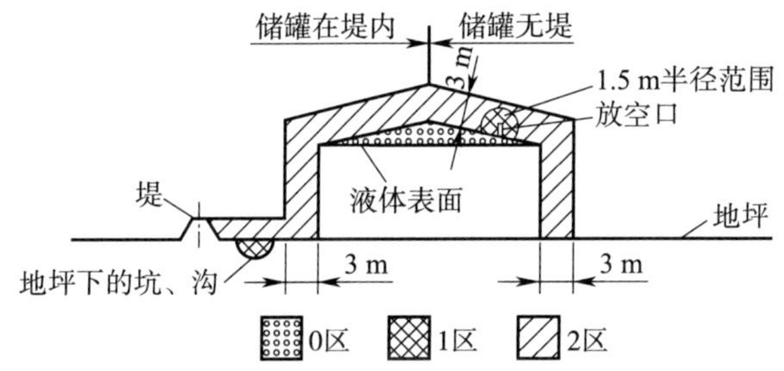

图 7-5　可燃性物质重于空气、设在户外地坪上的固定式储罐危险区域划分

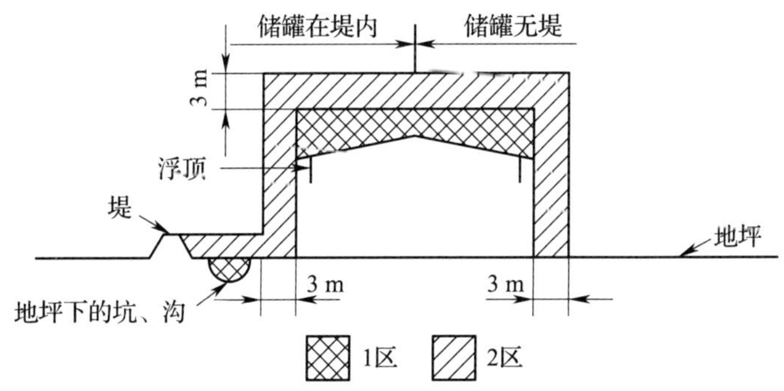

图 7-6　可燃性物质重于空气、设在户外地坪上的浮顶式储罐危险区域划分

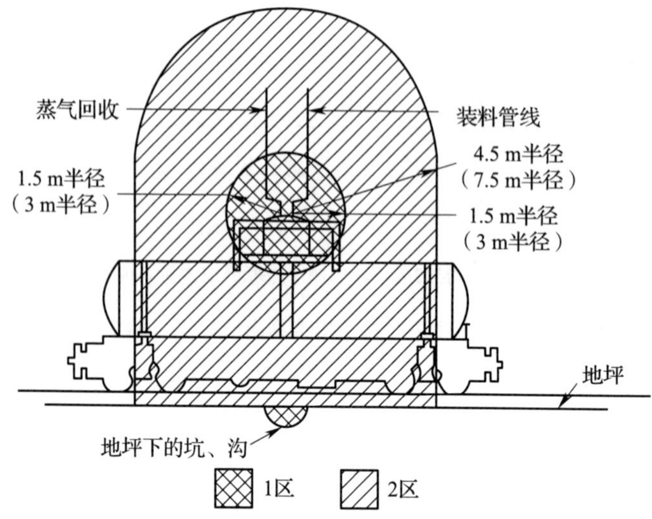

图 7-7　可燃液体、液化气、压缩气体等密闭注送系统的槽车危险区域划分

注：可燃液体为非密闭注送时采用括号内数值。

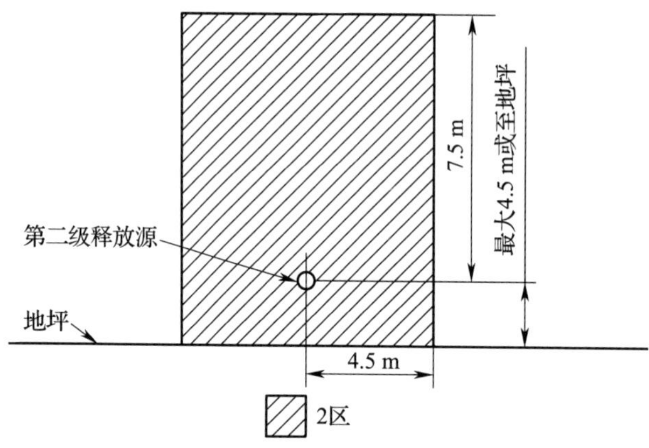

图 7-8　可燃性物质轻于空气、通风良好的生产装置区危险区域划分

注：释放源距地坪的高度超过 4.5 m 时，应根据实践经验确定。

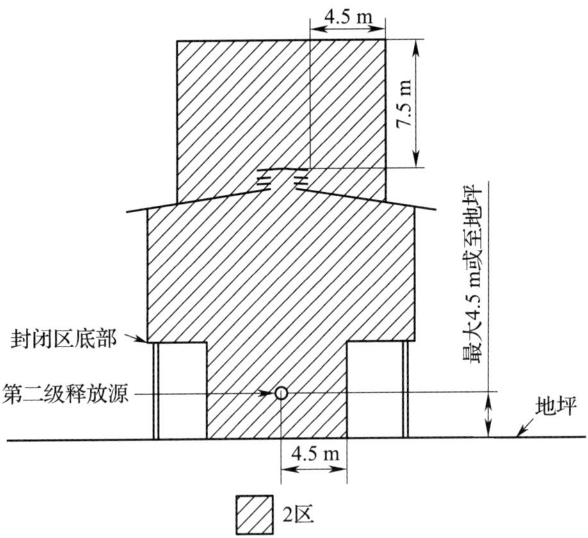

图 7-9　可燃性物质轻于空气、通风良好的压缩机厂房危险区域划分

注：释放源距地坪的高度超过 4.5 m 时，应根据实践经验确定。

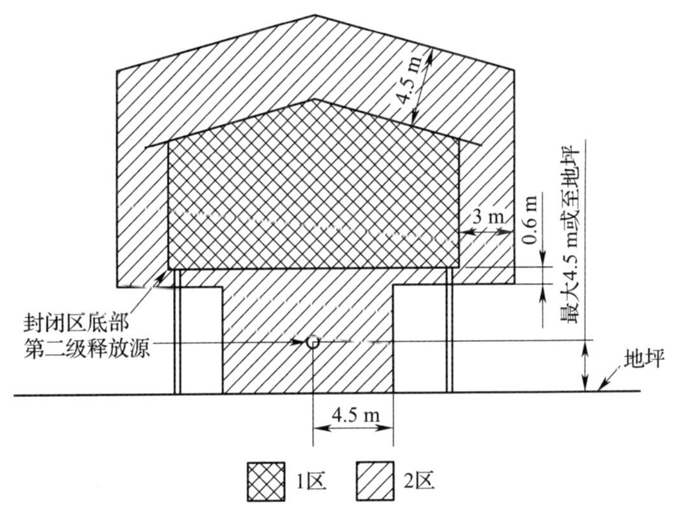

图 7-10　可燃性物质轻于空气、通风不良的压缩机厂房危险区域划分

注：释放源距地坪的高度超过 4.5 m 时，应根据实践经验确定。

二、爆炸性粉尘环境

爆炸性粉尘环境是指在生产、加工、处理、转运或储存过程中出现或可能出现可燃性飞絮、非导电性粉尘、导电性粉尘与空气形成的爆炸性粉尘混合物的环境。

国家标准《爆炸危险环境电力装置设计规范》（GB 50058—2014）中给出了爆炸性粉尘环境危险区域划分方法，即根据爆炸性粉尘环境出现的频率和持续时间进行分类，并将爆炸性粉尘环境危险区域分为 20 区、21 区、22 区，分区应符合的规定如下：

（1）20 区应为空气中的可燃性粉尘云持续地或长期地或频繁地出现于爆炸性环境中的区域。20 区范围主要包括粉尘云连续生成的管道、生产和处理设备的内部区域。当粉尘容器外部持续存在爆炸性粉尘环境时，可划分为 20 区。

（2）21 区应为在正常运行时，空气中的可燃性粉尘云很可能偶尔出现于爆炸性环境中的区域。

（3）22 区应为在正常运行时，空气中的可燃性粉尘云一般不可能出现于爆炸性环境中的区域，即使出现，持续时间也是短暂的。

粉尘释放源应按爆炸性粉尘释放频率和持续时间长短分为连续级释放源、一级释放源、二级释放源。

连续级释放源应为粉尘云持续存在或预计长期或短期经常出现的部位。

一级释放源应为在正常运行时预计可能周期性或偶尔释放的释放源。

二级释放源应为在正常运行时预计不可能释放，如果释放也仅是不经常地、短期释放。

压力容器外壳主体结构及其封闭的管口和人孔、全部焊接的输送管和溜槽、在设计和结构方面对防粉尘泄漏进行了适当考虑的冷门压盖和法兰接合面不应被视为释放源。

第四节　防爆电气设备和防爆电气线路

众所周知，当爆炸性物质（可燃性气体或粉尘等）、空气（氧气）和引燃源三个条件同时存在，且爆炸性物质与空气的混合浓度处于爆炸极限范围内时，将不可避免地发生爆炸。因此，为了防止爆炸事故的发生，首先应设法避免上述三个条件同时存在。最基本的技术是将所有可能产生引燃源（危险温度和电火花、电弧）的电气设备安装在非爆炸、火灾危险区域。但在实践中，许多工业生产现场的实际情况和具体应用要求决定了相当一部分电气设备必须安装在爆炸、火灾危险区域内。此时需要选用具有特定防爆技术措施的电气装置来防止电气引燃源的形成，保障生产现场的安全。

一、防爆电气设备

1. 防爆电气设备类型

（1）按使用环境的不同，防爆电气设备分为以下3类：

1）Ⅰ类电气设备。Ⅰ类电气设备用于煤矿瓦斯气体环境，考虑了甲烷和煤粉的点燃以及地下用设备增加的物理保护措施。

2）Ⅱ类电气设备。Ⅱ类电气设备用于除煤矿甲烷气体之外的其他爆炸性气体环境。Ⅱ类电气设备按照其拟使用的爆炸性环境的种类，可进一步再分类。

①ⅡA类：代表性气体是丙烷。

②ⅡB类：代表性气体是乙烯。

③ⅡC类：代表性气体是氢气。

3）Ⅲ类电气设备。Ⅲ类电气设备用于除煤矿以外的爆炸性粉尘环境。Ⅲ类电气设备按照其拟使用的爆炸性粉尘环境的特性，可进一步再分类。

①ⅢA类：用于存在可燃性飞絮的环境。

②ⅢB类：用于存在非导电性粉尘的环境。

③ⅢC类：用于存在导电性粉尘的环境。

注：标志ⅢB类的电气设备可适用于ⅢA类电气设备的使用环境，标志ⅢC类的电气设备可适用于ⅢA类或ⅢB类电气设备的使用环境。

（2）按防爆结构型式，防爆电气设备分为以下类型：

1）由隔爆外壳“d”保护的设备。这类电气设备的外壳具有良好的耐爆性和隔爆性，能承受内部爆炸性混合物的爆炸而不致受到损坏，而且可避免内部爆炸通过外壳任何接合面或结构孔洞引起外部爆炸性混合物爆炸。当电气设备外壳内发生爆炸时，火焰经各接合面喷出时，由于作为隔爆间隙的接合面间隙及结构孔洞的间隙足够小，接合面宽度足够大，燃烧的链式反应被阻断，起到了熄火作用。隔爆间隙的作用原理可用间隙的散热作用来解释，当火焰通过间隙传出时被冷却，其温度降到引燃温度以下，避免爆炸传播。

由隔爆外壳“d”保护的设备外壳用钢板、铸钢、铝合金、灰铸铁等材料制成。

由隔爆外壳“d”保护的设备可经隔爆型接线盒（或插销座）接线，亦可直接接线。连接处应有防止拉力损坏接线端子的设施，应有密封措施，连接装置的接合面应有足够的长度。

由隔爆外壳“d”保护的设备紧固螺栓和螺母须有防松装置，不透螺孔须留有1.5倍防松垫圈厚度的余量；紧固螺栓不得穿透外壳，周围和底部余厚不得小于3 mm。螺纹啮合不得少于6扣，啮合长度的要求：容积为100 cm^3及其以下者不得小于5 mm，容积为100 cm^3以上者不得小于8 mm。

正常运行时产生火花或电弧的电气设备须设有联锁装置，保障电源接通时不能打开壳、盖，而壳、盖打开时不能接通电源。

2）由增安型“e”保护的设备。这类电气设备没有隔爆外壳，通过在结构上采取种种措施来提高安全程度，使电气设备在正常时不会产生火花、电弧，也不会产生足以引燃爆炸性混合物的高温。

由增安型“e”保护的设备绝缘带电部件的外壳防护不得低于IP44，裸露带电部件的外壳防护不得低于IP54。内部装有裸露带电零部件的外壳，至少具有IP54防护等级。引入电缆或导线的连接件应与电缆或导线连接牢固，接线方便，同时还须防止电缆或导线松动、自行脱落、扭转，并能保持足够的接触压力。在正常工作条件下，连接件的接触压力不得因温度升高而降低，连接件不得带有可能损伤电缆或导线的棱角，正常紧固时不得产生永久变形和自行转动，不允许用绝缘材料部件传递接点压力。用于连接多股线的连接件须采取措施防止导线松股；使用铜铝导线连接时，应采用铜铝过渡接头。

3）由本质安全型“i”保护的设备。这类电气设备在正常工作或规定的故障状态下产生的火花或热效应均不能点燃规定的爆炸性混合物。

由本质安全型“i”保护的设备按其使用场所的安全程度分为ia、ib或ic保护等级。

ia保护等级——施加U_m（施加到关联电气设备的非限能连接装置上，而不会使防爆型式失效的最高电压）和U_i（可施加到电气设备连接装置上，而不会使防爆型式失效的最高电压，可为交流峰值或直流）后，在下列每一种情况下，ia保护等级电气设备中的本质安全电路应不能引起点燃：

①正常工作和施加最不利条件下的非计数故障。

②正常工作和施加一个计数故障加上最不利条件下的非计数故障。

③正常工作和施加二个计数故障加上最不利条件下的非计数故障。

在上述各种情况下，所施加的非计数故障可以不同。

ib保护等级——施加U_m和U_i后，在下列每一种情况下，ib保护等级电气设备中的本质安全电路应不能引起点燃：

①正常工作和施加最不利条件下的非计数故障。

②正常工作和施加一个计数故障加上最不利条件下的非计数故障。

在上述各种情况下，所施加的非计数故障可以不同。

ic 保护等级——施加 U_m 和 U_i 后，ic 保护等级电气设备中的本质安全电路应不能引起点燃。

4）正压型。这类电气设备具有正压外壳，能够保持壳内的保护气体压力高于周围爆炸性环境的压力，以阻止外部的爆炸性混合物进入外壳内。

正压型设备按充气结构分为通风、充气、气密 3 种类型。保护气体可以是空气、氮气或其他非可燃气体。其外壳防护不得低于 IP44。

这类电气设备的外壳内不得有影响安全的通风死角。正常时，其出风口气压或充气气压不得低于 196 Pa。当压力低于 98 Pa 或压力最小处的压力低于 49 Pa 时，自动装置必须发出报警信号或切断电源。

这种设备应有联锁装置，保证运行前先通风、充气。运行前通风、充气的总量不得小于设备气体容积的 5 倍。运行前通风时间可按下式计算

$$t=\frac{K(V+V_P)}{Q} \tag{7-3}$$

式中　K——容积倍数，一般 $K\geqslant5$；

V——设备气体容积，m^3；

V_P——管道气体容积，m^3；

Q——气体流量，m^3/s。

这种设备在运行中，火花、电弧不得从缝隙或出风口吹出。

5）油浸型。这类电气设备将可能产生电火花、电弧或危险温度的带电零部件浸在绝缘油中，使之不能点燃油面以上或壳外的爆炸性混合物。

油浸型设备外壳上应有排气孔，孔内不得有杂物；油量必须足够，最低油面以下油面深度不得小于 25 mm，油面指示必须清晰，油质必须良好；油面温度 T1 ~ T4 组不得超过 100 ℃，T5 组不得超过 80 ℃，T6 组不得超过 70 ℃。充油型设备应当水平安装，其倾斜度不得超过 5°。

6）充砂型。这类电气设备将细颗粒材料充填于设备外壳内，在规定的使用条件下，壳内出现的电弧、火焰及壳壁温度或粒料表面温度不能点燃壳外爆炸性混合物。

充砂型设备的外壳应有足够的机械强度，其防护不得低于 IP44。细粒填充材

料应填满外壳所有空隙，颗粒直径为0.25～1.6 mm。填充时细颗粒材料含水量不得超过0.1%。

7）无火花型。这类电气设备在正常运行条件下不产生电弧和任何火花，也不产生能引燃周围爆炸性混合物的高温表面或灼热点，且一般不会发生有引燃作用的故障。

8）浇封型。这类电气设备整体或其中的某些部分浇封在浇封剂中，在正常运行和认可的过载或故障下不能引燃周围的爆炸性混合物。

9）气密型。这类电气设备具有用熔化（如软钎焊、硬钎焊、熔接）、挤压或胶粘的方法镜像密封的气密外壳。这种外壳能够防止外部气体进入壳内。

10）粉尘型。这类电气设备主要是通过限制外壳最高表面温度和采用“尘密”或“防尘”外壳限制粉尘进入来防止引燃。“尘密”外壳能够阻止所有可见粉尘颗粒进入外壳。“防尘”外壳不能完全阻止粉尘进入，但其进入量不会妨碍设备安全运行，粉尘不应堆积在该外壳内易产生引燃危险的位置上。

2. 设备保护级别

设备保护级别（EPL）是IEC 60079新引入的概念，我国的《爆炸性环境　第1部分：设备通用要求》（GB/T 3836.1—2021）中也引入了EPL的概念。设备保护级别是指根据设备成为点燃源的可能性和爆炸性气体环境、爆炸性粉尘环境及煤矿甲烷爆炸性环境所具有的不同特征而对设备规定的保护级别。

“EPL Ga”爆炸性气体环境用设备，具有“很高”的保护等级，在正常运行过程中、在预期的故障条件下或者在罕见的故障条件下不会成为点燃源。

“EPL Gb”爆炸性气体环境用设备，具有“高”的保护等级，在正常运行过程中、在预期的故障条件下不会成为点燃源。

“EPL Gc”爆炸性气体环境用设备，具有“加强”的保护等级，在正常运行过程中不会成为点燃源，也可采取附加保护，保证在点燃源有规律预期出现的情况下（如灯具的故障）不会点燃。

“EPL Da”爆炸性粉尘环境用设备，具有“很高”的保护等级，在正常运行过程中、在预期的故障条件下或者在罕见的故障条件下不会成为点燃源。

“EPL Db”爆炸性粉尘环境用设备，具有“高”的保护等级，在正常运行过程中、在预期的故障条件下不会成为点燃源。

“EPL Dc”爆炸性粉尘环境用设备，具有“加强”的保护等级，在正常运行过程中不会成为点燃源，也可采取附加保护，保证在点燃源有规律预期出现的情况下（如灯具的故障）不会点燃。

气体/蒸气环境中设备的保护级别为 Ga、Gb、Gc，环境中设备的保护级别要达到 Da、Db、Dc。

3. 防爆电气设备的标志

防爆电气设备的标志见表 7-9。

表 7-9　防爆电气设备的标志

序号	电气设备防爆型式	标志
1	隔爆型	Ex d
2	增安型	Ex e
3	本质安全型	Ex ia、Ex ib、Ex ic
4	正压型	Ex p
5	充油型	Ex o
6	充砂型	Ex q
7	无火花型	Ex n
8	浇封型	Ex m
9	气密型	Ex h
10	粉尘型	pD、iD、mD、tD

防爆型电气设备外壳的明显处，须设置清晰的永久性凸纹标志。设备外壳的明显处须设置铭牌，并可靠固定。铭牌须包括以下内容：

（1）铭牌的右上方应有明显的“Ex”标志。

（2）防爆标志依次标明防爆型式、类型、级别和温度组别等。

（3）防爆合格证编号。

（4）其他需要标出的特殊条件。

（5）有防爆型式专用标准规定的附件标志。

（6）产品出厂日期和产品编号。

完整的防爆标志及其释义举例如下：

d［iaGa］ⅡC Gb——带本质安全型“i”（EPL Ga）输出电路的隔爆外壳 Ex 元件“d”（EPL Gb），用于除易产生煤矿瓦斯气体外的 C 级爆炸性气体环境。

4. 爆炸危险环境中电气设备的选用

（1）一般原则。宜将正常运行时产生火花的电气设备布置在爆炸危险性较小或没有爆炸危险的环境内。

在满足工艺生产及安全的前提下，应减少防爆电气设备的数量。在爆炸危险环境，不宜采用携带式电气设备。

爆炸危险环境内的电气设备必须是符合现行国家标准并有国家检验部门防爆合格证的产品。

选择电气设备前，应掌握所在爆炸危险环境的有关资料，包括环境等级和区域范围划分，以及所在环境内爆炸性混合物的级别、组别等有关资料。根据电气设备使用环境的等级、电气设备的种类和使用条件选择电气设备。

爆炸危险区域内的电气设备，应符合周围环境内化学的、机械的、热的、霉菌以及风沙等不同环境条件对电气设备的要求。电气设备结构应满足电气设备在规定的运行条件下不降低防爆性能的要求。

爆炸性粉尘环境内，应尽量减少插座和局部照明灯具的数量。如需采用时，插座宜布置在可燃性粉尘不易积聚的地点，局部照明灯宜布置在事故时气流不易冲击的位置。粉尘环境中安装的插座开口一面应朝下，且与垂直面的角度应不大于60°。

爆炸性环境内的事故排风用电动机应在发生事故时便于操作的地方设置事故启动按钮等。

（2）爆炸性环境的电气设备选型。在爆炸性环境内，电气设备应根据下列因素进行选择：

1）爆炸危险区域的分区。

2）可燃性物质和可燃性粉尘的分级。

3）可燃性物质的引燃温度。

4）可燃性粉尘云、粉尘层的最低引燃温度。

危险区域划分与电气设备保护级别的关系应符合下列规定：

1）爆炸性环境内电气设备保护级别的选择应符合表7-10的规定。

表7-10　爆炸性环境内电气设备保护级别的选择

危险区域	设备保护级别（EPL）
0区	Ga
1区	Ga或Gb
2区	Ga、Gb或Gc
20区	Da

续表

危险区域	设备保护级别（EPL）
21 区	Da 或 Db
22 区	Da、Db 或 Dc

2）电气设备保护级别（EPL）与电气设备防爆结构的关系应符合表 7-11 的规定。

表 7-11　　电气设备保护级别（EPL）与电气设备防爆结构的关系

设备保护级别（EPL）	电气设备防爆结构	防爆形式
Ga	本质安全型	“ia”
	浇封型	“ma”
	由两种独立的防爆类型组成的设备，每一种类型达到保护级别“Gb”的要求	—
	光辐射式设备和传输系统的保护	“op is”
Gb	隔爆型	“d”
	增安型	“e”①
	本质安全型	“ib”
	浇封型	“mb”
	油浸型	“o”
	正压型	“px”“py”
	充砂型	“q”
	本质安全现场总线概念（FISCO）	—
	光辐射式设备和传输系统的保护	“op pr”
Gc	本质安全型	“ic”
	浇封型	“mc”
	无火花	“n”“nA”
	限制呼吸	“nR”
	限能	“nL”
	火花保护	“nC”
	正压型	“pz”
	非可燃现场总线概念（FNICO）	—
	光辐射式设备和传输系统的保护	“op sh”

续表

设备保护级别（EPL）	电气设备防爆结构	防爆形式
Da	本质安全型	“iD”
	浇封型	“mD”
	外壳保护型	“tD”
Db	本质安全型	“iD”
	浇封型	“mD”
	外壳保护型	“tD”
	正压型	“pD”

防爆电气设备的级别和组别不应低于该爆炸性气体环境内爆炸性气体混合物的级别和组别，并应符合下列规定：

1）气体、蒸气或粉尘分级与电气设备类别的关系应符合表 7-12 的规定。当存在由两种以上可燃性物质形成的爆炸性混合物时，应按照混合后的爆炸性混合物的级别和组别选用防爆电气设备，无据可查又不可能进行试验时，可按危险程度较高的级别和组别选用防爆电气设备。

对于标有适用于特定的气体、蒸气环境的防爆电气设备，没有经过鉴定，不得将其用于其他的气体环境内。

表 7-12 气体、蒸气或粉尘分级与电气设备类别的关系

气体、蒸气或粉尘分级	设备类别
ⅡA	ⅡA、ⅡB 或ⅡC
ⅡB	ⅡB 或ⅡC
ⅡC	ⅡC
ⅢA	ⅢA、ⅢB 或ⅢC
ⅢB	ⅢB 或ⅢC
ⅢC	ⅢC

Ⅱ类电气设备的温度组别、最高表面温度和气体、蒸气引燃温度之间的关系符合表 7-13 的规定。

表 7–13　　Ⅱ类电气设备的温度组别、最高表面温度和气体、蒸气引燃温度之间的关系

电气设备温度组别	电气设备允许最高表面温度/℃	气体、蒸气的引燃温度/℃	适用的设备温度级别
T1	450	>450	T1 ~ T6
T2	300	>300	T2 ~ T6
T3	200	>200	T3 ~ T6
T4	135	>135	T4 ~ T6
T5	100	>100	T5 ~ T6
T6	85	>85	T6

2）安装在爆炸性粉尘环境中的电气设备应采取措施防止热表面点燃可燃性粉尘层引起火灾。Ⅲ类电气设备的最高表面温度应按国家现行有关标准的规定进行选择。电气设备结构应满足电气设备在规定的运行条件下不降低防爆性能的要求。

二、防爆电气线路

在爆炸性环境中，电气线路安装位置、敷设方式、导体材质、连接方法等的选择均应根据环境的危险等级进行。

1. 爆炸性环境的电缆和导线的选择

（1）在爆炸性环境内，低压电力、照明线路采用的绝缘导线的电缆额定电压应高于或等于工作电压。中性线的额定电压应与相电压相等，并应在同一护套或保护管内敷设。

（2）在爆炸性环境内，除在配电盘、接线箱或采用金属导管的配线系统内，无护套的电线不应作为供配电线路。

（3）在 1 区内应采用铜芯电缆；除本质安全电路外，在 2 区内宜采用铜芯电缆，当采用铝芯电缆时，其截面不得小于 16 mm^2，且与电气设备的连接应采用铜铝过渡接头。敷设在爆炸性粉尘环境 20 区、21 区以及在 22 区内有剧烈振动区域的回路，均应采用铜芯绝缘导线或电缆。

（4）除本质安全系统的电路外，爆炸性环境电缆配线的技术要求应符合表 7–14 的规定。

表 7-14　　爆炸性环境电缆配线的技术要求

爆炸危险区域	电缆明设或在沟内敷设时的最小截面			移动电缆
	电力线路	照明线路	控制线路	
1 区、20 区、21 区	铜芯 2.5 mm^2 及以上	铜芯 2.5 mm^2 及以上	铜芯 1.0 mm^2 及以上	重型
2 区、22 区	铜芯 1.5 mm^2 及以上，铝芯 16 mm^2 及以上	铜芯 1.5 mm^2 及以上	铜芯 1.0 mm^2 及以上	中型

（5）除本质安全系统的电路外，在爆炸性环境内电压为 1 000 V 以下的钢管配线的技术要求应符合表 7-15 的规定。

表 7-15　　爆炸性环境内电压为 1 000 V 以下的钢管配线的技术要求

爆炸危险区域	钢管配线用绝缘导线的最小截面			管子连接要求
	电力线路	照明线路	控制线路	
1 区、20 区、21 区	铜芯 2.5 mm^2 及以上	铜芯 2.5 mm^2 及以上	铜芯 2.5 mm^2 及以上	钢管螺纹旋合应不少于 5 扣
2 区、22 区	铜芯 2.5 mm^2 及以上	铜芯 1.5 mm^2 及以上	铜芯 1.5 mm^2 及以上	钢管螺纹旋合应不少于 5 扣

（6）在爆炸性环境内，绝缘导线的电缆截面除应满足表 7-14 和表7-15 的规定外，还应符合下列规定：导体允许载流量应不小于熔断器熔丝额定电流的 1.25 倍及断路器长延时过电流脱扣器整定电流的 1.25 倍，引向电压为 1 000 V 以下鼠笼型感应电动机支线的长期允许载流量应不小于电动机额定电流的 1.25 倍。

（7）在架空、桥架敷设时电缆宜采用阻燃电缆。当敷设方式采用能防止机械操作的桥架方式时，塑料护套电缆可采用非铠装电缆。当不存在受鼠、虫等损害情形时，在 2 区、22 区电缆沟内敷设的电缆可采用非铠装电缆。

2. 爆炸性环境线路的保护

（1）在 1 区内单相网络中的相线及中性线均应装设短路保护，并采用适当开关同时断开相线和中性线。

（2）3～10 kV 电缆线路宜装设零序电流保护，在 1 区、21 区内保护装置宜动作于跳闸。

3. 爆炸性环境线路的安装

爆炸性环境电气线路的安装应符合下列规定。

（1）电气线路宜在爆炸危险性较小的环境或远离释放源的地方敷设，并符合下列规定：

1）当可燃性物质比空气重时，电气线路宜在较高处敷设或直接埋地；架空敷设时宜采用电缆桥架；电缆沟敷设时沟内应充砂，并宜采取排水措施。

2）电气线路宜在有爆炸危险的建筑物、构筑物的墙外敷设。

3）在爆炸性粉尘环境，电缆应沿粉尘不易堆积并且易于清除粉尘的位置敷设。

（2）敷设电气线路的沟道、电缆桥架或导管，所穿过的不同区域之间墙或楼板处的孔洞应采用非可燃性材料严密堵塞。

（3）敷设电气线路时宜避开可能受到机械损伤、振动、腐蚀、紫外线照射以及可能受热的地方，不能避开时，应采取预防措施。

（4）钢管配线可采用无护套的绝缘单芯或多芯导线。当钢管中含有 3 根或多根导线时，导线包括绝缘层的总截面不宜超过钢管截面的 40%。钢管应采用低压流体输送用镀锌焊接钢管。钢管连接的螺纹部分应涂以铅油或磷化膏。在可能凝结冷凝水的地方，管线上应装设排除冷凝水的密封接头。

（5）在爆炸性气体环境内钢管配线的电气线路应做好隔离密封，且应符合下列规定：

1）在正常运行时，所有点燃源外壳的 450 mm 范围内应做隔离密封。

2）直径 50 mm 以上钢管距引入的接线箱 450 mm 以内应做隔离密封。

3）相邻的爆炸性环境之间以及爆炸性环境与相邻的其他危险环境或非危险环境之间应进行隔离密封。进行密封时，密封内部应用纤维作填充层的底层或隔层，填充层的有效厚度应不小于钢管的内径，且不得小于 16 mm。

4）供隔离密封用的连接部件，不应作为导线的连接或分线用。

（6）在 1 区内电缆线路严禁有中间接头，在 2 区、20 区、21 区内不应有中间接头。

（7）对于电缆或导线的终端连接，电缆内部的导线如果为绞线，其终端应采用定型端子或接线鼻子进行连接。铝芯绝缘导线或电缆的连接与封端应采用压接、熔焊或钎焊，当与设备（照明灯具除外）连接时，应采用铜铝过渡接头。

（8）架空电力线路不得跨越爆炸性气体环境，架空线路与爆炸性气体环境的水平距离应不小于杆塔高度的 1.5 倍。在特殊情况下，采取有效措施后，可适当减少距离。

第五节　电气防火防爆措施

电气防火防爆措施首先考虑的是消除或减少爆炸性混合物，以及消除电气引燃源。当无法消除它们时，则设法采取各种隔离措施使它们不能同时存在，避免相互作用发生电气火灾、爆炸事故。电气防火防爆措施具有较强的综合性，不仅包括电气火灾、爆炸的预防措施，还包括发生火灾、爆炸事故后消防供电以及电气灭火等方面的措施。

一、电气火灾、爆炸的预防措施

（1）在爆炸性气体环境中应采取下列措施防止爆炸：

1）应使引发爆炸的条件同时出现的可能性减到最小程度。

2）工艺设计中应采取消除或减少易燃物质产生及积聚的措施，具体如下：

①工艺流程中宜采取较低的压力和温度，将易燃物质限制在密闭容器内。

②工艺布置应限制和缩小爆炸危险区域的范围，并宜将不同等级的爆炸危险区或爆炸危险区与非爆炸危险区分隔在各自的厂房或界区内。

③在设备内可采取以氮气或其他不活泼气体覆盖的措施。

④宜采取安全联锁或事故时加入聚合反应阻聚剂等化学药品的措施。

3）防止爆炸性气体混合物形成，或缩短爆炸性气体混合物滞留时间，宜采取下列措施：

①工艺装置宜露天或开敞式布置。

②设置机械通风装置。

③在爆炸性环境内设置正压室。

④对区域内易形成和积聚爆炸性气体混合物的地点设置自动测量仪器装置，当气体或蒸气浓度接近爆炸下限值的50%时，应能可靠地发出信号或切断电源。

4）在区域内应采取消除或控制电气设备线路产生火花、电弧或高温的措施。

（2）在爆炸性粉尘环境中应采取下列措施防止爆炸：

1）应使引发爆炸的条件同时出现的可能性减到最小程度。

2）爆炸性粉尘混合物的爆炸下限随粉尘的分散度、湿度、挥发性物质的含量、灰分的含量、火源的性质和温度等而变化。应按照爆炸性粉尘混合物的特征，采取相应的防爆措施。

3）在工程设计中应采取下列措施消除或减少爆炸性粉尘混合物产生和积聚：

①宜将危险物料密封在防止粉尘泄漏的容器内。

②宜露天或开敞式布置，或采取机械除尘或通风措施。

③宜限制和缩小爆炸危险区域的范围，并将可能释放可燃性粉尘的设备单独集中布置。

④提高自动化水平，可采用必要的安全联锁。

⑤爆炸危险区域应设有两个以上出入口，其中至少有一个通向非爆炸危险区域，其出入口的门应向爆炸危险性较小的区域侧开启。

⑥应定期清除沉积的粉尘。

⑦可增加物料的湿度，降低空气中粉尘的悬浮量。

⑧应限制产生危险温度及火花，特别是由电气设备或线路产生的过热及火花。应选用防爆或其他防护类型的电气设备及线路。

（3）电气火灾危险防范措施如下：

1）开关、插座和照明灯具靠近可燃物时，应采取隔热、散热等措施。卤钨灯和额定功率不小于 100 W 的白炽灯的吸顶灯、槽灯、嵌入式灯，其引入线应采用磁管、矿棉等不燃材料作隔热保护。超过 60 W 的白炽灯、卤钨灯、高压钠灯、金属卤灯光源、荧光高压汞灯（包括电感镇流器）等不应直接安装在可燃装修材料或可燃构件上。

2）可燃材料仓库内宜使用低温照明灯具，并应对灯具的发热部件采取隔热等防火保护措施，不应设置卤钨灯等高温照明灯具。配电箱及开关宜设置在仓库外。

3）配电线路敷设在有可燃物的闷顶内时，应采取穿金属管等防火保护措施；敷设在有可燃物的吊顶内时，宜采取穿金属管、封闭式金属线槽或难燃材料的塑料管等防火保护措施。

4）电力电缆不应和输送甲、乙、丙类液体管道，可燃气体管道，热力管道敷设在同一管沟内。配电线路不得穿越通风管道内腔或敷设在通风管道外壁上，穿金属管保护的配电线路可紧贴通风管道外壁敷设。

5）甲类厂房，甲类仓库，可燃材料堆垛，甲、乙类液体储罐，液化石油气储罐，可燃、助燃气体储罐与架空电力线的最近水平距离应不小于电杆（塔）高度的 1.5 倍；丙类液体储罐与架空电力线的最近水平距离应不小于电杆（塔）高度的 1.2 倍。35 kV 以上的架空电力线与单罐容积大于 200 m^3 或总容积大于 1 000 m^3 的液化石油气储罐（区）的最近水平距离应不小于 40.0 m，当储罐为地下直埋式时，架空电力线与储罐的最近水平距离可减小 50%。

6）在下列场所宜设置剩余电流动作电气火灾监控系统：

①按一级负荷供电且建筑高度大于50 m的乙、丙类厂房和丙类仓库。

②按二级负荷供电且室外消防用水量大于30 L/s的厂房（仓库）。

③按二级负荷供电的剧院、电影院、商店、展览馆、广播电视楼、电信楼、财贸金融楼和室外消防用水量大于25 L/s的其他公共建筑。

④国家级文物保护单位的重点砖木或木结构的古建筑。

⑤按一、二级负荷供电的消防用电设备。

二、消防供电

（1）建筑物、储罐（区）和堆场的消防用电设备，其电源应符合下列要求。

1）下列建筑物、储罐（区）和堆场的消防用电应按一级负荷供电：

①建筑高度大于50 m的乙、丙类厂房和丙类仓库。

②一类高层民用建筑。

2）下列建筑物、储罐（区）和堆场的消防用电应按二级负荷供电：

①室外消防用水量大于30 L/s的厂房（仓库）。

②室外消防用水量大于35 L/s的可燃材料堆场、可燃气体储罐（区）和甲、乙类液体储罐（区）。

③粮食仓库及粮食筒仓。

④二类高层民用建筑。

⑤座位数超过1 500个的电影院、剧场，座位数超过3 000个的体育馆，任一层建筑面积大于3 000 m^2的商店和展览建筑，省（市）级及以上的广播电视、电信和财贸金融建筑，室外消防用水量大于25 L/s的其他公共建筑。

3）除上述一级、二级负荷以外的建筑物、储罐（区）和堆场等的消防用电，可按三级负荷供电。

（2）消防用电按一、二级负荷供电的建筑，当采用自备发电设备作备用电源时，自备发电设备应设置自动和手动启动装置。当采用自动启动方式时，应能保证在30 s内供电。

（3）建筑内消防应急照明和灯光疏散指示标志的备用电源的连续供电时间应符合下列规定：

1）建筑高度大于100 m的民用建筑，应不小于1.5 h。

2）医疗建筑、老年人建筑、总建筑面积大于100 000 m^2的公共建筑，应不小于1.0 h。

3）其他建筑，应不小于0.5 h。

（4）消防用电设备应采用专用的供电回路，当建筑内的生产、生活用电被切断时，应仍能保证消防用电。备用消防电源的供电时间和容量，应满足该建筑火灾延续时间内各消防用电设备的要求。

（5）消防配电干线宜按防火分区划分，消防配电支线不宜按防火分区划分。

（6）消防控制室、消防水泵房、防烟和排烟风机房的消防用电设备及消防电梯等的供电，应在其配电线路的最末一级配电箱处设置自动切换装置。

（7）按一、二级负荷供电的消防设备，其配电箱应独立设置；按三级负荷供电的消防设备，其配电箱宜独立设置。消防配电设备应设置明显标志。

（8）消防配电线路应满足火灾时连续供电的需要，其敷设应符合下列规定：

1）明敷时（包括敷设在吊顶内），应穿金属导管或采用封闭式金属槽盒保护，金属导管或封闭式金属槽盒应采取防火保护措施；当采用阻燃或耐火电缆并敷设在电缆井、沟内时，可不穿金属导管或采用封闭式金属槽盒保护；当采用矿物绝缘类不燃性电缆时，可直接明敷。

2）暗敷时，应穿管并应敷设在不燃性结构内且保护层厚度应不小于30 mm。

3）消防配电线路宜与其他配电线路分开敷设在不同的电缆井、沟内；确有困难需敷设在同一电缆井、沟内时，应分别布置在电缆井、沟的两侧，且消防配电线路应采用矿物绝缘类不燃性电缆。

三、电气灭火

发生电气火灾或火灾场所邻近带电设备时，火场环境在原有危险因素的基础上又增加了触电危险因素，使环境变得特别危险。在这样的环境实施火灾扑救工作，必须认清火场触电危险，并有针对性地采取防范对策，才能有效保护扑救人员，避免发生触电事故。

1. 触电危险

扑灭电气火灾时，应注意的触电危险如下：

（1）电气设备或线路发生火灾，如果未及时切断电源，扑救人员在火灾扑救工作中，身体或所持器械可能触及电气设备或线路的带电部分而造成触电事故。

（2）若扑救火灾时使用了具有一定导电性的灭火剂，如水枪射出的直流水柱、泡沫灭火器射出的泡沫等，当其射至带电部分时，也可能造成触电事故。

（3）火灾发生后，电气设备可能因高温导致绝缘损坏而发生漏电；电气线路可能因电线断落而接地短路，使正常时不带电的金属构架、地面等部位带电，也可能导致接触电压或跨步电压。

2. 切断电源

由上述分析可知，电气火灾一旦发生，首先要设法切断电源。切断电源应注意以下几点：

（1）火灾发生后，由于受热、受潮和燃烧产物的附着，开关设备绝缘能力降低，因此，切断电源时宜使用绝缘工具操作，以防止触电。

（2）切断电源的地点要选择适当，防止切断电源后影响灭火工作。当需要采用剪断电线的方法断电时，各相电线不得在同一部位剪断，以防形成短路。剪断架空电线时，剪断位置应选择在电源方向的支持物附近，以防电线剪断后落下来，造成接地短路和跨步电压触电事故。

（3）应当注意，有的电气设备即使切断了电源，仍然可能带有足以导致触电的危险电压。例如，电力电容器在断电后未经放电，会长时间带有危险的电压。

3. 带电灭火安全要求

无法及时断电或因特殊需要不能断电时，则须带电灭火。带电灭火须注意以下几方面。

（1）灭火剂的正确使用。二氧化碳灭火器、干粉灭火器的灭火剂都是不导电的，可用于带电灭火。泡沫灭火器的灭火剂（水溶液）不宜用于带电灭火。用二氧化碳等不导电灭火剂灭火时，机体、喷嘴至带电体的最小距离：电压为 10 kV 者应不小于 0.4 m，电压为 35 kV 者应不小于 0.6 m。

（2）水枪灭火要点如下：

1）水枪灭火时宜采用喷雾水枪。这种水枪流过水柱的泄漏电流小，带电灭火比较安全。

2）用普通直流水枪灭火时，为防止通过水柱的泄漏电流通过人体，可以将水枪喷嘴接地，也可以让灭火人员穿戴绝缘手套、绝缘靴或穿戴均压服操作。

3）用水枪灭火时，人体与带电体之间需保持必要的安全距离。水枪喷嘴至带电体的距离，电压为 10 kV 及其以下者应不小于 3 m，电压为 220 kV 及其以上者应不小于 5 m。

（3）充油电气设备的灭火。充油电气设备起火时，如果着火仅局限在设备外部，可直接用二氧化碳、干粉灭火器带电灭火。若火势较大，应先切断电源，并可用水灭火。当油箱开裂，喷油燃烧，火势很大时，除切断电源外，还应将油放进储油坑，坑内和地面上的油火可用泡沫扑灭。应注意防止燃烧着的油流入电缆沟而顺沟蔓延。电缆一旦被引燃，在扑救过程不但要防范触电危险，还要防范因电缆绝缘材料燃烧产生的有害气体中毒和窒息危险。电缆沟内的油火只能用泡沫覆盖扑灭。

本章小结

1. 电气防火防爆是电气安全的主要内容之一，电气引燃源的防范是电气防火防爆的核心内容。电气装置运行中产生的危险温度和电火花（及电弧）是引发可燃物火灾和爆炸的两种基本引燃源。

2. 了解构成爆炸性混合物的可燃性物质的分类、分级、分组是对爆炸性环境进行有针对性防范的前提。构成爆炸性混合物的可燃性物质分为3类。Ⅰ类可燃性气体仅有矿井甲烷一种气体，不分级、分组。Ⅱ类爆炸性气体混合物，按其最大试验安全间隙或最小点燃电流比共分为3级，按引燃温度共分为6组。Ⅲ类：爆炸性粉尘环境中的粉尘按其状貌和导电性共分为3级。

3. 根据爆炸性气体或爆炸性粉尘混合物出现的频率和持续时间，对爆炸性环境进行区域划分，是正确选择、安装和使用危险场所中电气装置的基础。爆炸性气体环境分为3个级别，即0区、1区和2区。爆炸性粉尘环境分为3个级别，即20区、21区和22区。

4. 按防爆结构型式，防爆电气设备有多种类型，不同类型的防爆结构其防护机理和防护水平各不相同。其中，隔爆型电气设备应用最为广泛，本质安全型电气设备的防爆水准最高。

5. 选择电气设备，应掌握所在爆炸性环境的有关资料，包括环境等级和区域范围划分，以及所在环境内爆炸性混合物的级别、组别等有关资料。根据电气设备使用环境的等级、电气设备的种类和设备保护级别（EPL）选择电气设备。

6. 发生电气火灾或火灾场所邻近带电设备时，必须认清火场触电危险，并有针对性地采取防范对策，才能有效保护扑救人员，避免发生触电事故。

复习思考题

1. 电气引燃源的基本形式有哪些？试分析各种电气引燃源形成的原因。
2. 简述三次谐波引起三相四线电路零线过热的原理。
3. 简述我国对构成爆炸性混合物的可燃性物质是如何分类的。
4. 构成爆炸性混合物的可燃性物质的主要性能参数有哪些？
5. 试说明最大试验安全间隙（MESG）是衡量爆炸性气体混合物何种能力的性

能参数。为什么？

6. 对Ⅱ类爆炸性气体混合物，为什么既要分级，还要分组？
7. 试说明爆炸性气体环境 0 区、1 区和 2 区的区别。
8. 符合何种条件时，可划为非爆炸危险环境？
9. 试说明防爆电气设备有哪些类型，并简述隔爆型电气设备的防爆机理。
10. 试说明设备保护级别（EPL）的概念。
11. 爆炸性气体环境的变配电所和控制室的设计有哪些要求？
12. 在哪些场所宜设置剩余电流动作电气火灾监控系统？
13. 消防供电的负荷是如何分级的？
14. 试分析扑灭电气火灾时的触电危险性。
15. 电气火灾一旦发生，首先要设法切断电源。切断电源应注意些什么？

第八章　雷电防护

本章学习目标

1. 了解雷电的种类及其发生机理，熟悉雷电的参数。

2. 掌握雷电的危害机理及其后果，熟悉防雷建筑物的分类。

3. 理解接闪器保护范围的确定方法。

4. 掌握各类雷击事故的防范措施及保护原理和适用范围，熟知人身防雷的安全要求。

雷击的危险分析与对策相关知识是电气安全工程中不可或缺的内容。本章主要内容是雷电危害的种类、原因、后果及防护措施。重点阐明雷电的危害、防雷建筑物的分类、各类防雷建筑物的防雷要求、防雷装置及其保护范围计算、人身防雷等。

第一节　雷电种类及危害

雷电是大自然中的一种现象，雷击会产生极高的过电压（数百万伏至数千万伏）和极大的过电流（数十千安至数百千安）。雷击会造成设施或设备毁坏，造成大规模停电，导致火灾或爆炸，还可能直接伤及人身。

一、雷电的种类

带电积云是构成雷电的基本条件。积雨云里的气流使云滴、冰晶受到冲击而发生剧烈的碰撞和摩擦，因而破裂分离，同时带上电荷。带正电的小冰晶被气流带到云的顶部，带负电的大冰晶较重，则下沉到云的下层。因此，垂直方向的气流起到了引起大规模电荷分离的作用。这样在积雨云的不同部位就聚集着正电荷或负电荷。当云层里的电荷越积越多，达到一定强度时，或带不同电荷的积云互相接近到一定程度，以及带电积云与大地凸出物接近到一定程度时，就会把阻挡它们结合的空气层击穿。由于导电通道电流强度很大，通道上的空气就会被烧得极为炽热，可达 10^4 ℃，发出耀眼的白光——闪电。通道上的高温使空气膨胀、水滴汽化膨胀，从而产生冲击波，发出强烈的、爆炸般的轰鸣——雷声。

从电气物理学的观点来看，雷云中的水滴和冰晶构成了电荷的载体，上升气流是电荷的运输手段，太阳将地面附近的空气层加热，形成水蒸气来供给湿气。这个系统可看作一个巨大的静电发电机。

1. 直击雷

带电积云与地面目标之间的强烈放电称为直击雷。现以常见的云地闪（又称落地雷）对直击雷进行说明，如图 8-1所示。当带电积云聚集负电荷的中心电场强度达到 10^4 V/cm 左右时，云雾大气就会发生电击穿，气体分子游离产生大量离子，成为导电介质，并伴有气体发光现象，这部分导电气体称为流光或流柱。在方向为垂直地面向上的电场作用下，电子雪崩导电靠从电场获得的动能去碰撞前方的气体分子，使这段导电气体沿着电场作用力方向向下发展。但由于运动的惯性和碰撞的概率，每个电子的速度方向并不一定是垂直向下的，加之许多随机因素作用，致使导电气体向下发展的方向并非垂直向下，而是呈现为一条弯曲有分叉的折线段。这条暗淡的折线段光柱逐级向下方推进，称为梯级先导或梯式先导。它向下推进的平均速度为 1.5×10^7 cm/s。单个梯级的长度平均为 50 m，其变化范围为 3 ~ 200 m。各梯级间平均有 50 μs 的间歇时间。当具有负电荷的梯式先导到达离地 3 ~ 5 m 时，形成强烈的地面大气电场，引起地面空气产生向上的流光，称为回击。此流光与下行的先导相接通，形成一个直通云中负电荷区的导电通道，地面的感应正电荷迅速流入此通道冲向云中。由于大地是导体，地面电荷可以全部集中到通道，使得电流很大，峰值电流可达 10^4 A 左右，形成很亮的光柱。这一过程称为回击主放电或主闪击。主放电向上发展，至云端即告结束。其放电时间仅 50 ~ 100 μs。其推进速度比梯式先导快得多，平均为 5×10^9 cm/s。其通道的直径平均为几厘米。回击过程中，地面的正电荷不断把储存在先导放电主通道和分枝中的负电荷中和掉。主放电结束后继续有微弱的余光。

在第一个放电闪击结束后，过几十毫秒，又出现第二个放电闪击。这是由于带电积云中分布的电荷互相间被空气绝缘分隔，其电荷的迁移聚积需要时间，待重又聚集到负电荷中心处后，又可以循原通道再次放电。大约 50% 的直击雷有重复放

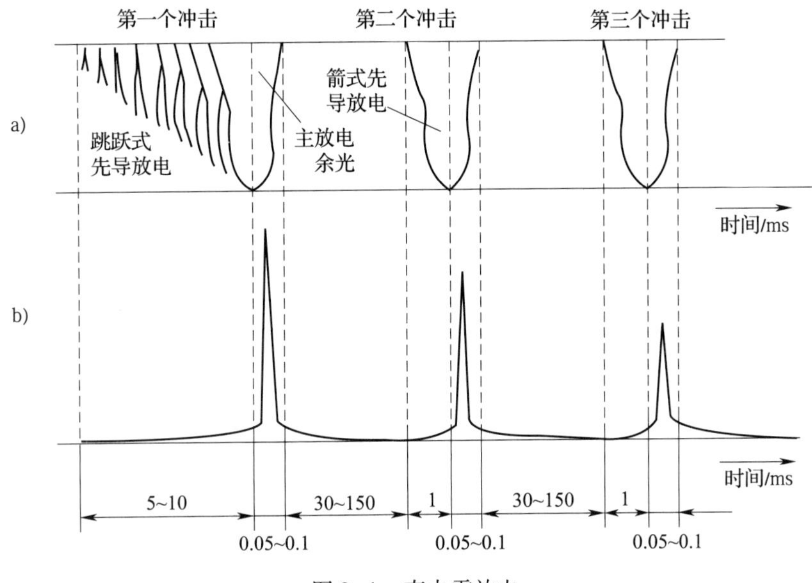

图 8-1　直击雷放电

a）光学照片　b）电流波形

电的性质。平均每次雷击有三四个放电闪击，最多能出现几十个放电闪击。第一个闪击的先导放电是梯级式先导放电，第二个及以后的先导放电由于是循原通道再次放电，其放电不再逐级缓慢推进，而是顺利快捷完成，称为箭形先导放电。一次雷击的全部放电时间一般不超过 500 ms。

2. 感应雷

感应雷称为雷电感应或感应过电压。它分为静电感应雷和电磁感应雷。

静电感应雷是雷电的静电感应效应产生的。带电积云接近地面时，由于静电感应，在架空线路导线、金属架空管道、金属储罐、建筑物金属屋面及其他导电凸出物顶部可感应出大量与带电积云下端电荷异号的电荷。这时，地面的架空金属管线、屋面及导电凸出物顶部所带的电荷是被束缚住的。一旦带电积云与其他客体放电，带电积云下端的电荷消失，地面的架空金属管线、屋面及导电凸出物所带的电荷失去束缚，可以自由移动，进而产生对地面物之间的高电压，可能造成闪络，被称作二次雷效应，因起因于静电感应，又被称为静电感应雷。当这种静电感应现象发生在架空线路和电信电缆等金属长导体上时，长导线上聚积的电荷一旦可以自由移动，其产生的高电压以光速向导线两端传播，形成被称为感应过电压波的一种脉冲波。感应过电压波沿输电线或电信线路传播，所到之处会击穿绝缘，损坏电气和电子设备，产生电火花和电弧，引起火灾，造成人员伤害。此外，带电积云的梯级式先导放电向大地方伸展时，先导通道里的大量电荷也会在架空长导线上感应积聚大量异号电荷，在自地面产生回击放电后，主放电通道的电荷迅速消失，使长导线上的电荷顿时失去束缚，也会产生感应过电压波。根据调查统计，沿低压架空线路侵入高电位而造成的事故占总雷害事故的70%以上。

电磁感应雷是雷电的电磁感应效应引起的。雷电放电时，无论是闪电在空间的先导通道还是回击通道，其电流均会在空间一定范围内产生电磁作用。它可以对闭合的金属回路感应产生很大的冲击电流，也可以在不闭合的导体回路产生感应电动势，由于迅变时间极短，感应的电压很高，以致产生电火花形成引燃危险。在闪电通过的避雷装置附近会产生强烈的迅变脉冲电磁场，形成一种干扰源，称作雷电电磁脉冲或雷击电磁脉冲（LEMP）。随着经济建设的高速发展，电子信息设备的应用已深入国民经济、国防建设和人民生活的各个领域，各种电子、微电子装置在各行业大量使用，由于这些系统和设备能耗极小、灵敏度极高、体积很小，能够耐受雷电电磁脉冲的能力很低，雷电电磁脉冲侵入所产生的电磁效应、热效应会对系统和设备造成干扰或永久性损坏。

3. 球雷

球雷是一种球形闪电，或称为球闪，民间称为滚地雷。球雷是雷电放电时形成的发光火球。火球常见的颜色为橙色和红色。当以炫目强光出现时，也可看到黄色、蓝色和绿色。其直径平均为25 cm，大多数在10～100 cm，极端情况则从0.5 cm至数米。运动速度常在1～2 m/s。其寿命常在1～5 s，也有些存在时间达到数分钟。在雷雨季节，球雷可能从门、窗、烟囱等通道侵入室内。其行走路径有的是从高空直接向下降，在接近地面时突然改变方向做水平移动；也有的在地面突然出现，沿弯弯曲曲路径前行；也有的沿地表滚动。一般火球是无声的，也有伴随“嘶嘶”声或爆裂声。有的产生硫黄、臭氧或二氧化氮气味。一些火球的消失是无声的，且不留任何痕迹，但大多数在消失时伴有爆炸，严重的会造成人员伤亡和建筑物毁坏。球雷出现的概率约为雷电放电次数的2%。关于球雷的产生机理，世界各国的研究者已经进行了大量研究，提出了几十种基于各种理论的球闪模型，有的还在实验室作出了各种球闪。例如涡旋—孤子理论认为，有电磁效应的球闪是等离子体孤子。从物理学的观点来看，孤子是物质非线性效应的一种特殊产物。孤子出奇的稳定性与这些非线性系统遵守无穷多个守恒定律有关。另外，球闪的化学反应模型认为，球闪是靠它内部含有的混合气体的化学反应所释放出的热量来维持长寿命的。这些理论和模型都能解释球雷的部分性质，但都尚不够完善。

此外，直击雷和感应雷都能在架空线路或空中金属管道上产生沿线路或管道两个方向迅速传播的雷电侵入波。雷电侵入波的传播速度在架空线路中约为 300 m/μs，在电缆中约为 150 m/μs。

二、雷电参数

雷电的主要参数包括雷暴日、雷电流幅值、雷电流陡度、冲击过电压等。雷电参数是防雷设计的重要依据。

1. 雷暴日

雷暴日是表征雷电活动频繁程度的参数，经常采用年雷暴日数来衡量。只要一天之内能听到雷声就记为一个雷暴日。因此，雷暴日数越大，说明雷电活动越频繁。由于各年雷暴日数变化较大，一般采用多年的平均值。通常说的雷暴日都是指一年内的平均雷暴日数，即年平均雷暴日，单位为 d/a。雷暴日数与纬度有关。炎热潮湿的赤道附近雷暴日数最多，两极雷暴日数最少。山地雷电活动较平原频繁，其雷暴日约为平原的 3 倍。我国广东省的雷州半岛和海南省一带雷暴日在 80 d/a 以上，长江流域以南地区雷暴日为 40 ~ 80 d/a，长江以北大部分地区雷暴日为 20 ~ 40 d/a，西北地区雷暴日多在 20 d/a 以下。西藏地区因印度洋暖流沿雅鲁藏布江上溯，很多地方雷暴日高达到 50 ~ 80 d/a。我国主要城市平均雷暴日数见表 8-1。

表 8-1　　全国主要城市平均雷暴日数

地名	雷暴日数/（d/a）	地名	雷暴日数/（d/a）
北京	35.2	长沙	47.6
天津	28.4	广州	73.1
上海	23.7	南宁	78.1
重庆	38.5	海口	93.8
石家庄	30.2	成都	32.5
太原	32.5	贵阳	49.0
呼和浩特	34.3	昆明	61.8
沈阳	25.9	拉萨	70.4
长春	33.9	兰州	21.1
哈尔滨	33.4	西安	13.7
南京	29.3	西宁	29.6
杭州	34.0	银川	16.5

续表

地名	雷暴日数/（d/a）	地名	雷暴日数/（d/a）
合肥	25.8	乌鲁木齐	5.9
福州	49.3	大连	20.3
南昌	53.5	青岛	19.6
济南	24.2	宁波	33.1
郑州	20.6	厦门	36.5
武汉	29.7		

注：本表数据引自中国气象局雷电防护管理办公室 2005 年发布的资料，不包含港澳台地区城市数据。

我国把年平均雷暴日不超过 25 d 的地区划为少雷区；超过 25 d，不超过 40 d 的地区划为中雷区；超过 40 d，不超过 90 d 的地区划为多雷区；超过 90 d 的地区划为强雷区。

我国各地雷暴开始的月份差异很大，南方一般从二月开始，长江流域一般从三月开始，华北和东北延迟至四月开始，西北延迟至五月开始。防雷准备工作均应在雷雨季节前做好。我国全年平均雷电的分布具有如下特征：从地区的气候来看，温热而潮湿的地区比寒冷而干燥的地区雷电多；从地理区域来看，南方多于北方，东部多于西部；从地理纬度来看，低纬度比高纬度的雷电多，赤道附近区域雷电发生最多；从地势来看，山区多于平原，平原多于沙漠，内陆多于滨海或江湖地区；从雷电发生时间来看，夏季多于其他季节，是全年雷电活动的高峰期；在一日之内则是下午和上半夜多于上午和下半夜。

2. 雷电流幅值

雷电流幅值是指主放电时冲击电流的最大值。雷电流幅值与气象、自然条件等因素有关，可达数十至数百千安。根据大量的实测数据，可得到雷电流概率曲线。我国大部分地区（平均雷暴日大于 20 d/a 的地区）的雷电流幅值的概率可用下式表达：

$$\lg P = -\frac{I_{sm}}{108} \tag{8-1}$$

式中　P——雷电流幅值超过 I 的概率，%；

I_{sm}——雷电流幅值，kA。

对于我国西北、内蒙古等雷电活动较弱的地区（平均雷暴日为 20 d/a 及以下的地区），雷电流幅值的概率可用下式表达：

$$\lg P = -\frac{I_{sm}}{54} \tag{8-2}$$

3. 雷电流陡度

雷电流陡度是指雷电流随时间上升的速度。雷电流陡度取决于雷电流幅值和雷电流波头时间。雷电流冲击波波头陡度可达到50 kA/μs，平均陡度约为30 kA/μs。雷电流陡度越大，对电气设备造成的危害也越大。做防雷设计时，要求将雷电流波形典型化等值，使其可用公式表达，以便于计算。斜角波和半余弦波是常用的等值波形，如图8-2所示。

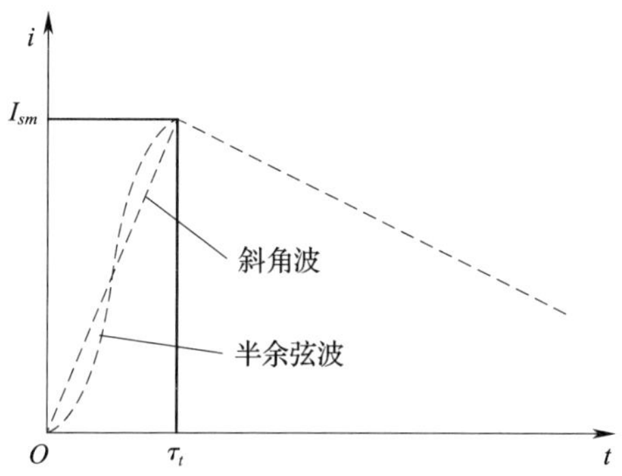

图8-2　雷电流波形图

采用波头形状为斜角波作为等值波形进行计算时，波头时间按2.6 μs考虑。在防雷要求较高的场合，波头形状宜取为半余弦波。其波头部分表达式为

$$i = \frac{I_{sm}}{2}\left(1 - \cos\frac{\pi t}{\tau_t}\right) \tag{8-3}$$

式中　τ_t——雷电流波头时间，$\tau_t = \pi/\omega$。

半余弦波波头的最大陡度出现在波头中间，即$t = \frac{\tau_t}{2}$，其值为

$$\left.\frac{\mathrm{d}i}{\mathrm{d}t}\right|_{\max} = \frac{I_{sm}\omega}{2} \tag{8-4}$$

4. 雷击冲击过电压

雷击时的冲击过电压很高，直击雷冲击过电压可用下式表达：

$$u = iR_i + L\frac{\mathrm{d}i}{\mathrm{d}t} \tag{8-5}$$

式中　u——直击雷冲击过电压，kV；

i——雷电流，kA；

R_i——防雷接地装置的冲击接地电阻，Ω；

$\frac{di}{dt}$——雷电流陡度，kA/μs；

L——雷电流通路的电感，μH。

由式（8-5）可知，直击雷冲击过电压由两部分组成。前一部分取决于雷电流的大小和雷电流通道的电阻，后一部分取决于雷电流陡度和雷电流通道的电感。图 8-3所示为斜角波和半余弦波波头对应的直击雷冲击过电压波形。直击雷冲击过电压可高达数千千伏。

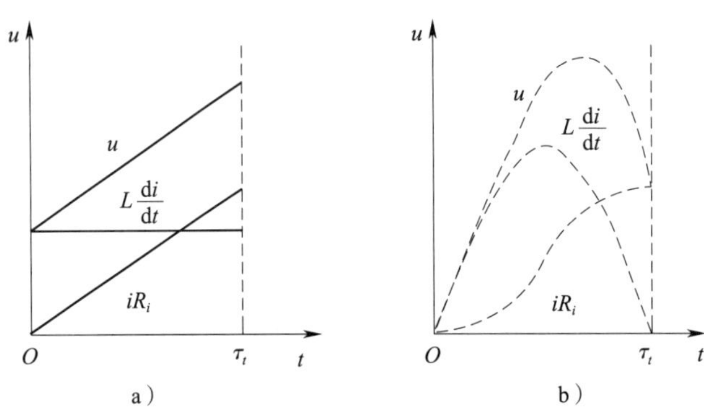

图 8-3　直击雷冲击过电压波形

a）斜角波　b）半余弦波

三、雷电的危害

雷电具有电流大、电压高、冲击性强等特点。雷电所产生的高电压及闪电的静电感应效应、电磁感应效应、热效应、机械效应、冲击波效应和电动力效应等可产生各种破坏作用。雷电可造成设备和设施损坏，引起大规模停电，造成人身伤害事故。就其破坏因素来看，雷电具有电性质、热性质和机械性质等方面的破坏作用。

1. 电性质的破坏作用

电性质的破坏作用表现为数百万伏乃至更高的冲击电压，可能毁坏电力系统电气设备的绝缘，烧断电线，造成大规模停电；绝缘损坏可引起短路，导致火灾或爆炸事故；二次放电的电火花也可能引起火灾或爆炸，二次放电也能造成电击。绝缘损坏后，可能导致高压窜入低压，在大范围内带来触电的危险。数十安至数百千安的雷电流流入地下，会在雷击点及其连接的金属部分产生极高的对地电压，可能直接导致接触电压电击和跨步电压触电事故。雷电的电磁效应对弱电系统的电子装置会形成永久性损坏或电磁干扰，造成系统的误动作乃至酿成事故。输电线路遭雷击时，哪怕造成持续时间仅为 20 ms、电压瞬间降低仅为 30% 的电压变动，就足以破坏计算机系统的运行能力。

2. 热性质的破坏作用

闪电击中地面的物体，雷电流产生的焦耳—楞次热效应具有很强的破坏作用。其破坏作用表现在直击雷放电的高温电弧能直接引燃可燃物，造成火灾；强大的雷电流通过导体，瞬间转换成大量的热能，可导致金属熔化、飞溅，从而引起火灾或爆炸。

3. 机械性质的破坏作用

机械性质的破坏作用表现为强大的雷电通过被击物时，被击物中的水分急剧蒸发而产生气体，气体剧烈膨胀的机械作用致使被击物毁坏和爆炸。闪电的回击通道其瞬时功率很高，能够形成爆炸式的冲击波。在强闪电通道附近几厘米至几米范围，初始时的冲击波波阵面的超压可达到 10^6 Pa 数量级。此外，雷电的电动力效应等也有一定的破坏作用。

第二节　雷电防护措施

熟悉防雷建筑物的分类及各类防雷建筑物的防雷要求，掌握各类防雷装置的工作原理和性能，理解接闪器的保护范围计算，熟知人身防雷的安全要求等对雷电防护十分重要。

一、防雷建筑物分类

建筑物根据其重要性、使用性质、发生雷电事故的可能性和后果分为 3 类。

1. 第一类防雷建筑物

下列建筑物应划为第一类防雷建筑物：

（1）凡制造、使用或储存火炸药及其制品的危险建筑物，因电火花而引起爆炸、爆轰，会造成巨大破坏和人身伤亡者。

（2）具有 0 区或 20 区爆炸危险场所的建筑物。

（3）有 1 区或 21 区爆炸危险场所的建筑物，因电火花而引起爆炸，会造成巨大破坏和人身伤亡者。

例如，火药制造车间、乙炔站、电石库、汽油提炼车间等属于第一类防雷建筑物。

2. 第二类防雷建筑物

在可能发生对地闪击的地区，遇下列情况之一时，应划为第二类防雷建筑物：

（1）国家级重点文物保护的建筑物。

（2）国家级的会堂、办公建筑物、大型展览和博览建筑物、大型火车站和飞机场、国宾馆、国家级档案馆、大型城市的重要给水水泵房等特别重要的建筑物。

（3）国家级计算中心、国际通信枢纽等对国民经济有重要意义的建筑物。

（4）国家特级和甲级大型体育馆。

（5）制造、使用或储存火炸药及其制品的危险建筑物，且电火花不易引起爆炸或不致造成巨大破坏和人身伤亡者。

（6）具有 1 区或 21 区爆炸危险场所的建筑物，且电火花不易引起爆炸或不致造成巨大破坏和人身伤亡者，如油漆制造车间、氧气站、易燃品库等。

（7）具有 2 区、22 区爆炸危险场所的建筑物。

（8）工业企业内有爆炸危险的露天钢质封闭气罐。

（9）预计雷击次数大于 0.05 次/a 的部、省级办公建筑物及其他重要的或人员密集的公共建筑物以及火灾危险场所。

（10）预计雷击次数大于 0.25 次/a 的住宅、办公楼等一般性民用建筑物或一般性工业建筑物。

3. 第三类防雷建筑物

在可能发生对地闪击的地区，遇下列情况之一时，应划为第三类防雷建筑物：

（1）省级重点文物保护的建筑物和省级档案馆。

（2）预计雷击次数大于或等于 0.01 次/a 且小于或等于 0.05 次/a 的部、省级办公建筑物及其他重要或人员密集的公共建筑物和火灾危险场所。

（3）预计雷击次数大于或等于 0.05 次/a 且小于或等于 0.25 次/a 的住宅、办公楼等一般性民用建筑物或一般性工业建筑物。

（4）在平均雷暴日大于 15 d/a 的地区，高度在 15 m 及其以上的烟囱、水塔等孤立的高耸建筑物；在平均雷暴日小于或等于 15 d/a 的地区，高度在 20 m 及以上的烟囱、水塔等孤立的高耸建筑物。

4. 建筑物预计雷击次数的计算

（1）建筑物预计雷击次数按式（8-6）计算。

$$N = kN_gA_e \tag{8-6}$$

式中　N——建筑物预计雷击次数，次/a；

k——校正系数；

N_g——建筑物所处地区雷击大地的平均密度，次/（km^2·a）；

A_e——与建筑物截收相同雷击次数的等效面积，km^2。

校正系数 k 在一般情况下取 1，在下列情况下取相应数值：

1）位于山顶上或旷野的孤立建筑物取 2。

2）金属屋面没有接地的砖木结构建筑物取 1.7。

3）位于河边、湖边、山坡下或山地中土壤电阻率较小处、地下水露头处、土山顶部、山谷风口等处的建筑物，以及特别潮湿的建筑物取 1.5。

（2）雷击大地的平均密度，首先应按当地气象台、站资料确定，如无此资料，可按式（8-7）计算。

$$N_g = 0.1T_d \tag{8-7}$$

式中　T_d——年平均雷暴日，根据当地气象台、站资料确定，d/a。

（3）建筑物等效面积 A_e 的计算。与建筑物截收相同雷击次数的等效面积是建筑物等效面积 A_e，应为其实际平面向外扩大后的面积。其计算方法应符合下列要求：

1）当建筑物的高 H 小于 100 m 时，其每边的扩大宽度和等效面积应按式（8-8）计算确定（参见图 8-4）。

$$D = \sqrt{H(200-H)} \tag{8-8}$$

$$A_e = [LW + 2(L+W) \cdot \sqrt{H(200-H)} + \pi H(200-H)] \cdot 10^{-6} \tag{8-9}$$

式中　D——建筑物每边的扩大宽度，m；

L、W、H——建筑物的长、宽、高，m。

2）当建筑物的高度小于 100 m，同时其周边在 $2D$ 范围内有等高或比它低的其他建筑物，这些建筑物不在所考虑建筑物以 100 m 为半径的保护范围内时，按式（8-9）算出的 A_e 可减去（$D/2$）×（这些建筑物与所考虑建筑物边长平行的长度总和）$\times 10^{-6}$。

当四周在 $2D$ 范围内都有等高或比它低的其他建筑物时，其等效面积可按式（8-10）计算。

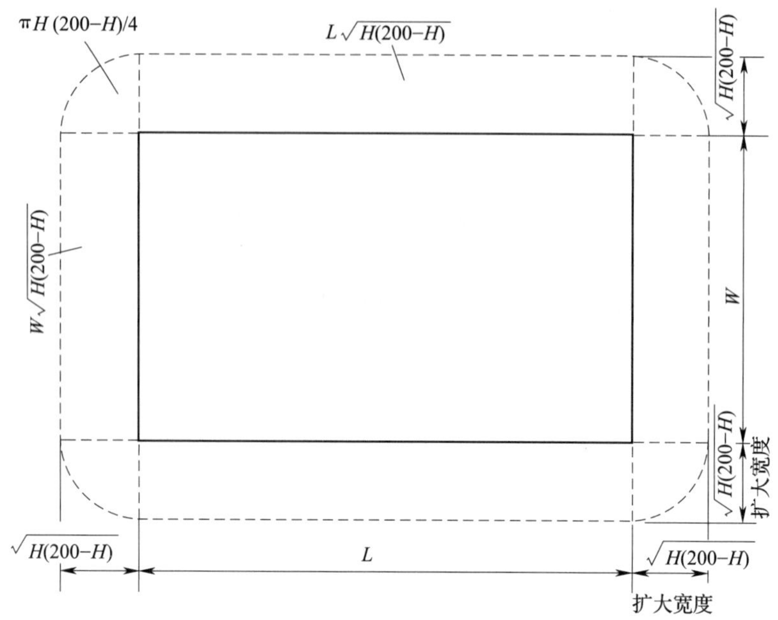

图 8-4　建筑物的等效面积

注：建筑物平面向外扩大后的面积 A_e 如图中周边虚线所包围的面积。

$$A_e = \left[LW + (L+W)\sqrt{H(200-H)} + \frac{\pi H(200-H)}{4}\right] \times 10^{-6} \quad (8-10)$$

3）当建筑物的高度小于 100 m，同时其周边在 2D 范围内有比它高的其他建筑物时，按式（8-9）算出的等效面积可减去 $D\times$（这些建筑物与所考虑建筑物边长平行的长度总和）$\times 10^{-6}$。

当四周在 2D 范围内有比它高的其他建筑物时，其等效面积可按式（8-11）计算。

$$A_e = LW \times 10^{-6} \quad (8-11)$$

4）当建筑物的高度等于或大于 100 m 时，其每边的扩大宽度应按等于建筑物的高度计算。建筑物的等效面积应按式（8-12）计算。

$$A_e = \left[LW + 2H(L+W) + \pi H^2\right] \times 10^{-6} \quad (8-12)$$

5）当建筑物的高度等于或大于 100 m，同时其周边在 2H 范围内有等高或比它低的其他建筑物，且不在所确定建筑物以滚球半径等于建筑物高度的保护范围内时，按式（8-12）算出的等效面积可减去（$H/2$）×（这些建筑物与所确定建筑物边长平行的长度总和）$\times 10^{-6}$。

当四周在 $2H$ 范围内有等高或比它低的其他建筑物时，其等效面积可按式（8-13）计算。

$$A_e = \left[LW + H(L+W) + \frac{\pi H^2}{4}\right] \times 10^{-6} \tag{8-13}$$

6）当建筑物的高度等于或大于 100 m，同时其周边在 $2H$ 范围内有比它高的其他建筑物时，按式（8-12）算出的等效面积可减去 $H\times$（这些建筑物与所确定建筑物边长平行的长度总和）$\times 10^{-6}$。

当四周在 $2H$ 范围内都有比它高的其他建筑物时，其等效面积可按式（8-11）计算。

7）当建筑物各部位的高不同时，应沿建筑物周边逐点算出最大扩大宽度，其等效面积应按每点最大扩大宽度外端的连接线所包围的面积计算。

二、防雷装置

防雷装置是指接闪器、引下线、防雷接地装置、电涌保护器及其他连接导体的总合。避雷器是一种专门的防雷装置。

1. 接闪器

接闪器的保护原理是利用其高出被保护物的位置，把雷电引向自身，然后经引下线、接地装置到大地，形成一条安全的雷电流通路，使被保护物免受雷击之害。

（1）接闪器的组成。接闪器由拦截闪击的接闪杆、接闪带、架空接闪线、架空接闪网以及金属屋面、金属构件等组成。

除第一类防雷建筑物和第二类防雷建筑物中的国家级重点文物保护单位和具有爆炸危险的建筑物之外，建筑物宜利用钢筋混凝土屋面、梁、柱等的钢筋作为建筑物的接闪器。

（2）接闪器保护范围。在设计接闪器时，可以单独或组合采用以下方法：

1）避雷网。避雷网是用网格形导体以给定的网格宽度和给定的引下线间距盖住需要防雷的空间。

2）滚球法。滚球法是将电气几何理论应用在建筑物防雷分析中的简化分析方法。假想以 h_r 为半径的球体沿需要防直击雷的部位滚动，当球体只触及接闪器（包括被利用作为接闪器的金属物），或只触及接闪器和地面（包括与大地接触且能承受雷击的金属物），而不触及需要保护的部位时，则该部分就得到接闪器的保护。滚球法的应用基于以下简化的雷闪数学模型（电气—几何模型）：

$$h_r = 10I^{0.65} \tag{8-14}$$

式中 h_r——雷闪的最后闪击距离（击距），即滚球半径，m；

I——雷电流幅值，即与 h_r 相对应的可以防护的最小雷电流幅值，kA。

不同类别防雷建筑物的滚球半径见表 8-2。除滚球半径外，表 8-2中还给出了避雷网网格的要求。

表 8-2　不同类别防雷建筑物的滚球半径和避雷网网格

建筑物防雷类别	滚球半径 h_r/m	避雷网网格尺寸/（m×m）
第一类防雷建筑物	30	≤5×5 或≤6×4
第二类防雷建筑物	45	≤10×10 或≤12×8
第三类防雷建筑物	60	≤20×20 或≤24×16

1）单支接闪杆的保护范围按图 8-5确定。图中，h 为接闪杆高度，h_r 为滚球半径。

先在距地面高度 h_r 处作一条平行于地面的平行线 AB，再以接闪杆针尖（$h \leqslant h_r$ 时）或接闪杆正下方 h_r 高度点（$h > h_r$ 时）为圆心、以 h_r 为半径作弧线与该水平线相交于 A、B，然后以该交点为圆心、以 h_r 为半径作圆弧与接闪杆和地面相接。弧线以下即单支接闪杆的保护范围。该保护范围是一个圆锥体。在 h_x 高度的平面 xx' 上的保护半径 r_x 和地面上的保护半径 r_0 分别为

$$r_x = \sqrt{h(2h_r - h)} - \sqrt{h_x(2h_r - h_x)} \tag{8-15}$$

$$r_0 = \sqrt{h(2h_r - h)} \tag{8-16}$$

2）双支等高接闪杆的保护范围按图 8-6确定。图中，D 为两接闪杆之间的水平距离。当 $D \geqslant 2\sqrt{h(2h_r - h)}$ 时，分别按两支单杆计算其保护范围。当 $D < 2\sqrt{h(2h_r - h)}$ 时，按以下方法计算其保护范围：

①$AEBC$ 外侧保护范围按单支接闪杆计算。

②C、E 点位于两杆间的垂直平分线上。在地面每侧的最小保护宽度 b_0 按下式计算：

$$b_0 = CO = EO = \sqrt{h(2h_r - h) - \left(\frac{D}{2}\right)^2} \tag{8-17}$$

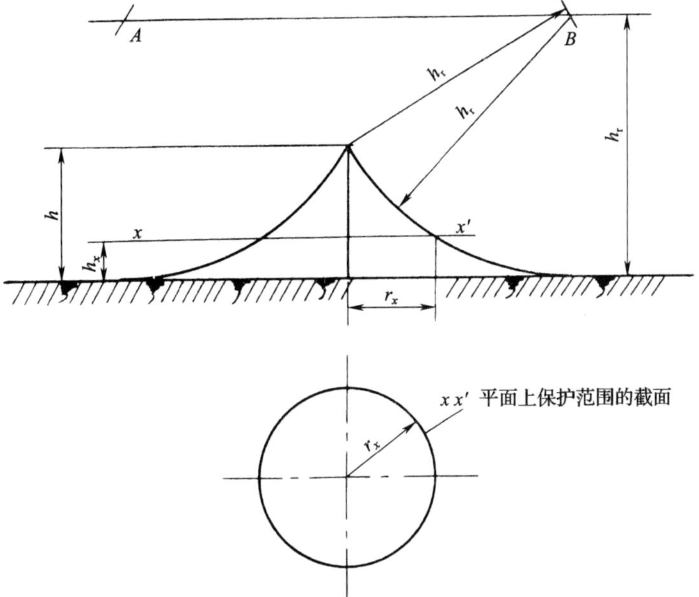

图 8–5　单支接闪杆的保护范围

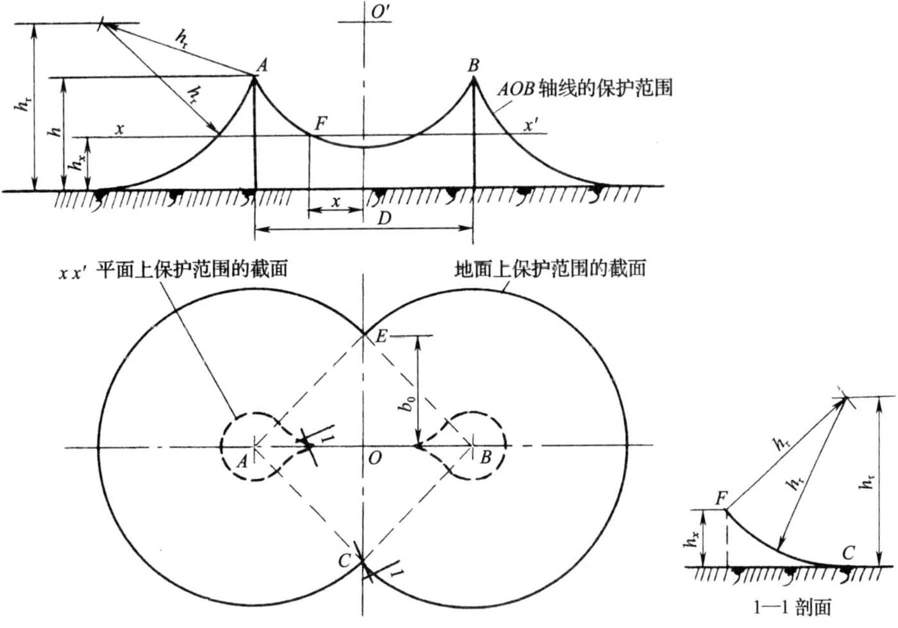

图 8–6　双支等高接闪杆的保护范围

在 AOB 轴线上，距中心线任一距离 x 处，其在保护范围上边线上的保护高度 h_x按下式确定：

$$h_x = h_r - \sqrt{(h_r - h)^2 + \left(\frac{D}{2}\right)^2 - x^2} \tag{8-18}$$

该保护范围上边线是以中心线距地面 h_r 的一点 O' 为圆心，以 $\sqrt{(h_r - h)^2 + (D/2)^2}$ 为半径所作的圆弧 AB。

③两杆间 $AEBC$ 内的保护范围。ACO 部分的保护范围按以下方法确定：在任一保护高度和 C 点所处的垂直平面上，以 h_x 作为接闪杆，按单支接闪杆的方法逐点确定（见图 8-6的 1-1剖面）。确定 BCO、AEO、BEO 部分的保护范围的方法与 ACO 部分相同。

④确定 xx' 平面上保护范围截面的方法。以单支接闪杆的保护半径 r_x 为半径，以 A、B 为圆心作弧线与四边形 $AEBC$ 相交，以单支接闪杆的（$r_0 - r_x$）为半径，以 E、C 为圆心作弧线与上述弧线相接（见图 8-6中的粗虚线）。

3）双支不等高接闪杆的保护范围按图 8-7确定。图中，h_1 和 h_2 均不大于 h_r，当 $D \geqslant \sqrt{h_1(2h_r - h_1)} + \sqrt{h_2(2h_r - h_2)}$ 时，各支接闪杆的保护范围按单支接闪杆的方法确定；当 $D < \sqrt{h_1(2h_r - h_1)} + \sqrt{h_2(2h_r - h_2)}$ 时，双支接闪杆的保护范围按以下方法确定：

①$AEBC$ 外侧的保护范围，按照单支接闪杆的方法确定。

②CE 线或 HO'线的位置按下式计算：

$$D_1 = \frac{(h_r - h_2)^2 - (h_r - h_1)^2 + D^2}{2D} \tag{8-19}$$

③在地面上每侧的最小保护宽度 b_0按下式计算：

$$b_0 = CO = EO = \sqrt{h_1(2h_r - h_1) - D_1^2} \tag{8-20}$$

在 AOB 轴线上，A、B 间保护范围上边线按下式确定：

$$h_x = h_r - \sqrt{(h_r - h_1)^2 + D_1^2 - x^2} \tag{8-21}$$

式中　x——距 CE 线或 HO'线的距离。

该保护范围上边线是以 HO'线上距地面 h_r的一点 O'为圆心，以 $\sqrt{(h_r - h_1)^2 + D_1^2}$ 为半径所作的圆弧 AB。

④两杆间 $AEBC$ 内的保护范围。ACO 与 AEO 是对称的，BCO 与 BEO 是对称的，ACO 部分的保护范围按以下方法确定：在 h_x和 C 点所处的垂直平面上，以 h_x

作为假想接闪杆，按单支接闪杆的方法确定（见图 8-7的 1 - 1 剖面图）。确定 AEO、BCO、BEO 部分的保护范围的方法与 ACO 部分的相同。

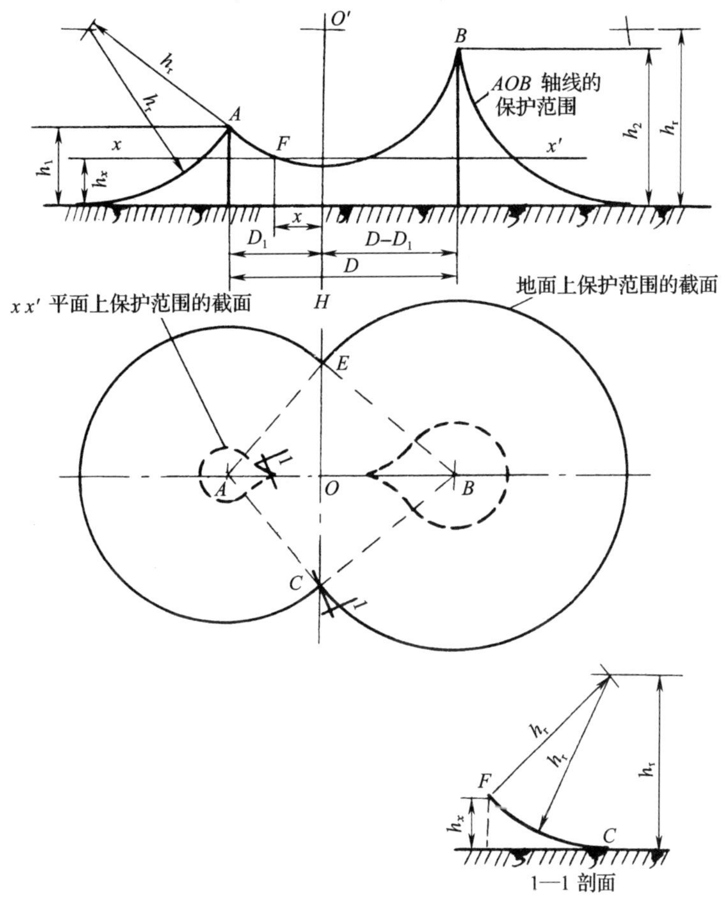

图 8-7　双支不等高接闪杆的保护范围

⑤确定 xx'平面上保护范围截面的方法与双支等高接闪杆相同。

4）矩形布置的四支等高接闪杆的保护范围，在 $h \leqslant h_r$ 的情况下，当 $D_3 \geqslant 2\sqrt{h(2h_r - h)}$ 时，应各按双支等高接闪杆的方法确定；当 $D_3 < 2\sqrt{h(2h_r - h)}$ 时，应按下列方法确定（参见图 8-8）：

①四支接闪杆的外侧各按双支接闪杆的方法确定。

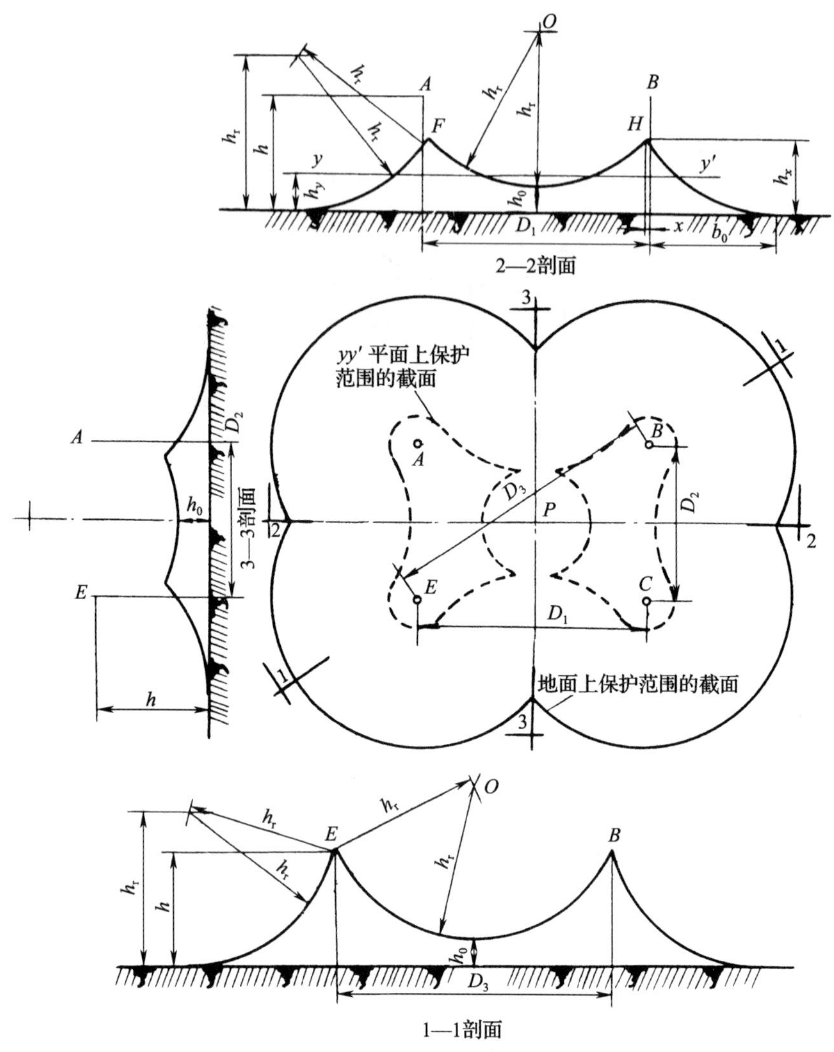

图 8-8　四支等高接闪杆的保护范围

②B、E 接闪杆连线上的保护范围见图 8-8的 1-1剖面图，外侧部分按单支接闪杆的方法确定。两杆间的保护范围按以下方法确定：以 B、E 两杆针尖为圆心、h_r为半径作弧相交于 O 点，以 O 点为圆心、h_r为半径作圆弧，与针尖相连的这段圆弧即为针间保护范围。保护范围最低点的高度 h_0按下式计算：

$$h_0=\sqrt{h_r^2-\left(\frac{D_3}{2}\right)^2}+h-h_r \qquad (8-22)$$

③图8-8的2-2剖面的保护范围。以P点的垂直线上的O点（距地面的高度为h_r+h_0）为圆心、h_r为半径作圆弧与B、C和A、E双支接闪杆所作出在该剖面的外侧保护范围延长圆弧相交于F、H点。F点（H点与此类同）的位置及高度可按下列计算式确定：

$$(h_r-h_x)^2=h_r^2-(b_0+x)^2 \qquad (8-23)$$

$$(h_r+h_0-h_x)^2=h_r^2-\left(\frac{D_1}{2}-x\right)^2 \qquad (8-24)$$

④确定图8-8的3-3剖面保护范围的方法与第③项相同。

⑤确定四支等高接闪杆中间在h_0至h之间于h_y高度的yy'平面上保护范围截面的方法：以P点为圆心、$\sqrt{2h_r(h_y-h_0)-(h_y-h_0)^2}$为半径作圆或圆弧，与各双支接闪杆在外侧所作的保护范围截面组成该保护范围截面（见图8-8中的虚线）。

架空接闪线的保护范围可按滚球法确定，本书不作介绍。

当采用接闪器保护建筑物、封闭气罐时，其外表面的2区爆炸危险环境可不在滚球法确定的保护范围内。

（3）接闪器材料。接闪器所用材料应能满足机械强度和耐腐蚀的要求，还应有足够的热稳定性，以能承受雷电流的热破坏作用。

接闪杆宜采用热镀锌圆钢或钢管制成。架空接闪线和接闪网宜采用截面积不小于50 mm^{2}的热镀锌钢绞线或铜绞线。接闪线（带）、接闪杆和引下线的材料、结构与最小截面见表8-3。

（4）接闪器应用中的注意事项。在接闪杆、架空接闪线（网）的支柱上严禁悬挂电话线、广播线、电视接收天线及低压架空线等。

表8-3　接闪线（带）、接闪杆和引下线的材料、结构与最小截面

材料	结构	最小截面/mm^2	备注⑩
铜、镀锡铜①	单根扁铜	50	厚度2 mm
	单根圆铜⑦	50	直径8 mm
	铜绞线	50	每股线直径1.7 mm
	单根圆铜③④	176	直径15 mm

续表

材料	结构	最小截面/mm^2	备注⑩
铝	单根扁铝	70	厚度 3 mm
	单根圆铝	50	直径 8 mm
	铝绞线	50	每股线直径 1.7 mm
铝合金	单根扁形导体	50	厚度 2.5 mm
	单根圆形导体③	50	直径 8 mm
	绞线	50	每股线直径 1.7 mm
	单根圆形导体	176	直径 15 mm
	外表面镀铜的单根圆形导体	50	直径 8 mm，径向镀铜厚度至少 70 μm，铜纯度 99.9%
热浸镀锌钢②	单根扁钢	50	厚度 2.5 mm
	单根圆钢⑨	50	直径 8 mm
	绞线	50	每股线直径 1.7 mm
	单根圆钢③④	176	直径 15 mm
不锈钢⑤	单根扁钢⑥	50⑧	厚度 2 mm
	单根圆钢⑥	50⑧	直径 8 mm
	绞线	70	每股线直径 1.7 mm
	单根圆钢③④	176	直径 15 mm
外表面镀铜的钢	单根圆钢（直径 8 mm）	50	镀铜厚度至少 70 μm，铜纯度 99.9%
	单根扁钢（厚 2.5 mm）		

①热浸或电镀锡的锡层最小厚度为 1 μm。

②镀锌层宜光滑连贯、无焊剂斑点，镀锌层圆钢至少为 22.7 g/m^2，扁钢至少为 32.4 g/m^2。

③仅应用于接闪杆。当应用于机械应力没达到临界值之处，可采用直径为 10 mm、最长 1 m 的接闪杆，并增加固定。

④仅应用于入地之处。

⑤不锈钢中，铬的含量等于或大于 16%，镍的含量等于或大于 8%，碳的含量等于或小于 0.08%。

⑥对埋于混凝土中以及与可燃材料直接接触的不锈钢，其最小尺寸宜增大至直径为 10 mm 的 78 mm^2（单根圆钢）和最小厚度为 3 mm 的 75 mm^2（单根扁钢）。

⑦在机械强度没有重要要求之处，50 mm^2（直径 8 mm）可减为 28 mm^2（直径 6 mm），并应减小固定支架间的间距。

⑧当温升和机械受力是重点考虑之处时，50 mm^2 应加大至 75 mm^2。

⑨避免在单位能量 10 MJ/Ω 下熔化的最小截面：铜为 16 mm^2，铝为 25 mm^2，钢为 50 mm^2，不锈钢为 50 mm^2。

⑩截面积允许误差为 −3%。

2. 避雷器

避雷器是电力系统中普遍使用的防雷保护装置。发电厂、变电所、高压输电线路上装设有各种类型的避雷器，用来保护电力系统中的电气设备和电气线路，也作为防止高电压侵入室内的安全措施。避雷器并联在被保护设备或设施上，正常时处在不导通的状态。出现雷击过电压时，避雷器击穿放电，切断过电压，发挥保护作用。过电压终止后，避雷器迅速恢复不导通状态。按其工作原理，避雷器分为保护间隙、管型避雷器、阀型避雷器和氧化锌避雷器，前三种避雷器使用越来越少，已日趋淘汰，氧化锌避雷器已占主导地位。

（1）截波和残压及其危害。用避雷器保护变压器时，由于雷电冲击波具有高频特性，连接导线对于高频呈现的感抗增加，不能忽略不计；同时，变压器电容对于高频呈现的容抗变小，并起主要作用，其等效电路如图 8-9所示。当冲击波到来，使 a 点电压上升到避雷器放电电压 U_0时，避雷器击穿放电，电容 C 充电使 b 点很快达到 U_0；如果等效电阻 R（包括避雷器阀电阻、接地电阻和导线电阻）很小，电容 C 直接经电感 L 放电，形成 R、L、C 串联电路的振荡，b 点电压 U_0又急剧变为接近 $-U_0$。这相当于在变压器上突然加上了接近于 $2U_0$的冲击波，称此冲击波为截波。截波的危害在于对变压器的绝缘具有损坏作用。

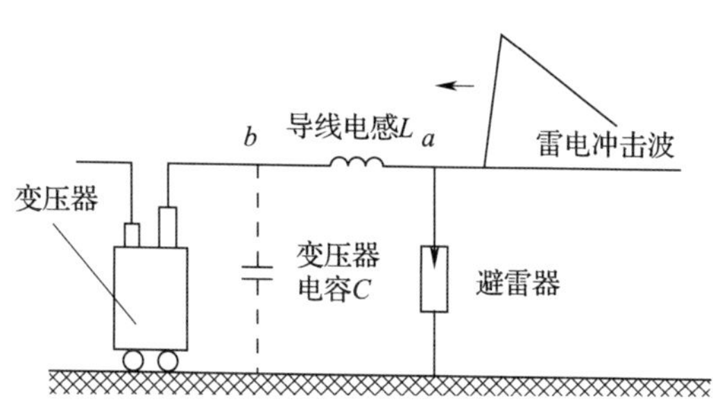

图 8-9　冲击等效电路

对图 8-9所示谐振电路，可以列出下列方程：

$$\frac{1}{C}\int i\mathrm{d}t + L\frac{\mathrm{d}i}{\mathrm{d}t} + Ri = 0 \tag{8-25}$$

式中　R——电阻，包括避雷器阀电阻、接地电阻和导线电阻，Ω；

C——变压器电容，μF；

L——导线电感，mH；

i——电容器放电电流，A；

t——电容器放电时间，s。

经过对上式进行微分并整理，可得到下列常系数二阶齐次微分方程：

$$\frac{\mathrm{d}^2 i}{\mathrm{d}t^2}+\frac{R}{L}\frac{\mathrm{d}i}{\mathrm{d}t}+\frac{1}{LC}i=0 \tag{8-26}$$

其特征方程为 $\lambda^2+\frac{R}{L}\lambda+\frac{1}{LC}=0$，根为 $\lambda_1=-\frac{R}{2L}+\sqrt{\left(\frac{R}{2L}\right)^2-\frac{1}{LC}}$ 和 $\lambda_2=-\frac{R}{2L}-\sqrt{\left(\frac{R}{2L}\right)^2-\frac{1}{LC}}$。微分方程的解为

$$i=Ae^{\lambda_1 t}+Be^{\lambda_2 t} \tag{8-27}$$

当 $\left(\frac{R}{2L}\right)^2\geqslant\frac{1}{LC}$，即 $R\geqslant2\sqrt{\frac{L}{C}}$ 时，λ_1 和 λ_2 为负实根，电流按指数衰减，不发生振荡。如果 $\left(\frac{R}{2L}\right)^2<\frac{1}{LC}$，即 $R<2\sqrt{\frac{L}{C}}$，λ_1 和 λ_2 为复根，则电路发生振荡，电流 i 成为振荡电流。

如令 $\alpha=\frac{R}{2L}$，$\omega=\sqrt{\frac{1}{LC}-\left(\frac{R}{2L}\right)^2}$，则 $\lambda_1=-\alpha+j\omega$，$\lambda_2=-\alpha-j\omega$。电流为

$$\begin{aligned}i&=Ae^{(-\alpha+j\omega)t}+Be^{(-\alpha-j\omega)t}\\&=Ae^{-\alpha t}(\cos\omega t+j\sin\omega t)+Be^{-\alpha t}(\cos\omega t-j\sin\omega t)\\&=e^{-\alpha t}[(A+B)\cos\omega t+j(A-B)\sin\omega t]\end{aligned} \tag{8-28}$$

设 $t=0$ 时，$i=0$（即设避雷器击穿放电后的一瞬间，电容上电压充至最高时作为计算起点），可得 $A+B=0$。

由于 $t=0$，$u_C=U_0$，忽略电阻 R 上的压降，根据谐振条件可知

$$u_C=-u_L=-L\frac{\mathrm{d}i}{\mathrm{d}t} \tag{8-29}$$

于是，第二个初始条件可以写成

$$\left.\frac{\mathrm{d}i}{\mathrm{d}t}\right|_{t=0}=-\frac{U_0}{L} \tag{8-30}$$

通过对 i 求导并代入第二个初始条件，可求得 $A-B=-\frac{U_0}{j\omega L}$。代入式（8-28），得到回路电流为

$$i=-\frac{U_0}{\omega L}e^{-\alpha t}\sin\omega t \tag{8-31}$$

由电路理论可知，电容上的正弦电压滞后于电流 90°，其波形曲线如图 8－10 所示。

设 $L=25\ \mu\text{H}$，$C=1\ 000\ \text{pF}$，$R=1\ 000\ \Omega$，可求得 $f=\omega/(2\pi)=968\ \text{kHz}$，衰减系数 $\alpha=200\ \text{s}^{-1}$。半个周期后，电压幅值仅衰减 0.01%。这就是说，电容上的电压，亦即变压器上的电压在瞬间内几乎从 U_0 变成 $-U_0$，即构成截波。

为了防止截波的危害，可以在避雷器支路上串联一个电阻，使 $R\geqslant 2\sqrt{L/C}$，以遏制振荡的发生。但这个电阻的接入会造成过高的残压，残压是雷电流在避雷器支路上产生的电压降。如图 8－11 所示，避雷器放电后，由于冲击波波头仍有上升趋势，避雷器上端电压并不沿指数曲线 1 衰减，而是沿曲线 2 变化，即上升至很高的残压 U_m 之后再下降。过高的残压也会对变压器的绝缘形成损坏。

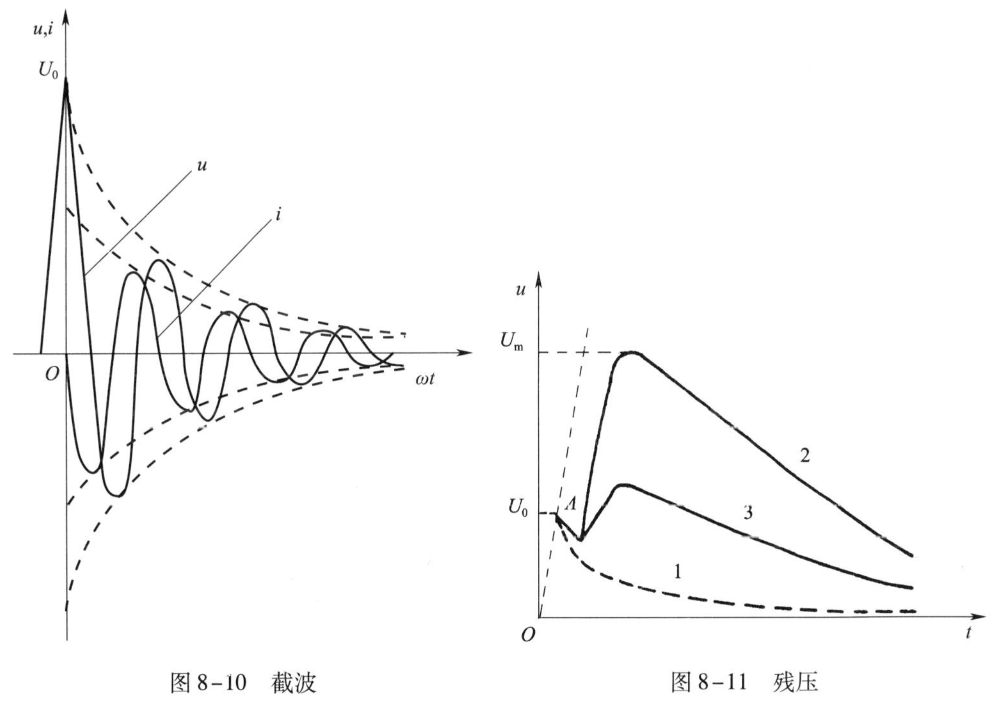

图 8－10　截波　　　　图 8－11　残压

如何才能达到既能够避免振荡，又能够限制残压呢？可以通过在避雷器支路中串联一个电流大时阻值小、电流小时阻值大的非线性电阻来解决此问题。实际上，阀型避雷器就是采用了非线性电阻的避雷器。非线性电阻的电阻值不是一个常数，而是随电流的变化而变化的：电流大时阻值很小，电流小时阻值很大。其伏—安特性可用下式表达：

$$U = K_{m}I^{\alpha} \tag{8-32}$$

式中 K_{m}——材料系数，取决于材料性质和电阻阀片的几何尺寸；

α——非线性系数（阀性系数），一般在0.2左右。

在避雷器刚刚放电（即冲击波波头部分侵入不多），电流不太大时，其非线性电阻表现为较高的阻值，以遏制振荡；在避雷器放电后，电流很大时，其非线性电阻表现为很低的阻值，以限制残压。这时，避雷器上端电压将沿图8-11中的曲线3变化。

（2）避雷器结构。阀型避雷器主要由瓷套、火花间隙和非线性电阻组成。瓷套是绝缘的，起支撑和密封作用。火花间隙是由多个间隙串联而成的。每个火花间隙由两个黄铜电极和一个云母垫圈组成。云母垫圈的厚度为0.5～1 mm。由于电极间距离很小，其间电场比较均匀，间隙伏—秒特性较平，保护性能较好。非线性电阻又称电阻阀片。电阻阀片是直径为55～100 mm的饼形元件，由金刚砂（SiC）颗粒烧结而成。

在避雷器火花间隙上串联了非线性电阻之后，雷电流通过非线性电阻时只遇到很小的电阻，而雷电流过后尾随而来的工频续流比雷电流小得多，会遇到很大的电阻，这就为火花间隙切断工频续流创造了良好的条件。对于雷电流，非线性电阻和间隙大开阀门，将雷电流泄入地下；对于工频电流，迅速关闭阀门，切断续流。其作用类似一个阀门，因此得名“阀型”。

金属氧化锌避雷器是一种现代避雷器，其基本元件是作为非线性电阻的氧化锌阀片。阀片串联装入磁套内密封组成避雷器，没有火花间隙。阀片的主要成分为氧化锌，掺有少量其他金属氧化物。在电子显微镜下可以观察到阀片是在直径约10 μm的氧化锌颗粒周围包以掺杂物所形成的约0.1 μm的氧化膜。这层氧化膜的电阻率在低电压下约为10^{10} Ω·m，而在高电压下骤然降为1 Ω·cm。金属氧化锌避雷器具有极好的非线性保护性能，又称为压敏阀型避雷器。压敏阀型避雷器体积很小，广泛适用于高、低压电气设备的防雷保护。值得注意的是，由于氧化锌避雷器没有串联火花间隙，其氧化锌阀片长期直接受到工频电压作用，会出现老化现象，一旦老化，其保护特性变坏，运行电压下的电流增大。因此，应通过定期检测其泄漏电流等参数，来检查其老化情况，以确保安全运行。

国产的普通阀型避雷器有FS和FZ两种系列。FS系列的火花间隙没有分路电阻，阀片较小（ϕ55 mm），适用于配电系统。FZ系列的火花间隙带有分路电阻，阀片较大（ϕ100 mm），适用于变电所电气设备的大气过电压保护。国产的磁吹式阀型避雷器有 FCZ 和 FCD 两种系列。FCZ 系列主要适用于 330 kV 及以上超高压变电所电气设备的大气过电压保护，同时还兼作内部过电压的后备保护。FCD 系列主要用于旋转电机的保护。

3. 引下线

防雷装置的引下线应满足机械强度、耐腐蚀和热稳定的要求。

引下线宜采用热镀锌圆钢或扁钢，优先采用圆钢，其材料、结构和最小截面应按表 8-3的规定取值。

当独立烟囱上的引下线采用圆钢时，其直径应不小于 12 mm；采用扁钢时，其截面应不小于 100 mm^2，厚度应不小于 4 mm。

专设引下线应沿建筑物外墙外表面明敷，并经最短路径接地；建筑外观要求较高者可暗敷，但其圆钢直径应不小于 10 mm，扁钢截面应不小于 80 mm^2。

建筑物的钢梁、钢柱、消防梯等金属构件以及幕墙的金属立柱宜作为引下线，但其各部件之间均应电气贯通，可采用铜锌合金焊、熔焊、卷边压接、缝接、螺钉或螺栓连接；其截面应按表 8-3的规定取值；各金属构件可覆有绝缘材料。

采用多根专设引下线时，应在各引下线上于距地面 0.3 ~ 18 m 处装设断接卡。

当利用混凝土内钢筋、钢柱作为自然引下线并同时采用基础接地体时，可不设断接卡，但利用钢筋作引下线时应在室内外的适当地点设若干连接板。当仅利用钢筋作引下线并采用埋于土壤中的人工接地体时，应在每根引下线上于距地面不低于 0.3 m 处设接地体连接板。采用埋于土壤中的人工接地体时应设断接卡，其上端应与连接板或钢柱焊接。连接板处宜有明显标志。

在易受机械损伤之处，地面上 1.7 m 至地面下 0.3 m 的一段接地线应采用暗敷或采用镀锌角钢、改性塑料管或橡胶管等加以保护。

第二类防雷建筑物或第三类防雷建筑物为钢结构或钢筋混凝土建筑物时，在其钢构件或钢筋之间的连接满足上述规定并利用其作为引下线的条件下，当其垂直支柱均起到引下线的作用时，可不要求满足专设引下线之间的间距。

4. 防雷接地装置

防雷接地装置是防雷装置的重要组成部分。接地装置向大地泄放雷电流，限制防雷装置及与其连接的金属物体的对地电压。

接地体的材料、结构和最小尺寸应符合表 8-4的规定。

表 8-4　接地体的材料、结构和最小尺寸

材料	结构	最小尺寸			备注[7]
		垂直接地体直径/mm	水平接地体面积/mm^2	接地板规格/（mm × mm）	
铜、镀锡铜	铜绞线	—	50	—	每股直径 1.7 mm
	单根圆铜	15	50	—	—
	单根扁铜	—	50	—	厚度 2 mm
	铜管	20	—	—	壁厚 2 mm
	整块铜板	—	—	500 × 500	厚度 2 mm
	网格铜板	—	—	600 × 600	各网格边截面 25 mm × 2 mm，网格网边总长度不少于 4.8 m
热镀锌钢[1][2]	圆钢	14	78	—	—
	钢管	20	—	—	壁厚 2 mm
	扁钢	—	90	—	厚度 3 mm
	钢板	—	—	500 × 500	厚度 3 mm
	网格钢板	—	—	600 × 600	各网格边截面 30 mm × 3 mm，网格网边总长度不少于 4.8 m
	型钢	注[3]	—	—	—
裸钢[4]	钢绞线	—	70	—	每股直径 1.7 mm
	圆钢	—	78	—	—
	扁钢	—	75	—	厚度 3 mm
外表面镀铜的钢[5]	圆钢	14	50	—	镀铜厚度至少 250 μm，铜纯度 99.9%
	扁钢	—	90（厚 3 mm）	—	
不锈钢[6]	圆形导体	15	78	—	—
	扁形导体	—	100	—	厚度 2 mm

①热镀锌层应光滑连贯、无焊剂斑点，镀锌层圆钢至少为 22.7 g/m^2，扁钢至少为 32.4 g/m^2。

②热镀锌之前螺纹应先加工好。

③不同截面的型钢，其截面不小于 290 mm^2，最小厚度 3 mm，可采用 50 mm × 50 mm × 3 mm 角钢。

④当完全埋在混凝土中时才可采用裸钢。

⑤外表面镀铜的钢，铜应与钢结合良好。

⑥不锈钢中，铬的含量等于或大于 16%，镍的含量等于或大于 5%，钼的含量等于或大于 2%，碳的含量等于或小于 0.08%。

⑦截面积允许误差为 −3%。

（1）埋于土壤中的人工垂直接地体宜采用热镀锌角钢、钢管或圆钢；埋于土壤中的人工水平接地体宜采用热镀锌扁钢或圆钢。圆钢直径应不小于10 mm；扁钢截面应不小于100 mm^2，其厚度应不小于4 mm；角钢厚度应不小于4 mm；钢管壁厚应不小于3.5 mm。在腐蚀性较强的土壤中，应采取热镀锌等防腐措施或加大截面。

（2）人工垂直接地体的长度宜为2.5 m。人工垂直接地体间的距离及人工水平接地体间的距离宜为5 m。

（3）人工接地体在土壤中的埋设深度应不小于0.5 m，并宜敷设在当地冻土层以下，其距墙或基础不宜小于1 m。接地体应远离受烧窑、烟道等高温影响土壤电阻率升高的地方。

（4）对敷设于土壤中的接地体连接到混凝土基础内起基础接地体作用的钢筋或钢材，土壤中的接地体宜采用铜质或镀铜或不锈钢导体。

（5）在高土壤电阻率地区，降低防直击雷接地装置接地电阻宜采用下列方法：

1）采用多支线外引接地装置，外引长度应不大于有效长度。外引接地是指将接地体引至附近的土壤电阻率较低的地方。有效长度是指能够有效地将冲击电流散流入地的接地体的长度。这是因为电脉冲在地中的传播受限，且冲击雷电流的陡度很高，外引导体本身的感抗骤增，这使得一个接地体仅有一定的延伸长度能够有效地将冲击电流散流入地。

2）接地体埋于较深的低电阻率土壤中。

3）采用降阻剂。采用降阻剂是指在接地体周围换以或加入低电阻率的固体或液体材料，以降低流散电阻。降阻剂可由多种成分组成，如电解质、固化剂、润滑剂及填充材料等，具有良好的导电性。也有的降阻剂采用非电解质的碳素粉末作导电材料。将其施用于接地体和土壤之间，一方面能够与金属接地体紧密接触，形成足够大的电流流通面；另一方面它能向土壤渗透，在接地体周围形成变化平缓的低电阻区域。

4）换土。换土指的是给接地体坑内换上低电阻率土壤以降低接地电阻。

（6）跨步电压的抑制。防直击雷的人工接地体距建筑物出入口或人行道应不小于3 m。当小于3 m时，应采取下列措施之一：

1）水平接地体局部埋深应不小于1 m。

2）水平接地体局部应包绝缘物，可采用50～80 mm厚的沥青层。

3）采用沥青碎石地面或在接地装置上面敷设50～80 mm厚的沥青层，其宽度应超过接地体 2 m。

（7）埋在土壤中的接地装置，其连接应采用放热焊接，当采用通常的焊接方法时，应在焊接处作防腐处理。

（8）接地电阻值。防雷接地电阻一般指冲击接地电阻，接地电阻值视防雷种类和建筑物类别而定。接闪杆、架空接闪线或架空接闪网应有独立的接地装置，每一引下线的冲击接地电阻不宜大于 10 Ω，但在 3 000 Ω · m 以下地区，冲击接地电阻应不大于 30 Ω。附设接闪器每一引下线的冲击接地电阻一般也应不大于 10 Ω，但对于不太重要的第三类防雷建筑物可放宽至 30 Ω。防感应雷装置的工频接地电阻应不大于 10 Ω。防雷电波侵入的接地电阻，视其类别和防雷级别，冲击接地电阻应不大于 30 Ω，其中，阀型避雷器的接地电阻一般为 5 ~ 10 Ω。

冲击接地电阻一般都小于工频接地电阻。这是因为极大的雷电流自接地体流入土壤时，在接地体附近形成很强的电场，击穿土壤中的裂隙和孔隙并产生火花，相当于增大了接地体的泄放电流面积，减小了接地电阻。同时，在强电场的作用下，土壤电阻率有所降低，也使接地电阻有减小的趋势。尽管雷电流陡度很大，有高频特征，使引下线和接地体本身的电抗增大，在接地体较长时泄放电流还将受到影响，使接地电阻有增大的趋势，但一般情况下，使接地电阻减小的趋势占主导地位。土壤电阻率越高，雷电流越大，以及接地体和接地线越短，则冲击接地电阻减小越多。

1）接地装置冲击接地电阻与工频接地电阻的换算按下式确定：

$$R_{\sim} = AR_i \tag{8-33}$$

式中 $R_{\sim}$——工频接地电阻，Ω；

A——换算系数；

R_i——冲击接地电阻，Ω。

换算系数 A 的数值按图 8-12 确定。图中 l 为接地体最长支线的实际长度，其计量与接地体的有效长度 l_e 类同。当它大于 l_e 时，取其等于 l_e。

2）接地体的有效长度按下式确定：

$$l_e = 2\sqrt{\rho} \tag{8-34}$$

式中 l_e——接地体的有效长度，m；

ρ——敷设接地体处的土壤电阻率，Ω · m

接地体有效长度的计量如图 8-13 所示。

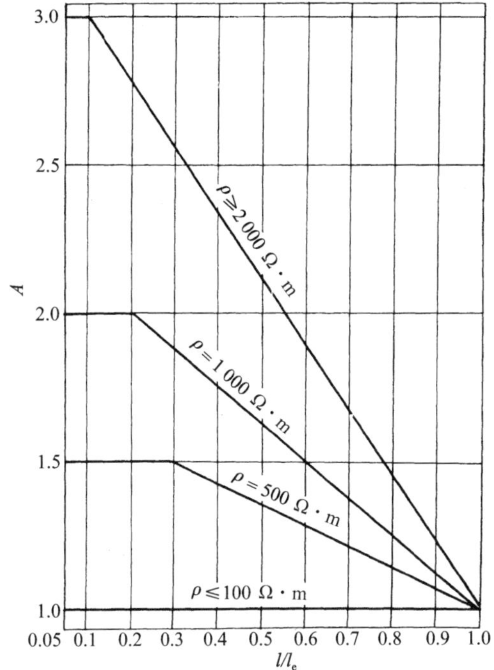

图 8-12　换算系数

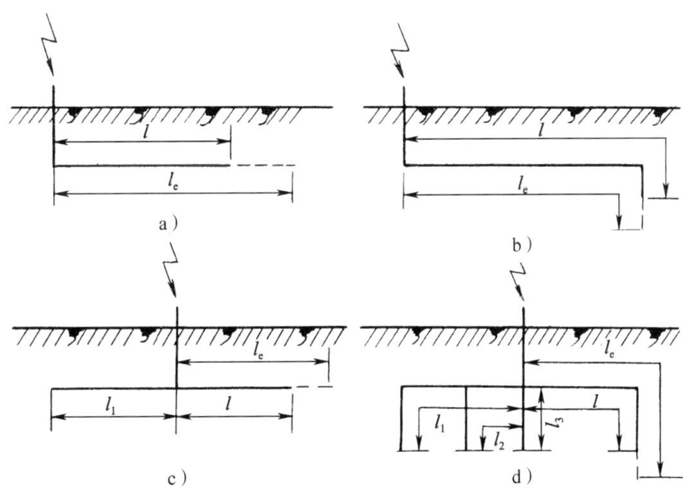

图 8-13　接地体有效长度的计量

a）单根水平接地体　b）末端接垂直接地体的单根水平接地体

c）多根水平接地体，$l_1 \leq l$　d）接多根垂直接地体的多根水平接地体，$l_1 \leq l$，$l_2 \leq l$，$l_3 \leq l$

3）环绕建筑物的环形接地体应按以下方法确定冲击接地电阻：

①当环形接地体周长的一半大于或等于接地体的有效长度 l_e时，引下线的冲击接地电阻应为从与该引下线的连接点起沿两侧接地体各取 l_e长度算出的工频接地电阻（换算系数 A 等于 1）。

②当环形接地体周长的一半小于接地体的有效长度 l_e时，引下线的冲击接地电阻应为以接地体的实际长度算出的工频接地电阻再除以 A 值。

4）与引下线连接的基础接地体，当其钢筋从与引下线的连接点量起大于 20 m 时，其冲击接地电阻应为以换算系数 A 等于 1 和以该连接点为圆心、20 m 为半径的半球体范围内的钢筋体的工频接地电阻。

三、防雷技术措施

在考虑雷击防护技术措施时，应根据建筑物、电气设备以及其他保护对象的类别和特征，分别对直击雷、雷电感应、雷电波侵入、雷击电磁脉冲等有针对性地采取适合的防雷技术措施。

第一类防雷建筑物、第二类防雷建筑物和第三类防雷建筑物均应采取防直击雷和防雷电波侵入的措施。

第一类防雷建筑物和制造、使用或储存爆炸物质以及具有爆炸性环境的第二类防雷建筑物还应采取防雷电感应的措施。

装有防雷装置的建筑物，在防雷装置与其他设施和建筑物内人员无法隔离的情况下，应采取等电位联结。

1. 防直击雷措施

图 8-14 所示为建筑物易受雷击的部位。根据建筑物屋面的坡度，其易受雷击的部位分为以下几种情况（图中粗实线处为易受雷击部位，虚线处为不易受雷击的屋檐或屋脊，标记“○”处为雷击率最高的部位）：

①平屋面或坡度不大于 1/10 的屋面——檐角、女儿墙、屋檐，如图 8-14a）、图 8-14b）所示。

②坡度大于 1/10 且小于 1/2 的屋面——屋角、屋脊、檐角、屋檐，如图 8-14c）所示。

③坡度不小于 1/2 的屋面——屋角、屋脊、檐角，如图 8-14d）所示。

④对图 8-14c）、图 8-14d），在屋脊有接闪带的情况下，当屋檐处于屋脊接闪带的保护范围内时，屋檐上可不设接闪带。

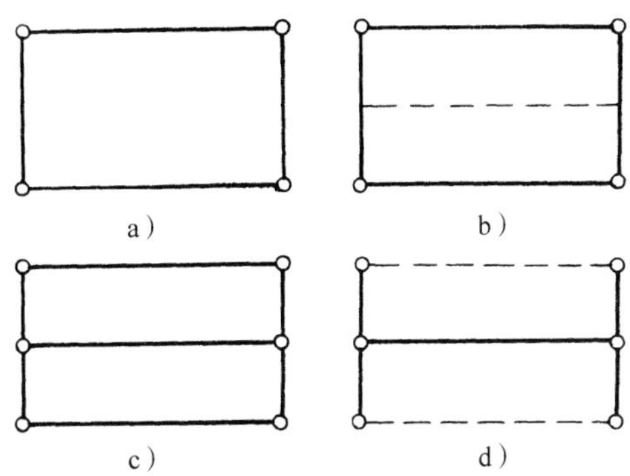

图 8–14　建筑物易受雷击的部位

（1）第一类防雷建筑物防直击雷措施如下：

1）应装设接闪杆或架空接闪线（网），使被保护的建筑物及风帽、放散管等凸出屋面的物体均处于接闪器的保护范围内。架空接闪网的网格尺寸应不大于 5 m×5 m 或 6 m×4 m。

2）排放爆炸性气体、蒸气或粉尘的放散管、呼吸阀、排风管等的管口外的规定空间应处于接闪器的保护范围内。当无管帽时，该规定空间为管口上方半径 5 m 的半球体。当有管帽时，管帽以上的垂直高度和距管口处的水平距离取值均不大于 5 m，具体取值可参见表 8–5，根据装置内压力与周围空气压力的压力差和排放物的密度来确定。接闪器与雷闪的接触点应设在上述空间之外。对于排放物达不到爆炸浓度、长期点火燃烧、一排放就点火燃烧的放散管、呼吸阀、排风管，以及发生事故时排放物才达到爆炸浓度的通风管、安全阀，接闪器的保护范围可仅保护到管帽，无管帽时可仅保护到管口。

表 8–5　有管帽的管口外处于接闪器保护范围内的空间

装置内的压力与周围空气压力的压力差/kPa	排放物的相对密度	管帽以上的垂直高度/m	距管口处的水平距离/m
<5	大于空气	1	2
5～25	大于空气	2.5	5
≤25	小于空气	2.5	5
>25	大于或小于空气	5	5

3）接闪杆的杆塔、架空接闪线的端部和架空接闪网的各支柱处应至少设一根引下线。对用金属制成或有焊接、绑扎连接钢筋网的杆塔、支柱，宜利用其作为引下线。

4）接闪杆和架空接闪线（网）的支柱及其接地装置至被保护建筑物及与其有联系的管道、电缆等金属物之间，以及架空接闪线（网）至屋面和各种凸出屋面的风帽、放散管等物体之间必须保证必要的安全距离，以防止二次放电危害。冲击接地电阻越大，被保护的高度越高，架空接闪线（网）的支柱越高，架空接闪线（网）的水平长度越大，则对应的安全距离越大，但任何情况下均不得小于3 m。

5）接闪杆、架空接闪线或架空接闪网应有独立的接地装置，每一引下线的冲击接地电阻不宜大于10 Ω。在土壤电阻率高的地区，可适当增大冲击接地电阻。

6）当建筑物太高或其他原因难以装设接闪杆、架空接闪线、架空接闪网时，可将接闪杆或网格不大于5 m×5 m或6 m×4 m的架空接闪网或由其混合组成的接闪器直接装在建筑物上，架空接闪网应按图8-14所示沿屋角、屋脊、屋檐和檐角等易受雷击的部位敷设，并必须符合下列要求：

①所有接闪杆应采用接闪带互相连接。

②引下线应不少于两根，并应沿建筑物四周均匀或对称布置，其间距应不大于12 m。

③建筑物应装设均压环，环间垂直距离应不大于12 m，所有引下线、建筑物的金属结构和金属设备均应连到环上。均压环可利用电气设备的接地干线环路。

④防直击雷的接地装置应围绕建筑物敷设成环形接地体，每根引下线的冲击接地电阻应不大于10 Ω，并应和电气设备接地装置及所有进入建筑物的金属管道相连，此接地装置可兼作防雷电感应之用。

⑤当建筑物高于30 m时，尚应采取防侧击的措施，即从30 m起每隔不大于6 m沿建筑物四周设水平接闪带并与引下线相连；将30 m及以上外墙上的栏杆、门窗等较大的金属物与防雷装置连接。

⑥在电源引入的总配电箱处宜装设过电压保护器。

7）当树木高于建筑物且不在接闪器保护范围之内时，树木与建筑物之间的净距应不小于5 m。

（2）第二类防雷建筑物防直击雷措施如下：

1）宜采用装设在建筑物上的架空接闪网（带）或接闪杆或由其混合组成的接闪器。架空接闪线（带）应按图8-14所示沿屋角、屋脊、屋檐和檐角等易受雷击的部位敷设，并应在整个屋面组成不大于10 m×10 m或12 m×8 m的网格。所有接闪杆应采用接闪带相互连接。

2）凸出屋面的放散管、风管、烟囱等物体，应按下列方式保护：

①排放爆炸性气体、蒸气或粉尘的放散管、呼吸阀、排风管等管道其接闪器的保护范围要求与第一类防雷建筑物相同。

②排放无爆炸性气体、蒸气或粉尘的放散管、烟囱，1 区、21 区、2 区和 22 区爆炸危险场所的自然通风管，0 区和 20 区爆炸危险场所内装有阻火器的排放爆炸性气体、蒸气或粉尘的放散管、呼吸阀、排风管，以及排放物达不到爆炸浓度、长期点火燃烧、一排放就点火燃烧条件，但发生事故时排放物才达到爆炸浓度的通风管、安全阀、煤气放散管等，其防雷保护应符合下列要求：金属物体可不装接闪器，但应和屋面防雷装置相连；在屋面接闪器保护范围之外的非金属物体应装接闪器，并和屋面防雷装置相连。

3）引下线应不少于两根，并应沿建筑物四周均匀或对称布置，其间距应不大于 18 m。当仅利用建筑物四周的钢柱或柱子钢筋作为引下线时，可按跨度设引下线，但引下线的平均间距应不大于 18 m。

4）每根引下线的冲击接地电阻应不大于 10 Ω。防直击雷接地宜和防雷电感应、电气设备、信息系统等接地共用同一接地装置，并宜与埋地金属管道相连；当不共用、不相连时，两者间在地中的距离任何情况下应不小于 2 m。在共用接地装置与埋地金属管道相连的情况下，接地装置宜围绕建筑物敷设成环形接地体。

5）防止雷电流流经引下线和接地装置时产生高电位对附近金属物或电气线路反击，必须保证金属物或电气线路与引下线之间满足相关规范要求的安全距离。在电气接地装置与防雷接地装置共用或相连的情况下，当低压电源线路用全长电缆或架空线换电缆引入时，宜在电源线路引入的总配电箱处装设过电压保护器。当 Yyn0 型或 Dyn11 型接线的配电变压器设在本建筑物内或附设于外墙处时，在高压侧采用电缆进线的情况下，宜在变压器高、低压侧各相上装设避雷器；在高压侧采用架空进线的情况下，除按国家现行有关规范的规定在高压侧装设避雷器外，尚宜在低压侧各相上装设避雷器。

（3）第三类防雷建筑物防直击雷措施如下：

1）宜采用装设在建筑物上的架空接闪线（带）或接闪杆或由这两种混合组成的接闪器。架空接闪线（带）应按图 8-14 所示沿屋角、屋脊、屋檐和檐角等易受雷击的部位敷设，并应在整个屋面组成不大于 20 m×20 m 或 24 m×16 m 的网格。

平屋面的建筑物，当其宽度不大于 20 m 时，可仅沿周边敷设一圈接闪带。

2）每根引下线的冲击接地电阻不宜大于 30 Ω，但对预计雷击次数大于或等于

0.01 次/a 且小于或等于 0.05 次/a 的部、省级办公建筑物及其他重要或人员密集的公共建筑物则不宜大于 10 Ω。其接地装置宜与电气设备等接地装置共用。防雷接地装置宜与埋地金属管道相连。当不共用、不相连时，两者间在地中的距离应不小于 2 m。

在共用接地装置与埋地金属管道相连的情况下，接地装置宜围绕建筑物敷设成环形接地体。

3）建筑物宜利用钢筋混凝土屋面、梁、柱和基础的钢筋作为接闪器、引下线和接地装置，但应符合设计规范对作为接地体时的基础内钢筋网在周围地面以下距地面的距离，以及每根引下线所连接的钢筋表面积总和等的规定。

4）凸出屋面的物体的保护方式要求与第一类防雷建筑物凸出屋面的放散管、风管、烟囱等物体的规定相同。

5）砖烟囱、钢筋混凝土烟囱，宜在烟囱上装设接闪杆或避雷环保护。多支接闪杆应连接在闭合环上。金属烟囱应作为接闪器和引下线。

6）引下线应不少于两根，但周长不超过 25 m 且高度不超过 40 m 的建筑物可只设一根引下线。引下线应沿建筑物四周均匀或对称布置，其间距应不大于 25 m。当仅利用建筑物四周的钢柱或柱子钢筋作为引下线时，可按跨度设引下线，但引下线的平均间距应不大于 25 m。

7）防止雷电流流经引下线和接地装置时产生高电位对附近金属物或电气线路反击，必须保证金属物或电气线路与引下线之间满足相关规范要求的安全距离。

（4）粮、棉及易燃物大量集中的露天堆场，宜采取防直击雷措施。当其年计算雷击次数大于或等于 0.05 时，宜采用接闪杆或架空接闪线防直击雷。接闪杆和架空接闪线保护范围的滚球半径可取 100 m。

在计算雷击次数时，建筑物的高度可按堆放物可能堆放的高度计算，其长度和宽度可按可能堆放面积的长度和宽度计算。

2. 防雷电感应的措施

（1）第一类防雷建筑物防雷电感应措施如下：

1）建筑物内的设备、管道、构架、电缆金属外皮、钢屋架、钢窗等较大金属物和凸出屋面的放散管、风管等金属物，均应接到防雷电感应的接地装置上。

金属屋面周边每隔 18 ~ 24 m 应采用引下线接地一次。

现场浇制或由预制构件组成的钢筋混凝土屋面，其钢筋宜绑扎或焊接成闭合回路，并应每隔 18 ~ 24 m 采用引下线接地一次。

2）平行敷设的管道、构架和电缆金属外皮等长金属物，其净距小于 100 mm

时应采用金属线跨接，跨接点的间距应不大于 30 m；交叉净距小于 100 mm 时，其交叉处亦应跨接。

当长金属物的弯头、阀门、法兰盘等连接处的过渡电阻大于 0.03 Ω 时，连接处应用金属线跨接。对有不少于 5 根螺栓连接的法兰盘，在非腐蚀环境下，可不跨接。

3）防雷电感应的接地装置应和电气设备接地装置共用，其工频接地电阻应不大于 10 Ω。防雷电感应的接地装置与接闪杆、架空接闪线或架空接闪网的接地装置之间的距离任何情况下不得小于 3 m。

屋内接地干线与防雷电感应接地装置的连接应不少于两处。

（2）第二类防雷建筑物中制造、使用或储存爆炸物质以及具有爆炸性环境的建筑物防雷电感应措施如下：

1）建筑物内的设备、管道、构架等主要金属物，应就近接至防直击雷接地装置或电气设备的保护接地装置上，可不另设接地装置。

2）平行敷设的管道、构架和电缆金属外皮等长金属物保护方式的要求与第一类防雷建筑物的规定相同，但长金属物连接处可不跨接。

3）建筑物内防雷电感应的接地干线与接地装置的连接应不少于两处。

3. 防雷电波侵入措施

（1）第一类防雷建筑物防雷电波侵入措施如下：

1）低压线路宜全线采用电缆直接埋地敷设，在入户端应将电缆的金属外皮、钢管接到防雷电感应的接地装置上。当全线采用电缆有困难时，可采用钢筋混凝土杆和铁横担的架空线，并应使用一段金属铠装电缆或护套电缆穿钢管直接埋地引入，其埋地长度 l（m）与埋电缆处的土壤电阻率 ρ（Ω · m）应符合 $l \geqslant 2\sqrt{\rho}$ 的关系，但 l 应不小于 15 m。

在电缆与架空线连接处，尚应装设避雷器。避雷器、电缆金属外皮、钢管和绝缘子铁脚、金具等应连在一起接地，其冲击接地电阻应不大于 10 Ω。

2）架空金属管道在进出建筑物处，应与防雷电感应的接地装置相连。距离建筑物 100 m 内的管道，应每隔 25 m 左右接地一次，其冲击接地电阻应不大于 20 Ω，并宜利用金属支架或钢筋混凝土支架的焊接、绑扎钢筋网作为引下线，其钢筋混凝土基础宜作为接地装置。

埋地或地沟内的金属管道，在进出建筑物处亦应与防雷电感应的接地装置相连。

（2）第二类防雷建筑物防雷电波侵入措施如下：

1）当低压线路全长采用埋地电缆或敷设在架空金属线槽内的电缆引入时，在入户端应将电缆金属外皮、金属线槽接地，对制造、使用或储存爆炸物质以及具有爆炸性环境的建筑物，上述金属物尚应与防雷接地装置相连。

2）制造、使用或储存爆炸物质以及具有爆炸性环境的建筑物，其低压电源线路应符合下列要求：

①低压架空线应改换一段埋地金属铠装电缆或护套电缆穿钢管直接埋地引入，其埋地长度 l（m）与埋电缆处的土壤电阻率 ρ（Ω·m）应符合 $l \geq 2\sqrt{\rho}$ 的关系，但电缆埋地长度应不小于 15 m。入户端电缆的金属外皮、钢管应与防雷接地装置相连。在电缆与架空线连接处尚应装设避雷器。避雷器、电缆金属外皮、钢管和绝缘子铁脚、金具等应连在一起接地，其冲击接地电阻应不大于 10 Ω。

②平均雷暴日小于 30 d/a 地区的建筑物可采用低压架空线直接引入建筑物内，但应符合下列要求：

a. 在入户处应装设避雷器或设 2 ~ 3 mm 的空气间隙，并应与绝缘子铁脚、金具连在一起接到防雷接地装置上，其冲击接地电阻应不大于 5 Ω。

b. 入户处的三基电杆绝缘子铁脚、金具应接地，靠近建筑物的电杆其冲击接地电阻应不大于 10 Ω，其余两基电杆应不大于 20 Ω。

3）除制造、使用或储存爆炸物质以及具有爆炸性环境的建筑物以外的第二类防雷建筑物，其低压电源线路应符合下列要求：

①当低压架空线转换金属皑装电缆或护套电缆穿钢管直接埋地引入时，其埋地长度应大于或等于 15 m，入户端电缆的金属外皮、钢管应与防雷接地装置相连。在电缆与架空线连接处尚应装设避雷器。避雷器、电缆金属外皮、钢管和绝缘子铁脚、金具等应连在一起接地，其冲击接地电阻应不大于 10 Ω。

②当架空线直接引入时，在入户处应加装避雷器，并将其与绝缘子铁脚、金具连在一起接到电气设备的接地装置上。靠近建筑物的两基电杆上的绝缘子铁脚应接地，其冲击接地电阻应不大于 30 Ω。

4）架空和直接埋地的金属管道在进出建筑物处应就近与防雷接地装置相连，当不相连时，架空管道应接地，其冲击接地电阻应不大于 10 Ω。制造、使用或储存爆炸物质以及具有爆炸性环境的建筑物，引入、引出该建筑物的金属管道在进出处应与防雷接地装置相连；对架空金属管道尚应在距建筑物约 25 m 处接地一次，其冲击接地电阻应不大于 10 Ω。

（3）第三类防雷建筑物防雷电波侵入措施如下：

1）对电缆进出线，应在进出端将电缆的金属外皮、钢管等与电气设备接地相连。当电缆转换为架空线时，应在转换处装设避雷器。避雷器、电缆金属外皮和绝缘子铁脚、金具等应连在一起接地，其冲击接地电阻不宜大于 30 Ω。

2）对低压架空进出线应在进出处装设避雷器并与绝缘子铁脚、金具连在一起接到电气设备的接地装置上。当多回路架空进出线时，可仅在母线或总配电箱处装设一组避雷器或其他类型的过电压保护器，但绝缘子铁脚、金具仍应接到接地装置上。

3）进出建筑物的架空金属管道，在进出处应就近接到防雷或电气设备的接地装置上或独自接地，其冲击接地电阻不宜大于 30 Ω。

（4）变配电装置的防护。3～10 kV 变配电站防雷保护接线如图 8－15 所示。图中的三条线路分别表示变配电站配电装置直接与架空线路连接、经电缆段后与架空线连接、经限流电抗器和电缆段后与架空线连接三种情况下避雷器的配置。对于 3～10 kV 配电所（无变压器），母线上的阀型避雷器 F2 可以不装。

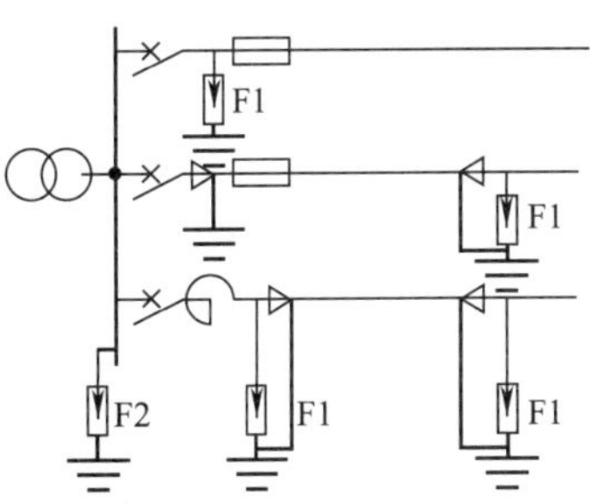

图 8－15　3～10 kV 变配电站防雷保护接线

4. 防雷击电磁脉冲措施

防雷击电磁脉冲是在建筑物遭受直接雷击或附近遭雷击的情况下，防止线路和设备产生过电流和过电压，即防止在上述情况下产生电涌。

电子信息系统是否需要防雷击电磁脉冲，应在完成直接、间接损失评估和建设、维护投资预测后认真分析、综合考虑，做到安全、适用、经济。

（1）防雷区（LPZ）。将需要实施雷击电磁脉冲防护的空间划分为不同的防雷区，以规定各部分空间雷击电磁脉冲的严重程度，指明各区交界处的等电位联结点的位置。

防雷区应按下列原则划分。

1）$LPZ0_A$区：本区内的各物体都可能遭到直接雷击和导走全部雷电流，本区内的电磁场强度没有衰减。

2）$LPZ0_B$区：本区内的各物体不可能遭到大于所选滚球半径对应的雷电流直接雷击，但本区内的电磁场强度没有衰减。

3）LPZ1 区：本区内的各物体不可能遭到直接雷击，流经各导体的电流比 $LPZ0_B$区更小；本区内的电磁场强度可能衰减，这取决于屏蔽措施。

4）$LPZn_{+1}$后续防雷区：当需要进一步减小流入的电流和电磁场强度时，应增设后续防雷区，并按照需要保护的对象所要求的环境区选择后续防雷区的要求条件。

注：n＝1、2、…

各区以在其交界处的电磁环境有明显改变作为划分不同防雷区的特征。

通常，防雷区的数越高，电磁场强度越小。

建筑物内的电磁场受如窗户这样的洞、金属导体（如等电位联结带、电缆屏蔽层、管子）上的电流以及电缆路径的影响。

将需要保护的空间划分成不同防雷区的一般原则如图 8-16 所示。

将建筑物划分为不同防雷区并做符合要求的等电位联结的例子如图 8-17 所示。

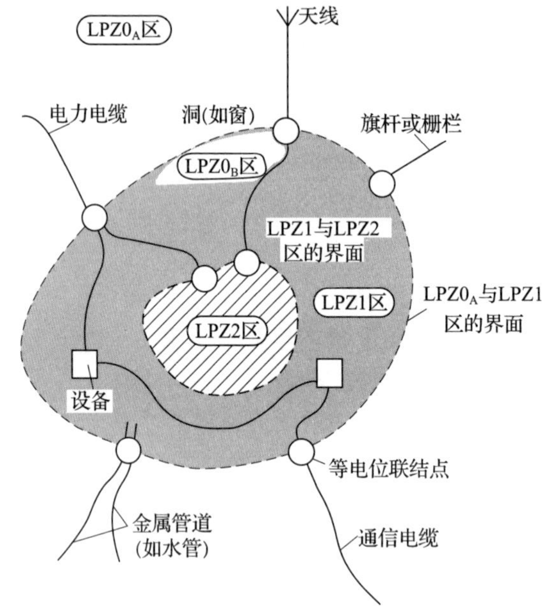

图 8-16　将需要保护的空间划分成不同防雷区的一般原则

此处所有电力线和信号线从同一处进入被保护空间 LPZ1 区，并在设于 $LPZ0_A$ 或 $LPZ0_B$ 与 LPZ1 区界面处的等电位联结带 1 上做等电位联结。这些线路在设于 LPZ1 与 LPZ2 区界面处的内部等电位联结带 2 上再做等电位联结。将建筑物的外屏蔽 1 连接到等电位联结带 1，内屏蔽 2 连接到等电位联结带 2。雷电流不能导入 LPZ2 区，也不能穿过此空间。

（2）防雷击电磁脉冲措施要求。防雷击电磁脉冲的主要技术措施包括屏蔽、接地、等电位联结和安装电涌保护器等。

1）屏蔽和等电位联结措施要求如下：

①屏蔽是减少电磁干扰的基本措施。为减少电磁干扰的感应效应，宜采取以下

的基本屏蔽措施：建筑物和房间的外部设屏蔽措施，以合适的路径敷设线路，线路屏蔽。这些措施宜联合使用。

②等电位联结的目的在于减小需要防雷的空间内各金属物与各系统之间的电位差。为改进电磁环境，所有与建筑物组合在一起的大尺寸金属件（如屋顶金属表面、立面金属表面、混凝土内钢筋和金属门窗框架）都应等电位联结在一起，并与防雷装置相连，但第一类防雷建筑物的接闪杆及其接地装置除外。

在需要保护的空间内，当采用屏蔽电缆时，其屏蔽层应至少在两端并宜在防雷区交界处做等电位联结。当系统要求只在一端做等电位联结时，应采用双层屏蔽，外层屏蔽按前述要求处理。

在分开的各建筑物之间的非屏蔽电缆应敷设在金属管道内，如敷设在金属管、金属格栅或钢筋成格栅形的混凝土管道内，这些金属物从一端到另一端应是导电贯通的，并分别连到各分开的建筑物的等电位联结带上。电缆屏蔽层应分别连到这些带上。

图 8-18 所示为钢筋混凝土建筑物等电位联结的例子。图 8-19 所示为办公建筑物设计防雷区、屏蔽、等电位联结和接地的例子。

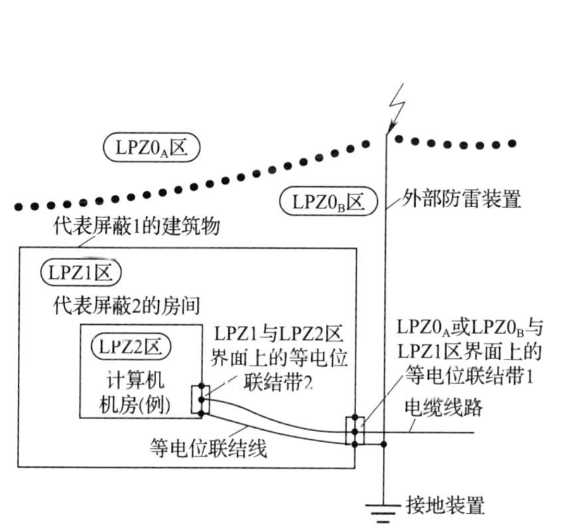

图 8-17　将建筑物划分为不同防雷区并做符合要求的等电位联结的例子

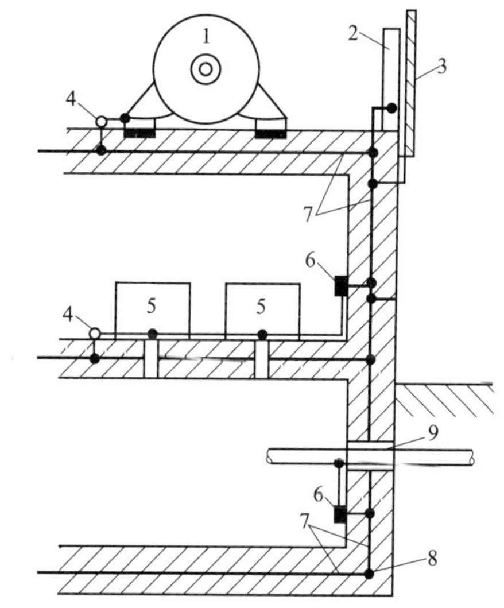

图 8-18　钢筋混凝土建筑物内等电位联结的例子

1—电力设备　2—钢支柱　3—立面的金属盖板
4—等电位联结点　5—电气设备　6—等电位联结带
7—混凝土内的钢筋　8—基础接地体
9—各种管线的共用入口

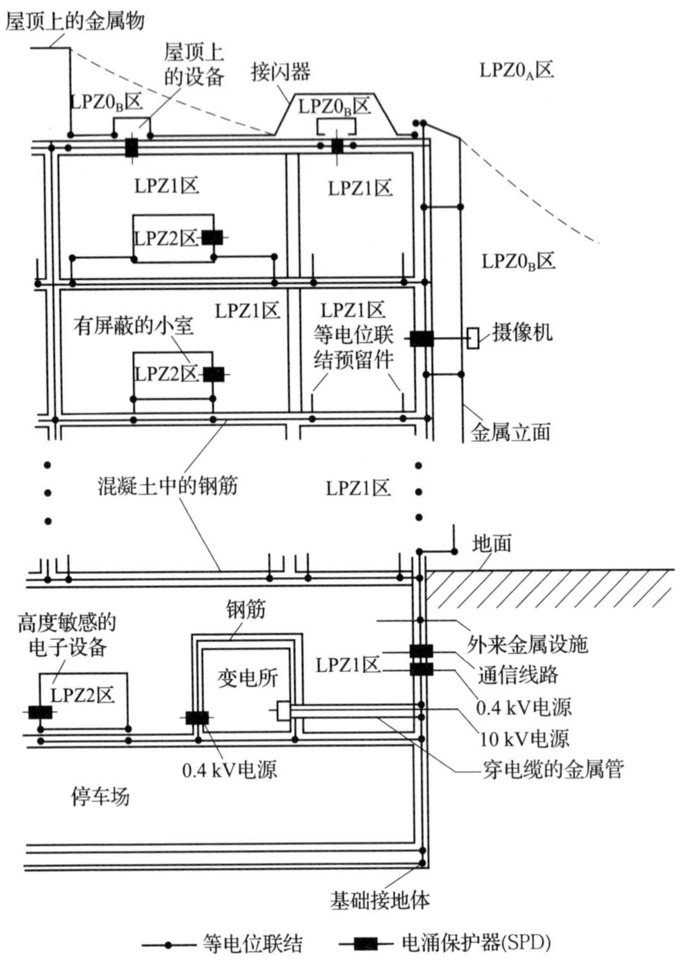

图 8-19　办公建筑物设计防雷区、屏蔽、等电位联结和接地的例子

屏蔽层仅一端做等电位联结，另一端悬浮时，只能防静电感应，不能防磁场强度变化所感应的电压。为减少屏蔽芯线的感应电压，在屏蔽层仅一端做等电位联结的情况下，应采用绝缘隔开的双层屏蔽，外层屏蔽应至少在两端做等电位联结。在这种情况下，外屏蔽层与其他同样做了等电位联结的导体构成环路，感应出电流，进而产生降低原磁场强度的磁通，从而基本上抵消无外屏蔽层时所感应的电压。

③当建筑物或房间的大空间屏蔽由诸如金属支撑物、金属框架或钢筋混凝土的

钢筋等自然构件组成时，这些构件构成一个格栅形大空间屏蔽。穿入这类屏蔽的导电金属物应就近与其做等电位联结。

④穿过各防雷区界面的金属物和系统，以及在防雷区内部的金属物和系统均应在界面处做符合下列要求的等电位联结：

a. 所有进入建筑物的外来导电物均应在 $LPZ0_A$ 或 $LPZ0_B$ 与 LPZ1 区的界面处做等电位联结。当外来导电物、电力线、通信线在不同地点进入建筑物时，宜设若干等电位联结带，并应就近连到环形接地体、内部环形导体或此类钢筋上。它们在电气上是贯通的，并连通到接地体（含基础接地体）。

b. 环形接地体和内部环形导体应连到钢筋或金属立面等其他屏蔽构件上，宜每隔 5 m 连接一次。

2）接地措施要求。防雷击电磁脉冲的接地除应符合前述一般防雷接地要求之外，尚应符合下列规定：

①每幢建筑物本身应采用共用接地系统，其构成如图 8-20 所示。

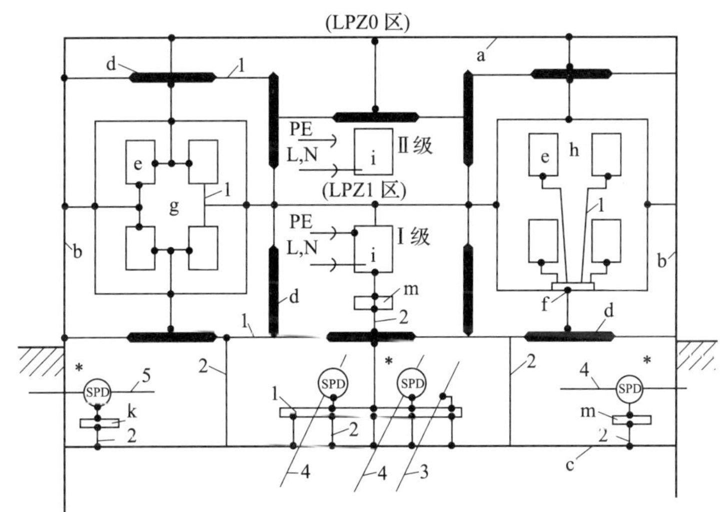

图 8-20　接地、等电位联结和共用接地系统的构成

a——防雷装置的接闪器以及可能是建筑物空间屏蔽的一部分，如金属屋顶。

b——防雷装置的引下线以及可能是建筑物空间屏蔽的一部分，如金属立面、墙内钢筋。

c——防雷装置的接地装置（接地体网络、共用接地体网络）以及可能是建筑物空间屏蔽的一部分，如基础内钢筋和基础接地体。

d——内部导电物体，在建筑物内及其上不包括电气装置的金属装置，如电梯轨道、吊车、金属地面、金属门框架、各种服务性设施的金属管道、金属电缆桥架、地面、墙和天花板的钢筋。

e——局部信息系统的金属组件，如箱体、壳体、机架。

f——代表局部等电位联结带单点连接的接地基准点（ERP）。

g——局部信息系统的网形等电位联结结构。

h——局部信息系统的星形等电位联结结构。

i——固定安装引入 PE 线的Ⅰ级设备和不引入 PE 线的Ⅱ级设备。

k——主要供电力线路和电力设备等电位联结用的总接地带、总接地母线、总等电位联结带，也可用作共用等电位联结带。

l——主要供信息线路和信息设备等电位联结用的环形等电位联结带、水平等电位联结导体，在特定情况下，采用金属板，也可用作共用等电位联结带。用接地线多次接到接地系统上做等电位联结，宜每隔 5 m 连接一次。

m——局部等电位联结带。

1——等电位联结导体。

2——接地线。

3——服务性设施的金属管道。

4——通信线路或电缆。

5——电力线路或电缆。

*——进入 LPZ1 区处，用于管道、电力和通信线路或电缆等外来服务性设施的等电位联结。

②当互相邻近的建筑物之间有电力和通信电缆连通时，宜将其接地装置互相连接。

③防雷接地与交流工作接地、直流工作接地、安全保护接地共用一组接地装置时，接地装置的接地电阻值必须按接入设备中要求的最小值确定。

3）电涌保护器及其要求。合理选用和安装电涌保护器（SPD）是防止雷击电磁脉冲危害的必要技术措施。电涌保护器又称浪涌保护器，通常安装于电源线、信号线进线入口处，用于限制瞬态过电压和分走电涌电流。电涌保护器至少含有一非线性元件，根据其采用的非线性元件的特性不同，电涌保护器分为电压开关型、限压型和组合型等；按其在电子信息系统中的功能不同，电涌保护器分为电源型、天馈型和信号型几种。

电压开关型 SPD 工作原理：在无电涌出现时为高阻抗，当出现电压电涌时变为低阻抗。通常采用放电间隙、充气放电管、闸流管和三端双向可控硅元件作为这类 SPD 的组件。电压开关型 SPD 也称短路开关型或克罗巴型 SPD。计算机通信网络专用 SPD 响应时间≤1 ns。

限压型 SPD 工作原理：在无电涌出现时为高阻抗，随电涌电流和电压的增加，阻抗跟着连续变小。通常采用压敏电阻、抑制二极管作为这类 SPD 的组件。限压型 SPD 也称钳压型 SPD。

组合型SPD工作原理：由上述两种组件组合而成，可显示两者都有的特性。

对电涌保护器的选用和安装要求如下：

①当电源采用TN系统时，从建筑物内总配电盘（箱）开始引出的配电线路和分支线路必须采用TN-S系统。

②虽原则上规定要在各防雷区界面处做等电位联结，但由于工艺要求或其他原因，被保护设备的安装位置不会正好设在界面处，而是设在其附近，在这种情况下，当线路能承受所发生的电涌电压时，电涌保护器可安装在被保护设备处，而线路的金属保护层或屏蔽层宜首先于界面处做一次等电位联结。

③电涌保护器必须能承受预期通过它们的雷电流，并应符合以下两个附加要求：通过电涌时的最大限幅电压，有能力熄灭在雷电流通过后产生的工频续流。

在建筑物进线处和其他防雷区界面处的最大电涌电压，即电涌保护器的最大限幅电压加上其两端引线的感应电压应与所属系统的基本绝缘水平和设备允许的最大电涌电压协调一致。为使最大电涌电压足够低，其两端的引线应做到最短。

在不同界面上的各电涌保护器还应与其相应的能量承受能力相一致。

当无法获得设备的耐冲击电压时，220/380 V三相配电系统设备的耐冲击电压额定值可按表8-6选用。

表8-6　220/380 V三相配电系统设备的耐冲击电压额定值

设备的位置	电源处的设备	配电线路和最后分支线路的设备	用电设备	特殊需要保护的设备
耐冲击电压类别	Ⅳ类	Ⅲ类	Ⅱ类	Ⅰ类
耐冲击电压额定值 U_W/kV	6	4	2.5	1.5

注：Ⅰ类指含有电子电路的设备，如计算机、有电子程序控制的设备。
Ⅱ类如家用电器和类似负载。
Ⅲ类如配电盘，断路器，包括电缆、母线、分线盒、开关、插座的布线系统，以及应用于工业的设备和永久接至固定装置的固定安装的电动机等一些其他设备。
Ⅳ类如电气计量仪表、一次线过流保护设备、滤波器。

④TN-S系统中，电子信息系统设备配电线路的SPD安装位置如图8-21所示。

5. 人身防雷

雷暴时，带电积云直接对人体放电，雷电流入地产生对地电压，以及二次放电等都可能对人造成致命的电击。因此，应注意必要的人身防雷安全要求。

（1）室外人身防雷。雷雨天气情况下，室外人身防雷要求如下：

1）为了防止电击事故和跨步电压伤人，要远离建筑物的接闪杆及其接地引下线，远离各种天线、电线杆、高塔、烟囱、旗杆、孤独的树木和没有防雷装置的孤

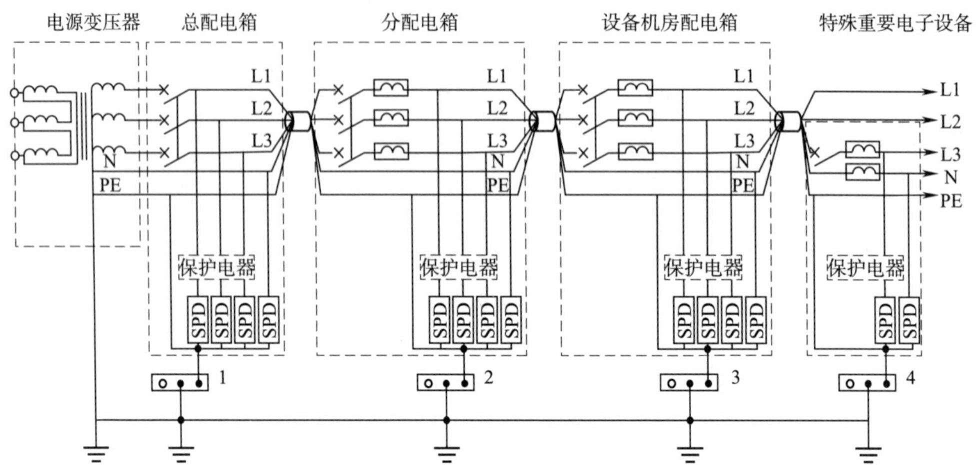

图 8-21　电子信息系统设备配电线路的电涌保护器安装位置（TN-S）

×／—空气断路器　SPD—电涌保护器　退耦器件　等电位接地端子板

1—总等电位接地端子板　2—楼层等电位接地端子板　3、4—局部等电位接地端子板

立小建筑等。

2）如有条件，应进入有宽大金属构架、有防雷设施的建筑物或金属壳的汽车和船只，但是帆布篷车和拖拉机、摩托车等在雷电发生时是比较危险的，应尽快离开。

3）应尽量离开山丘、海滨、河边、池旁，避开铁丝网、金属晒衣绳。

4）减少户外活动时间，尽量避免在野外逗留。不要在旷野里行走，不要骑在牲畜上或自行车上，不要用金属杆的雨伞，不要把带有金属杆的工具如铁锹、锄头扛在肩上。人在遭受雷击前，会突然有头发竖起或皮肤颤动的感觉，这时应立刻躺倒在地，或选择低洼处蹲下，双脚并拢，双臂抱膝，头部下俯，尽量缩小暴露面。

（2）室内人身防雷。雷雨天气情况下，室内人身防雷要求如下：

1）电视机的室外天线应与电视机脱离，并与接地线连接。

2）关好门窗，防止球形雷窜入室内造成危害。可在建筑物空调系统的通风口处设置接地的金属网栅，并设置阴雨天外窗自动关闭的装置。

3）人体最好离开可能传来雷电侵入波的照明线、动力线、电话线、广播线、收音机和电视机电源线、收音机和电视机天线，以及与其相连的各种金属设备 1.5 m 以上，尽量暂时不用电器，最好拔掉电源插头；不要靠近室内的金属设备如暖气片、自来水管、下水管，以防止这些线路和设备对人体的二次放电。避免靠近潮湿的墙壁。

本章小结

1. 雷击的危险分析与对策相关知识是电气安全工程中不可或缺的内容。本章的主要内容包括各种类型雷电产生的机理，雷击事故的原因、后果及各种雷电的防护措施。

2. 本章重点阐明了雷电的危害、防雷建筑物的分类、各类防雷建筑物的防雷要求、防雷装置及其保护范围计算、人身防雷等。

3. 在考虑雷击防护技术措施时，应根据建筑物、电气设备以及其他保护对象的类别和特征，分别对直击雷、雷电感应、雷电波侵入、雷击电磁脉冲等有针对性地采取适合的防雷技术措施。接闪杆、接闪线、接闪网、接闪带是常用的接闪器。避雷器是一种专用的防雷装置，主要用来保护电力设备和电力线路，也用作防止高电压侵入室内的安全措施。

4. 随着各种电子、微电子装置的大量使用，电子信息系统的雷击电磁脉冲防护越来越体现出其重要性。防雷击电磁脉冲的主要技术措施包括屏蔽、接地、等电位联结和安装电涌保护器等。

5. 人身防雷方面，既要防雷云直接对人体放电，还要注意对雷电流入地产生的跨步电压以及二次放电等。

复习思考题

1. 雷电的种类有哪些？概要分析描述直击雷全部放电过程。
2. 简述感应过电压波的形成机理。
3. 简述雷电电磁脉冲形成机理及危害。
4. 雷电的主要参数包括哪些？
5. 建筑物的防雷分类是怎样划分的？
6. 接闪器保护范围如何确定？
7. 试说明避雷器的结构及工作原理。

第九章　静电防护

本章学习目标

1. 熟悉静电的产生、消散及其影响因素。
2. 掌握静电的危害机理及其后果。
3. 理解常用的静电防护措施的保护原理。
4. 熟悉静电危险的安全界限，掌握各种防静电技术措施及其应用条件。

防静电事故是电气事故防范的重要组成部分。本章以静电危害及其防护为中心内容，分析静电的产生、消散、影响因素、特点及危害机理，在此基础上，阐明静电危险的安全界限、各种防静电技术措施原理及其应用条件等。

第一节　静电的产生及危害

处于相对稳定状态的电荷被称作静电。所谓相对稳定状态，是指相对于观察者而言，物质所带电荷处于静止或缓慢变化。由于电荷静止不动或其运动非常缓慢，其所引起的磁场效应较之电场效应来说可以忽略不计。静电现象是广泛存在于自然界、工业生产和人们日常生活中的一种十分普遍的电现象。静电是火工、化工、石油、粉碎加工等行业引发火灾和爆炸的主要危险因素之一。除此之外，静电也能给人以电击，造成二次事故。静电还可能妨碍生产。静电最大的危害是引发爆炸或火灾，因此，静电防护以防止爆炸和火灾为重点。为了便于正确理解静电防护的机理，首先需要对静电的特性有基本的认识。

一、静电的产生

众所周知，摩擦可以产生静电。实验证明，不仅仅在摩擦时，只要两种物质紧密接触而后再分离，就可能产生静电。摩擦产生静电的实质是摩擦扩大了接触、分离的规模，使静电易于产生。从理论上来说，静电的产生是与两种物质相互接触时的接触电位差和接触面上的偶电荷层直接相关的。

1. 静电的起电方式

（1）接触－分离起电。相接触的两种物体，其间距离达到或小于 2.5×10^{-7} cm 时，两种物体中的电子穿过交界面互相扩散，由于不同原子得失电子的能力不同，不同原子（包括原子团和分子）外层电子的能级不同，总的扩散趋势使其间发生电子的转移。界面两侧会出现等量异号的两层电荷，这两层电荷称为偶电荷层。偶电荷层电场的作用（与总扩散趋势反向）使电子的转移达到动平衡。呈现于界面之间的电位差称为接触电位差。接触电位差与物质性质及其表面状况有很大的关系。固体物质的接触电位差只有千分之几至十分之几伏，最大为 1 V 左右。

根据偶电荷层和接触电位差的理论，两种物质紧密接触再分离时，即可能产生静电。两种物质互相摩擦后之所以能产生静电，除了通过摩擦实现较大面积的紧密接触，在接触面上产生偶电荷层之外，摩擦产生的热效应还可以改变相互作用面的表面能量状态，促进静电的产生。

在两物体分离的瞬间，偶电荷层将发生畸变，使得分离处的局部电场强度剧烈增加，致使极板间的电荷倒流，使极板上的电量发生传导中和。这种倒流现象受限于材料的电导率。对于导体材料，电荷可以自由流动，由于传导中和的原因，分离后所带电荷量很少，甚至全部中和。对于非导体材料，分离后偶电荷层上的大部分电荷仍积存于表面，如果电量很大，局部形成高电压。当电场强度超过空隙中的气体击穿电压强度时，将形成气体放电，引起放电中和。所以，非导体材料的接触表面快速分离时，带电的最大值受限于空隙间空气的绝缘强度。

（2）感应起电。图 9－1所示为典型的感应起电过程。当 B 导体与接地导体 C 相连时，由导体在静电场中的静电感应现象可知，B 导体在带电体 A 的感应下，其靠近带电体 A 的端部出现正电荷，但 B 导体对地电位仍然为零，如图 9－1a）所示；当 B 导体离开接地导体 C 时，B 导体成为带电体，如图 9－1b）所示。

（3）破裂起电。材料破断后因破坏了正、负电荷的平衡，而使破断的两段各带上等量异号电荷，即产生了静电。固体粉碎、液体分离过程的起电属于破裂起电。破裂起电如图 9－2所示。

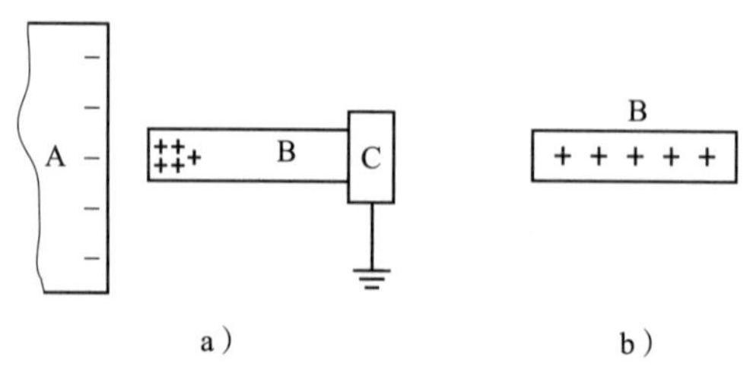

图 9-1　感应起电

a）分离前　b）分离后

（4）剥离起电。对两种密切结合的物体进行剥离时，可引起电荷分离而使双方带电。剥离起电的静电量取决于接触面积、接触面的黏着力和剥离速度等。剥离起电如图 9-3所示。

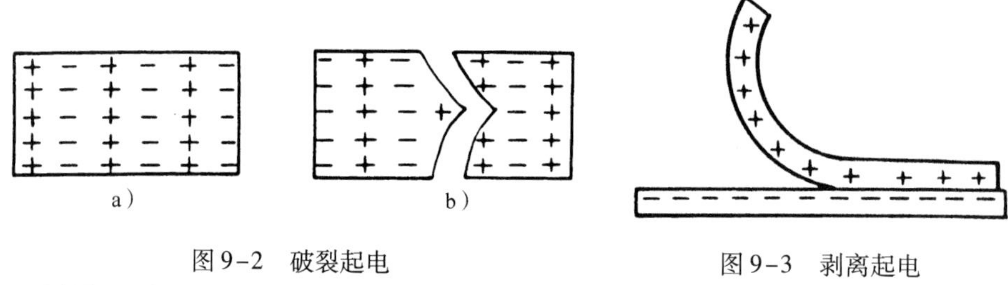

图 9-2　破裂起电

a）破断前正、负电荷平衡　b）破断后两段各带上异号电荷

图 9-3　剥离起电

（5）电荷迁移。当一个带电体与一个非带电体接触时，电荷将重新分配，即发生电荷迁移而使非带电体带电。例如，当带电雾滴或粉尘撞击导体时，便会产生电荷迁移；当气体离子流射在不带电的物体上时，也会产生电荷迁移。

除上述几种主要的起电方式外，电解、压电、热电等效应也可能产生偶电荷层或起电。

2. 固体静电

固体静电可用偶电荷层和接触电位差的理论来解释。偶电荷层上的接触电位差是极为有限的，而固体静电电位可达数万伏以上，其原因在于电容的变化。

电容器上的电压 U、电量 Q、电容 C 三者之间保持 $U=Q/C$ 的关系。对于平板电容器，其电容见式（9-1）。

$$C=\frac{\varepsilon S}{d} \tag{9-1}$$

式中　ε——极间电介质的介电常数；

S——极板面积；

d——极间距离。

由上述关系可以导出式（9-2）。

$$U=\frac{Qd}{\varepsilon S} \tag{9-2}$$

即当 Q、ε、S 不变时，$U \propto d$。

将两种相接近的两个带电面看成电容器的极板。紧密接触时，其间 d 只有 2.5×10^{-7} cm。若二者分开为 1 cm，d 增大为 400 万倍。与此对应，如接触电位差为 0.01 V，则在不考虑分开时电荷逆流的情况下，二者之间 U 可达 40 000 V。

橡胶、塑料、纤维等行业工艺过程中的静电电压可达数万伏，甚至数十万伏，如不采取有效措施，很容易引起火灾。

3. 人体静电

人体静电引发的放电是酿成静电灾害的重要原因之一。人体静电的产生主要由摩擦、接触-分离和感应所致。

人体在日常活动过程中，衣服、鞋以及所携带的用具与其他材料摩擦或接触-分离时，均可能产生静电。

例如，当穿着化纤布料服装的人从合成革面的椅子上起立时，由于衣服与椅面之间的摩擦和接触-分离，人体静电可达 10 000 V 以上。

液体或粉体从手持容器中倒出或流出时，带走一种极性的电荷，而持容器的人体上将留下另一种极性的电荷。

人体是导体，在静电场中也能够感应起电而成为带电体，乃至引起感应放电。

4. 粉体静电

粉体实质是处于微小颗粒状态下的固体，其静电的产生也符合偶电荷层的基本原理。

当粉体物料被研磨、搅拌、筛分或处于高速运动时，粉体颗粒与颗粒之间及粉体颗粒与管道壁、容器壁或其他器具之间的碰撞、摩擦，或粉体破断等都会产生危险的静电。

塑料粉、药粉、面粉、麻粉、煤粉和金属粉等各种粉体都可能产生静电。粉体静电电压可高达数万伏。

应当指出，铝粉、镁粉等金属粉体也能产生和积累静电。这是因为悬浮状态的颗粒与大地之间总是通过空气绝缘的，因此，粉体产生和积累静电与组成粉体的材料是不是绝缘材料无关。

粉体的静电带电在化肥、化纤制品、药品、食品、涂料制品、橡胶制品、火工品等制造行业广泛存在，是导致上述行业生产系统发生燃烧、爆炸事故的重要因素。

5. 液体静电

液体在流动、过滤、搅拌、喷雾、喷射、飞溅、冲刷、灌注和剧烈晃动等过程中，由于静电荷的产生速度高于静电荷的泄漏速度，从而积聚静电荷，可能产生十分危险的静电。当积聚的静电荷的放电能量大于可燃混合物的最小引燃能量，且放电间隙中爆炸性蒸气混合物处于爆炸极限范围内时，将引起火灾、爆炸事故。

两种物质接触－分离会产生静电，如果其中一方为液体时，液体与固体的接触面上也会出现偶电荷层。其中，紧贴于固体表面的离子层称为固定电荷层；与固定电荷层相邻，能够随液体流动的异号离子层称为滑移电荷层。当液体流动时，带走了偶电荷层上滑移电荷层的电荷，导致液体带电。此过程被称为冲流起电。一种极性的电荷随液体流动，由此产生流动电流，因流动电流的充电作用，管道终端容器内将积累静电电荷。

在流速、管径不变的情况下，流动电流 I 与管道长度 L 保持以下关系：

$$I = I_{\infty}\left(1 - e^{-L/L_b}\right) + I_0 e^{-L/L_b} \tag{9-3}$$

式中　I_{∞}——饱和流动电流，可以写为

$$I_{\infty} = \frac{\pi}{4} D^2 v \rho_{m\infty} \tag{9-4}$$

I_0——进口处流动电流；

L_b——管道饱和长度，$L_b = \tau v$；

v——流速；

$\rho_{m\infty}$——液体饱和电荷密度（即稳定时的电荷密度）；

τ——液体静电时间常数，$\tau = \varepsilon\rho$。

显然，随着管道长度的增加，式（9-3）带有 e^{-L/L_b} 的两项逐渐趋近于零，管道内流动电流逐渐趋近一个稳定值。这个稳定值就是饱和流动电流 I_{∞}。

液体静电的产生除前述的冲流起电之外，还有沉降带电、喷雾起电和溅泼起电等情况。

沉降起电是指悬浮在液体中的固体微粒由于密度差异发生沉降，使在不同物质交界面上形成的偶电荷层发生正、负电荷分离，固体微粒和液体分别带上等量异号电荷。

喷雾起电是指当液体类物质从管口、喷嘴和管道龟裂处等高速喷出时，由于液体与喷出口发生摩擦、液体飞溅，液体与附近物体及空气发生冲撞，以及喷射在空间的液体类物质扩散和分离，形成许多微小液滴，使偶电荷层分离而带电。

溅泼起电是指当液体的非浸润性微小液滴溅落在物体表面时，界面上将形成偶电荷层，由于液滴的惯性滚动而发生偶电荷层电荷分离，使液滴与物体表面分别带上异号电荷。

6. 气体静电

气体的分子或原子因受光的作用或受高速电子撞击，以及高温气体分子之间相撞，会使电子获得足够的能量，脱离原子核的束缚，从而使分子或原子成为带正电荷的离子。另外，卤素、氧元素等具有易于捕捉电子的性质，当其获得电子时，便成为带负电荷的离子。气体含有离子就带了电。

普通状态下的气体由于宇宙射线、地球上放射性元素等的电离作用，每立方厘米空气中每秒约有 10 个分子发生电离，在常温下每立方厘米空气中有 100 ~ 1 000 个带电粒子（电子和离子）。尽管如此，空气中自然存在的带电粒子是极为有限的。

纯净的气体在通常条件下不会带电，即使高速流动或高速喷出也不会产生静电。但实际上，绝对纯净的气体是不存在的，气体内往往含有灰尘、液滴等固体颗粒或液体颗粒，这些颗粒的碰撞、摩擦、分裂等过程将产生静电。当气体中混有悬浮液体微粒时，气体在高压作用下喷出后形成气液混合物引起的带电，相当于液体的喷雾起电。例如，喷漆的过程实质上是将含有大量杂质的气体高速喷出，这一过程将产生较强的静电。当气体中混有悬浮固体微粒时，气体在高压喷出后形成气固混合物引起的带电，相当于气力输送下的粉体起电。

在石油化工生产过程中，常使用一些易于挥发的可燃、易爆溶剂和物料，容易形成达到爆炸极限的可燃气体、蒸气与空气的混合物。一旦遇到超过其最小引燃能量的静电放电，可能引发火灾或爆炸事故。例如，乙炔自钢瓶中放出时，可产生高达 6 kV 的静电电压。

二、静电的消散

静电的消散主要有两种方式，即中和和泄漏。前者主要是通过空气发生的，后者主要是通过带电体本身及其相连接的其他物体发生的。

1. 静电中和

由前所述可知，空气中存在着极为有限的带电粒子，这些带电粒子使带电体在同空气接触中，其所带电荷会逐渐得到中和。这种中和是极为缓慢的，一般不会被觉察到。带电体上的静电通过空气迅速地中和发生在静电放电的时候。静电放电是当带电体周围的场强超过周围介质的绝缘击穿场强时，因介质产生电离而使带电体上的电荷部分或全部消失的现象。静电放电有以下几种形式，如图 9-4 所示。

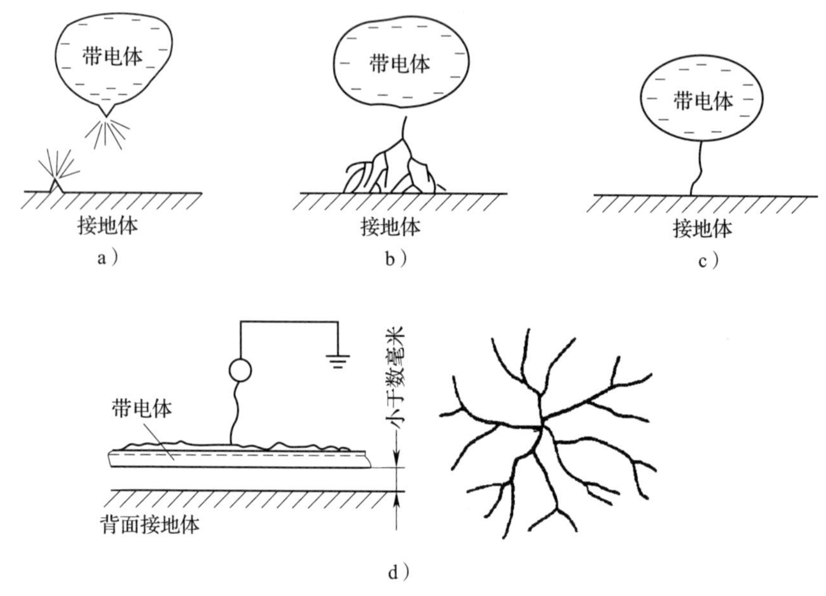

图 9-4 静电放电

a）电晕放电 b）刷形放电 c）传播型刷形放电 d）火花放电

（1）电晕放电。它是发生在不均匀的、场强很高的电场中的辉光放电。辉光放电是当电场强度达到气体的放电场强时，在气体中以发光形式出现的电传导现象。电晕放电主要发生在带电体尖端附近或其他曲率半径很小处附近的局部区域内。在这些很小的区域内，由于电场强度很高，气体分子发生电离，在电极周围产生微弱的发淡蓝色光的电晕层，不形成放电通道，没有显著的发热和电极的蒸发。电晕放电有时伴有不大的“嘶嘶”声。

电晕放电时，电流很小，能量密度不高，如不发展则没有危险。

（2）刷形放电。它是发生于带电量大的绝缘体与导体之间空气介质中的一种放电形式。该放电形式放电通道不集中，呈分枝状。刷形放电时伴有声光。由于绝缘体束缚电荷的能力很强，其表面容易出现刷形放电。刷形放电释放的能量不超过

4 mJ，引燃、引爆能力中等。

（3）火花放电。它是分隔两电极间的空气或其他电介质材料突然被击穿，使电流急剧上升，电压急剧下降，引起带有瞬间闪光，并有集中通道的短暂放电现象。火花放电时伴有短促的爆裂声。火花放电释放能量比较集中，引燃、引爆能力很强。

（4）传播型刷形放电。在高速起电场所及静电非导体背面衬有接地导体（如高电阻率薄膜背面衬有接地金属导体）的情况下，薄膜两面带有异性电荷。如有导体接近薄膜表面，则发生放电，非导体表面上一定范围的大量电荷经过邻近电离了的气体迅速流向初始放电点，并带有声光特征，构成所谓传播型刷形放电。传播型刷形放电能量大，引燃、引爆能力强。

2. 静电泄漏

静电泄漏是指带电体上的电荷通过自身或其他物体等途径向大地传导而使其部分或全部消失的过程。绝缘体上的静电泄漏主要有两条途径：一条是经绝缘体表面泄漏，另一条是经绝缘体内部泄漏。前者遇到的是表面电阻，后者遇到的是体积电阻。

静电通过绝缘体本身的泄漏类似电容器放电，其电量符合以下规律：

$$Q = Q_0 e^{-t/\tau} \tag{9-5}$$

式中 Q_0——泄漏前的电量（初始值）；

t——泄漏时间；

τ——泄漏时间常数。

对于生产过程中产生的有害静电，泄漏时间常数越大，静电越不容易泄漏，危险性越大。通常用带电体上的电荷消散至其初始值的一半时所需要的时间，即当 $Q = Q_0/2$ 时所用的时间来衡量静电泄漏的快慢，亦即衡量危险性的大小。这个时间称为电荷半值时间。通过简单运算，可求得电荷半值时间为

$$t_{1/2} = 0.693RC = 0.693\varepsilon\rho \tag{9-6}$$

很多易起电材料的电阻率很高，静电泄漏很慢。例如，某橡胶的电阻率 $\rho = 1 \times 10^{14}\ \Omega \cdot \mathrm{m}$，介电常数 $\varepsilon = 1.7 \times 10^{-11}\ \mathrm{F/m}$，则时间常数 $\tau = RC = \varepsilon\rho = 1\ 700\ \mathrm{s}$，电荷半值时间 $t_{1/2} = 1\ 176\ \mathrm{s}$，即接近 20 min。

因为绝缘体静电泄漏很慢，所以，同一绝缘体各部分可能在较长时间内保持不同的电位。或者说，同一绝缘体某些部位的电位可能不高，而另一些部位可能带有危险电位。

静电泄漏受湿度的影响很大。随着湿度增加，绝缘体表面吸附水分子形成薄薄

的水膜，并溶解空气中的二氧化碳气体和绝缘体析出的电解质，使绝缘体表面电阻大为降低，从而加速静电泄漏，抑制了静电荷的积累，有利于静电的防护。反之，空气湿度降低，绝缘体表面电阻率升高，静电泄漏变慢，静电的危险性增大。因此，静电事故多发生在干燥的季节。一些高分子绝缘材料在发生表面吸附水蒸气的同时，还发生水分扩散至物体结构内部的吸湿作用。吸湿性越大的绝缘材料，其静电受湿度的影响也越大。

三、静电的影响因素

对静电的产生和积累产生影响作用的因素有多种，包括材质、工艺设备和参数、环境条件等。掌握静电的影响因素，对于静电的危害控制十分必要。

1. 材质和杂质的影响

材料的电阻率对静电泄漏有很大影响。对于固体材料，体电阻率不大于 $1\times10^{6}\ \Omega\cdot m$ 的物料及表面电阻率不大于 $1\times10^{7}\ \Omega$ 的固体表面称为静电导体。由于静电导体电阻率较低，泄漏较强，除非与地绝缘，否则其上难以积累静电。将体电阻率大于 $1\times10^{6}\ \Omega\cdot m$ 且小于 $1\times10^{10}\ \Omega\cdot m$ 的物料及表面电阻率大于 $1\times10^{7}\ \Omega$ 且小于 $1\times10^{11}\ \Omega$ 的固体表面称为静电亚导体。将体电阻率大于或等于 $1\times10^{10}\ \Omega\cdot m$ 的物料及表面电阻率大于或等于 $1\times10^{11}\ \Omega$ 的固体表面称为静电非导体。静电非导体具有很高的电阻率，在其上能够积聚足够数量的静电荷，从而引起各种静电危害。

对于液体，电阻率在 $1\times10^{8}\ \Omega\cdot m$ 以下时，由于泄漏较强而不容易积累静电；当电阻率为 $1\times10^{10}\ \Omega\cdot m$ 左右时最容易产生静电；而电阻率大于 $1\times10^{13}\ \Omega\cdot m$ 时，由于其分子极性很弱，反而不容易产生静电。因此，液体静电表现为在一定范围内，随着电阻率的增加而增加；超过某一范围以后，随着电阻率的增加，液体静电反而下降。石油、重油的电阻率在 $1\times10^{10}\ \Omega\cdot m$ 以下，静电危险性较小。石油制品和苯的电阻率多在 $1\times10^{10}\sim1\times10^{11}\ \Omega\cdot m$，静电危险性较大。

对于粉体，当管道、搅拌器或料槽材料与粉体材料相同时，不易产生静电，而且粉体带电情况也不规则，有的带正电，有的带负电，有的不带电，其带正电的颗粒数与带负电的颗粒数大致相等。当管道、搅拌器或料槽用金属材料制成，粉体为绝缘材料时，产生静电的多少主要取决于粉体的性质，而与管道、搅拌器或料槽种类没有多大关系。当管道、搅拌器或料槽以及粉体均为绝缘材料时，材料性质对静电的影响很大，并可能因材料改变而改变静电的极性。悬浮粉体因处在绝缘状态，受材料的影响不大。

只有容易得失电子且电阻率很高的材料，才容易产生和积累静电。生产中常见的乙烯、丙烷、丁烷、原油、汽油、轻油、苯、甲苯、二甲苯、硫酸、橡胶、赛璐珞和塑料等都比较容易产生和积累静电。

杂质对静电有很大的影响。一般情况下，杂质有增加静电的趋势。例如，液体内含有高分子材料（如橡胶、沥青）的杂质时，会使静电增加。液体内含有水分时，在液体流动、搅拌或喷射过程中会产生附加静电；液体宏观运动停止后，液体内水珠的沉降过程也会产生静电。如果油管或油槽底部积水，经搅动后容易引起静电事故。物体表面受到杂质污染，特别是有机物的污染，或表面被氧化腐蚀时，往往会使静电增加。

2. 工艺设备和工艺参数的影响

接触面积、接触压力、物体表面粗糙程度以及分离速度对静电的产生有很大的影响。接触面积越大，偶电荷层正、负电荷越多，产生的静电越多。例如，对于粉体，颗粒越小者，一定量粉体的表面积越大，产生的静电越多。接触压力增大，会增加电荷的分离，以致产生较多的静电。管道内壁越粗糙，摩擦或冲击和分离的机会越多，产生的静电或流动电流就越大。分离速度越高，偶电荷层电荷在分离过程发生复合的机会越少，产生的静电越多。

物体的带电历程也是影响静电产生的因素之一。一般，在最初进行接触－分离时，静电发生最多，随着反复地接触－分离，产生静电的程度将减弱。如果物体已经带有部分静电，则接触－分离时静电的发生量将减少。

液体流速和管径对静电影响很大。饱和流动电流可用下式表达：

$$I_{\infty} = Kv^{\alpha}D^{\beta} \tag{9-7}$$

式中　K——取决于液体和管道性质的系数，对于煤油、汽油等碳氢液体在长直管道内流动时，取 $K = 3.75 \times 10^{-6}\ \text{A} \cdot \text{s}^2/\text{m}^4$；

v——流速，m/s；

D——管道内径，m；

α、β——流速影响系数和管径影响系数，见表 9-1。

表 9-1　计算饱和流动电流时的流速及管径影响系数

管道直径	α	β
管道内径 0.1～0.5 cm	1.88	0.88
管道内径 1.62～10.9 cm	2.4	1.6

设备的几何形状也对静电有影响。例如，平皮带与皮带轮之间的滑动位移比三角皮带大，产生的静电也比较强烈。过滤器会大大增加接触和分离程度，可能使液体静电电压增加十几倍乃至百倍以上。

生产系统中，下列工艺过程和情形比较容易产生和积累静电：

（1）固体物质大面积的摩擦，如纸张与辊轴摩擦、橡胶或塑料碾制、传动皮带与皮带轮或辊轴摩擦等；固体物质在压力下接触而后分离，如塑料压制、上光等；固体物质在挤出、过滤时与管道、过滤器等发生摩擦，如塑料的挤出、赛璐珞的过滤等。

（2）固体物质的粉碎、研磨过程，粉体物料的管路输送、筛分、过滤、干燥过程，悬浮粉尘的高速运动等。

（3）在混合器中搅拌各种高电阻率物质，如纺织品的涂胶过程等。

（4）高电阻率液体在管道中流动且流速超过 1 m/s 时，液体喷出管口时，液体注入容器发生冲击、冲刷和飞溅时等。

（5）液化气体、压缩气体或高压蒸汽在管道中流动和由管口喷出时，如从气瓶放出压缩气体、喷漆等。

（6）穿着化纤、丝、毛普通工作服及高绝缘底工作鞋的人员在操作、行走、起立时等。

3. 环境条件的影响

介质物体处在潮湿的空气环境中将发生水分吸附现象，使材料表面电阻率随空气湿度增加而降低。相对湿度越高，材料表面电荷密度越低。但当相对湿度在40% 以下时，材料表面静电电荷密度几乎不受相对湿度的影响而保持为某一最大值。

带静电体周围导体布置对静电电压有很大的影响。由 $Q=CU$ 可知，静电电量 Q 不变时，静电电压 U 与电容 C 成反比。带静电体周围导体的面积、其间的距离、方位都可影响电容 C，从而影响其间静电电压 U。例如，传动皮带刚离开皮带轮时电压并不高，但转到两皮带轮中间位置时，由于距离拉大，电容大大减小，电压则大大升高。又如，油料在管道内流动时电压不高，但当注入油罐，特别是注入大容积油罐时，油面中部因电容较小而电压较高。又如，粉体经管道输送时，在管道中间胀大处和出口处，由于电容减小，静电电压升高，容易由较大的静电火花引起爆炸事故。

此外，导电性地面在很多情况下能加强静电的泄漏，减少静电的积累。

四、静电的危害

在生产工艺过程中，静电放电作用、静电感应作用和静电库伦力作用等可带来事故隐患和危害。工艺过程中产生的静电可能引起爆炸和火灾，也可造成电击，还会妨碍生产，以及干扰和损坏电子设备。其中，爆炸或火灾是最大的危害和危险。

1. 爆炸和火灾

静电能量虽然不大，但因其电压很高，容易发生放电。如果所在场所有易燃物质，又有由易燃物质形成的爆炸性混合物（包括爆炸性气体和蒸气以及爆炸性粉尘等），即可能由静电火花引起爆炸或火灾。

将存在可由静电引爆的爆炸性混合物的空间，以及对爆炸性混合物进行直接加工、处理和操作等工艺作业场所统称为静电危险场所。

一些轻质油料及化学溶剂，如汽油、煤油、酒精、苯等挥发后易与空气形成爆炸性混合物。在这些液体的载运、搅拌、过滤、注入、喷出和流出等工艺过程中，容易由静电火花引起爆炸和火灾。与轻质油料相比，重油和渣油的危险性较小，但其静电的危险依然存在，而且也有爆炸和火灾的事例。

金属粉末、药品粉末、合成树脂和天然树脂粉末、燃料粉末和农作物粉末等都能与空气形成爆炸性混合物。在这些粉末的磨制、干燥、筛分、收集、输送、倒装及其他有摩擦、撞击、喷射、振动的工艺过程中，都比较容易由静电火花引起爆炸和火灾。

塑料、橡胶、造纸等行业经常用到一些化学溶剂，也能形成爆炸性混合物。在其原料搅拌、制品挤压和分离、摩擦等工艺过程中，容易由静电火花引起火灾，甚至引起爆炸。

氢气、乙炔等气体易形成爆炸性混合物。易燃液体的蒸气或气体高速喷射时容易由静电引起爆炸。水蒸气高速喷射时也能引起乙炔爆炸。

应当指出，在爆炸、火灾危险环境，带静电的人体接近接地导体或其他导体时，以及接地的人体接近带电的物体时，均可能发生火花放电，引发爆炸或火灾。

对于静电引起的爆炸和火灾，就行业性质而言，以炼油、化工、橡胶、造纸、印刷和粉末加工等行业事故最多。就工艺种类而言，以输送、装卸、搅拌、喷射、开卷和卷绕、涂层、研磨等工艺过程事故最多。

导体放电时，其上电荷全部消失，其静电场储存的能量一次集中释放，有较大的危险性。

绝缘体放电时，其上电荷不能一次放电而全部消失，其静电场储存的能量也不能一次集中释放，危险性较小。但是，当爆炸性混合物的最小引燃能量很小时，绝缘体上的静电放电火花也能引起混合物爆炸。而且，正是由于绝缘体上的电荷不能在一次放电中全部消失，使得绝缘体具有多次放电的危险性。静电电压为30 kV的绝缘体在空气中放电时，放电能量可达数百微焦，足以引燃某些爆炸性混合物发生爆炸。

在相同带电电位条件下，液体或固体表面带负电荷时发生的放电比带正电荷时发生的放电，对可燃气体的引燃能力大一个数量级。在如下环境，更容易发生引燃、引爆的静电危害：

（1）可燃物的温度比常温高。

（2）局部环境氧含量（或其他助燃气含量）比正常空气高。

（3）爆炸性气体的压力比常压高。

（4）相对湿度较低。

2. 静电电击

静电电击是静电对人体放电所形成的瞬间冲击性电流的作用。它不同于电流持续通过人体的电击。生产工艺过程中积累的静电能量总是有限的，一般不能达到致命的程度。尽管如此，不能排除由静电电击导致严重后果的可能性。例如，人体可能因静电电击而发生坠落、跌倒或触碰设备危险部位等，造成二次事故。静电电击还可能引起工作人员紧张而妨碍工作等。

3. 妨碍生产

在某些生产过程中，如不消除静电，将会妨碍生产或降低产品质量。

纺织行业中，对于化纤及含水极少的棉纱，在梳棉、纺纱、整理和漂染等工艺过程中，因摩擦产生静电，静电库仑力可造成根丝飘动、纱线松散、缠花断头、吸附灰尘等，从而造成产品质量降低。

在粉体加工行业，生产过程中产生的静电除带来火灾和爆炸危险外，还会降低生产效率，影响产品质量。例如，粉体筛分时，由于静电电场力的作用，细微的粉末易被吸附，使筛目变小而降低生产效率；计量时，由于计量器具吸附粉体，还会造成误差；粉体装袋时，由于静电斥力的作用，粉体四散飞扬，既损失粉体，又污染环境等。

在塑料和橡胶行业，制品与辊轴的摩擦、制品的挤压和拉伸会产生较多静电。压延机压出的橡胶产品静电电位可达80 kV。在印花或绘画的情况下，静电力使油墨移动，会大大降低产品质量；塑料薄膜也会因静电而缠卷不紧等。

在造纸行业，在纸张烘焙、干燥、收卷工艺中，纸张与金属辊筒摩擦产生静电，在纸张离开辊筒时静电电位高达 15～20 kV，经胶光后静电可达 50 kV，造成收卷困难，吸污量增大，影响质量等。

在印刷行业，纸张与机器、油墨接触摩擦而带静电，静电电位高达几千伏，甚至上万伏，导致纸张不能分开，粘在传动带上，使套印不准，降低印刷质量等。

在感光胶片行业，由于胶片与辊轴的高速摩擦，胶片静电电压高达数千至数万伏。如在暗室中发生放电，即使是极微弱的放电，胶片将因感光而报废。同时，胶卷基片因静电吸附灰尘或纤维会降低胶片质量，还会造成涂膜不匀等。

在电子工业中，半导体芯片生产过程广泛使用石英及高分子物质制作的器具和材料，由于它们具有高绝缘性，生产过程容易积聚大量的电荷，令芯片吸附浮游尘埃，造成产品发生极间短路等，降低成品率。

伴随电子器件向高度集成化、微细化、低动作电压化发展，无论在半导体器件的生产过程还是组装过程中，静电放电（ESD）造成的半导体器件破坏问题越来越显著。静电放电不仅能造成计算机、自控、通信、监视等系统中的电子元件、集成电路损坏，还可能对无线电通信、电子设备产生干扰等，造成误动作乃至系统瘫痪。

第二节　静电防护措施

静电最为严重的危险是引起爆炸和火灾。因此，静电防护的重点是对爆炸和火灾的防护。各种防护措施应根据现场环境条件、生产工艺和设备、加工物件的特性以及发生静电危害的可能程度予以研究和选用。

一、静电危险的安全界限

当静电相关量值超过相应的安全界限时，就可能引发静电危险。熟悉静电的安全界限，对控制静电危险十分重要。

1. 静电放电点燃界限

（1）导体间的静电放电能量按式（9-8）计算。

$$W=\frac{1}{2}CU^2 \tag{9-8}$$

式中　W——放电能量，J；

C——导体间的等效电容，F；

U——导体间的电位差，V。

当其数值大于可燃物的最小点燃能量时，就有引燃危险。

（2）当两导体电极间的电位低于 1.5 kV 时，静电放电不会引燃最小点燃能量大于或等于 0.25 mJ 的烷烃类石油蒸气。

（3）在接地针尖等局部空间发生的感应电晕放电不会引燃最小点燃能量大于 0.2 mJ 的可燃气。

2. 物体带电安全管理界限

（1）当固体器件的表面电阻率在 1×10^{8} Ω 以下或体电阻率不大于 1×10^{6} Ω · m 时，除了与火炸药有关的情况外，一般在生产中不会因静电积累而引起危害。对某些爆炸危险程度较低的场所（如环境湿度较高、可燃物最小点燃能量较高等情况），在正常情况下，表面电阻率或体电阻率分别低于 1×10^{11} Ω 和 1×10^{10} Ω · m 时，也不会因静电积累而引起静电引燃危险。

（2）用非金属材料制造液体储存罐、输送管道时，材料表面电阻率和体电阻率应分别低于 1×10^{10} Ω 和 1×10^{8} Ω · m。

（3）在气体爆炸危险场所外露静电非导体部件的最大宽度及表面积见表 9–2。

（4）固体静电非导体（背面 15 cm 内无接地导体）的不引燃放电安全电位对于最小点燃能量大于 0.2 mJ 的可燃气是 15 kV。

（5）轻质油品装油时，油面电位应低于 12 kV。

（6）轻质油品的安全静止电导率应大于 50 pS/m。

（7）对于采取了基本防护措施，内表面涂有静电非导体的导电容器，若其涂层厚度不大于 2 mm，并避免快速重复灌装液体，则此涂层不会增加危险。

表 9–2　在气体爆炸危险场所外露静电非导体部件的最大宽度及表面积

环境条件		最大宽度/cm	最大表面积/cm^2
0 区	Ⅱ类 A 组爆炸性气体	0.3	50
	Ⅱ类 B 组爆炸性气体	0.3	25
	Ⅱ类 C 组爆炸性气体	0.1	4
1 区	Ⅱ类 A 组爆炸性气体	3.0	100
	Ⅱ类 B 组爆炸性气体	3.0	100
	Ⅱ类 C 组爆炸性气体	2.0	20

3. 引起人体电击的静电电位

（1）人体与导体间发生放电的电荷量达到 2×10^{-7} C 以上时，就可能感到电击。当人体的电容为 100 pF 时，发生电击的人体电位约为 3 kV。不同人体电位的电击程度见表9-3。

表9-3　　不同人体电位的电击程度

人体电位/kV	电击程度	备　注
1.0	完全无感觉	—
2.0	手指外侧有感觉，但不疼	发出微弱的放电声
2.5	有针触的感觉，有哆嗦感，但不疼	—
3.0	有被针刺的感觉，微疼	—
4.0	有被针深刺的感觉，手指微疼	见到放电的微光
5.0	从手掌到前腕感到疼	指尖延伸出微光
6.0	手指感到剧痛，后腕感到沉重	—
7.0	手指和手掌感到剧痛，稍有麻木感觉	—
8.0	从手掌到前腕有麻木的感觉	—
9.0	手腕感到剧痛，手感到麻木沉重	—
10.0	整个手感到痛，有电流过的感觉	—
11.0	手指剧麻，整个手感到被强烈电击	—
12.0	整个手感到被强烈打击	—

注：人体的静电容量大约为100 pF。

（2）当带电体是静电非导体时，引起人体电击的界限因条件不同而变化。在一般情况下，当电位在30 kV以上向人体放电时，人体将感到电击。

二、静电防护措施

1. 基本防护措施

（1）减少静电荷产生。对接触起电的物料，应尽量选用在带电序列中位置较邻近的，或对产生正、负电荷的物料适当组合，最终达到起电最小的目的。

在生产工艺设计上，对有关物料应尽量做到接触面积和压力较小，接触次数较少，运动和分离速度较慢。

（2）使静电荷安全消散，具体措施如下：

1）接地。在静电危险场所，所有属于静电导体的物体必须接地。对金属物体，应采用金属导体与大地做导通性连接；对金属以外的静电导体及亚导体，则通过非金属导电材料或防静电材料以及防静电制品使其接地，即实施所谓间接接地。

静电导体与大地间的总泄漏电阻值在通常情况下均应不大于1×10^{6} Ω。防静电接地宜选择共用接地方式，当选择单独接地方式时，接地电阻不宜大于 10 Ω，并应与防雷接地装置保持 20 m 以上间距。在山区等土壤电阻率较高的地区，其接地电阻值也应不大于 1 000 Ω。

根据现场条件，为了有利于静电的泄漏，减轻火花放电和感应带电的危险，可采用阻值为 $1\times10^{7}\sim1\times10^{9}$ Ω 的导电性工具。生产现场使用的静电导体制作的操作工具应接地。

2）增湿。局部环境的相对湿度宜增加至 50% 以上。为了提高静电泄漏的效果，相对湿度应提高到 65%～70%；对于吸湿性很强的聚合材料，相对湿度应提高到 80%～90%。增湿可以防止静电危害的发生，但这种方法不得用在气体爆炸危险场所 0 区。

应当指出，增湿主要是增强静电沿绝缘体表面的泄漏，而不是通过空气增强静电泄漏。因此，对于表面容易形成水膜，即对于表面容易被水润湿的绝缘体，如醋酸纤维、硝酸纤维素、纸张、橡胶等，增湿对消除静电是有效的；而对于表面不能形成水膜，即表面不能被水润湿的绝缘体，如纯涤纶、聚四氟乙烯，增湿对消除静电是无效的。对于表面水分蒸发极快的绝缘体，增湿也是无效的。对于孤立的带静电绝缘体，空气增湿以后，虽然其表面能形成水膜，但没有泄漏的途径，对消除静电也是无效的。而且在这种情况下，一旦发生放电，由于能量的释放比较集中，火花比较强烈。

应当注意，空气的相对湿度在很大程度上受温度的影响。增湿的方法不宜用于消除高温环境里绝缘体上的静电。

3）合理选用设备材料。合理选用设备材料是从工艺上采取适当的措施，限制和避免静电的产生和积累。生产工艺设备应采用静电导体或静电亚导体，避免采用静电非导体。如遇到分层或套叠的结构，避免使用静电非导体材料。在静电危险场所使用的软管及绳索的单位长度电阻值应在 $1\times10^{3}\sim1\times10^{6}$ Ω。在气体爆炸危险场所禁止使用金属链。

4）采用抗静电添加剂。在某些物料中，可添加适量的抗静电添加剂，以降低其电阻率。抗静电添加剂是化学药剂，具有良好的导电性或较强的吸湿性。在容易产生静电的高绝缘材料中加入抗静电添加剂，能降低材料的体积电阻率或表面电阻率，加速静电的泄漏，消除静电的危险。但应注意防止某些抗静电添加剂的毒性和腐蚀性造成的危害。

在橡胶行业，为了提高橡胶制品的抗静电性能，可采用炭黑、金属粉等添加剂。在石油行业，可采用油酸盐、环烷酸盐、铬盐、合成脂肪酸盐等作为抗静电添加剂，以提高石油制品的导电性，消除静电危险。在有粉体作业的行业，也可以采用不同类型的抗静电添加剂。例如，某生产过程中，火药药粉的静电电压高达24 000 V，加入0.3%(质量分数）的石墨以后，静电电压降低为5 400 V，而加入0.8%(质量分数）的石墨以后，静电电压降低为500 V。

应当指出，对于悬浮粉体和蒸气静电，因其每一微小的颗粒（或小珠）都是互相绝缘的，所以，任何抗静电添加剂都不起作用。

5）装设静电缓和器。对于高带电的物料，宜在接近排放口前的适当位置装设静电缓和器。例如，当烃类油品通过精细过滤器时，会产生大量静电荷，从过滤器出口到储器之间，应留有不少于30 s的缓和时间。对于电导率大于50 pS的液体，可以不受缓和时间要求的限制。

（3）静电屏蔽。带电体应进行局部或全部静电屏蔽，或利用各种形式的金属网，减少静电的积聚。静电屏蔽是用接地导体（即屏蔽导体）靠近带静电体，以增大带静电体对地电容，降低带电体静电电位，从而减轻静电放电的危险。应当注意，屏蔽不能消除静电电荷。此外，屏蔽还能减小可能的放电面积，限制放电能量，防止静电感应。屏蔽体或金属网应可靠接地。

（4）消除静电放电条件。在设计和制作工艺装置或装备时，应避免存在静电放电的条件，如在容器内避免出现细长的导电性凸出物和避免物料的高速剥离等。

（5）环境危险程度的控制。控制气体中可燃物的浓度，使其保持在爆炸下限以下。例如，采用通风装置或抽气装置及时排出爆炸性混合物，使混合物的浓度不超过爆炸下限；在不影响工艺过程正常运转和产品质量且经济上合理的情况下，用不可燃介质代替易燃介质。

（6）限制静电非导体材料制品的暴露面积及暴露面的宽度。对于静电非导体材料，工艺过程产生的静电电荷大部分积存于表面，限制静电非导体材料制品的暴露面积及暴露面的宽度，能够限制其电量，避免局部形成高电压，防止形成有害的气体放电。

（7）使用静电消除器。静电消除器是利用外部设备或装置产生需要的正或负电荷以消除带电体上的电荷。静电消除器又称为静电中和器，是能产生电子和离子的装置。由于产生了电子和离子，物料上的静电电荷得到相反极性电荷的中和，从而消除静电的危险。静电消除器主要用来中和非导体上的静电。尽管不一定能把带电体上的静电完全中和掉，但可中和至安全范围。与抗静电添加剂相比，静电消除器具有不影响产品质量、使用方便等优点。静电消除器应用很广，种类很多，按照工作原理和结构的不同，大体上可以分为感应式消除器、高压式消除器、放射线式消除器和离子风式消除器。静电消除器原则上应安装在带电体接近最高电位的部位。爆炸危险场所要使用防爆型静电消除器。消除属于静电非导体物料的静电，应根据现场情况采用不同类型的静电消除器。

感应式消除器的工作原理如图 9-5所示，生产物料上的静电在放电针感应出极性相反的电荷，并在针尖附近形成很强的电场。当局部电场强度超过 30 kV/cm 时，空气被电离，形成电晕放电，产生正离子和负离子。在电场的作用下，正、负离子分别向生产物料和放电针移动，静电电荷得到中和。

液体管道用静电消除器的结构如图 9-6所示，其全长 1 m 左右，向内装放电针5 排，每排均匀布置 3 枚针。

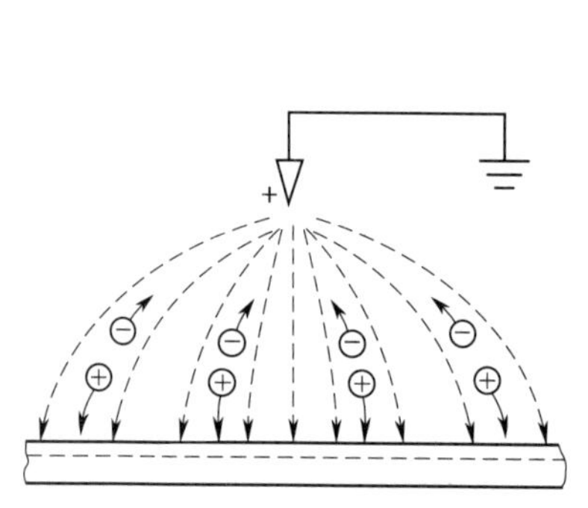

图 9-5　感应式消除器的工作原理

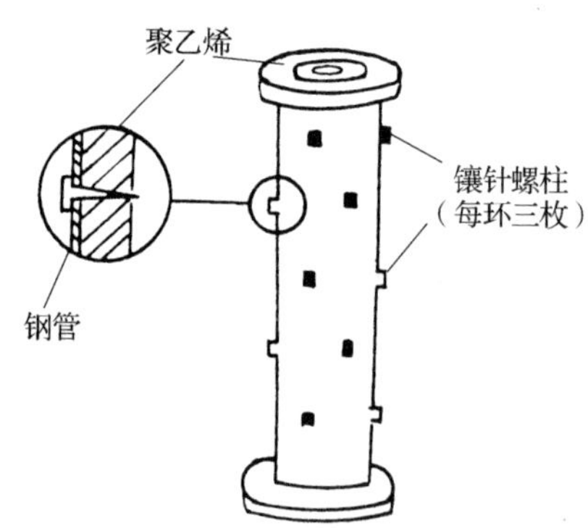

图 9-6　液体管道用静电消除器的结构

感应式消除器的优点是不需要外加电源，结构简单，容易制作，安装和维修也比较方便，引燃危险性很小。缺点是不能消除临界电压（一般在 2.2～5.8 kV）以下的静电，即消电不够彻底，而且作用范围小，范围半径一般为 10～20 mm。感应式消除器可用于橡胶、塑料、造纸、纺织、石油化工等行业。感应式消除器应装在静电电压较高的位置。

高压式消除器带有高压电源，其工作原理如图 9-7所示。高压式消除器主要由高压电源和多支放电针的电晕放电器组成。高压式消除器是利用高电压在放电针尖端附近造成强电场使空气电离来进行工作的。高压式消除器种类很多，按电流种类可分为交流高压式消除器和直流高压式消除器。交流高压式消除器又可分为工频高压式消除器和高频高压式消除器。按照有无送风结构，高压式消除器可分为普通型静电消除器和离子风型静电消除器。按防爆性能，高压式消除器可分为防爆型和非防爆型静电消除器。与感应式消除器相比，高压式消除器的结构和维修都比较复杂；除直流高压式消除器外，其他高压式消除器的作用范围也都很小。但是，由于高压式消除器不是靠感应，而是靠外接高压电源来产生电晕的，其消除静电比较彻底。

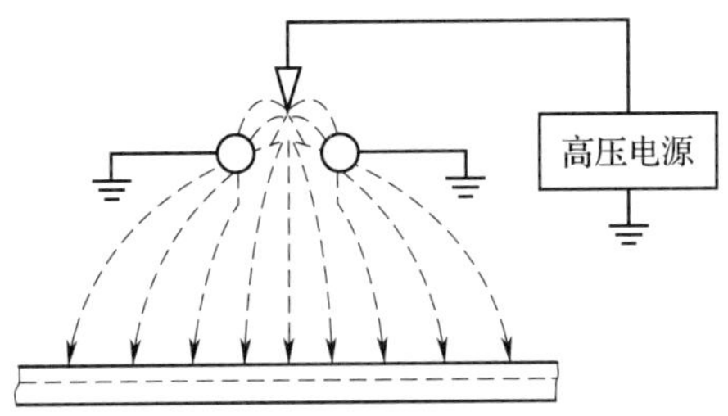

图 9-7　高压式消除器的工作原理

放射线式消除器是利用放射线同位素使空气电离，产生正离子和负离子，中和生产物料上的静电。如图 9-8所示，放射线式消除器由放射源、屏蔽框和保护网组成。放射源采用厚 0.3 ~ 0.5 mm 的片状元件，用紧固件固定在屏蔽框底部。屏蔽框应有足够的厚度，以防止放射线危害。消除器前面装有保护网，以防止工作人员意外地直接接触放射源。

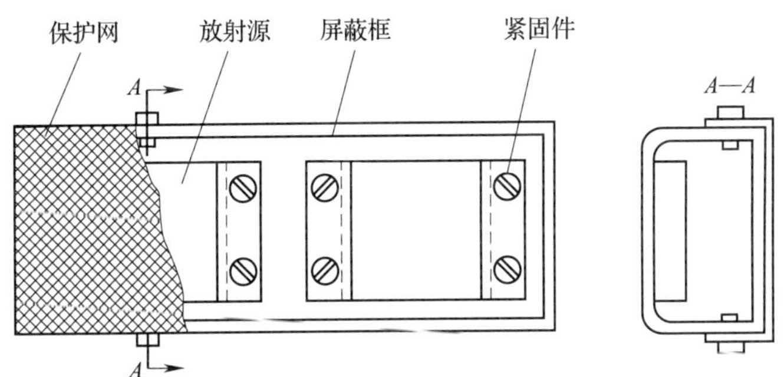

图 9-8　放射线式消除器

α 射线静电消除器应用较多。除 α 射线和 β 射线外，X 射线亦可用来消除静电。至于一般的 γ 射线，由于其电离能力很弱，穿透能力又很强，所以不用于消除静电。

使用放射线式消除器一定要控制放射线对人体的伤害和对产品的污染。为此，放射线式消除器的放射性同位素元件应有铅制屏蔽装置或其他屏蔽装置，且消除器只能在特定方向上使空气电离，发挥中和作用。放射线式消除器结构简单，不要求外加电源，而且工作时不产生火花，适用于有火灾和爆炸危险的环境。放射线式消除器可用于化工、橡胶、纺织、造纸、印刷等行业。

2. 固态物料防护措施

（1）非金属静电导体或静电亚导体与金属导体相互连接时，其紧密接触的面积应大于 20 cm^2。

（2）架空配管系统各组成部分，应保持可靠的电气连接。室外的系统同时要满足国家有关防雷规程的要求。

（3）防静电接地线不得利用电源零线，不得与防直击雷地线共用。

（4）在进行间接接地时，可在金属导体与非金属静电导体或静电亚导体之间加设金属箔，或涂导电性涂料或导电膏以减少接触电阻。

（5）在振动和频繁移动的器件上用的接地导体禁止用单股线及金属链，应采用 6 mm^2 以上的裸绞线或编织线。

3. 液态物料防护措施

（1）油罐汽车在装卸过程中应采用专用的接地导线（可卷式）、夹子和接地端子将罐车与装卸设备相互连接起来。接地线的连接应在油罐开盖以前进行；接地线的拆除应在装卸完毕，封闭罐盖以后进行。有条件时，应尽量采用接地设备与启动装卸用泵相互间能联锁的装置。

（2）控制烃类液体灌装时的流速，具体要求如下。

1）灌装铁路罐车时，液体在鹤管内的容许流速应符合下式要求：

$$vD \leqslant 0.8\ \mathrm{m^2/s} \tag{9-9}$$

式中 v——烃类液体流速的数值，m/s；

D——鹤管内径的数值，m。

大鹤管装车出口流速可以超过按式（9-9）所得计算值，但不得大于 5 m/s。

2）灌装汽车罐车时，液体在鹤管内的容许流速应符合下式要求：

$$vD \leqslant 0.5\ \mathrm{m^2/s} \tag{9-10}$$

式中 v——烃类液体流速的数值，m/s；

D——鹤管内径的数值，m。

（3）在输送和灌装过程中，应防止液体飞散喷溅。从底部或上部入罐的注油管末端应设计成不易使液体飞散的倒 T 形等形状或另加导流板；从上部灌装时，应使液体沿侧壁缓慢下流。

（4）对罐车等大型容器灌装烃类液体时，宜从底部进油。若不得已采用顶部进油时，则其注油管宜伸入罐内，与罐底距离应不大于 200 mm。在注油管未浸入液面前，其流速应限制在 1 m/s 以内。

（5）烃类液体中应避免混入其他不相容的第二物相杂质（如水等）。应尽量减少和排除槽底和管道中的积水。当管道内明显存在不相容的第二物相时，其流速应限制在 1 m/s 以内。

（6）在储存罐、罐车等大型容器内，可燃性液体的表面不允许存在不接地的导电性漂浮物。

（7）当液体带电很高时，例如在精细过滤器的出口，可先通过缓和器再输出进行灌装。带电液体在缓和器内的停留时间，一般可按缓和时间的 3 倍来设计。

（8）烃类液体的检尺、测温和采样。当设备在灌装、循环或搅拌等工作过程中时，禁止进行取样、检尺或测温等现场操作。在设备停止工作后，需静置一段时间才允许进行上述操作。所需静置时间见表 9-4。

表 9-4　　液体静置时间　　min

液体电导率/（S/m）	液体容积/m^3			
	<10	10～50（不含）	50～5 000（不含）	>5 000
$>10^{-8}$	1	1	1	2
$10^{-12}\sim10^{-8}$	2	3	20	30
$10^{-14}\sim10^{-12}$	4	5	60	120
$<10^{-14}$	10	15	120	240

注：若容器内设有专用量槽，则按液体容积 $<1\times10\ m^3$ 取值。

对油槽车的静置时间为 2 min 以上。

用金属材质制作的取样器、测温器及检尺等在操作中应接地。有条件时应采用具有防静电功能的工具。

取样器、测温器及检尺等装备上所用合成材料的绳索及油尺等，其单位长度电阻值应为 $1\times10^5\sim1\times10^7\ \Omega$，如使用静电亚导体材料，其表面电阻率和体电阻率应分别低于 $1\times10^{10}\ \Omega$ 及 $1\times10^8\ \Omega\cdot m$。

在设计和制作取样器、测温器及检尺等装备时，应优先采用红外、超声等原理的装备，以减少静电危害。

在可燃的环境条件下进行灌装、检尺、测温、清洗等操作时，应避开可能发生雷暴等危害安全的恶劣天气。另应注意，强烈的阳光照射可使低能量的静电放电造成引燃或引爆。

（9）在烃类液体中加入抗静电添加剂，使电导率提高至 250 pS/m 以上。当在烃类液体中加入抗静电添加剂来消除静电时，其容器应是静电导体并可靠接地，且需定期检测其电导率，以便使其数值保持在规定范围。

（10）当不能以控制流速等方法来减少静电积聚时，可以在管道的末端装设液体静电消除器。

（11）当用软管输送易燃液体时，应使用导电软管或内附金属丝、网的橡胶管，且在相接时应注意静电的导通性。

（12）在使用小型便携式容器灌装易燃绝缘性液体时，宜用金属或导静电容器，避免采用静电非导体容器。对金属容器及金属漏斗，应跨接并接地。

（13）容器的清洗过程应该避开可燃的环境条件，并且在清洗后静置一定时间才可使用。

4. 气态、粉态物料防护措施

（1）在工艺设备的设计及结构上，应避免粉体的不正常滞留、堆积和飞扬，同时还应配置必要的密闭、清扫和排放装置。

（2）粉体的粒径越细，越易起电和点燃。在整个工艺过程中，应尽量避免利用或形成粒径在 75 μm 以下的细微粉尘。

（3）气流物料输送系统内，应防止偶然性外来金属导体混入。

（4）应尽量采用金属导体制作管道或部件。当采用静电非导体时，应具体测量并评价其起电程度。必要时应采取相应措施。

（5）必要时，可在气流输送系统的管道中央，顺其走向加设两端接地的金属线，以降低管内静电电位。也可采取专用的管道静电消除器。

（6）对于强烈带电的粉料，宜先输入小体积的金属接地容器，待静电消除后再装入大料仓。

（7）大型料仓内部不应有凸出的接地导体。顶部进料时，进料口不得伸出，应与仓顶齐平。

（8）当筒仓的直径在 1.5 m 以上，且工艺中粉尘粒径多数在 30 μm 以下时，要用不活泼气体置换、密封筒仓。

（9）工艺中需将静电非导体粉粒投入可燃性液体或混合搅拌时，应采取相应的综合防护措施。

（10）收集和过滤粉料的设备，应采用导静电的容器及滤料并予以接地。

（11）对输送可燃气体的管道或容器等，应防止不正常的泄漏，并宜装设气体泄漏自动检测报警器。

（12）高压可燃气体的对空排放，应选择适宜的流向和处所。对于压力高、容量大的气体如液氢排放时，宜在排放口装设专用的感应式消除器。同时要避开可能发生雷暴等危害安全的恶劣天气。

5. 人体静电的防护措施

（1）当气体爆炸危险场所的等级属 0 区和 1 区，且可燃物的最小点燃能量在 0.25 mJ 以下时，工作人员应穿防静电鞋、防静电服。当环境相对湿度保持在 50% 以上时，可穿棉工作服。

（2）静电危险场所的工作人员，外露穿着物（包括鞋、衣物）应具防静电或导电功能，各部分穿着物应存在电气连续性，地面应配用导电地面。

（3）禁止在静电危险场所穿脱衣物、帽子及类似物，并避免剧烈运动。

（4）当气体爆炸危险场所的等级属 0 区和 1 区时，工作人员应佩戴防静电手套。

（5）防静电衣物所用材料的表面电阻率应低于 $5\times10^{10}\ \Omega$，防静电工作服技术要求应满足相关国家标准要求。

（6）可以采用安全有效的局部静电防护措施（如腕带），以防止静电危害的发生。

（7）在静电危险场所，工作人员不应佩戴孤立的金属物件。

本章小结

1. 防静电事故是电气事故防范的重要组成部分。本章主要包括静电的产生及特点、静电危害的种类、各种类型静电的防护对策及技术措施等。

2. 本章重点阐明了静电的起电方式，基于偶电荷层和接触电位差理论的接触 - 分离起电是最主要的起电方式。除静电的产生机理之外，固体、液体、气体及粉体静电以及人体静电带电的原理分析，静电的消散，静电的影响因素，静电危险的安全界限，各种防静电技术措施原理及其应用条件等构成了本章核心内容体系。

3. 静电最严重的危险是引起爆炸和火灾。静电防护的重点是对爆炸和火灾的防护。

4. 应根据现场环境条件、生产工艺和设备、加工物件的特性以及发生静电危害的可能程度研究和选用各种静电防护措施。

复习思考题

1. 试说明静电的危害有哪些，简述静电防护的重点。

2. 简要说明静电的起电方式有哪些。

3. 静电放电有几种形式？试比较各种形式静电放电的危险性。

4. 静电的影响因素有哪些？

5. 为使静电荷安全消散，可以考虑哪些技术措施？

6. 为什么对静电导体与大地间的总泄漏电阻值的要求是“在通常情况下均应不大于 $1 \times 10^6\ \Omega$”，而对每组专设的静电接地体的接地电阻值的要求却是“一般应不大于 $100\ \Omega$”呢？

第十章 电气安全管理

本章学习目标

1. 明确电气安全管理所包含的主要方面。弄清用电安全管理机构职责，以及电工作业人员的资质要求和资质等级划分；了解用电安全管理常用制度及作用；认识安全检查、安全教育、安全资料保管的作用与意义。

2. 掌握各类电工安全用具（包括绝缘安全用具、携带式电压指示器和电流指示器、登高安全用具、临时接地线、遮栏和标示牌）的基本构造、用途、正确使用方法。了解安全用具预防性试验标准，包含技术参数和试验周期要求。

3. 从制度性管理措施和技术性管理措施两个方面掌握有关检修的安全措施。在制度性管理措施方面，弄清工作票制度涉及的人员及其职责、工作票分类与内容、工作票流程以及各个使用阶段应履行的手续，掌握与工作票制度配套的工作监护制度、工作许可制度、工作间断制度、工作转移制度以及工作终结制度的主要内容与要求。在技术性管理措施方面，掌握停电作业和不停电作业主要安全措施与要求。

4. 初步学习用系统安全工程的理论方法分析电气安全事故原因与后果，用模糊数学理论对电气安全水平进行综合评价。

电气安全管理同电气安全技术一起构成了驱动电气安全工作的两个轮子。科学严谨、合理有效的电气安全管理，为防范各种电气安全事故提供了有力的保障。本章除了介绍传统电气安全管理措施外，还介绍了用系统安全工程的理论方法分析电气安全事故原因、后果，以及运用模糊数学理论对电气安全水平进行综合评价等。

第一节　电气安全组织管理

一、管理机构和人员

用电单位应具有安全用电管理机构，并委派有经验的电气技术人员或电工技师主持安全用电工作，并根据用电量的大小安排一定数量的电工作业人员。

电工属特种作业工种，所以从事电工作业的人员必须满足我国对电工作业人员的资质资格要求，具体如下：

（1）年满 18 岁且不超过国家法定退休年龄，身体健康，无妨碍电工作业疾病，并经具有一定级别的医疗机构体检合格者方可以从事电工作业。凡是患有癫痫、精神疾病、高血压、心脏病、突发性昏厥及其他妨碍电工作业的疾病和生理缺陷者，均不能直接从事电工作业。

（2）具有初中及以上文化程度，具备电气作业安全技术、电工基础理论和电气作业操作技能，熟练掌握触电紧急救护法，并具有一定实践经验者。

（3）按电工作业人员安全技术标准，经安全技术培训和考试合格，取得当地应急管理部门颁发的特种作业操作证（电工），有效期为 6 年，在全国范围内有效。

（4）根据技术水平和从事电工作业年限获取相应的技术等级证书，如初级、中级、高级、技师和高级技师。

安全用电管理机构除了对安全用电进行全面管理之外，尤其要加强对电工作业人员的资质审核及动态管理。对电工作业人员管理要求如下：

（1）电工作业人员必须持证上岗，特种作业操作证每 3 年复审一次。

（2）脱离本岗工作连续超过 6 个月者，应当重新进行特种作业操作资格考试的实际操作考试，经确认合格后方可上岗作业。

（3）新参加电工作业的人员，须经有经验和资质级别较高的人员对其进行实习培训和实际操作指导，不能独立进行电工作业。

参加带电作业的人员，应经专门培训，并经考试合格取得资格，单位书面批准后，方能参加相应的作业。

二、规章制度

合理的规章制度是保障安全、促进生产的有效手段。安全操作规程、运行管理规程、电气安装规程等规章制度都与整个企业的安全运转有直接关系。

企业必须执行国家、主管部门和所在地区制定的标准、规程和规范，并根据这些标准、规程和规范制定本部门、本企业、本单位的标准、规程、规范及实施细则。

应根据不同工种的特点，建立相应的安全操作规程。非电工工种的安全操作规程中，不能忽略电气方面的内容，应根据企业性质和环境特点，建立相适应的电气设备运行管理规程和电气设备安装规程。

对于重要设备，以及控制范围较宽或控制回路多元化的开关设备、临时线路和临时性设备等比较容易发生事故的设备，都应建立专人管理的责任制。特别是临时线路和临时性设备，应当结合具体情况，明确规定其允许长度、使用期限、安装要求等项目。

为了保障检修工作，特别是高压检修工作的安全，必须坚持执行必要的安全工作制度，如工作票制度、工作监护制度、工作许可制度等。

常用的电气安全管理制度见表 10-1。

表 10-1　　常用的电气安全管理制度

制度名称	制度内容
岗位责任制	各级电气人员、电器操作人员、安全管理人员的职责
交接班制度	安装调试人员、运行人员、维修人员、电器操作人员交班、接班要求和注意事项及必须交代说明的有关内容
巡视检查制度	运行维修人员在工作中巡视检查电气设备、线路等的时间、路线、部位的要求及标准，以及记录、处理意见等内容
限制进入制度	对电气设备的不同操作区域采取不同等级人员准入制度，包括对变电室等高危险区域的限制进入制度
设备检修制度	设备的检修周期、检修项目、检修标准、检修程序、报批手续和批复手续等
临时用电制度	临时用电的申报、安装及管理制度
技术交底制度	对作业内容、时间、地点、范围、安全措施、注意事项等详细交底的有关制度
工作票制度	电气作业的各个步骤采用凭证记录手续制度，包括工作票的签发、许可、监护、终结等制度
操作票制度	10/6 kV 及以上电压等级的配电室运行中，需要改变运行方式或电气设备工作状态时，应填写操作票。操作票是操作前填写操作内容和顺序的规范化票式
作业许可制度	进入电气作业前验证各种安全措施及注意事项的规定及程序
作业监护制度	作业人员在作业过程中能得到完全监护和指导，及时纠正不安全操作和错误作业方法，提醒避免靠近危险带电体

续表

制度名称	制度内容
作业间断转移	因时间、气候及其他原因引起工作中断或转移，中断期间现场安全措施及复工履行手续
作业终结制度	作业完毕现场清理、人员撤离及验收签字制度
调度管理制度	针对电气运行、检修、故障处理等进行电气控制、人员调配、命令签发等的程序、内容及要求
事故处理制度	对处理各种电气事故的程序、方法、注意事项等编制预案，并进行演练的有关制度
技术培训制度	对电气作业人员提供业务培训，学习新技术、新设备，不断提高理论水平和实际操作水平而进行的不同层次、不同水平、业余与专业的定期与不定期培训制度

三、安全检查

电气安全检查的内容包括：电气设备的绝缘是否老化、是否受潮或破损，绝缘电阻是否合格；电气设备裸露带电部分是否有防护，屏护装置是否符合安全要求；安全间距是否足够；保护接地或保护接零是否正确和可靠；剩余电流动作保护装置是否符合安全要求；携带式照明灯和局部照明灯是否采用了安全电压和其他安全措施；安全用具和防火器材是否齐全；电气设备和电气线路温度是否适宜；熔断器熔体的选用及其他过流保护的整定值是否正确；各项维修制度和管理制度是否健全；电工是否经过专业培训等。

对变压器等重要的电气设备，应建立巡视检查制度，坚持巡视检查，并做好必要的记录。

对于使用中的电气设备，应定期测定其绝缘电阻；对于各种接地装置，应定期测定其接地电阻；对于安全用具、避雷器及其他一些保护电器，也应定期检查、测定或进行耐压试验。对于新安装的电气设备，特别是自制电气设备的验收工作，更应坚持原则，一丝不苟。

四、安全教育

安全教育的目的是提高工作人员的安全意识，使其充分认识安全用电的重要性；同时，使工作人员懂得用电的基本知识，掌握安全用电的基本方法，从而能安全、有效地进行工作。新入厂的工作人员应接受厂、车间、生产班组三级安全教育。普通职工应当懂得关于电和安全用电的安全规程；独立工作的电气专业工作人员更应当懂得电气装置在安装、使用、维护、检修过程中的安全要求，应当熟知电气安全操作规程及其他相关联的规程，应当学会触电急救和电气灭火的方法，并通过培训和考试，取得操作合格证。

新参加电气工作的人员、实习人员和临时参加劳动的人员，都必须经过安全知识教育后方可到现场随同参加指定的工作，不得单独工作。特别应当注意加强对合同工和临时工的安全教育。

对外单位派来支援的电气工作人员，工作前应介绍现场电气设备和接线情况，以及有关安全措施。

五、安全资料

涉及电气安全的资料有电气工作中适用的各种标准及规范、图样、技术资料、各种记录等。这些资料应当存档，并按照档案管理要求，进行分类保管，以便查阅、检索、复印，为电气系统的安全运行提供可靠的信息。

1. 标准及规范

标准及规范主要有各类电气工程的设计规范、电气装置安装施工及验收规范，全国供用电规则、电气事故处理规程、电气安全工作规程、电气安全操作规程、电气设备运行及检修规程、电业安全作业规程等。

2. 技术图样

技术图样包括供电系统一次接线图、继电保护和自动装置原理图、安装接线图、中央信号图、变配电装置平面布置图、防雷接地系统平面图、电缆敷设平面图、架空线路平面图、动力平面图、控制原理接线图、照明平面图、特殊场所电气装置平面图、厂区平面图、土建工厂图等。

3. 技术资料

技术资料主要有变压器、开关及断路器、继电保护及自动装置、大型电动机及启动装置、主要仪表、各类开关柜、各类电气设备的厂家原始资料，如说明书、图样及安装、检修、调试资料等。

4. 记录

记录主要有运行日志和值班记录、电气设备缺陷记录、电气设备检修记录、继电保护整定记录、开关跳闸记录、调度会议记录、事故处理记录、安装调试记录、培训记录、巡视记录、安全检查记录、归档工作票等。

第二节　电工安全用具

电工安全用具是防止触电、坠落、灼伤等危险，保障工作人员安全的电工专用工具。电工安全用具包括绝缘安全用具、验电器、登高安全用具、临时接地线、遮栏及标示牌等。

一、绝缘安全用具及其使用要点

绝缘安全用具包括基本安全用具和辅助安全用具。基本安全用具包括绝缘杆、绝缘夹钳，辅助安全用具包括绝缘鞋（靴）、绝缘手套、绝缘垫和绝缘站台等。

1. 绝缘杆与绝缘夹钳

绝缘杆用来闭合或断开高压隔离开关、跌开式熔断器，也可用来安装和拆除临时接地线和进行其他电气操作。绝缘杆由握手部分、绝缘部分和工作部分构成，如图 10–1所示。

绝缘夹钳主要用来安装高压熔断器或进行其他需要有夹持力的电气作业。绝缘夹钳也是由握手部分、绝缘部分和工作部分构成，如图 10–2 所示。

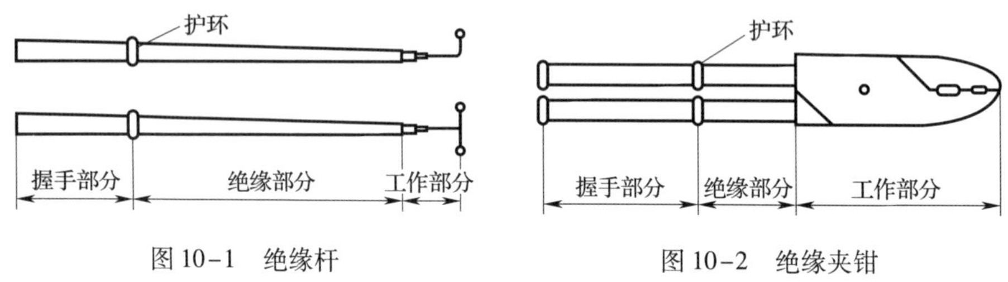

图 10–1　绝缘杆

图 10–2　绝缘夹钳

使用绝缘夹钳操作时，操作人员应戴护目镜，防止意外电弧对眼睛的伤害；戴绝缘手套，穿绝缘鞋或站在绝缘台（垫）上，以防意外漏电发生。使用绝缘夹钳操作时，应注意力集中，保持身体平衡，防护被夹物脱落。天气潮湿时，应使用专门防雨绝缘夹钳。绝缘夹钳上不准装接接地线，以免接地线在空中悬荡时触及带电部分造成事故。

2. 绝缘鞋（靴）和绝缘手套

绝缘鞋（靴）可大大降低加在人体的接触电压，此外，在存在跨步电动势的情况下，绝缘鞋（靴）还可以降低加到人体的跨步电压。

绝缘鞋类包括电绝缘皮鞋类、电绝缘布面胶鞋类、电绝缘胶面胶鞋类和电绝缘塑料鞋类，款式有低帮电绝缘鞋、高帮电绝缘鞋、半筒电绝缘鞋和高筒电绝缘鞋。电绝缘鞋的面料有皮革、橡胶、塑料和帆布。

绝缘手套可以大大降低加到人体的接触电压，一般用于高压电气设备带电作业。其性能有别于一般的劳动保护或安全防护手套，具有良好的电气性能和机械性能，同时又具有良好的柔软性。绝缘手套用合成橡胶或天然橡胶制成。

按照绝缘手套适用的电气设备的不同电压等级，带电作业绝缘手套分为 1、2、3 三种型号。1 型适用于 3 kV 及以下电气设备，2 型适用于 6 kV 及以下电气设备，3 型适用于 10 kV 及以下电气设备。进行带电作业时，必须按照设备或线路电压等级选择合适的绝缘手套。

3. 绝缘垫与绝缘站台

绝缘垫和绝缘站台只是作为辅助安全用具，多用于带电作业时对地绝缘。

绝缘垫用厚度为 5 mm 以上，表面有防滑条纹的橡胶制成，其尺寸应不小于 0. 8 m×0. 8 m。

绝缘站台用木板或木条制成，相邻板条之间距离不得大于 2. 5 cm，以免鞋跟陷入。绝缘站台上不得有金属零件。台面板用支持绝缘子与地面绝缘，支持绝缘子高度应不小于 10 cm；台面板不得伸出绝缘子以外，以免站台倾翻，人员摔倒。绝缘站台不宜小于 0. 8 m×0. 8 m，但为了移动和检查方便，也不宜大于 1. 5 m×1. 5 m。

二、电压电流指示器（验电器）及其使用要点

1. 携带式电压指示器（验电器）

携带式电压指示器也叫验电器，分为高压和低压两种，用来检验导体是否带电。

老式验电器（笔）采用发光氖管指示带电，如图 10-3和图 10-4所示。新式高压验电器采用集成电路或单片机作为检测和控制的核心，在验电提醒时兼有视觉和语音提示，并可连接计算机系统实施监控。

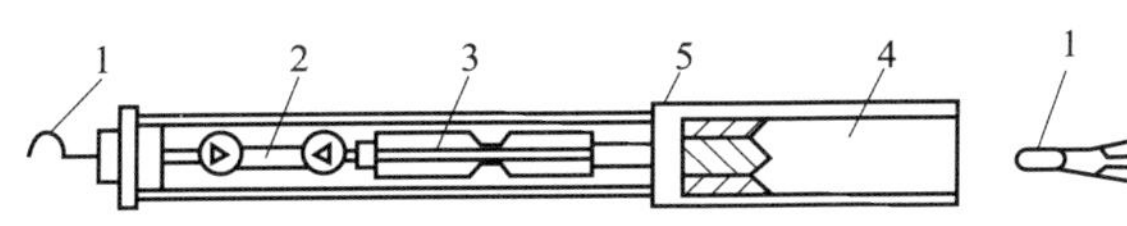

图 10-3　高压验电器

1—工作触头　2—氖灯　3—电容器

4—握柄　5—接地螺栓

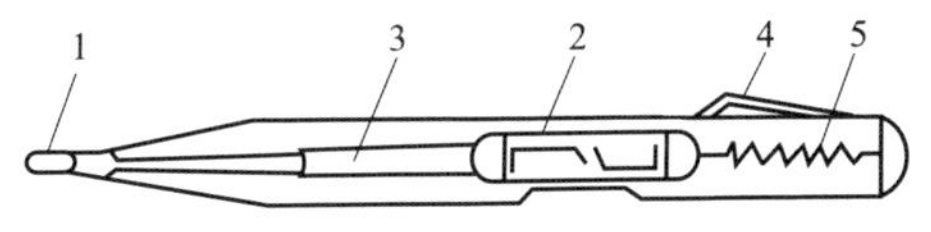

图 10-4　低压验电器（笔）

1—工作触头　2—氖灯　3—炭质电阻

4—握柄　5—弹簧

使用高压验电器时不应直接接触带电体，而只能逐渐接近带电体，直至有指示为止。使用验电器时要注意邻近带电体的干扰，避免验电器指示错误。验电时要避免因使用验电器造成短路。此外，验电器的发光电压应不高于额定电压的25%。

2. 携带式电流指示器

携带式电流指示器通常称为钳表或钳形电流表，有高压和低压（见图10-5）之分，用来在不断开线路的情况下测量线路电流和电压。

使用钳表时，应使身体与带电体有足够的距离。对于高压，不得用手直接拿钳表进行测量，必须佩戴安全绝缘手套等安全用具。在潮湿和雷雨天气，禁止在户外用钳表进行测量。

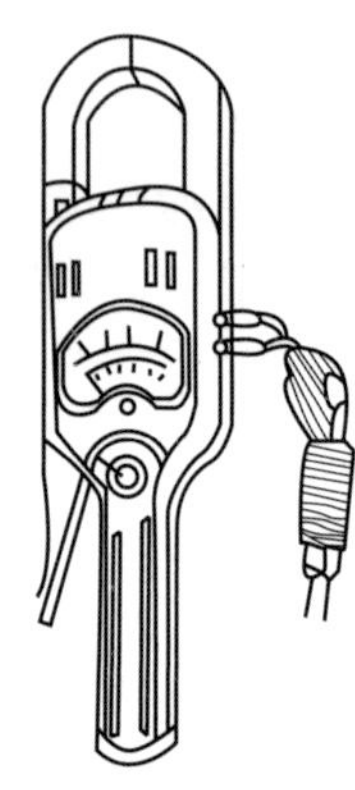

图10-5　低压钳形电流表

三、登高安全用具及其使用要点

登高安全用具包括梯子、高凳、脚扣、登高板和安全带等专用工具。

1. 梯子与高凳

用于电气作业的梯子与高凳应采用木材或竹子制成，须坚固可靠，能够承受工作人员及其所携带工具的总重量。新型电工用绝缘梯采用玻璃纤维合成的绝缘材料制成，不但坚固耐用，而且绝缘强度很高，大大提高了电气工作的安全系数。

梯子分为靠梯和人字梯两种。使用靠梯时，为避免靠梯翻倒，靠梯梯脚与墙之间的距离应不小于梯长的1/4；为了避免其向前滑落，梯脚与墙的距离不得大于梯长的1/2。为了限制人字梯的张开角度，两侧梯之间应加拉链或拉绳。为了防滑，在光滑地面上使用梯子时，踢脚应加橡胶垫或绝缘套；在泥土地上使用梯子时，梯脚应加铁尖。

在梯子上作业时，梯顶应高于人的腰部，或者作业人员站在距梯顶不小于1 m的横档上作业，切忌站在最高处或上面一、二级横档上作业，以防梯子翻倒。对于人字梯，切不可采取骑马式站立，防止人体重心超出梯脚范围而使梯子翻倒。

2. 脚扣、登高板和安全带

脚扣、登高板和安全带是登杆作业时经常配合使用的3种工具。

脚扣是爬杆的专用工具，是一对直径略大于电杆直径的半环形钢圈，一端带有脚套，如图10-6所示。登杆时，脚扣的半环形钢圈斜卡在电杆之上，半环形钢圈与电杆之间产生摩擦力使脚扣不下滑，而且人体加在脚扣的力越大，半环形钢圈与电杆之间的摩擦力就越大。通过双脚交替移动脚扣，人可以顺利达到预定的作业高度。脚扣分为木电杆用脚扣和水泥电杆用脚扣。木电杆用脚扣的半环形钢圈根部内侧有突出小齿，用以刺入木杆中防滑。水泥电杆用脚扣半环形钢圈根部内侧装有橡胶套或橡胶垫，起防滑作用。

另外，脚扣有大小号之分，要根据攀登电杆的粗细选择合适的脚扣，选择过于大的脚扣在登杆过程中容易下滑。登杆前，应对脚扣做人体冲击试登，将脚扣置于距地 0.5 m 处借助人体力量用力猛蹬，脚扣应无下滑、损坏变形现象。

登高板由横板、绳索和锁钩组成，如图 10-7所示。其用途是在人登杆达到预定高度后，借锁钩将登高板绳索套在电杆之上，随着登高板横板的垂下和工作人员体重的作用，绳索将会被牢固地套在电杆之上。工作人员可以站在或坐在登高板上作业。

安全带是防止人员在高处作业时发生坠落的保护用品。安全带分为悬挂带（大带）和围杆带（小带）两种，需配合使用，如图 10-8所示。悬挂带一端绕在电杆或其他牢固构件之上，另一端系在腰部偏下位置，防止人员坠落。围杆带系在腰部，并套住电杆，作业时对人体腰部产生支撑作用，另外对防坠落起辅助作用。

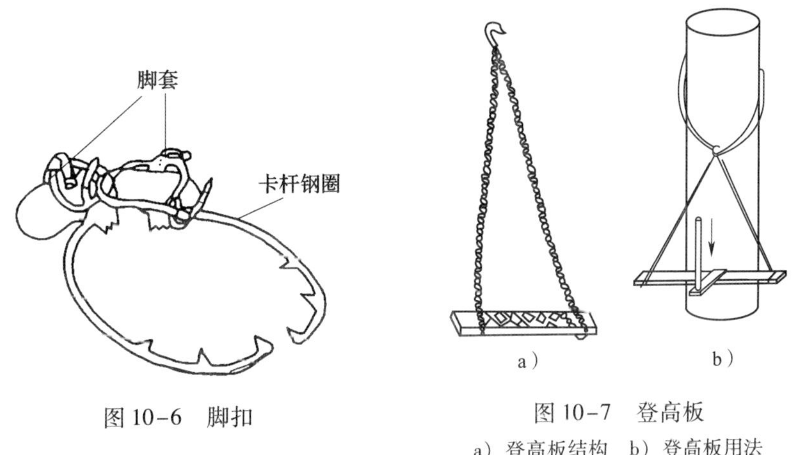

图 10-6　脚扣

图 10-7　登高板
a）登高板结构　b）登高板用法

四、临时接地线、遮栏和标示牌

1. 临时接地线

临时接地线装设在被检修区段两端的电源线路上，用来防止意外来电，防止邻近高压线路的感应电。此外，临时接地线还用来消除线路或设备电容残留的电荷。

临时接地线一般为 25 mm^2 以上的软铜线。使用时，三根较短的线与三相导体相连接，较长的一根用于接地，如图 10-9所示。

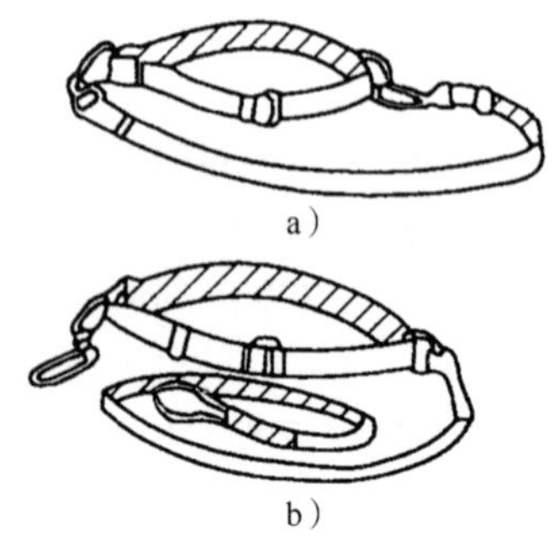

图 10-8　安全带

a）围杆带　b）悬挂带

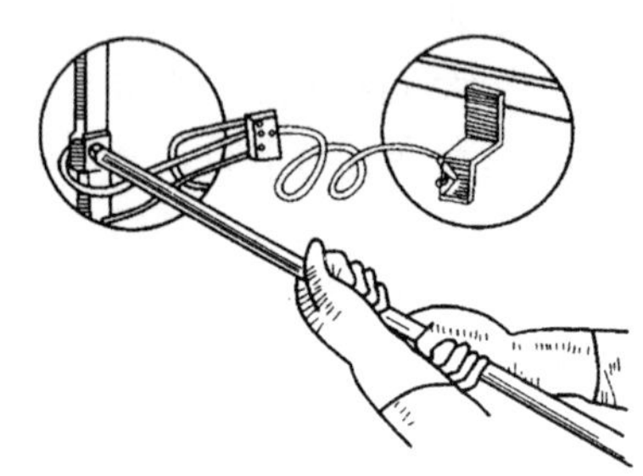

图 10-9　临时接地线

使用临时接地线应注意以下要点：

（1）挂接临时地线时，要首先将接地端接好，然后再将其与被接地线路连接；拆除临时接地线时，顺序正好与此相反。

（2）拆装临时接地线要使用绝缘杆，戴绝缘手套。

（3）装设临时接地线必须至少有两个人在场，禁止一个人单独装设接地线。

2. 遮栏

安装临时遮栏、绝缘隔板和围栏绳等的目的是限制作业人员的活动范围，防止作业人员无意识接近高压带电部分，也可用作检修安全距离不够时的安全隔离装置。临时遮栏一般用绝缘材料制成，高度不得低于 1.7 m，下部边缘离地应不超过 0.1 m。遮栏必须安装牢固稳定，不易倾倒，所在位置不应影响正常工作。在过道和隔离入口等处，可采用栅状遮栏，其高度在室外应不低于 1.5 m，在室内应不低于 1.2 m。遮栏与带电导体的安全距离应根据带电体的电压级别按标准设置，遮栏上应悬挂相应的标示牌，如图 10-10 所示。

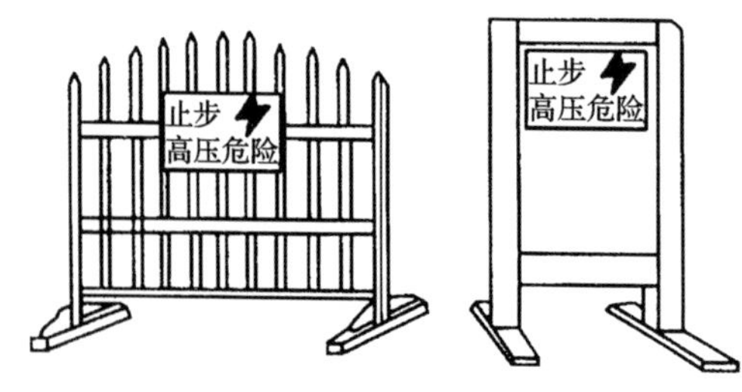

图 10-10　遮拦与标示牌

配电设备部分停电时，工作人员与未停电设备的安全距离不符合表10-2规定的，应装设临时遮栏。其与带电部分的距离应符合表10-3的规定。临时遮栏应装设牢固，并悬挂“止步，高压危险！”的标示牌。35 kV 及以下设备可用与带电部分直接接触的绝缘隔板代替临时遮栏。

在室外高压设备上工作，应在工作地点四周装设遮栏，遮栏上悬挂若干朝向里面的“止步，高压危险！”标示牌，遮栏出入口要围至临近道路旁边，并设有“从此进出！”的标示牌。

在城区、人口密集区、通行道路上或交通道口施工时，工作场所周围应装设遮栏，并在相应部位装设交通警示牌。

表10-2　　配电设备不停电时的安全距离

电压等级/kV	安全距离/m
10及以下	0.70
20、35	1.00
66、110	1.50
220	3.00
330	4.00
500	5.00
750	7.20
1 000	8.70
±50及以下	1.50
±500	6.00
±660	8.40
±800	9.30

①表中未列电压等级按高一挡电压等级安全距离。

②13.8 kV 执行10 kV 的安全距离。

③750 kV 数据按海拔2 000 m 校正，其他等级数据按海拔1 000 m 校正。

表10-3　　人员工作中与配电设备带电部分的安全距离

电压等级/kV	安全距离/m
10及以下	0.35
20、35	0.60
66、110	1.50
220	3.00

续表

电压等级/kV	安全距离/m
330	4.00
500	5.00
750	8.00
1 000	9.50
±50 及以下	1.50
±500	6.80
±660	9.00
±800	10.10

①表中未列电压等级按高一挡电压等级安全距离。

②13.8 kV 执行 10 kV 的安全距离。

③750 kV 数据按海拔 2 000 m 校正，其他等级数据按海拔 1 000 m 校正。

3. 标示牌

标示牌用绝缘材料制成，其作用是提醒工作人员不得过分接近带电部分，指明工作人员的准确工作地点和目前进行何种危险作业，提醒工作人员应注意的问题，以及禁止向某段线路送电等。标示牌的制作应符合安全色标准要求，尺寸规格及悬挂地点都要符合规范。安全标示牌悬挂位置和式样要求见表 10-4。

表 10-4　　安全标示牌悬挂位置和式样要求

类别	名称	使用方法	式样	
禁止类	禁止合闸，有人工作	一经合闸即可送电到设备的断路器或隔离开关操作把手上	白底，红色圆形斜杠，黑色禁止标志符号	黑字
	禁止合闸，线路有人工作	线路断路器或隔离开关把手上		
	禁止攀登，高压危险	高压配电装置构架的爬梯上，变压器、电抗器等设备的爬梯上		
警告类	止步，高压危险	施工地点临近带电设备的遮栏上、室外工作地点的围栏上、禁止通行的过道上、高压试验地点、室外构架上、工作地点临近带电设备的横梁上	白底，黑色正三角形及标志符号，衬底为黄色	黑字
指令类	从此上下	工作人员可上下的铁架、爬梯上	衬底为绿色，中有白圆圈	黑字，写于白圆圈中
	在此工作	工作地点或检修设备上		
提示类	已接地	悬挂在已接地线的隔离开关操作手把上	衬底为绿色	黑字

五、安全用具保管与安全试验

安全用具用于保护人的安全，必须保持良好的性能状态。为此，必须正确地对安全用具进行保管，同时要定期对其进行预防性试验与检查。

1. 安全用具的保管

安全用具使用完毕应擦拭干净，并妥善保管，应注意防止受潮、脏污或破坏。绝缘杆应放在专用的木架上，不应斜靠在墙上或平放在地上。绝缘手套、绝缘鞋、绝缘靴应放在箱或柜内，不应放在过冷、过热、阳光暴晒或有酸、碱、油的地方，以防止其老化而降低绝缘水平或强度。不应将安全用具与坚硬、带刺或脏污物件放在一起或压以重物。验电器应置于盒内，并放在干燥之处。安全用具不能任意作为他用，不可将其按一般劳动防护用品使用，只有在进行相关电气作业时，才使用相应的安全用具。

2. 安全用具的预防性试验

预防性试验是对已投入使用的安全用具的定期安全检验。定期安全检验的技术要求不同于安全用具生产过程中的型式试验与出厂检验。型式试验与出厂检验标准按国家强制或推荐标准执行，试验项目多，试验过程复杂，成本高。对于使用者而言，上述试验方法是难以实现的。为此，电力部门专门推出了针对安全用具的预防性试验标准。其主要试验指标有耐压试验和泄漏电流试验。除几种辅助安全用具要求两种试验外，其余一般只做耐压试验，见表 10-5。

表 10-5　安全用具预防性试验标准

<table>
<tr><th>器具</th><th>项目</th><th>周期</th><th colspan="4">要求</th><th>说明</th></tr>
<tr><td rowspan="10">电容型验电器</td><td>启动电压试验</td><td>1 年</td><td colspan="4">启动电压值不高于额定电压的 40%，不低于额定电压的 15%</td><td>试验时接触电极应与试验电极相接触</td></tr>
<tr><td rowspan="9">工频耐压试验</td><td rowspan="9">1 年</td><td rowspan="2">额定电压/kV</td><td rowspan="2">试验长度/m</td><td colspan="2">工频耐压/kV</td><td rowspan="9">—</td></tr>
<tr><td>持续时间 1 min</td><td>持续时间 5 min</td></tr>
<tr><td>10</td><td>0.7</td><td>45</td><td>—</td></tr>
<tr><td>35</td><td>0.9</td><td>95</td><td>—</td></tr>
<tr><td>66</td><td>1.0</td><td>175</td><td>—</td></tr>
<tr><td>110</td><td>1.3</td><td>220</td><td>—</td></tr>
<tr><td>220</td><td>2.1</td><td>440</td><td>—</td></tr>
<tr><td>330</td><td>3.2</td><td>—</td><td>380</td></tr>
<tr><td>500</td><td>4.1</td><td>—</td><td>580</td></tr>
</table>

续表

<table>
<tr><th>器具</th><th>项目</th><th>周期</th><th colspan="4">要求</th><th>说明</th></tr>
<tr><td rowspan="11">携带型短路接地线</td><td>成组直流电阻试验</td><td>≤5 年</td><td colspan="4">在各接线鼻之间测量直流电阻，对于 25 mm^2、35 mm^2、50 mm^2、70 mm^2、95 mm^2、120 mm^2 的各种截面，平均每米的电阻值应分别小于 0.79 mΩ、0.56 mΩ、0.40 mΩ、0.28 mΩ、0.21 mΩ、0.16 mΩ</td><td>同一批次抽测，不少于 2 条，接线鼻与软导线压接的应做该试验</td></tr>
<tr><td rowspan="10">操作棒的工频耐压试验</td><td rowspan="10">5 年</td><td rowspan="2">额定电压/kV</td><td rowspan="2">试验长度/m</td><td colspan="2">工频耐压/kV</td><td rowspan="10">试验电压加在护环与紧固头之间</td></tr>
<tr><td>持续时间 1 min</td><td>持续时间 5 min</td></tr>
<tr><td>10</td><td>—</td><td>45</td><td>—</td></tr>
<tr><td>35</td><td>—</td><td>95</td><td>—</td></tr>
<tr><td>66</td><td>—</td><td>175</td><td>—</td></tr>
<tr><td>110</td><td>—</td><td>220</td><td>—</td></tr>
<tr><td>220</td><td>—</td><td>440</td><td>—</td></tr>
<tr><td>330</td><td>—</td><td>—</td><td>380</td></tr>
<tr><td>500</td><td>—</td><td>—</td><td>580</td></tr>
<tr><td>个人保安线</td><td>成组直流电阻试验</td><td>≤5 年</td><td colspan="4">在各接线鼻之间测量直流电阻，对于 10 mm^2、16 mm^2、25 mm^2 的各种截面，平均每米的电阻值应小于 1.98 mΩ、1.24 mΩ、0.79 mΩ</td><td>同一批次抽测，不少于 2 条</td></tr>
<tr><td rowspan="9">绝缘杆</td><td rowspan="9">工频耐压试验</td><td rowspan="9">1 年</td><td rowspan="2">额定电压/kV</td><td rowspan="2">试验长度/m</td><td colspan="2">工频耐压/kV</td><td rowspan="9">—</td></tr>
<tr><td>持续时间 1 min</td><td>持续时间 5 min</td></tr>
<tr><td>10</td><td>0.7</td><td>45</td><td>—</td></tr>
<tr><td>35</td><td>0.9</td><td>95</td><td>—</td></tr>
<tr><td>66</td><td>1.0</td><td>175</td><td>—</td></tr>
<tr><td>110</td><td>1.3</td><td>220</td><td>—</td></tr>
<tr><td>220</td><td>2.1</td><td>440</td><td>—</td></tr>
<tr><td>330</td><td>3.2</td><td>—</td><td>380</td></tr>
<tr><td>500</td><td>4.1</td><td>—</td><td>580</td></tr>
<tr><td rowspan="3">核相器</td><td rowspan="3">连接导线绝缘强度试验</td><td rowspan="3">必要时</td><td>额定电压/kV</td><td colspan="2">工频耐压/kV</td><td>持续时间/min</td><td rowspan="3">浸在电阻率小于 100 Ω·m 的水中</td></tr>
<tr><td>10</td><td colspan="2">8</td><td>5</td></tr>
<tr><td>35</td><td colspan="2">28</td><td>5</td></tr>
</table>

续表

器具	项目	周期	要求				说明
核相器	绝缘部分工频耐压试验	1 年	额定电压/kV	试验长度/m	工频耐压/kV	持续时间/min	—
			10	0. 7	45	1	
			35	0. 9	95	1	
	电阻管泄漏电流试验	半年	额定电压/kV	工频耐压/kV	持续时间/min	泄漏电流/mA	—
			10	10	1	≤2	
			35	35	1	≤2	
	动作电压试验	1 年	最低动作电压应达额定电压的 25%				—
绝缘罩	工频耐压试验	1 年	额定电压/kV	工频耐压/kV		持续时间/min	—
			6～10	30		1	
			35	80		1	
绝缘隔板	表面工频耐压试验	1 年	额定电压/kV	工频耐压 kV		持续时间/min	电极间距离 300 mm
			6～35	60		1	
	工频耐压试验	1 年	额定电压/kV	工频耐压/kV		持续时间/min	—
			6～10	30		1	
			35	80		1	
绝缘胶垫	工频耐压试验	1 年	电压等级	工频耐压/kV		持续时间/min	使用于带电设备区域
			高压	15		1	
			低压	3. 5		1	
绝缘靴	工频耐压试验	半年	工频耐压/kV	持续时间/min		泄漏电流/mA	—
			15	1		≤7. 5	
绝缘手套	工频耐压试验	半年	电压等级	工频耐压/kV	持续时间/min	泄漏电流/mA	—
			高压	8	1	≤9	
导电鞋	直流电阻试验	穿用≤200 h	电阻值小于 100 kΩ				—
绝缘夹钳	工频耐压试验	1 年	额定电压/kV	试验长度/m	工频耐压/kV	持续时间/min	—
			10	0. 7	45	1	
			35	0. 9	95	1	
绝缘绳	工频耐压试验	半年	100 kV/0. 5 m，持续时间 5 min				—

第三节　检修安全管理

检修工作大体可分为全面停电检修、部分停电检修和不停电检修等。检修工作需要直接或间接接触电力设备，检修操作人员面临的危险性是不言而喻的，因此必须采取相应的安全措施。就制度性管理措施而言，主要是工作票制度；就技术性管理措施而言，主要有停电安全技术措施和不停电检修技术措施等。

一、检修安全管理制度

电气检修最基本的安全管理制度是工作票制度。在工作票制度总体框架下，还有一些具体管理制度，包括操作票制度、工作监护制度、工作许可制度和间断、转移、延期制度，以及工作终结制度等。

1. 工作票制度

工作票有 3 种，即第一种工作票（停电作业工作票）、第二种工作票（不停电作业工作票）和电气带电作业工作票。发电厂和变电站的工作票式样见表 10-6至表 10-8。

表 10-6　　发电厂和变电站第一种工作票式样

单位		编号	
工作负责人（监护人）：		班组：	
工作班成员（不包括工作负责人）： 共　　人			
工作的变配电站名称及设备名称：			
工作任务	工作地点及设备双重名称	工作内容	
计划工作时间：自　　年　月　日　时　分至　　年　月　日　时　分			

续表

<table>
<tr><td rowspan="29">安全措施
（必要时可附页绘图说明）</td><td colspan="2">应拉断路器、隔离开关</td><td>已执行*</td></tr>
<tr><td colspan="2"></td><td></td></tr>
<tr><td colspan="2"></td><td></td></tr>
<tr><td colspan="2"></td><td></td></tr>
<tr><td colspan="2"></td><td></td></tr>
<tr><td colspan="2"></td><td></td></tr>
<tr><td colspan="2"></td><td></td></tr>
<tr><td colspan="2">应装接地线，应合接地刀闸（注明实际地点、名称及接地线编号*）</td><td>已执行</td></tr>
<tr><td colspan="2"></td><td></td></tr>
<tr><td colspan="2"></td><td></td></tr>
<tr><td colspan="2"></td><td></td></tr>
<tr><td colspan="2"></td><td></td></tr>
<tr><td colspan="2"></td><td></td></tr>
<tr><td colspan="2">应设遮栏，应挂标示牌及采取防止二次回路误碰等措施</td><td>已执行</td></tr>
<tr><td colspan="2"></td><td></td></tr>
<tr><td colspan="2"></td><td></td></tr>
<tr><td colspan="2"></td><td></td></tr>
<tr><td colspan="2"></td><td></td></tr>
<tr><td colspan="2"></td><td></td></tr>
<tr><td>工作地点保留带电部分或注意事项
（由工作票签发人填写）</td><td colspan="2">补充工作地点保留带电部分和安全措施
（由工作许可人填写）</td></tr>
<tr><td></td><td colspan="2"></td></tr>
<tr><td></td><td colspan="2"></td></tr>
<tr><td></td><td colspan="2"></td></tr>
<tr><td></td><td colspan="2"></td></tr>
<tr><td></td><td colspan="2"></td></tr>
<tr><td colspan="3">工作票签发人签字：　　　　　　　　签发时间：　　年　月　日　时　分</td></tr>
</table>

收到工作票时间：　　年　月　日　时　分

运行值班人员签字：　　　　　　　　工作负责人签字：

续表

确认本工作票上述各项内容：
许可开始工作时间：　　年　月　日　时　分
工作许可人签字：　　　　　　　　　　　　工作负责人签字：

确认工作负责人布置的工作任务和安全措施：
工作班组人员签字：

工作负责人变动情况：
原工作负责人　　　　离去，变更　　　　　为工作负责人
工作票签发人：　　　　　　　　　　　　　日期：　　年　月　日　时　分
工作许可人：　　　　　　　　　　　　　　日期：　　年　月　日　时　分

工作人员变动情况（变动人员姓名、日期及时间）：

工作负责人签字：

工作票延期情况：
有效期延长到：　　年　月　日　时　分
工作负责人签字：　　　　　　　　　　　　日期：　　年　月　日　时　分
工作许可人签字：　　　　　　　　　　　　日期：　　年　月　日　时　分

每日开工和收工时间（使用一天的工作票不必填写）	收工时间				工作负责人	工作许可人	开工时间				工作负责人	工作许可人
	月	日	时	分			月	日	时	分		

工作票终结：
1. 全部工作于　　年　月　日　时　分结束，设备及安全措施已恢复至开工前状态，工作人员已全部撤离，材料工具已清理完毕。
2. 临时遮栏、标示牌已拆除，常设遮栏已恢复。未拆除或未拉开的接地线编号　　　　等共　　组、接地刀闸（小车）共　　副（台），已报告调度值班员。
工作负责人签字：　　　　　　　　　　　　日期：　　年　月　日　时　分
工作许可人签字：　　　　　　　　　　　　日期：　　年　月　日　时　分

备注：
1. 指定专责监护人　　　　　　　负责监护。
（地点及具体工作）
2. 其他事项：

注：＊已执行栏目及接地线编号由工作许可人填写。

表 10-7　　发电厂和变电站第二种工作票式样

<table>
<tr><td>单位</td><td></td><td>编号</td><td></td></tr>
<tr><td colspan="4">工作负责人（监护人）：　　　　　　　　　　班组：</td></tr>
<tr><td colspan="4">工作班成员（不包括工作负责人）：
共　　人</td></tr>
<tr><td colspan="4">工作的变配电站名称及设备名称：</td></tr>
<tr><td rowspan="5">工作任务</td><td>工作地点或地段</td><td colspan="2">工作内容</td></tr>
<tr><td></td><td colspan="2"></td></tr>
<tr><td></td><td colspan="2"></td></tr>
<tr><td></td><td colspan="2"></td></tr>
<tr><td></td><td colspan="2"></td></tr>
<tr><td colspan="4">计划工作时间：自　　年　月　日　时　分至　　年　月　日　时　分</td></tr>
<tr><td colspan="4">工作条件（停电或不停电，或邻近及保留带电设备名称）：</td></tr>
<tr><td colspan="4">注意事项（安全措施）：
工作票签发人签字：　　　　　　签发时间：　　年　月　日　时　分</td></tr>
<tr><td colspan="4">补充安全措施（工作许可人填写）：</td></tr>
<tr><td colspan="4">确认本工作票上述各项内容：
工作负责人签字：　　　　　　工作许可人签字：
许可工作时间：　　年　月　日　时　分</td></tr>
<tr><td colspan="4">确认工作负责人布置的工作任务和安全措施：
工作班组成员签字：</td></tr>
<tr><td colspan="4">工作票延期：
有效期延长到：　　年　月　日　时　分
工作负责人签字：　　　　　　日期：　　年　月　日　时　分
工作许可人签字：　　　　　　日期：　　年　月　日　时　分</td></tr>
</table>

续表

工作票终结： 全部工作于　　年　月　日　时　分结束，工作人员已全部撤离，材料工具已清理完毕。 工作负责人签字：　　　　日期：　　年　月　日　时　分 工作许可人签字：　　　　日期：　　年　月　日　时　分
备注：

表 10-8　　发电厂和变电站电气带电作业工作票式样

单位		编号	
工作负责人（监护人）：		班组：	
工作班成员（不包括工作负责人）： 共　　人			
工作的变配电站名称及设备名称：			
工作任务	工作地点或地段	工作内容	
计划工作时间：自　　年　月　日　时　分至　　年　月　日　时　分			
工作条件（等电位、中间电位或地电位作业，或邻近带电设备名称）：			

续表

注意事项（安全措施）： 工作票签发人签字：　　　　　　　　　　　　　　签发时间：　　年　月　日　时　分	
确认本工作票上述各项内容： 　　　　　　　　　　　　　　　　　　　　　　工作负责人签字：	
指定　　　　　　　　为专责监护人。	专责监护人签字：
补充安全措施（工作许可人填写）：	
许可工作时间：　　年　月　日　时　分 工作许可人签字：　　　　　　　　　　　　　　　　　工作负责人签字：	
确认工作负责人布置的工作任务和安全措施。 工作班组人员签字：	
工作票终结： 全部工作于　　年　月　日　时　分结束，工作人员已全部撤离，材料工具已清理完毕。 工作负责人签字：　　　　　　　　　　　　　　工作许可人签字：	
备注：	

需要高压设备全部停电、部分停电或做安全措施的工作，填用第一种工作票（见表10-6）。

设备不停电时与带电体的距离大于表10-2规定的安全距离的相关场所，带电设备外壳上的工作，以及不可能触及带电设备导电部分的工作，填用第二种工作票（见表10-7）。

带电作业或与带电设备距离小于表10-2规定的安全距离，但按带电作业方式开展的不停电工作，填用电气带电作业工作票（见表10-8）。

2. 操作票制度

10/6 kV 及以上电压等级的配电室运行中，需要改变运行方式或电气设备工作状态时，应填写操作票。

操作票是操作前填写操作内容和顺序的规范化票式，可包含编号、操作任务、操作顺序、操作时间，以及操作人或监护人签字等。

操作票应使用统一的票面格式，见表 10-9。操作票应由操作人员填写，每张票填写一个操作任务。

表 10-9　　操作票格式

<table>
<tr><td>单位</td><td colspan="3"></td><td>编号</td><td></td></tr>
<tr><td>发令人</td><td></td><td>受令人</td><td></td><td>发令时间</td><td>年　月　日　时　分</td></tr>
<tr><td colspan="4">操作开始时间：
年　月　日　时　分</td><td colspan="2">操作结束时间：
年　月　日　时　分</td></tr>
<tr><td colspan="4">（　）监护操作</td><td colspan="2">（　）单人操作</td></tr>
<tr><td colspan="6">操作任务：</td></tr>
</table>

顺序	操作项目	√

<table>
<tr><td colspan="3">备注：</td></tr>
<tr><td>操作人：</td><td>监护人：</td><td>值班负责人（值长）：</td></tr>
</table>

操作前应根据模拟图板（屏）或接线图核对所填写的操作项目，并经审核签名。操作时应执行唱票和复诵，每操作完一步，应在操作项目前划“√”。操作执行结束，在最后一步下方加盖“已执行”章，章印不应掩压步骤项。作废操作票应在作废页“操作任务”栏内盖“作废”章，并在作废操作票首页“备注”栏内注明作废原因。

需要列入操作票的项目包括：合断路器、隔离开关，检查断路器、隔离开关的位置；拉、合接地刀闸，检查接地刀闸的位置；使用带电显示器进行验电，检查带电显示器显示是否正常；验电、装拆接地线；恢复送电前，检查待送电范围内短路接地线是否已拆除，接地刀闸是否已拉开；合上或取下控制回路、合闸回路或电压互感器二次回路熔断器，切换投退保护压板；检查设备或线路是否运行正常。

事故紧急处理、自动程序操作、拉合断路器或开关的单一操作，可不填写操作票。

3. 工作许可制度

工作许可制度旨在检修工作开始前对安全工作最后把关。工作许可人完成其职责范围内的有关安全措施后，还要完成以下事宜：

（1）与工作负责人一起到现场检查安全措施落实情况，用手触试，证明被检修部位确实无电。

（2）为工作负责人指明带电设备的位置和注意事项。

（3）与工作负责人一起在工作票上签字。

完成上述手续后工作人员才可以开始工作。

4. 工作监护制度

工作监护制度是保障检修工作人员安全和正确操作的基本制度。监护人应是技术级别较高的人员，一般由工作负责人担任。如果工作场所较为危险，还要设置专职监护人，与工作负责人一起承担监护工作。监护人的主要职责如下：

（1）检查各项安全措施是否完善，是否与工作票所填写项目相符。

（2）组织现场工作，向工作人员说明工作任务、工作范围、带电部位及其他安全注意事项。

（3）监护人应始终留在现场，如不得不暂时离开工作现场，必须指定合适的监护代理人。监护人应监护所有工作人员的活动范围和实际操作，包括工作人员及其所携带的工具与带电体或接地导体之间是否保持足够的安全距离，工作人员的站姿是否合理，操作是否正确等。如果发现工作人员的操作违反规程，应及时予以纠正，必要时，令其停止工作。

（4）监护人应制止任何工作人员单独留在室内或检修区内，并随时制止其他无关人员进入检修区。

监护人（工作负责人）一般不参与直接操作。全部停电检修时，监护人可以参与检修操作；部分停电时，只有在安全措施可靠，工作人员集中在一个工作点，不会因过失酿成事故的情况下，监护人才可以参与检修操作；不停电检修时，监护人不得参与检修操作。

5. 工作间断、转移、延期制度

（1）工作间断。工作间断时，工作人员应从检修现场撤出，所有安全措施应保持不动。若是一天当中工作间断，如吃饭休息，工作票仍由工作负责人收执，间断后继续工作无须经过许可人或值班人员的许可。若是多天工作，则每天工作间断时，由工作人员清理检修现场，开放被封闭的通道，并将工作票交工作许可人或值班人收执。次日复工，应得到工作许可人或值班人员的许可，取回工作票。复工之前，工作负责人还应检查各项安全措施是否与工作票相符。确实相符的，方可开始工作。若无工作负责人带领，工作人员不得进入检修现场。

（2）工作转移。在同一电气连接部分用同一工作票依次在几个工作地点转移检修工作时，全部安全措施应由工作许可人在开工前一次做好，无须办理转移手续；但在转移工作地点之前，工作负责人应向工作人员再次说明带电范围、安全措施及注意事项。

（3）工作延期。当不能按照计划工作时间结束工作任务时，应办理工作票延期手续。延期手续由工作负责人向工作许可人（值班负责人）提出申请，经工作许可人同意后，在工作票上注明延长期限，且工作许可人和工作负责人均在工作票上签字。工作延期手续只能办理一次，如需要再次延期，应将原工作票结束，重新办理工作票。

6. 工作终结制度

全部工作完毕后，工作人员应清扫、整理工作现场，拆除临时接地线。工作负责人应仔细检查工作现场，待工作人员全部撤离后，向工作许可人说明检修情况，并与工作许可人一起再次对检修情况、临时接地线拆除、人员撤离情况等进行核实。核实无误后，在工作票上填上工作结束时间，且工作负责人和工作许可人双方签字。签字后的工作票交回工作票签发人，由签发人核实，盖“已执行”章后归档保存。

二、检修技术管理措施

检修技术管理措施主要包括停电作业安全措施和不停电作业（带电作业）安全措施。

1. 停电作业安全措施

停电作业安全措施主要包括停电、验电、装设临时接地线以及装设遮栏和悬挂标示牌。

（1）停电。检修时如果人体与其他设备之间的距离，10 kV 及以下者小于

0.35 m，20～30 kV 者小于 0.6 m 时，该设备应当停电；如果距离大于上述数值，但分别小于 0.7 m 和 1 m 时，应设遮栏，否则也应停电。

停电时，应注意所有能给检修部位送电的电源均应停电。对于多回路控制线路，应注意防止其他方面的突然来电，特别注意防止低压方面的反送电。为此，应将与停电有关的变压器和电压互感器的高压与低压侧都断开。停电后，还应核实断路器和隔离开关确实在断开位置，并对断路器和隔离开关的操作机构加锁，悬挂相应的指示牌。对于柱上变压器，应取下跌开式熔断器的熔丝管。停电时，应将运行中的工作零线视为带电体，并与相线采取同样的措施。

停电操作顺序必须正确，首先应断开断路器，然后再断开隔离开关或刀开关；送电时合闸顺序与停电时正好相反。如果断路器的电源侧和负载侧都装有隔离开关，停电操作时拉开断路器之后，应先拉开负载侧隔离开关，后拉开电源侧隔离开关；送电时依次合上电源侧隔离开关、负载侧隔离开关、断路器。

对于有较大电容的电气设备或电气线路，停电后还须进行放电，以消除被检修设备上残存电荷。放电应用配有专用导线的绝缘棒或临时接地线进行操作，或用专用的接地刀闸操作。放电时人体不得与带电体接触。电容器和电缆可存储较多电荷，一般设有专门放电装置，即使如此，停电后人工放电步骤仍不可忽略。

（2）验电。对于已停电的线路或设备，不论其接入的电压表或其他信号仪表是否指示无电，均应进行验电。

验电前，应按停电线路或设备的电压等级选用相应的、试验合格的验电器。验电时，应将验电器逐渐接近带电体，直至有指示为止。对于多相多端线路，应逐相、逐端，由近及远地进行验电。对于断路器和隔离开关，应在其两侧分别验电。对于同杆多层线路，应先验低压，后验高压，先验下层，后验上层。验电时应注意保持与各部分的安全距离，防止短路。此外，验电时应戴绝缘手套，并由专人监护，不可一人操作。

应当指出，只有经合格的验电器验明无电，才是无电的依据。接在线路中的电压表无指示或信号指示处于断开状态，或用电设备合闸后不运转，都不能作为无电依据。

（3）装设临时接地线。为了防止给检修部位意外送电和可能的感应电，应在被检修部分的外端（开关的停电一侧或停电的导线上）装设临时接地线。装设临时接地线应将三相导体短接后接地。接地后应注意以下要求：

1）验明无电后方可装接临时接地线。

2）凡是可能给检修部位意外送电和可能产生感应电压的线路或装置，均应在适当部位安装临时接地线。对于线路检修，应在检修线路段的两端均设临时接地线。凡是有可能送电到停电线路分支线的，也要装设临时接地线。

3）装设临时接地线时，应先接接地端，后接设备或线路端；拆除时顺序正好相反。对于同杆多层线路，应先挂接低压，后装高压，先下层，后上层；拆除时顺序相反。

4）临时接地线应接于明显可见之处，临时接地线与带电导体之间要保持安全距离。

5）临时接地线与检修线路或设备之间不得接有断路器或熔断器。

6）接地线采用多股软线，截面积应不小于25 mm^2。接地线应连接牢固，接好的临时接地线不承受自身重量以外的拉力。

7）安装和拆除临时接地线应采用绝缘杆或戴绝缘手套操作，并且至少由二人来完成。

（4）装设遮栏和悬挂标示牌。遮栏能够防止工作人员无意识过分接近带电体，而不能防止工作人员有意识接近带电体。在部分停电检修和不停电检修时，应将带电部分遮拦起来，以保障检修人员的安全。工作人员不得拆除或移动遮栏。

标示牌的作用是提示人们注意安全，防止出现不安全行为。标示牌要悬挂在醒目与关键处。例如，在护栏上悬挂“止步，高压危险！”指示牌，在送电或设备的送电操作手柄上悬挂“有人工作，禁止合闸！”标示牌，在检修地点悬挂“在此工作！”提示牌等。工作人员除应严格遵守标示牌提示外，还应注意不能随意移动标示牌。

2. 不停电作业安全措施

在一般工业企业，不停电作业主要是在带电设备附近或外壳上进行；在电业部门，不停电作业还包括直接在不停电的带电体上进行的作业，如用绝缘杆操作、等电位工作、带电冲洗作业等。不停电作业必须严格执行工作票制度，尤其是监护制度。与此同时，在技术措施上也要有保障。不停电作业应注意以下问题：

（1）人体与带电体之间必须保持足够的安全距离，应满足表10-2和表10-3的要求。不满足安全距离要求时，必须采取可靠的绝缘隔离措施。

（2）绝缘杆、绝缘承力工具和绝缘绳等绝缘工具必须有足够的长度，不小于表10-10的要求。

表 10-10　　绝缘工具最小有效长度

电压等级/kV	有效绝缘长度/m	
	绝缘杆	绝缘承力工具、绝缘绳
10	0.7	0.4
35	0.9	0.6
63（66）	1.0	0.7
110	1.3	1.0
220	2.1	1.8

1）高、低压同杆架设，在低压线路工作时，应注意与高压线的距离，并采取防止接触高压线的措施，如必要的屏护。

2）带电部分只能在工作人员一侧。

3）带电作业时间不宜过长，避免检修人员分散注意力而发生事故。

4）工作人员要采取必要的个体防护措施，如戴绝缘手套，穿绝缘鞋，戴安全帽等。

第四节　配电室及电气设备运行要求

一、电气设备配备原则

（1）高压配电装置应采用具有以下五防功能的金属封闭开关设备：

1）防止误分、误合断路器。

2）防止带负载分、合隔离开关或带负载推入、拉出铠装移开式开关柜手车。

3）防止带电挂接地线或合接地刀闸。

4）防止带接地线合断路器或隔离开关。

5）防止误入带电间隔。

（2）新建或改造的配电低压成套开关设备应使用具有 3C 认证的产品。

（3）应依据国家公布的设备性能标准逐步淘汰落后的电气设备和产品，新建配电室不应使用应当淘汰的危及生产安全的工艺、设备，宜选用节能型设备和产品。

二、配电室管理要求

（1）应完善生产设备全生命周期的技术档案管理，分类建立主要设备台账。

（2）应组织制定并落实设备管理制度和设备作业指导文件。

（3）应健全设备的备品备件管理，备品备件应满足安全运行需求。

（4）旧设备拆除前应进行风险评估，制订拆除计划、方案和安全措施。

（5）应完善设备的本质安全化功能和防止误操作措施，安全自动装置和继电器保护应正确投入运行。

（6）应对设备的运行进行监测，对设备检修、维护的质量进行监督并开展技术监督管理工作。

（7）应定期开展设备完好性评价或状态评估，掌握设备状况，及时发现并消除设备缺陷。

（8）设备检维修应编制检维修方案，进行危险点分析，完善安全技术措施并进行监督检查，做好检维修许可、监护、验收等工作。

（9）设备检维修应严格执行工作票、操作票制度，落实各项安全措施，严格工艺要求和质量标准，执行检维修质量控制和监督验收制度。

三、自备应急电源管理要求

（1）使用柴、汽油发电机作为自备应急电源的用户，应定期对柴、汽油发电机进行安全检查、预防性试验、启机试验和切换装置的切换试验，并做好记录。

（2）并网运行的生产经营单位在新装、更换接线方式及拆除或者移动闭锁装置时，应与电力调度部门签订或修订并网调度协议后再行并入公共电网运行。

（3）不应自行变更自备发电机接线方式。

（4）应有可靠的电气或机械闭锁装置，防止反送电，不应自行拆除闭锁装置或者使其失效。

（5）不应擅自将自备应急电源引入、转供其他用户。

四、智能运维系统要求

（1）配电室应具备先进性、可靠性、安全性、集成性和可扩展性。

（2）应包括运行监测、预警、报警处理、运行统计分析、报表管理、基础信息管理、配置管理等功能。

（3）应在配电高压设备、直流站用电源设备、变压器、低压配电回路、低压无功自动补偿回路设置数据采集点进行电气数据采集。

（4）应对配电室内各独立功能区域进行环境数据采集。

（5）应对配电室进行视频信息采集。

（6）性能指标应满足表 10-11 的要求。

表 10-11　　智能运维系统的性能指标要求

系统结构	性能指标	指标要求
数据感知层	模拟量实时数据采集周期	≤1 min
	开关量实时数据采集周期	≤10 s
系统平台层	历史曲线数据的存储周期	≤5 min
	用户界面响应时间	≤10 s
	报警响应时间	≤10 s
	用户历史数据保存时间	≥36 个月
	系统支持并发访问数量	≥100
	系统连续运行时间	7×24 h

五、电气设备运行要求

1. 一般要求

（1）设备不停电时，人员在现场应符合表 10-2的安全距离要求。

（2）高压设备符合下列条件时，可实行单人值班或操作：

1）室内高压设备的隔离室设有安装牢固、高度大于 1.7 m 的遮栏，遮栏通道门加锁。

2）室内高压断路器的操作机构用墙或金属板与该断路器隔离或装有远方操作机构。

（3）高压设备发生接地故障时，室内人员进入接地点 4 m 以内，室外人员进入接地点 8 m 以内，应穿绝缘鞋（靴）。接触设备的外壳和构架时，还应戴绝缘手套。

2. 电气设备巡视

（1）巡视高压设备时，不宜进行其他工作。

（2）雷雨天气巡视室外高压设备时，应穿绝缘鞋（靴），不应使用伞具，不应靠近避雷器和避雷针。

3. 电气操作

（1）操作发令要求如下：

1）发令人发布指令应准确、清晰，使用规范的操作术语和设备名称。

2）受令人接令后，应复诵无误后执行。

（2）操作方式要求如下：

1）电气操作有就地操作、遥控操作和程序操作 3 种方式。

2）正式操作前可进行模拟预演，确保操作步骤正确。

（3）操作分类如下：

1）监护操作：有人监护的操作。

2）单人操作：一人进行的操作。

3）程序操作：应用可编程计算机进行的自动化操作。

（4）操作票填写要求参见本章第三节相关内容。

（5）操作的基本条件如下：

1）具有与实际运行方式相符的一次系统模拟图或接线图。

2）电气设备应具有明显的标志，包括命名、编号、设备相色等。

3）高压电气设备应具有防止误操作闭锁功能，必要时加挂机械锁。

（6）操作的基本要求如下。

1）停电操作应按照“断路器—负载侧隔离开关—电源侧隔离开关”的顺序依次进行，送电合闸操作按相反的顺序进行。不应带负载拉合隔离开关。

2）应按操作任务的顺序逐项操作。

3）雷雨天气时，不宜进行电气操作，不应进行就地电气操作。

4）用绝缘棒拉合隔离开关、高压熔断器，或经传动机构拉合断路器和隔离开关，均应戴绝缘手套。

5）雨天操作室外高压设备时，应使用有防雨罩的绝缘棒，并穿绝缘鞋（靴）和戴绝缘手套。

6）装卸高压熔断器时，应戴护目眼镜和绝缘手套，必要时使用绝缘夹钳，并站在绝缘物或绝缘站台上。

7）高压开关柜的手车开关拉至“检修”位置后，应确认隔离挡板已封闭。

8）操作后应检查各相的实际位置，无法观察实际位置时，可通过间接方式确认该设备已操作到位。

9）发生人身触电时，应立即断开有关设备的电源。

第五节　电气安全分析和评价

对企业或设备的生产过程、工艺过程或运行状态的安全程度进行系统的安全分析和评价是安全管理的重要内容。企业或设备的安全程度仅依靠事故频率、事故损失来分析和评价是不够的。为了科学地了解和掌握生产中的不安全因素和危险程度，应当运用系统工程的方法，综合物的因素、人的因素和环境因素，对系统进行深入的分析和综合的评价。

一、事故树分析

事故树分析是以系统内最不希望发生的事件作为目标，表示其发生原因的由各种事件组成的逻辑模型。事故树分析是一种安全分析方法，这种方法对于分析电气事故也是有效的。

1. 事故树的组成和制作

图 10-11　间接接触电击

图 10-11 所示的间接接触电击的事故树如图 10-12 所示。在图 10-12 中，编号 1 ~23 的几何图形代表系统中各种有关的事件。各种事件通过“与”门、“或”门等连接起来构成事故树。在图 10-12 中，注明电击的 1 号矩形表示最不希望发生的事件，称为顶端事件；其他矩形表示需要进一步展开的中间事件；菱形表示可以展开，但又难以展开或没有必要展开的事件；圆形表示不必展开的基本事件。在图 10-12 中，序号分别表示各事件：1 为电击，2 为设备有电，3 为保护失灵，4 为外壳带电，5 为接触外壳，6 为线路有电，7 为开关接通，8 为熔断器太大，9 为零线断路，10 为单相短路电流太小，11 为设备漏电，12 为相线搭连，13 为接近设备，14 为无个人防护，15 为线路太长，16 为导线太细，17 为绝缘受潮，18 为过热，19 为绝缘老化，20 为绝缘击穿，21 为绝缘损坏，22 为接头松脱，23 为断线碰壳。图中还使用了两种逻辑符号：“与”门和“或”门。

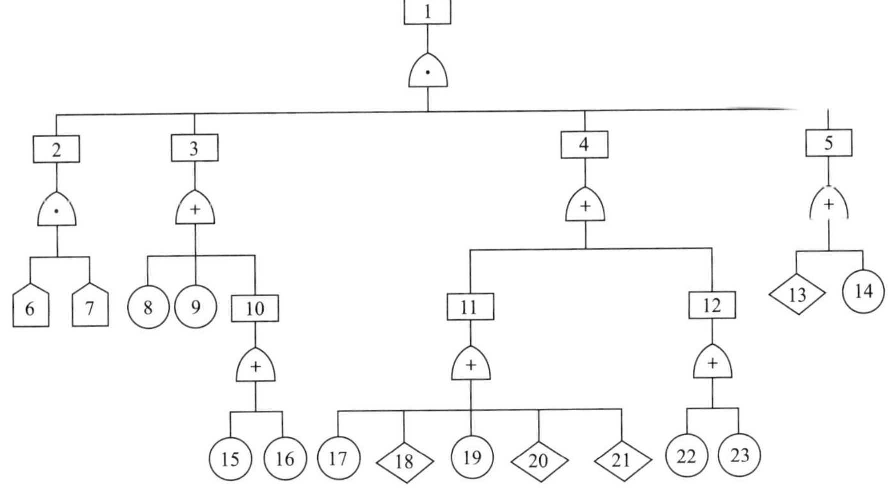

图 10-12　间接接触电击事故树

制作事故树之前应深刻了解所研究的系统，弄清系统中与设计、安装施工、运行管理、操作、维修等有关的问题，分析清楚在什么条件下会发生故障和事故。制作事故树应先列出有关的事故事件的正常事件，并将其他事件按时间、空间予以整理和分类；然后运用“与”和“或”的逻辑推理，由顶端事件而下，逐步排列和展开中间事件，直至全部都是基本事件或没有必要展开的事件为止，至此，即可绘制事故树图。如已掌握底端事件的概率，可将其值写入相应的图形中，以便于进行定量分析。

2. 事故树的作用和计算

应用事故树可以比较方便地查出事故发生的原因和分析事故隐患。尽管在通常情况下，事故发生的原因比较隐蔽，但应用事故树分析的方法，根据所研究系统诸因素的组合和关键区域，可以对系统的安全性作出定性分析和比较准确的评价。如果收集有足够的数据，即掌握各种事件发生的概率，事故树也可用于定量分析，以求出顶端事件发生的概率。

利用事故树作定量分析主要是计算顶端事件的概率。这个概率值是从基本事件逐层向上计算求得的。

对于“与”门，其后的事件概率为

$$P_a = \prod_{i=1}^{n} P_i \tag{10-1}$$

式中　n——“与”门下面的事件数；

P_i——“与”门下面第 i 个事件发生的概率

对于“或”门，其后的事件概率为：

$$P_o = 1 - \prod_{i=1}^{n} (1 - P_i) \tag{10-2}$$

对于一个完整的事故树，即使不知道基本事件的概率，也能通过最小割集的计算判断其危险性。割集是那些能够导致顶端事件发生的基本事件的组合。显然，割集是系统的故障模式。最小割集是那些能够导致顶端事件发生的最低限度的基本事件的组合。去掉割集中多余的事件和重复的组合，即得到最小割集。

当基本事件很少时，可以凭直观找出最小割集；当基本事件较多时，必须运用数学方法求得最小割集。各种方法中，行列法简单易行，应用广泛。行列法是从顶端事件的逻辑门开始，自上而下逐次展开和排列，直至所有事件都是基本事件为止。如果逻辑门是“或”门，则将其输入事件纵向排列；如果逻辑门是“与”门，则将其输入事件横向排列。对于图 10－13 所示的事故树，按上述方法，可以列出求得最小割集的行列式，见表 10－12。

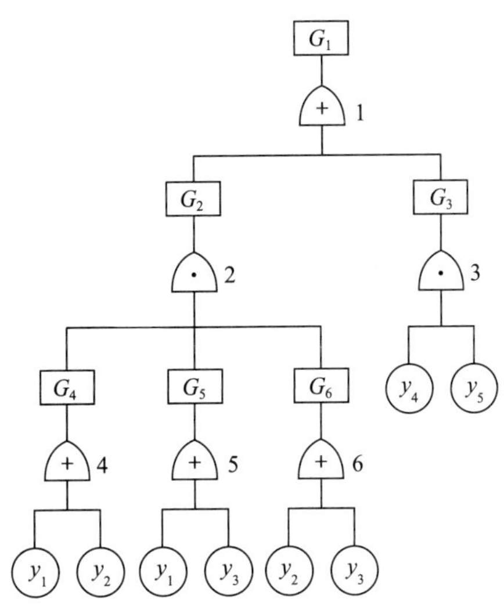

图 10-13　求解最小割集事故树

表 10-12　　**行列式法求解最小割集割集**

0	1	2	3	4	5	6	7
G_1	G_2	$G_4G_5G_6$	$y_1G_5G_6$	$y_1y_1G_6$	$y_1y_1y_2$	y_1y_2	y_1y_2
	G_3	y_4y_5	$y_2G_5G_6$	$y_1y_3G_6$	$y_1y_1y_3$	y_1y_3	y_1y_3
			y_4y_5	$y_2y_1G_6$	$y_1y_3y_2$	$y_1y_2y_3$	
				$y_2y_3G_6$	$y_1y_3y_3$	y_1y_3	
				y_4y_5	$y_2y_1y_2$	y_1y_2	
					$y_2y_1y_3$	$y_2y_1y_3$	
					$y_2y_3y_2$	y_2y_3	
					$y_2y_3y_3$	y_2y_3	y_2y_3
					y_4y_5	y_4y_5	y_4y_5

行列式中，第一步是展开 1 号“或”门，G_2、G_3 从上往下纵向排列；第二步是展开 2 号“与”门和 3 号“与”门，G_4、G_5、G_6 和 y_4、y_5 分别从左往右横向排列；第 3、4、5 步依次展开 4 号“或”门、5 号“或”门和 6 号“或”门；第 6 步是化简第 5 步得出的全部割集；第 7 步是从第 6 步的结果中简化和精选出最小割集。由行列式可知，图 10-13 所示事故树的最小割集为$\{y_1, y_3\}$、$\{y_2, y_3\}$、$\{y_1, y_2\}$和$\{y_4, y_5\}$。

二、安全评价

安全评价包括危险性的确定、危险性的检测和分析、危险性的定量处理、危险性的对策和综合评价。有的安全评价以危险等级和事故频率作为标准，有的以百万吨产品死亡人数作为标准。有的评价方法是先将系统划分为若干单元，分别确定危险性和危险性指数，再制定对策并予以综合评价；有的评价方法是从资料和规划开始，逐步评价。前面介绍的事故树分析即可用于安全评价。下面介绍利用模糊数学的理论对系统的电气安全状况进行综合评价的方法。

1. 方法简介

综合评价必须对所研究的系统作全面的分析，考虑多种因素。就某区域的电气安全水平而言，在一定期间内的触电死亡人数必然作为评价的重要指标，但仅仅用触电死亡人数来确定电气安全水平是不恰当的。例如，如果某地区尚未通电，则不会有触电死亡人员，当然不能说该地区的电气安全水平高。又如，两个地区 10 年内触电死亡人数分别为 10 人和 15 人，前者用电人口为 10 万人，后者用电人口为 100 万人，也不能单从触电死亡人数比较这两个地区电气安全水平的高低。除死亡人数和用电人口外，一个地区的电气安全水平还与该地区的科学技术水平、教育水平、电工和非电工人员的电气安全理论水平、经济状况，以及在电气安全方面投资的多少等诸多因素有关。这就要求在深入分析的基础上考虑各种因素，对系统的电气安全水平作出科学的评价。

多因素的综合评价方法很多。例如，可以先对某研究对象的 m 个因素中的每个因素评分，将其分数记为 S_i，然后再求各因素评分的总和，即

$$S = \sum_{i=1}^{m} S_i \tag{10-3}$$

式中，S 为该对象的评价值。这种评价方法即总分法，安全检查表就属于这种方法。

还可以采用加权平均法，这种方法考虑人们对每个因素重视程度不同，对每个因素赋予表示其重要程度的权重，其数为 P_i。P_i 是百分数，即

$$\sum_{i=1}^{m} P_i = 1 \tag{10-4}$$

如果每个因素经评定所得分数为 S_i，则可求得

$$S = \sum_{i=1}^{m} P_i S_i \tag{10-5}$$

并用作评价值。

以上两种方法最后都只是用一个数值来评价，因而其评价是单一而粗略的。例如，“基本合格”就是一个单一而粗略的概念。如果人们想要知道“基本合格”中合格的与不合格的占比，就必须寻求新的办法。

综合评价法首先要求针对评价对象列出与评价相关的 m 个因素，组成因素集 U。

$$U=\{u_1,\ u_2,\ \cdots,\ u_m\}$$

预先规定好评价的 n 个等级，组成评价集 V。

$$V=\{v_1,\ v_2,\ \cdots v_n\}$$

然后，针对每个因素按照预先规定的 n 个等级作出评价，再由 m 个因素的评价构成评价矩阵 R。

$$R=\begin{bmatrix} r_{11} & r_{12} & \cdots & r_{1n} \\ r_{21} & r_{22} & \cdots & r_{2n} \\ \vdots & \vdots & \vdots & \vdots \\ r_{m1} & r_{m2} & \cdots & r_{mn} \end{bmatrix}$$

考虑每个因素的重要程度不同，赋予每个因素不同的权重。对应因素集的分配向量 A 为

$$A=(a_1 \quad a_2 \quad \cdots \quad a_m)$$

这样，即可求得该研究对象的综合评价结果为

$$B=A\cdot R \tag{10-6}$$

式中，“·”表示合成运算，可根据不同的评价模型赋予不同的含义。通常按线性代数矩阵相乘的方法进行计算，即

$$b_i=\sum_{j=1}^{m} a_i r_{ji}\ (i=1,\ 2,\ \cdots,\ n;\ j=1,\ 2,\ \cdots,\ m) \tag{10-7}$$

2. 应用举例

如上所述，区域电气安全水平评价要考虑多种因素。为简便起见，只考虑该地区用电量与触电死亡人数的相关性和人口数量与触电死亡人数的相关性这两个因素。其因素集为

$U=\{$触电死亡人数/用电量，触电死亡人数/人口数量$\}$

如规定评价等级为四级，其评价集为

$V=\{$优秀，良好，及格，不及格$\}$

针对上述两个因素，根据该地区历年的统计资料，按照上面 4 个等级逐一评

定，得到一个两行四列的评价矩阵 R 为

$$R=\begin{bmatrix}0.2 & 0.2 & 0.5 & 0.1\\ 0.3 & 0.1 & 0.4 & 0.2\end{bmatrix}$$

考虑该地区用电量主要分布在城镇工矿企业，而人口相当比例的乡村用电量要小得多，确定因素集中触电死亡人数与用电量的相关性权重仅为0.6，触电死亡人数与人口数量的相关性权重为0.4，由此得到权分配向量为

$$A=(0.6 \quad 0.4)$$

则可求得评价结果为

$$B=A\cdot R=(0.6 \quad 0.4)\begin{bmatrix}0.2 & 0.2 & 0.5 & 0.1\\ 0.3 & 0.1 & 0.4 & 0.2\end{bmatrix}=(0.24 \quad 0.16 \quad 0.46 \quad 0.14)$$

即该地区电气安全水平优秀的占24%，良好的占16%，及格的占46%，不及格的占14%。

应用这种综合评价的方法，需要掌握大量的统计资料，还需要吸收专家和管理人员的经验作为分析和计算的基础。在评价过程中，原始资料的取舍，因素集、评价集权重分配向量的确定以及评价矩阵的取得，都必须力求准确和合理。

本章小结

1. 电气安全管理应首先从组织机构和人员下手，必须明确电气安全管理组织机构职责，同时，从事电工作业人员要获得特种作业操作证（电工）。规章制度是电气安全管理的长期保证机制，要求系统完整，涵盖用电及电气作业的各个环节和各个方面。安全检查可以查处用电安全隐患，安全教育可以提高工人的安全意识和技术水平，安全资料管理可为各项安全管理工作提供有效信息。

2. 电工安全用具可分为绝缘安全用具、电压电流指示器（验电器）、登高安全用具和临时接地线、遮栏和标示牌。各种安全用具应采用正确的使用方法，并采取适当的方法储存和保管，另外还应按照有关标准定期对其绝缘指标进行预防性试验。

3. 检修是保障供电和用电系统正常运行必不可少的环节，具有较高的危险性。检修的制度性安全措施是工作票制度，它是一种具有标准化流程的凭证式管理手段，每一环节都有相应的负责人员对相应的安全措施进行审核并在工作票上签字。在工作票制度总体框架下，还有一些具体的管理制度，包括工作监护制度、工作许可制度和工作间断、转移、延期和终结制度等。

除了制度性管理措施，检修还应采取技术性管理措施，包括停电作业和带电作业安全措施。停电作业安全措施包括停电、验电、装设临时接地线以及设置遮栏和标示牌；带电安全技术措施包括保持标准要求的安全距离，采用符合标准要求长度的绝缘工具以及其他安全措施，如保证带电部分只在人体一侧等。

4. 电气事故的发生，往往是多个基本原因共同作用的结果。采用安全系统工程手段，可以有效地分析电气安全事故基本原因，找出容易导致事故发生的基本原因集合，从而有效地控制电气事故。另外，采用模糊数学手段，可对电气安全水平作出综合而又科学的评价。

复习思考题

1. 电工属特种作业工种，须取得特种作业操作证方可上岗。电工人员脱离本岗多长时间后须重新进行特种作业操作资格考试的哪部分考试，经确认合格后方可上岗作业?
2. 请说出 3 种电气安全管理制度及其主要内容。
3. 电气安全资料管理包括哪些方面?
4. 说出使用绝缘杆和绝缘夹钳的注意事项。
5. 绝缘手套分为几种型号，分别适用哪些电压等级?
6. 装设临时接地线应注意哪些问题?
7. 什么是工作票制度?
8. 工作票制度涉及哪些人员，其具体职责是什么?
9. 什么是工作许可制度、工作监护制度、工作终止制度?
10. 停电作业有哪些安全措施?
11. 带电作业有哪些安全要求?

参考文献

[1] 钮英建. 电气安全工程 [M]. 北京：中国劳动社会保障出版社，2009.
[2] 杨有启，钮英建. 电气安全工程 [M]. 北京：首都经济贸易大学出版社，2018.
[3] 刘介才. 工厂供电 [M]. 6 版. 北京：机械工业出版社，2016.
[4] 李世林. 电气装置和安全防护手册 [M]. 北京：中国标准出版社，2006.
[5] 中国质量检验协会. 电气安全专业基础 [M]. 北京：中国计量出版社，2006.
[6] 张宝铭，林文狄. 静电防护技术手册 [M]. 北京：电子工业出版社，2000.
[7] 刘尚合，武占成，等. 静电放电及危害防护 [M]. 北京：北京邮电大学出版社，2004.
[8] 屠志健，张一尘. 电气绝缘与过电压 [M]. 北京：中国电力出版社，2005.
[9] 单渊达. 电能系统基础 [M]. 北京：机械工业出版社，2001.
[10] 虞昊. 现代防雷技术基础 [M]. 2 版. 北京：清华大学出版社，2005.
[11] 陈淑芳.《剩余电流动作保护装置安装和运行》GB 13599—2005 宣贯教材 [M]. 北京：中国水利水电出版社，2006.
[12] 徐建平. 仪表本安防爆技术 [M]. 北京：电子工业出版社，2002.
[13] 张植保. 电机原理与应用 [M]. 北京：化学工业出版社，2006.
[14] 李悦，杨海宽. 电气安全工程 [M]. 北京：化学工业出版社，2004.
[15] 周志敏，周纪海，纪爱华. 低压电器实用技术问答 [M]. 北京：电子工业出版社，2004.
[16] 闫和平. 常用低压电器应用手册 [M]. 北京：机械工业出版社，2005.
[17] 郭仲礼. 高压电工技术问答 [M]. 北京：中国电力出版社，2002.
[18] 廖自强，余正海. 变电运行事故分析及处理 [M]. 北京：中国电力出版

社，2004.

[19] 天津市电力公司. 变电运行现场操作技术［M］. 北京：中国电力出版社，2004.

[20] 刘震，佘伯山. 室内配线与照明［M］. 北京：中国电力出版社，2004.

[21] 杨岳. 电气安全［M］. 北京：机械工业出版社，2003.

[22] 刘鸿国. 电击与电气火灾防护技术及其应用实例［M］. 北京：中国建筑工业出版社，2007.

[23] 牟龙华，孟庆海. 供配电安全技术［M］. 北京：机械工业出版社，2003.

[24] 何金良，曾嵘. 电力系统接地技术［M］. 北京：科学出版社，2007.

[25] 陈化钢. 企业供配电［M］. 北京：中国水利水电出版社，2006.

[26] 苏文成. 工厂供电［M］. 北京：机械工业出版社，2005.

[27] 陈晓平. 电气安全［M］. 北京：机械工业出版社，2004.

[28] 黄永红，张新华. 低压电器［M］. 北京：化学工业出版社，2007.

[29] 上海市安全生产科学研究所. 防爆电气作业人员安全技术［M］. 上海：上海科学技术出版社，2013.

[30] 翁双安. 供配电工程设计指导［M］. 北京：机械工业出版社，2013.

[31] 中国安全生产协会注册安全工程师工作委员会，中国安全生产科学研究院. 安全生产技术［M］. 北京：中国大百科全书出版社，2011.